STUDIENKURS SOZIOLOGIE

Lehrbuchreihe für Studierende der Soziologie an Universitäten und Hochschulen

Wissenschaftlich fundiert und in verständlicher Sprache führen die Bände der Reihe in die zentralen Forschungsgebiete, Theorien und Methoden der Soziologie ein und vermitteln die für angehende SoziologInnen grundlegenden Studieninhalte. Die konsequente Problemorientierung und die didaktische Aufbereitung der einzelnen Kapitel erleichtern den Zugriff auf die fachlichen Inhalte. Bestens geeignet zur Prüfungsvorbereitung u.a. durch Zusammenfassungen, Wissens- und Verständnisfragen sowie Schaubilder und thematische Querweise.

Cordula Kropp | Marco Sonnberger

Umweltsoziologie

Onlineversion
Nomos eLibrary

Die Deutsche Nationalbibliothek verzeichnet diese Publikation in
der Deutschen Nationalbibliografie; detaillierte bibliografische
Daten sind im Internet über http://dnb.d-nb.de abrufbar.

ISBN 978-3-8487-5035-1 (Print)
ISBN 978-3-8452-9207-6 (ePDF)

1. Auflage 2021
© Nomos Verlagsgesellschaft, Baden-Baden 2021. Gesamtverantwortung für Druck
und Herstellung bei der Nomos Verlagsgesellschaft mbH & Co. KG. Alle Rechte, auch
die des Nachdrucks von Auszügen, der fotomechanischen Wiedergabe und der Übersetzung, vorbehalten. Gedruckt auf alterungsbeständigem Papier.

Vorwort

Während wir unsere Arbeit an dieser Einführung in die Umweltsoziologie abschließen, berichten die Medien stündlich über neue Katastrophen: In Deutschland werden nach einer nie da gewesenen Flutkatastrophe durch Starkregen über 180 Tote beklagt, in den betroffenen Gebieten ist die Trinkwasserversorgung zusammengebrochen, für die Wiederherstellung der Infrastruktur werden Monate veranschlagt. Zeitgleich wüten in Griechenland auf einer Fläche von 60.000 Hektar Waldbrände bei Temperaturen um die 40 Grad Celsius und auch in Kalifornien/USA erreicht der Flächenbrand Dixie Fire mit 188.000 Hektar ein historisches Ausmaß. Auf ähnlich großen Flächen brennt es in Brasilien und Russland in der Folge langer Dürren, zugleich verschwinden Binnenseen. Kanada erlebt eine Hitzewelle mit Temperaturen bis 50 Grad Celsius, der über 500 Tote zugerechnet werden. An keinem dieser Orte erweisen sich die Institutionen vorbereitet für den Umgang mit den Klimafolgen, noch in ausreichendem Maße handlungsfähig. Und während die globale Erwärmung weiter zunimmt, erfordert auch die Corona-Pandemie in ihrem zweiten Jahr drastische Maßnahmen und verschärft ihrerseits die Einsicht: Mensch, Natur, Technik und Gesellschaft lassen sich nicht getrennt betrachten. Mehr denn je stehen kommende Generationen vor der Herausforderung, Lebens- und Wirtschaftsweisen kritisch zu überdenken und Formen ihrer zukunftsfähigen Reorganisation zu entwickeln. Das gilt auch und gerade für die Studierenden der Wissenschaften von der Gesellschaft: Soziologie, Politik- und Kommunikationswissenschaften, Humangeographie, Sozialpsychologie – ohne umweltsoziologische Kenntnisse bleibt die universitäre Ausbildung in diesen Fächern unvollständig und kann den heutigen Anforderungen nicht mehr genügen.

Deshalb wünschen wir dieser Einführung in die Umweltsoziologie möglichst viele Leserinnen und Leser. Wir möchten Studierenden und anderen Interessierten einen Einblick in Theorie und Forschung zu diesen existenziellen Zusammenhängen verschaffen. Dafür geben wir einen theoretischen und thematischen Überblick zu den wichtigsten Fragestellungen und Herangehensweisen der Umweltsoziologie. Auch wenn unsere Auswahl notwendigerweise selektiv ist, ist der Anspruch nichtsdestotrotz sowohl zentrale Theorien als auch aktuelle und klassische Forschungsfelder zugänglich zu machen. Als „Lernhilfen" enthalten die einzelnen Buchkapitel am Anfang kurze Zusammenfassungen, die in aller Kürze eine erste Orientierung über die Inhalte geben, sowie am Ende eine Übersicht der Lerninhalte, die im entsprechenden Kapitel vermittelt wurden. Nach den Literaturlisten der einzelnen Kapitel finden sich außerdem kurz kommentierte Literaturempfehlungen. So eignet sich das Buch gleichermaßen für Seminare und Vorlesungen als auch für das Selbststudium.

An dieser Stelle möchten wir unseren Kolleginnen und Kollegen am Lehrstuhl für Umwelt- und Techniksoziologie sowie am Zentrum für interdisziplinäre Risiko- und Innovationsforschung der Universität Stuttgart (ZIRIUS) für die vielen lehrreichen Gespräche und ihre kritischen Anmerkungen danken. Wir sind froh, dass wir in so einem anregenden Umfeld arbeiten! Hanna Sophie Mast hat vor und nach ihrem Masterabschluss alle Kapitel Probe gelesen und viele kritische Kommentare und Verbesserungsvorschläge gemacht, die wir gerne aufgegriffen haben. Für ihren Beitrag möchten wir uns ganz besonders bedanken. Ebru Gözcüler hat uns bei der Fahnenkorrektur unterstützt und Alexander Hutzel und Eva Lang haben das Buch aufseiten des Nomos-Verlags begleitet. Auch ihnen gilt unser Dank!

München/Stuttgart, im August 2021

Inhalt

Vorwort	5
Abbildungsverzeichnis	11
Kapitel 1: Einleitung – Zur gesellschaftlichen Erkenntnis von Umweltproblemen	12
1. Umwelt und Natur als Gegenstand wissenschaftlicher Beobachtung	13
2. Umwelt und Natur als Gegenstand gesellschaftlicher Aneignung	15
3. Umwelt und Natur als Gegenstand der Umweltsoziologie	16
4. Theoretische Perspektiven der Umweltsoziologie	18
5. Die Entwicklung der Umweltsoziologie	20
6. Die Herausforderungen der Umweltsoziologie im Anthropozän	23
Kapitel 2: Gesellschaftliche Naturverständnisse – Die soziale Konstruktion von Natur und Umwelt	29
1. Die gesellschaftliche Konstruktion von Natur: über die Bedeutung von Naturkonzepten im Alltagswissen	31
2. „Natur" in der Systemtheorie: Umweltkommunikation in gesellschaftlichen Teilsystemen	35
3. Gesellschaftlicher Wandel der Naturverständnisse	38
4. Naturverständnis, nachhaltige Entwicklung und Anthropozän	42
5. Die soziale Konstruktion von Natur und ihre politischen Implikationen	45
Kapitel 3: Theorien gesellschaftlicher Naturverhältnisse und relationaler Naturbeziehungen	49
1. Naturverhältnisse – der Blick auf die Beziehungen von menschlichen und nichtmenschlichen Agenten in der modernen dualistischen Aneignungsperspektive	51
2. Dichotome Theorien: Unterschiedliche Dynamiken, Ko-Evolution und Interaktion in gesellschaftlichen Naturverhältnissen	55
2.1. Theorien gesellschaftliche Naturverhältnisse	56
2.2. Naturverhältnisse und das sozial-ökologische Regime	61
2.3. Zusammenfassung: Gesellschaftliche Naturverhältnisse und ihre schwierige Transformation	62
3. Relationale Theorien: Fluide Relationen, umkämpfte Assemblagen und Intra-Aktion in Naturbeziehungen	63
3.1. Geschichten, Figurationen und die Vielfalt der Verwandtschaften bei Donna Haraway	66
3.2. Akteur-Netzwerke, Propositionen und Assoziationen bei Bruno Latour	70
3.3. Agentieller Realismus und Intra-Aktion bei Karen Barad	76
Kapitel 4: Umweltbezogene Haltungen und Umwelthandeln	83
1. Umweltwahrnehmung und Umwelthandeln – Die Perspektive der Einstellungs- und Verhaltensforschung	84
1.1. Die konzeptionelle Basis von Umweltbewusstsein	84
1.2. Die empirische Erfassung von Umweltbewusstsein	85
1.3. Empirische Erkenntnisse zum Umweltbewusstsein und Umwelthandeln	89

1.4.	Die Kluft zwischen Umweltbewusstsein und Umwelthandeln	91
2.	Sozialordnung und Naturbilder – Die Perspektive der Cultural Theory	94
2.1.	Das Grid-Group-Schema	94
2.2.	Naturbilder	97
2.3.	Kritik an der Cultural Theory	99
3.	Moralische Appelle an das Umweltbewusstsein und die Problematik der Responsibilisierung	101

Kapitel 5: Risiko und Risikokonflikte — 107

1.	Risikowahrnehmung und Risikodefinition	109
2.	Die soziologische Risikotheorie	114
2.1.	Die Risikogesellschaft von Ulrich Beck	115
2.2.	Risiken und ökologische Kommunikation bei Niklas Luhmann	117
2.3.	Die Koproduktion riskanter Netzwerke bei Bruno Latour	119
3.	Zur Kritikalität neuartiger, systemischer Risikolagen	122
4.	Gegenwarten zwischen globalen Umweltrisiken und großtechnischen Systemen	126

Kapitel 6: Umweltbewegung und Umweltkonflikte — 131

1.	Umwelt als Konfliktfeld	133
2.	Theorien sozialer Bewegungen	135
2.1.	Theorie der Ressourcenmobilisierung	136
2.2.	Framing	136
2.3.	Theorie politischer Gelegenheitsstrukturen	137
3.	Verlauf und Struktur der Umweltbewegung	138
3.1.	Historischer Verlauf der Umweltbewegung	138
3.2.	Frames der Umweltbewegung: Naturschutz, Umweltschutz und Ökologie	141
3.3.	Strukturmerkmale der Umweltbewegung	143
3.4.	Gesellschaftliche und politische Wirkung der Umweltbewegung	145
4.	Ausblick	146

Kapitel 7: Nachhaltiger Konsum — 151

1.	Was ist (nachhaltiger) Konsum?	151
2.	Menschen als rationale Entscheider*innen	155
3.	Die symbolische Dimension von Konsum	157
4.	Praktiken alltäglichen Konsums	160
5.	Ausblick	163

Kapitel 8: Nachhaltige Innovationen und Transformationsprozesse — 169

1.	Das Leitbild Nachhaltige Entwicklung	169
2.	Nachhaltige Innovationen	171
3.	Theorien der Veralltäglichung von Innovation	172
4.	Innovationsnetzwerke und Allianzenbildung zugunsten des Neuen	176
5.	Innovationen und die verschiedenen Ebenen der Transformation des nicht Nachhaltigen	180
6.	Ausblick	184

Kapitel 9: Infrastruktursysteme – Weichensteller gesellschaftlicher Naturverhältnisse — 189

1. Merkmale von Infrastrukturen — 190
2. Infrastrukturen und ihre Beharrungskräfte — 194
3. Konflikte der Infrastrukturierung — 200
4. Ausblick — 205

Kapitel 10: Transdisziplinarität in der umweltsoziologischen Forschung — 209

1. Die Ursprünge der Transdisziplinaritätbegriffs — 211
2. Neue Formen der Wissensproduktion: Mode 2 und post-normal science als konzeptionelle Grundlagen von Transdisziplinarität — 213
    2.1. Mode 2 — 213
    2.2. Post-normal science — 217
    2.3. Kritik an Mode 2 und post-normal science — 221
3. Transdisziplinarität als Forschungsprinzip der Sozialökologie — 222
4. Transformative Wissenschaft und Reallaborforschung — 225
5. Ausblick — 228

Stichwortverzeichnis — 235

Bereits erschienen in der Reihe STUDIENKURS SOZIOLOGIE — 237

Abbildungsverzeichnis

Abbildung 1:	Wissenschaftlich-technisch erfasste Umwelt und Gesellschaft	16
Abbildung 2:	Gesellschaften und ihre Umwelten, diachrone Entwicklung und synchrone Vielfalt	20
Abbildung 3:	Interaktion gesellschaftlicher Naturverhältnisse in dialektischen Ansätzen	53
Abbildung 4:	Gesellschaftliche Naturverhältnisse als sozial-ökologische Regulationsmuster bzw. Regime	60
Abbildung 5:	Relationale Koevolution veränderlicher Elemente in hybriden Zusammenhängen	65
Abbildung 6:	Das Grid-Group-Schema	97
Abbildung 7:	Verortung der Naturbilder im Grid-Group-Schema	98
Abbildung 8:	Vereinfachte Darstellung gesellschaftlicher Verstärkungseffekte	113
Abbildung 9:	Phasen des Konsumprozesses	153
Abbildung 10:	Diffusionsverlauf, dargestellt als S-Kurve nach Rogers	173
Abbildung 11:	Netzwerkartige Innovationsprozesse	178
Abbildung 12:	Transformationsprozesse aus Sicht der Multi-Level Perspective (MLP)	181
Abbildung 13:	Formen der Wissensproduktion und des Problemlösens	219
Abbildung 14:	Typologie des Experimentierens	227

Kapitel 1: Einleitung – Zur gesellschaftlichen Erkenntnis von Umweltproblemen

In diesem Kapitel erfahren Sie, was die Untersuchungsgegenstände und Fragestellungen der Umweltsoziologie sind und welche Schwierigkeiten sich dabei stellen. Mit Realismus und Sozialkonstruktivismus lernen Sie die beiden erkenntnistheoretischen Grundpositionen kennen, aus denen sich grundsätzlich verschiedene Herangehensweisen für die Umweltsoziologie ableiten und die daher heftig diskutiert werden. Natürlich bekommen Sie auch einen Eindruck davon, welche Bedeutung der Klimawandel, die globalen Umweltveränderungen und ihre Folgen für die Gesellschaft in der Soziologie haben.

Es vergeht kein Tag, an dem nicht alle gesellschaftlichen Teilsysteme – Politik, Wirtschaft, Wissenschaft und Zivilgesellschaft – mit Fragen und Folgen des globalen Umwelt- und Klimawandels konfrontiert werden. Längst haben die Umweltwissenschaften gezeigt, dass die Arten und Weisen, wie wir heute wirtschaften und leben, nicht zukunftsfähig sind. Die Schädigungen, Risiken und nicht intendierten Nebenfolgen, die unsere Lebensweise beispielweise in Form von Kohlendioxidemissionen, Bodendegradation, Artensterben und Ressourcenschwund verursacht, machen einen fundamentalen Wandel notwendig (Steffen et al. 2015). Dennoch dominiert in allen Teilsystemen ein zwar nicht mehr sorgloses, aber merkwürdig unbeirrtes Festhalten an nicht nachhaltigen Zielen, Routinen und Strukturen (Blühdorn 2020). Der kanadische Umweltsoziologe *Raymond Murphy* (2015) sieht die Ursachen dieser gesellschaftlichen Unfähigkeit, adäquate Antworten auf die globale Umweltkatastrophe zu finden, in den Reaktionsmustern, mit denen Gesellschaften Transformationsnotwendigkeiten ausblenden. Da ihre Wirtschafts- und Versorgungskonzepte von fossilen Infrastrukturen abhängig sind, konstruieren sie pfadabhängige „Normalitäten", entweder in der Form von Problemleugnung oder als technokratischen Lösungsoptimismus (*„wishful thinking"*). So scheinen sich Größe und Komplexität der notwendigen Veränderung in der Verhaltensstarre zu spiegeln, die ihr entgegensteht. Umso dringender ist ein Verständnis der gesellschaftlichen Natur- und Umweltverhältnisse, der Bedingungen ihres Funktionierens und ihrer Veränderung, auf das sich die Umweltsoziologie richtet. Mit diesem Lehrbuch wollen wir alle Interessierten in den Forschungsbereich einführen, mit den wichtigsten Theorien vertraut machen und ermöglichen, die gesellschaftlichen Aspekte jenes Erdzeitalters zu verstehen, das als Anthropozän bezeichnet wird, als menschengemachte Neuzeit (Crutzen 2002).

Das Einleitungskapitel verfolgt drei Ziele: Wir werden den Gegenstandsbereich der Umweltsoziologie bestimmen, die Entstehung der darauf bezogenen Forschungsrichtung skizzieren und den Blick für die großen Herausforderungen öffnen, gegenüber denen die Umweltsoziologie Position beziehen muss. Diese drei Ziele lassen sich allerdings nicht getrennt voneinander verfolgen, denn die Bestimmung des Gegenstands, der Herangehensweise und der Aufgaben sind eng miteinander verknüpft: Sie bedingen sich wechselseitig. Die Notwendigkeit, mit wechselseitigen Einflüssen und Wirkungen (*Interaktionen und Interdependenzen*) umzugehen, kann als konstitutiv für die Umwelt- und Techniksoziologie gelten. Dies zeigt die folgende Auseinandersetzung mit dem Gegenstand der Umweltsoziologie wie auch mit ihrer Entwicklung. Auch in allen weiteren Kapiteln schenken wir den kategorialen Wechselwirkungen Aufmerksamkeit, um die Interdependenzen von „Umwelt" und „Gesellschaft" zu verstehen und ihre umweltsoziologische Bedeutung herauszuarbeiten.

1. Umwelt und Natur als Gegenstand wissenschaftlicher Beobachtung

Die Art, wie Menschen Erkenntnisse über „die Umwelt" gewinnen (*Epistemologie*), und die Intensität, mit der sie die sogenannten natürlichen Umwelten gestalten und verändern (*Physik, Biologie*), sind interdependent. Erkenntnistheoretisch kommt das heutige Wissen über die natürliche Umwelt und die mit ihr verbundenen Möglichkeiten und Risiken vor allem in systematischen, meist wissenschaftlich-technischen Beobachtungen, Experimenten und Simulationen zustande. Diese Beobachtungen, beispielsweise Wetteraufzeichnungen oder Beobachtungen über Pflanzenwachstum und Möglichkeiten der Ertragssteigerung, sind aber keine 1:1-Abbildungen „der Welt da draußen", sondern werden von gesellschaftlichen Interessen und Überzeugungen sowie von den Beobachtungsinstrumenten beeinflusst (→ Kap. 3 zu gesellschaftlichen Naturverhältnissen, Abschnitt 3 zu relationalen Theorien der Umweltsoziologie): Beispielsweise richtete sich die Wetteraufzeichnung zu Beginn (in Deutschland 1881) vor allem auf lokal bedeutsame Wettergroßereignisse und ihre Folgen (Stürme, Hochwasser, Trockenzeiten), in der gegenwärtigen Meteorologie nehmen demgegenüber globale Zusammenhänge und Langzeitveränderungen eine privilegierte Stellung ein. Welche Wetterdaten generiert werden, hängt nämlich von den Interessen ihrer Nutzung ab, also beispielsweise vom Interesse an Katastrophenschutz oder einer produktiven Landwirtschaft, und verändert sich sowohl mit neuen Erkenntnisinteressen als auch mit den technischen Instrumenten ihrer Erfassung, beispielsweise den Messstationen und ihren Standorten. Die Wetteraufzeichnung liefert daher stets nur ein unvollkommenes und selektives Abbild des irdischen Wetters, entsprechend der als relevant ausgewählten Merkmale und den Möglichkeiten ihrer Beobachtung.

Erkenntnistheoretisch werden in der Umweltsoziologie zwei Grundpositionen zur Bewertung von Umweltbeobachtungen genutzt, die hier nur grob skizziert werden (Rosa 1998; Kropp 2002; Dunlap 2010): Realismus und Sozialkonstruktivismus. *Realist*innen* gehen davon aus, dass sich die Grundstrukturen der Wirklichkeit in der (datenbasierten) Erfahrung prinzipiell verlässlich abbilden und zumindest wissenschaftlich gültig beschreiben lassen: Demnach liefert die Meteorologie ein verlässliches Abbild von Wetter und Klima. Das heißt, Realist*innen nehmen an, dass eine biophysische Welt existiert, die unabhängig von menschlicher Interpretation ist, und dass diese – zumindest teilweise – als solche von Menschen auch objektiv erfasst werden kann. *Sozialkonstruktivist*innen* betonen hingegen, dass Natur immer erst sprachlich-kulturell und wissenschaftlich erkannt werden muss und deshalb alle Erkenntnisse in kulturellen, technischen und gesellschaftlichen Praktiken situiert sind: Sie gehen davon aus, dass die beschriebenen Wirklichkeiten (*ontologies*) immer auch die – historisch und kulturell verschiedenen – Perspektiven ihrer Beschreibung in sich tragen. Die Bilder, die sich Menschen von Natur und Umwelt als ihre Realität machen, sind aus sozialkonstruktivistischer Sicht Modelle, die in sozio-kulturelle Vorannahmen eingebettet sind und nicht zuletzt in den Technologien wurzeln, die Menschen geschaffen haben, um ihre Umwelt überhaupt beobachten, messen und interpretieren zu können. Wie die Welt jenseits dieser gesellschaftlichen Beschreibungen „wirklich" beschaffen ist, bleibt prinzipiell unzugänglich. Sozialkonstruktivistisch betrachtet, liefert die Meteorologie damit eine Beschreibung von Wetter und Klima, in der sich die jeweiligen gesellschaftlichen Interessen, Hoffnungen und Sorgen sowie die instrumentellen Möglichkeiten der Wetterbeobachtung ausdrücken. In der Konsequenz hängt das Wissen über Natur und Gesellschaft von den zugrunde gelegten Erwartungen, Wahrnehmungskategorien und Untersuchungsinstrumenten ab. Sozialkonstruktivisten gehen allerdings nicht davon aus, dass das Wissen über Natur und Gesellschaft per se beliebig oder grundsätzlich „falsch" wäre, aber eben selektiv und eingebettet in die gesellschaftlichen und technischen Bedingungen seiner Produktion. Davon unterscheidet sich noch einmal die Perspektive des radikalen Konstruktivismus (Glasersfeld 1997). Dessen Vertreter*innen unterscheiden prinzipiell zwischen der externen Wirklichkeit und der menschlichen Konstruktion der Wirklichkeit, weil jedes Bild von der Welt letztlich im menschlichen Sinnesapparat entsteht und eine Konstruktion des Gehirns ist, das die Sinnesimpulse nach eigenen Gesetzmäßigkeiten (*autopoietisch*) verarbeitet. Dementsprechend nehmen radikale Konstruktivist*innen an, dass keine „Wirklichkeit" unabhängig von menschlicher Interpretation existiert, sondern das externe Gegenüber immer als biologisch-mentales Konstrukt erscheint. Wahrheit oder Objektivität sind aus der Perspektive des radikalen Konstruktivismus keine Frage der Übereinstimmung von externer Wirklichkeit und interner Realität, sondern der „Viabilität", d.h. der anschlussfähigen Nutzbarkeit der konstruierten Abbilder für das weitere Handeln und Entscheiden.

Der Sozialkonstruktivismus oder „gemäßigte Konstruktivismus" kann als eine Kompromisslösung in der Realismus-Konstruktivismus-Debatte betrachtet werden, in der das Zustandekommen und die Deutung von Erkenntnissen als soziotechnisch vermittelt und sozial konstruiert begriffen wird. Murphy beschreibt diese Position als „constructionist realism" wie folgt: „Humans socially construct their conceptions and practices (including those concerning nature and risk), as well as technologies, according to their culture and power. They are not, however, pure discursive spirits in a material vacuum, but instead embodied beings embedded in a biophysical world" (Murphy 2004: 252). Diese Position liefert eine fruchtbare erkenntnistheoretische Grundlage für die Umweltsoziologie und die interdisziplinäre Zusammenarbeit mit den Natur- und Technikwissenschaften, ohne dabei das kritische Potenzial und die genuinen Erkenntnisinteressen der Soziologie zu sehr in den Hintergrund zu rücken. Der „gemäßigte Konstruktivismus" ist dementsprechend die erkenntnistheoretische Grundposition, auf der dieses Buch wesentlich basiert (Ausnahme: relationale Ansätze in Kap. 3 zu gesellschaftlichen Naturverhältnissen).

2. Umwelt und Natur als Gegenstand gesellschaftlicher Aneignung

Aus soziologischer Perspektive verändern sich die Beschreibungen und damit auch das Verständnis von Klima und Natur zum einen, weil sich die Methoden und Interessen der Erkenntnis verändern. Hinzu kommt zum anderen, dass Klima und Natur selbst dynamisch sind und das Verständnis ihrer Wirkungsweisen dazu genutzt wird, sie nach menschlichen Bedürfnissen und Erwartungen zu gestalten bzw. zu überformen und „anzueignen". Die Rede von der gesellschaftlichen, oder auch kapitalistischen, „Aneignung" von Natur stammt aus der ökonomischen Theorie und geht seit der Analyse kapitalistischer Gesellschaften in der politischen Ökonomie mit einer Sichtweise einher, derzufolge die Entfremdung von Arbeit auch eine Entfremdung von der Natur ist, in deren Zuge die Natur auf ein (in aller Regel privatisiertes) Mittel zum Zwecke der menschlichen Existenz reduziert wird (Immler 1985). Der Natur wird daher kein Wert an sich zugeschrieben, sondern die „unbearbeitete Natur" als außergesellschaftliche Existenz erhält ihren Wert erst, wenn sie zur privaten Eigentumsbildung oder zur gesellschaftlichen Wertschöpfung beiträgt, also beispielsweise als fruchtbarer Boden für den Landwirt oder als generatives Prinzip in der Biotechnologie. Hier und im Folgenden verstehen wir in einer generalisierten Form unter der gesellschaftlichen Aneignung von Natur den Umstand, dass spätestens seit Entstehen der Industriegesellschaften Natur nur noch als vergesellschaftete Natur vorkommt, weil ihre Erscheinungsform bereits die verschiedenen gesellschaftlichen Aneignungsweisen früherer Gesellschaften spiegelt. Dies können wirtschaftliche Formen der Naturaneignung sein, aber darunter fallen auch die Aneignungsformen durch den globalen Tourismus oder den Naturschutz, die ihrerseits ebenfalls der menschlichen Nutzung dienen.

Die gesellschaftliche Aneignung von Natur verändert deren Beschreibung, weil Natur und Klima nicht als vormenschliche Primärnatur vorliegen, sondern als gesellschaftlich überformte (angeeignete) und global „erwärmte" Sekundärnatur. Um im Beispiel zu bleiben: Wetter und Pflanzenwachstum verändern sich im Rahmen klimatischer Schwankungen und in Wechselwirkung zueinander. Zudem beeinflussen Menschen beides abhängig von ihren Erkenntnissen und Interessen und darüber hinaus auch ungewollt. Beispielsweise verändern Hagelflieger Menge, Art und Ort von Niederschlägen durch das Impfen der Wolken mit Silberiodid-Aceton-Gemischen zum Schutz der Landwirtschaft. Gentechnisch veränderte Nutzpflanzen werden eingeführt, um höhere Erträge oder eine bessere Resilienz gegenüber Klimaveränderungen zu erlangen. Mitunter ziehen sie aber nicht gewollte Veränderungen nach sich, beispielsweise durch Auskreuzungen in benachbarte Pflanzen. Beide Maßnahmen verändern also Klima und Natur in ihren Wirkungen sowie in ihrer Wahrnehmung.

Kapitel 1: Einleitung – Zur gesellschaftlichen Erkenntnis von Umweltproblemen

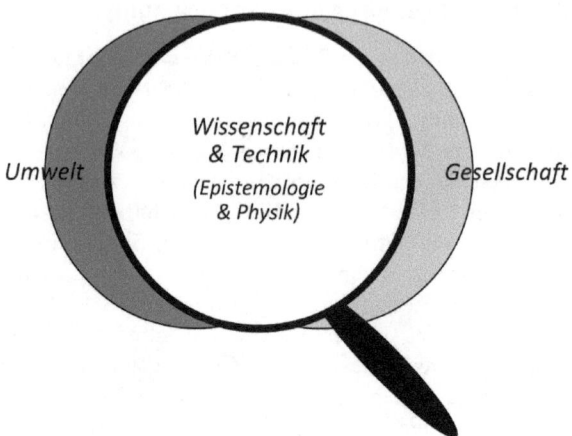

Abbildung 1: Wissenschaftlich-technisch erfasste Umwelt und Gesellschaft; Quelle: Eigene Darstellung

Umwelt, bzw. das, was wir als ‚Umwelt' bezeichnen und wahrnehmen, und Gesellschaft, ebenfalls ein soziales Konstrukt, können *soziologisch* deshalb nur unter Berücksichtigung der erkenntnistheoretischen Zusammenhänge ihrer Beschreibung und der sozio-materiellen Zusammenhänge ihrer Veränderung untersucht werden. Die Biologie als Wissenschaft von den Lebewesen und die Physik als Wissenschaft von den grundlegenden Phänomenen der Natur, ihren Eigenschaften und Gesetzmäßigkeiten in aller Komplexität stellen neben den speziellen Global-Change-Wissenschaften dazu Analysen der inneren Wirkkräfte der Umwelt bereit und berücksichtigen auch ihrerseits Wechselwirkungen von Materie und Energie in Raum und Zeit. Ein „Lehrbuch der Umweltsoziologie" muss die wissenschaftlich-technische Vermittlung der gesellschaftlichen Naturverhältnisse stets berücksichtigen, die in Abbildung 1 schematisch als darübergelegte Lupe der Erkenntnis und Einflussnahme dargestellt wird. Das vorliegende Lehrbuch wurde deshalb so konzipiert, dass es in allen Kapiteln den wissenschaftlich-technischen Vermittlungsebenen und ihren epistemologischen und bio-physischen Bedingungen Aufmerksamkeit zollt.

3. Umwelt und Natur als Gegenstand der Umweltsoziologie

Damit sind wir mitten in den Schwierigkeiten: Alle Gesellschaften suchen dringend Antworten auf die vielfältigen Bedrohungen durch die globale Erwärmung, die Versauerung der Ozeane, das Artensterben und weitere nicht intendierte Nebenwirkungen des technologischen Fortschritts. Wenn beispielsweise in Deutschland im Rahmen von Energie-, Agrar- und Verkehrswende das Naturverhältnis gezielt umgestaltet werden soll, richtet die Umweltsoziologie ihren Blick sowohl auf die gesellschaftliche Wahrnehmung und Bewertung der zugrunde gelegten Problembeschreibungen, Ziele und Lösungsansätze als auch auf die Organisation der jeweiligen Naturverhältnisse und deren räumlich und zeitlich gegebenen

Bedingungen (→ Kap. 3 zu gesellschaftlichen Naturverhältnissen). Dies kann beispielsweise im Rahmen von soziologischen Analysen von wissenschaftlichen Klimabeschreibungen, individuellen Umwelteinstellungen, kollektiven Konsummustern, politischen Entscheidungsprozessen oder Umweltgesetzen geschehen. Die Untersuchungen konzentrieren sich dann auf den gesellschaftlichen Umgang mit problematisierten Naturverhältnissen; die biophysischen Interaktionen von Natur und Gesellschaft bleiben dabei ausgeschlossen.

Allerdings herrscht im Fach eine Kontroverse darüber, worin der Beitrag der Soziologie liegen sollte: Für die einen sollte er sich auf die sozialwissenschaftliche Untersuchung der Wahrnehmungsprozesse und der Bedingungen des gesellschaftlichen Handelns und Nicht-Handelns beschränken. Für die anderen sollten Soziolog*innen darüber hinaus mit ihrem Wissen über sozialen Wandel laufende und notwendige sozia-lökologische Transformationsprozesse zum Gegenstand der Untersuchung machen und sich in deren Gestaltung einmischen. In der zweiten Perspektive ist das angesprochene Untersuchungsfeld, das nun Umweltprobleme, ihre Wahrnehmung und Ansätze ihrer Bewältigung umfasst, nicht ohne eine gleichzeitige Befassung mit wissenschaftlichen und technischen Herangehensweisen zu erschließen. Deshalb ist eine inter- und transdisziplinäre[1] Zusammenarbeit mit den Technik- und Naturwissenschaften und mit relevanten gesellschaftlichen Akteuren außerhalb der Wissenschaften unumgänglich (→ Kap. 10 zu Transdisziplinarität). Letztlich ist jede gesellschaftliche Auseinandersetzung mit der inneren und äußeren Natur der Menschen, also mit ihren Körpern und den physisch-materiellen Umwelten ihres Handelns, von Technologien und ihrer kontextspezifischen Nutzung geprägt. Seit der Steinzeit richten Menschen in verschiedenen kulturellen Organisationsformen unterschiedlichste Techniken darauf, die natürlichen Prozesse nicht nur abzubilden und zu repräsentieren, sondern auch zu nutzen und zu ihren Gunsten zu verändern. Die Art dieser Technologien prägt das soziologische Verständnis der jeweiligen Gesellschaften so grundsätzlich, dass sie etwa als Agrar- oder Industriegesellschaften beschrieben werden.

Wissenschaft und Technik und die organisierten Formen ihres Einsatzes vermitteln in den gesellschaftlichen Naturverhältnissen also grundlegend. Wenn von Artensterben und Klimawandel die Rede ist oder von Energie- und Verkehrswende, hat die Soziologie es immer mit einem Untersuchungsfeld zu tun, in dem andere Expert*innen beispielsweise aus Klimaforschung, Ingenieurwissenschaften und politischen Ämtern mit übergeordnetem Erkenntnisanspruch Beschreibungen der Probleme und mögliche Lösungsansätze liefern. In dieser Gemengelage kann die Soziologie ihr Untersuchungsinteresse entweder auf die Entstehung, Bedeutung und Wirkung dieser Beschreibungen richten, etwa der Beschreibungen des Klimawandels (vgl. Weingart et al. 2002; Welzer et al. 2010; Viehöver 2010), oder diese Beschreibungen zum Ausgangspunkt für ihre Untersuchung der innergesellschaftlichen Folgen nehmen, etwa der Klimadiskurse, -politik und -risiken (vgl.

---

1 Der Begriff der Transdisziplinarität beschreibt dabei einen Forschungsansatz, bei dem mehrere wissenschaftliche Disziplinen unter Einbezug außerakademischer Akteure (z.B. aus Verwaltung, Zivilgesellschaft oder Wirtschaft) Wissen über das Zustandekommen und die mögliche Lösung realweltlicher Problemlagen erarbeiten (Brandt et al. 2013; Jahn et al. 2012).

Voss 2010; Böschen et al. 2014), oder als Bezugspunkt für die Erforschung möglicher Reaktionsweisen von einzelnen Klimaschutzmaßnahmen bis hin zur „großen Transformation" aufgreifen (WBGU 2011; Gross & Mautz 2015). Mal sind also die, meist umstrittenen, wissenschaftlichen Diagnosen von Umweltveränderungen der Untersuchungsgegenstand, mal sind es die gesellschaftlichen Folgen dieser Diagnose und mal die gesellschaftlichen Möglichkeitsräume, auf die Diagnose zu reagieren.

Der Soziologie fällt es, ähnlich wie den Geschichtswissenschaften, schwer, die von anderen Disziplinen vorgelegten Diagnosen, also beispielsweise das jeweilige Klimawissen, realistisch als unhinterfragten Ausgangspunkt zu betrachten. Immerhin gehört der Nachweis, dass Wahrnehmungen, Problemdiskurse und Reaktionsformen bis in die Wissenschaften hinein von gesellschaftlichen Einflussfaktoren geprägt sind, etwa von kulturellen Werten und politischen Interessen, zu ihren Grundeinsichten (Mannheim 1929; Luhmann 1986; Bauer et al. 2017). Greift die Soziologie die Diagnosen aber sozialkonstruktivistisch auf, kann sie zwar aufzeigen, inwiefern das Klimawissen Teil der gesellschaftlichen Konstruktion von Wirklichkeit ist (Berger & Luckmann 1969), aber aus dieser Perspektive lassen sich weder legitime Handlungsvorschläge formulieren, noch gelingt es, den Problemzusammenhang „hinter" seiner gesellschaftlichen Thematisierung zu erfassen. Vielmehr verschwinden die gesellschaftlichen Naturverhältnisse und Umweltprobleme in der gesellschaftlichen Kommunikation darüber. In der realistischen Herangehensweise erscheint die Umweltsoziologie somit als eine „gesellschaftsblinde" Hilfsdisziplin, die auf die Untersuchung von gesellschaftlicher Akzeptanz für Maßnahmen beschränkt ist, die als Antwort auf autoritativ gestellte Diagnosen gelten, ohne die gesellschaftliche Einbettung dieser Diagnosen und Maßnahmen berücksichtigen zu können. Damit bleiben Machtverhältnisse, ungleiche Interessenlagen und typische Wahrnehmungsverzerrungen in der wissenschaftlichen und politischen Befassung mit Umweltproblemen und in der Entwicklung von Maßnahmenbündeln ausgeblendet, für die sich Soziolog*innen aber zuständig fühlen. In der konstruktivistischen Herangehensweise erscheint sie umgekehrt als eine „realitätsblinde" Einzeldisziplin, in der zwar Analysen über die verschiedenen Experten- und Laieneinschätzungen zu Natur, Technik und Umweltproblemen erstellt werden, die aber nicht in der Lage ist, sich der Lösungssuche im Umgang mit Umweltproblemen zusammen mit anderen Disziplinen anzuschließen. Damit bleiben Krisen im gesellschaftlichen Naturverhältnis, auch solche, die möglicherweise das gesellschaftliche und menschliche Überleben bedrohen, ausgerechnet in der Wissenschaft von der Gesellschaft ausgeblendet.

4. Theoretische Perspektiven der Umweltsoziologie

Wie können und sollen also der Umweltwandel und mögliche gesellschaftliche Reaktionsweisen in der Soziologie erforscht werden, wenn entweder (wissenssoziologisch) schon die jeweilige Diagnose als ein soziales Konstrukt betrachtet werden muss, das sich national, historisch und disziplinär von den Deutungen unter anderen Bedingungen unterscheidet, oder wenn umgekehrt (positivistisch) die gesellschaftlichen Bedingungen der Problemdeutung und der Formulierung von Lösungsmöglichkeiten ausgeblendet werden? Aus Sicht der herangezogenen Position des „gemäßigten Konstruktivismus" ist es für diese Frage bedeutsam, zum einen zu untersuchen, in welchen Kategorien, Mustern und Strukturen die Gesellschaft die natürliche Umwelt wahrnimmt und wie sie mit ihr interagiert. Für diese Untersuchung liefert die Umweltsoziologie im Rahmen von zwei verschiedenen Paradigmen Antworten: Im ersten, stärker sozialkonstruktivistischen Paradigma richtet sich der Fokus auf die gesellschaftliche Wahrnehmung der gesellschaftsexternen Natur und auch auf die Rekonstruktion ihrer gesellschaftsinternen Bedeutung (→ Kap. 2 zu gesellschaftlichen Naturverständnissen). Dabei geht es um die Rolle, die Naturdiskurse und -wahrnehmungen in der Gesellschaft spielen, und zwar auch für die Vorstellungen, wie die Gesellschaft auf die ökologische Krise reagieren kann.

In der zweiten, oft als postmodern oder vermittlungstheoretisch bezeichneten Herangehensweise geraten demgegenüber stärker gesellschaftliche Naturverhältnisse, die Wechselwirkungen, Interdependenzen und Vermischungen von Natur und Gesellschaft in den Blick (→ Kap. 3 zu gesellschaftlichen Naturverhältnissen). Diese Perspektive setzt sich explizit mit der Problematik auseinander, dass nicht nur die Analyse von und das Reden über Umweltprobleme *in* der Gesellschaft und geprägt von ihren Strukturen stattfindet, sondern die Gesellschaft jenseits von Diskurs und Repräsentation auch physisch-materiell in nennenswertem Umfang an der Produktion und Reproduktion von Natur, Umwelt und Umweltproblemen beteiligt ist. Es gibt auf der Erde keine primäre Natur in dem Sinne mehr, dass sie unabhängig von menschlichem Handeln und Wirken bestünde. Selbst die großen Naturschutzgebiete sind von Gesetzen abhängig, von Emissionen betroffen und werden von den Wissenschaften analysiert und kartiert. Die amerikanische Wissenschaftshistorikerin Donna Haraway betrachtet stattdessen den heutigen Zustand der irdischen Natur (u.a.) als eine Plantage, in der „anthropogene Prozesse inter- und intraagierend mit anderen Prozessen und Spezies planetarische Wirkungen gezeitigt haben" (Haraway 2018: 137; → Abschnitte zu Donna Haraway in Kap. 3 zu gesellschaftlichen Naturverhältnissen).

Der Begriff des Anthropozän bezeichnet dementsprechend den Umstand, dass der Mensch zum wesentlichen Einflussfaktor der Natur- und Erdgeschichte geworden ist: Vieles deutet darauf hin, dass er den Planeten und sein Klima unwiderruflich verändert hat. Im dritten Kapitel widmen wir uns deshalb ausführlich solchen theoretischen Ansätzen, die sich in der soziologischen Betrachtung der Probleme mehr und mehr durchsetzen und ihren Fokus, über Realismus und Sozialkonstruktivismus hinausgehend, auf Natur und Technik als historische Produkte konkreter Interaktions- und Mischverhältnisse richten. Abbildung 2 zeigt links in diachroner Perspektive, d.h. als zeitliche Entwicklung, die fortschreitende Durchdringung und Verschränkung von Naturen und Gesellschaften und rechts in synchroner Perspektive, d.h. zum momentanen Zeitpunkt, die parallel bestehende Unterschiedlichkeit verschiedener Naturverhältnisse.

Kapitel 1: Einleitung – Zur gesellschaftlichen Erkenntnis von Umweltproblemen

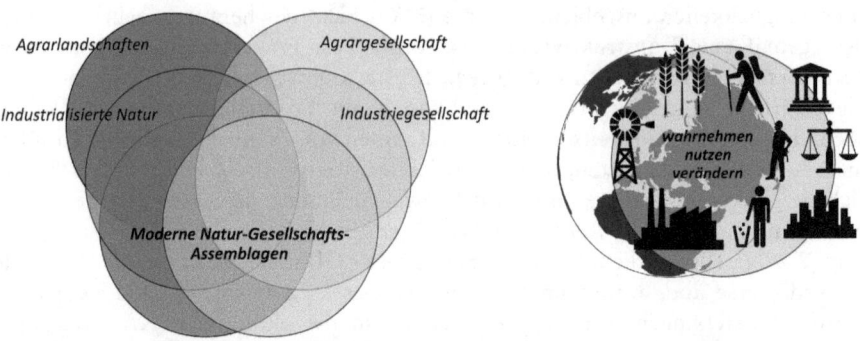

Abbildung 2: Gesellschaften und ihre Umwelten, diachrone Entwicklung und synchrone Vielfalt; Quelle: Eigene Darstellung

Die Umweltsoziologie arbeitet heraus, wie unterschiedlich und ungleich gesellschaftliche Naturverhältnisse sind, wie gesellschaftliche Gruppen – auf unterschiedlichen Ebenen institutionalisiert – mit natürlichen und technischen Entitäten interagieren und dabei zunehmend instabile „Assemblagen" hervorbringen, d.h. hybride Netzwerke aus heterogenen, menschlichen und nichtmenschlichen Elementen wie z.B. Städte mit ihren Institutionen, Akteuren, Infrastrukturen, Ressourcenverbräuchen etc. (Latour 2007, → Abschnitte zu Bruno Latour in Kap. 3 zu gesellschaftlichen Naturverhältnissen).

5. Die Entwicklung der Umweltsoziologie

Ganz im Sinne von Max Weber und Alfred Schütz gehört zur Umweltsoziologie zuerst jedes individuell und/oder kollektiv sinnhafte Denken und Handeln, das sich auf die biologischen, ökologischen, energetischen, materiellen und technischen Ziele des gesellschaftlichen Handelns richtet, die umgangssprachlich als Körper, Natur, Umwelt und Technik bezeichnet werden. Der Fokus liegt also auf Sinnzusammenhängen, die sich weniger durch den unmittelbaren Gegenstandsbereich („Umwelt") ergeben, also durch Bezüge auf soziale, durch denkende und handelnde Menschen immer schon vorinterpretierte Lebenswelten (Schütz & Luckmann 1971). Neben dem sinnhaften Bezug auf diese Phänomenbereiche untersucht die Umweltsoziologie zudem die Strukturen und Problemfelder, die als direkte und indirekte, oftmals nicht intendierte Nebenfolgen dieses Denkens und Handelns entstehen oder als deren unbewusste Kristallisation auf der Metaebene, also beispielsweise die Risiken industrieller Produktionsprozesse (→ Kap. 4 zu Risiken) oder die Routinen und Infrastrukturen einer hochmobilen Gesellschaft (→ Kap. 9 zu Infrastrukturen), deren Zukunftsfähigkeit in Frage gestellt ist. Im Zentrum stehen also die Interaktionen von Gesellschaften bzw. unterschiedlichen gesellschaftlichen Gruppierungen mit ihren natürlichen und technischen Umwelten, deren fortschreitende wechselseitige Durchdringung und die resultierenden Nachhaltigkeitsprobleme. Insbesondere Letztere und die Infragestellung der weiteren Gültigkeit bisher leitender Überzeugungen in Wissenschaft, Politik und Gesellschaft führen dazu, dass sich ein Großteil der Umweltsoziologie kritisch mit den gesellschaftlichen Strukturen und den technisch und ökonomisch formulierten Notwendigkeiten auseinandersetzt: Insofern ist die Umweltsoziologie auch eine kritische Gesellschaftswissenschaft mit Interesse an Transformationsprozessen (→ Kap. 8 zu Innovations- und Transformationsprozessen).

Verglichen mit anderen soziologischen Arbeitsgebieten hat die Umweltsoziologie eine noch kurze Geschichte. Sie beginnt in den USA und West-Europa als Reaktion auf die frühe Umweltbewegung und in Auseinandersetzung mit den nicht gewünschten Folgen von Wachstum und Fortschritt. Den ersten Autoren, tatsächlich ausschließlich weißen Männern, ging es zentral darum, Umweltprobleme, die gerade erst in die Aufmerksamkeit der Öffentlichkeit gerieten, in der Soziologie zu behandeln. Im Kern des Fachs traf dieses Ansinnen auf Ablehnung: Es schien der programmatischen Durkheimschen Methodenregel zu widersprechen, Soziales durch Soziales zu erklären, stattdessen aber biologischen und technischen Reduktionismen die Tür zu öffnen und damit die als bedeutender beurteilten Kräfte der Gesellschaftsentwicklung, wie Differenzierung und Rationalisierung, in den Hintergrund zu rücken (Kropp 2002: 29–47). Die Sichtung der Entstehung der Umweltsoziologie in den bewegten 1970er Jahren macht deutlich, wie sehr ihr Gegenstandsbereich das traditionelle soziologische Denken herausfordert. Nach 20 Jahren zähen Ringens fassen William Catton und Riley Dunlap, zwei amerikanische Pioniere der Umweltsoziologie, die problematische Tradition des Fachs lakonisch zusammen: „The Durkheimian legacy suggested that the physical environment should be ignored, while the Weberian legacy suggested that it could be ignored, for it was deemed unimportant in social life." (Dunlap & Catton 1994: 14).

Gegründet zu Zeiten der Industrialisierung übernahm die Soziologie, die sich als Theorie der modernen Industriegesellschaft entwickelt hat, somit unbemerkt auch deren Weltbild. In ihm spielt „die Emanzipation von der Natur" als Beherrschung von Naturgefahren und Überwindung natürlicher Knappheiten eine zentrale Rolle, v.a. in Bezug auf die Erwartungen an den gesellschaftlichen Fortschritt. Noch 1996 traf sich die frisch gegründete Sektion „Soziologie und Ökologie" auf dem deutschen Soziologiekongress unter dem symptomatischen Titel „Eine Soziologie, als ob die Natur nicht zählen würde?" (Brand & Rammert 1997). Eine Mehrheit der Anwesenden wollte sich auch zu diesem Zeitpunkt, zehn Jahre, nach dem die Vereinten Nationen mit dem Brundtland-Bericht „Our common future" (1987) nachhaltige Entwicklung auf die politische Agenda gesetzt hatten, nicht auf eine „Soziologie der Natur" einlassen (Rammert 1997: 29).

Ein impliziter Naturbegriff geht jedoch in alle soziologischen Schriften ein, und dabei bildet die Natur meist, zumindest semantisch, das Gegenüber bzw. die Antithese zu Gesellschaft, Kultur und Technik, sodass das begriffliche Nachdenken über Natur zugleich ein Nachdenken über Gesellschaft ist (Kropp 2002; Gill 2003): Für Karl Marx, der dem menschlichen Stoffwechsel mit der Natur als Produktivkraft grundsätzliche Aufmerksamkeit schenkte, beginnt beispielsweise das gesellschaftliche „Reich der Freiheit [.] in der Tat erst da, wo das Arbeiten, das durch Not und äußere Zweckmäßigkeit bestimmt ist, aufhört" (Marx 1969:

828), wenn also die Zwänge der ersten Natur (Naturgesetze) und der bürgerlichen Gesellschaft als „zweiter Natur" überwunden sind. Emile Durkheim rekonstruierte demgegenüber die „Dinge und Sachen" mit Bezug zu ihrer Bedeutung in der gesellschaftlichen Ordnungsbildung. Ihn interessieren natürliche oder technische Phänomene ausschließlich in ihrer Funktion für das soziale Zusammenleben. Max Horkheimer und Theodor Adorno thematisieren als eine der ersten die ungesehenen Rückwirkungen der zunehmenden Naturbeherrschung durch den Menschen. Sie kritisieren 1944 in ihrer „Dialektik der Aufklärung" (Horkheimer & Adorno 1997) die Durchsetzung einer einseitigen instrumentellen Vernunft, in deren Rahmen Naturbeherrschung zum Ausgangspunkt der Herrschaft über die innere und äußere Natur werde. In ihrer Konsequenz werden demnach die Subjekte unfähig, das Fremde und Mannigfaltige der Natur zu erkennen, vielmehr führe instrumentelle Vernunft in einen Positivismus des Faktischen und wende sich schließlich gegen die Zivilisation selbst.

Diese Reflexivität, mit der technologischer Fortschritt, Rationalisierung und Differenzierung als linear gedachte Ideale moderner Gesellschaften in eine politisch, ökonomisch und ökologisch bedrohte „Risikogesellschaft" umschlagen, greift Ulrich Beck auf (→ Kap. 5 zu Risiko und Risikokonflikten). Mit seinem wegweisenden Buch „Risikogesellschaft. Auf dem Weg in eine andere Moderne" (1986) dokumentiert er eine grundsätzliche Perspektivenverschiebung in der deutschen Soziologie: Marktwirtschaft und Industriegesellschaft galten schon länger nicht mehr als immerwährende Erfolgsgeschichte, sondern als institutionell im Umgang mit den selbst produzierten Risiken und Nebenfolgen überfordert. Becks Analyse erschien kurz nach dem Reaktorunglück in Tschernobyl und im gleichen Jahr wie Niklas Luhmanns „Ökologische Kommunikation" (1986) und prägte gegen Ende des zwanzigsten Jahrhunderts eine Generation von Soziolog*innen, die sich verstärkt mit Umwelt, Technik und Risiko in der Gesellschaft auseinandersetzen.

Heute diskutieren auch im Ausland führende Sozialtheoretiker wie Anthony Giddens (2009), Zygmunt Bauman (2011), Bruno Latour (Latour 1995; 2018) und John Urry (2011) die Umweltproblematik aus soziologischer Sicht und erwägen, wie ökologische Risiken und gesellschaftliche Reaktionen in der Disziplin behandelt werden sollen. Den neuen Fokus auf Umweltthemen hat vor allem die international wachsende Aufmerksamkeit für die (bedrohte) äußere Natur und ihren Wandel (*Global Environmental Change*) ausgelöst sowie deren Berücksichtigung auf der politischen Agenda und in großen Teilen der Gesellschaft, und damit den meisten Untersuchungsbereichen der Soziologie (Lidskog et al. 2015: 342).

Dort, wo das Interesse weiterhin fehlte, reagierten die großen Forschungsförderer auf die Umweltsorgen der Öffentlichkeit und halfen mit einer gezielten Themensetzung und dem Ruf nach mehr interdisziplinärer und international eingebundener Forschung nach. In der Folge erwarb sich die Umweltsoziologie ihre Legitimation auch vorbei an der soziologischen Tradition durch die internationale Zusammenarbeit mit Nachbardisziplinen und den Naturwissenschaften. Dabei gewinnen theoretische Perspektiven an Bedeutung, die nicht von einer a priori Unterscheidung und Unterscheidbarkeit von Natur, Technik und Gesellschaft ausgehen, aber auf Wechselwirkungen und die permanente Produktion von soziotechnischen Hybriden hinweisen, insbesondere aus den Science-Technology-Studies (→ Kap. 3 zu gesellschaftlichen Naturverhältnissen). Nichtsdestotrotz dominiert in der US-amerikanischen Umweltsoziologie bis heute eine eher realistische Perspektive auf Umwelt, die zumindest teilweise als biophysisch bestimmte Realität betrachtet wird. Da die Umwelt aus dieser Sicht der gesellschaftlichen Entwicklung eindeutige und benennbare Grenzen setzt, akzeptieren viele amerikanische Kolleg*innen für ihre Arbeit eine Abhängigkeit von den Naturwissenschaften, deren Deutungen und Kalkulationen. Demgegenüber bezweifelt die europäische Umweltsoziologie zwar nicht die Existenz dieser Realität, konzentriert sich aber überwiegend sozialkonstruktivistisch auf deren Wahrnehmung und Interpretation in Umweltdebatten und sozialen Praktiken und unterzieht auch die naturwissenschaftlichen Statements und Analysen der kritischen Rekonstruktion. Rolf Lidskog, Arthur Mol und Peter Oosterveer (2015: 349) beobachten zudem, dass Vertreter*innen der amerikanischen Umweltsoziologie meist wachstumskritisch und umweltpolitisch engagiert sind, während ihre europäischen Kolleg*innen eher dazu tendierten, umweltpolitisches Engagement kritisch zu untersuchen und zu hinterfragen. Tatsächlich ist die deutsche Umweltsoziologie bis heute stark von fortwährenden Realismus-Konstruktivismus-Debatten über die Bedeutung der Interaktionen von Natur und Gesellschaft sowie Technik und Gesellschaft und den damit verbundenen erkenntnistheoretischen Problemen geprägt, teils auch gelähmt. Viele Autor*innen betrachten „nachhaltige Entwicklung" erst in den letzten Jahren nicht mehr nur als einen zu untersuchenden Diskurs, sondern auch als ein Forschungsmotiv und einen zu untersuchenden Transformationsprozess (Block et al. 2019).

6. Die Herausforderungen der Umweltsoziologie im Anthropozän

Wir haben die Einleitung bewusst unter den Begriff des Anthropozän gestellt, obwohl dieser aus sozialwissenschaftlicher Perspektive heftig kritisiert wird. Er wurde von dem Atmosphärenchemiker und Nobelpreisträger Paul Crutzen in seinem vielbeachteten Nature-Artikel „Geology of Mankind" (2002) in die Diskussion gebracht. Crutzen warnt darin vor den bedrohlichen Wirkungen und Langzeitfolgen des wachsenden menschlichen Einflusses auf Umwelt und Klima und wirbt für eine „angemessene Reaktion auf allen Ebenen", darunter auch große Geo-Engineering-Projekte zur „Klima-Optimierung" (ebd. S. 23). Zwar weist er darauf hin, dass nur ein Viertel der Weltbevölkerung für die Umweltveränderungen verantwortlich ist, deren Effekte zuerst und vor allem die anderen drei Viertel bedrohen, aber als Naturwissenschaftler setzt er sich mit den zugrunde liegenden Ungleichheiten und Unterschieden hinter dieser Verursacher-Betroffenen-Relation nicht auseinander.

Problematischer ist, dass er auch für die ursächlichen Weltbilder und Handlungsorientierungen wenig sensibel ist, etwa für den unbeirrten Glauben, alle Probleme könnten technisch gelöst werden, und zwar im Namen der ganzen Menschheit von jenen, die sie schon verursacht haben, und ohne von den Strukturen abzurücken, die dafür treibend waren. Zu diesen „Strukturen" gehören, so die vielfältige Kritik, eine entfesselte Marktwirtschaft, die einige Autor*innen entsprechend als

„Kapitalozän" bezeichnen (Bonneuil & Fressoz 2016; Haraway 2018), ölhungrige Demokratien, deren Stabilität von Wachstum und imperialer Ausbeutung abhängt (Mitchell 2011; Brand & Wissen 2017), und die großen Infrastruktur- und Versorgungssysteme, deren nachhaltiger Umbau an technischen, ökonomischen und diskursiven Pfadabhängigkeiten zu scheitern droht (Unruh 2002; Kropp 2018), wie das Kapitel 9 anhand von Energie- und Mobilitätswende aufzeigt. Die Kritik am Anthropozän-Konzept umfasst zudem den anthropozentrischen Fokus auf die nur menschliche Betroffenheit, der das Leiden anderer Kreaturen ausblendet, die industriefixierte Blindheit gegenüber der langen und vielfältigen, beispielsweise auch bakteriellen Geschichte auf dem Weg in das Anthropozän, den ungebrochenen Fortschrittsglauben und die unzulässige ethnozentrische Generalisierung der Problemwahrnehmung und Lösungsvorstellungen. Schließlich wird mit dem Begriff meist einseitig der Klimawandel in das Zentrum gerückt, während beispielsweise die davon unabhängige Ausrottung der meisten Lebewesen (beschönigend als „Artensterben" bezeichnet), die Vergiftung von Böden und Lebensmitteln und die Bedrohungen durch nukleare Abfälle, Monokulturen und Ressourcenschwund kaum mitbedacht werden. Damit sind schon einige jener großen Herausforderungen benannt, vor denen die Umweltsoziologie heute steht.

Mit diesen Herausforderungen sind erhebliche und soziologisch anspruchsvolle Paradoxien verbunden, die wir in den Kapiteln 4 zu Umweltbewusstsein und 5 zu Risikokonflikten vertiefen: Bislang werden ökologische Bedrohungen am wenigsten von jenen problematisiert, die am stärksten betroffen sind – vielmehr ist Umweltbewusstsein offensichtlich von dem Güterwohlstand abhängig, der die Probleme mitverursacht. Umgekehrt zeichnen sich die besonders umweltbewussten Bevölkerungsgruppen regelmäßig durch ein besonders umweltschädliches Verhalten aus. Wie auch die gegenwärtige Umweltbewusstseinsstudie des Umweltbundesamts von 2019 zeigt, liegen deren Ressourcenverbräuche und Emissionen aufgrund ihrer mobilitäts-, flächen- und güterintensiven Lebensstile in fast allen Bereichen über denen jener gesellschaftlichen Gruppen, die sich wenig für Umweltfragen interessieren. So kommt es, dass auf Haushalts- und auf Nationenebene die Höhe der klimarelevanten Emissionen einen verlässlichen Wohlstandsindikator darstellen. Dabei geht insbesondere die global am meisten angestrebte Lebensführung der Mittelschichten, die vor allem in Städten rasant zunimmt, trotz der urbanen Dichtevorteile mit jenem übergroßen ökologischen Fußabdruck einher, der überwunden werden muss. Technologien aber, die sich auf diese Überwindung richten und eine Entkoppelung von Produktivität und Ressourcenverbrauch versprechen, beispielsweise energiesparsame Geräte und die digitale Überwachung von Ressourcenflüssen, werden häufig von sogenannten Rebound-Effekten überkompensiert und motivieren finanziell, psychologisch oder technisch noch höhere Verbräuche (Sonnberger & Gross 2018). All das lässt immer deutlicher werden, dass der quantitative Wohlstand mit den qualitativen Anforderungen eines guten Zusammenlebens im Rahmen der irdischen Tragfähigkeit nicht vereinbar ist (Steffen et al. 2015; WBGU 2011, 2016).

Wie die Publizistin Naomi Klein (2015) und der Philosoph Bruno Latour (2018) besonders prägnant herausstellen, erscheinen in westlichen Überflussgesellschaften jedoch die ökonomischen Zwänge größer und kurzfristig dringlicher als die ökologischen Probleme und die mit ihnen verbundenen Fragen des langfristigen Überlebens. Werden aber die bisherigen produktivitäts- und wachstumsorientierten Leitbilder angesichts drohender Umweltkatastrophen und fehlender Erfolge ihrer Bewältigung in Frage gestellt, verlieren zentrale Koordinaten des wissenschaftlichen und politischen Denkens ihre Gültigkeit (Latour 2018). Deshalb hat sich im neuen Jahrtausend eine sozial-ökologische Transformationsforschung etabliert, die wir im letzten Kapitel vorstellen. Sie setzt sich auf den verschiedensten Ebenen mit der Schlüsselfrage des 21. Jahrhunderts auseinander, wie nämlich eine Gesellschaftsentwicklung aussehen und herbeigeführt werden kann, die ihre lebensnotwendigen Grundlagen erhält.

Größe und Komplexität der Frage lassen für die kommenden Jahrzehnte ausreichend Forschungs- und Beschäftigungspotenzial erwarten. Dabei wird es darauf ankommen, die geschilderte Realismus-Konstruktivismus-Problematik zugunsten der Untersuchung zukunftsfähiger Veränderungsprozesse und ihrer Durchsetzbarkeit zu überwinden. Die Umweltsoziologie muss sich dafür – wie schon in der Phase ihrer Entstehung – zentral mit Konflikten und gesellschaftlichen Bewegungen auseinandersetzen, ein Forschungsfeld, das wir in Kapitel 6 erschließen. Während es mancherorts zum Selbstverständnis der Kolleg*innen zu gehören scheint, dazu auch einen kritischen „counter-hegemonic"-Blick auf die Dominanz neoliberaler Perspektiven zu werfen (Lidskog et al. 2015: 350), positionieren sich Soziolog*innen in Deutschland oftmals ungern politisch. Sie vermeiden die Nähe zu Umweltbewegungen und politischen Aktivisten, deren Verdienst es ist, die ökologischen Fragen auf die Agenda gesetzt zu haben. Für alle Forscher*innen der Umweltsoziologie besteht eine Herausforderung darin, sich in einem hochpolitisierten Forschungsfeld zu bewegen, sich der Situiertheit der eigenen Forschungsperspektiven bewusst zu sein und dennoch den Ansprüchen wissenschaftlicher Gütekriterien zu genügen, ohne die die Wissenschaft obsolet wird.

Hinzu kommt eine weitere Problematik: Angesichts der globalen Umweltprobleme und -institutionen kann sich die Umweltsoziologie nur begrenzt auf die Untersuchung lokaler, regionaler und nationaler Umweltprobleme, -konflikte und -maßnahmen beschränken. Sie muss die globalen Zusammenhänge in ihren materiell-energetischen, ökonomischen und politischen Dimensionen mitberücksichtigen. Auch vor diesem Hintergrund steht die Umweltsoziologie vor der Schwierigkeit, nicht nur überhaupt mit (normativen) Gerechtigkeits- und Fairnessfragen konfrontiert zu sein, sondern auch mit deren von Kontext zu Kontext unterschiedlicher Formulierung. Inter- und Transdisziplinarität kennzeichnen daher ihre Arbeitsweise und erhöhen die Anforderungen an die Forschung, die Methoden und die Kommunikation der Ergebnisse. Notwendig ist, sowohl die naturwissenschaftlichen Analysen zu Umwelt- und Technikrisiken „realistisch" zu berücksichtigen, als auch deren Situiertheit und Abhängigkeit von gesellschaftlichen Wertsetzungen und Arbeitsperspektiven „sozialkonstruktivistisch" im Auge zu behalten und zugleich durch den Blick über den akademischen Tellerrand hinaus „pragmatisch" auch solche Problemwahrnehmungen und Lösungsvorschläge zu integrieren, die jenseits der wissenschaftlichen Aufmerksamkeitsfilter entstehen, den Gang der

Kapitel 1: Einleitung – Zur gesellschaftlichen Erkenntnis von Umweltproblemen

Umweltdebatte aber wesentlich prägen. Unserer Ansicht nach darf sich die Umweltsoziologie im Angesicht dieser Herausforderungen weder im Elfenbeinturm verbarrikadieren noch in der Gemengelage politischer Aktionen verlieren. Sie wird daher in vielen Fällen auf eine kritisch-konstruktive „öffentliche Soziologie" hinauslaufen (Buroway 2005), die international und interdisziplinär vernetzt ihre disziplinär gut verankerten Befunde breiten Öffentlichkeiten für den notwendigen Wandel reflexiv zur Verfügung stellt.

Was Studierende aus diesem Kapitel mitnehmen können:

- Wissen über Natur und Umwelt als Gegenstand von Wahrnehmung und Beobachtung
- Wissen über die grundlegende Spannung zwischen realistischen und sozialkonstruktivistischen Ansätzen in der Umweltsoziologie
- Verständnis für das Verhältnis der Umweltsoziologie zu anderen Wissenschaften, die sich mit Umweltfragen beschäftigen (insbesondere Natur- und Ingenieurwissenschaften)
- Verständnis für die gegenwärtigen Herausforderungen der Umweltsoziologie angesichts globaler ökologischer Herausforderungen (Anthropozän)

Literatur

Bauer, S., T. Heinemann & T. Lemke (Hrsg.), 2017: Science and Technology Studies. Klassische Positionen und aktuelle Perspektiven. Frankfurt a.M.: Suhrkamp.

Bauman, Z., 2011: Collateral Damage: Social Inequalities in a Global Age. Cambridge: Polity.

Beck, U., 1986: Risikogesellschaft. Auf dem Weg in eine andere Moderne. Frankfurt a.M.: Suhrkamp.

Berger, P.L. & T. Luckmann, 1969: Die gesellschaftliche Konstruktion der Wirklichkeit. Eine Theorie der Wissenssoziologie. Frankfurt a.M.: Fischer Verlag.

Block, K., K.-W. Brand, A. Henkel, T. Barth, S. Böschen, S. Dickel, B. Görgen, J. Köhrsen, T. Pfister & B. Wendt, 2019: Soziologie der Nachhaltigkeit. Soziologie und Nachhaltigkeit. Beiträge zur sozial-ökologischen Transformation Sonderausg: 4–17.

Blühdorn, I., 2020: Die Gesellschaft der Nicht-Nachhaltigkeit. Skizze einer umweltsoziologischen Gegenwartsdiagnose. S. 65–142 in: I. Blühdorn (Hrsg.), Nachhaltige Nicht-Nachhaltigkeit. Warum die ökologische Transformation nicht stattfindet. Bielefeld: Transcript.

Bonneuil, C. & J.-B. Fressoz, 2016: The Shock of the Anthropocene. London: Verso.

Böschen, S., B. Gill, C. Kropp & K. Vogel (Hrsg.), 2014: Klima von unten. Regionale Governance und gesellschaftlicher Wandel. Frankfurt a.M.: Campus.

Brand, K.-W. & W. Rammert, 1997:... eine Soziologie, als ob Natur nicht zählen würde? S. 529–532 in: S. Hradil (Hrsg.), Differenz und Integration. Die Zukunft moderner Gesellschaften. Verhandlungen des 28. Kongresses der Deutschen Gesellschaft für Soziologie in Dresden 1996. Frankfurt a.M.: Campus.

Brand, U. & M. Wissen, 2017: Imperiale Lebensweise. Zur Ausbeutung von Mensch und Natur im globalen Kapitalismus. München: Oekom.

Brandt, P., A. Ernst, F. Gralla, C. Luederitz, D.J. Lang & J. Newig, 2013: A review of transdisciplinary research in sustainability science. Ecological Economics 92: 1–15.

Buroway, M., 2005: For Public Sociology. American Sociological Review 70: 4–28.
Crutzen, P.J., 2002: Geology of mankind. Nature 415: 23.
Dunlap, R.E., 2010: The maturation and diversification of environmental sociology: from constructivism and realism to agnosticism and pragmatism. S. 15–32 in: G. Woodgate & M.R. Redclift (Hrsg.), The international handbook of environmental sociology. Cheltenham: Edward Elgar.
Dunlap, R.E. & W.R. Catton, 1994: Towards an Ecological Sociology: The Development, Current Status, and Probable Future of Environmental Sociology. S. 11–31 in: W. V D'Antonio, M. Sasaki & Y. Yonebayashi (Hrsg.), Ecology, Society and the Quality of Social Life. New Brunswick, London: Transaction Publishers.
Giddens, A., 2009: The Politics of Climate Change. Cambridge: Polity.
Gill, B., 2003: Streitfall Natur. Wiesbaden: Springer VS.
Glasersfeld, von E., 1997: Radikaler Konstruktivismus. Ideen, Ergebnisse, Probleme. Frankfurt a.M.: Suhrkamp.
Gross, M. & R. Mautz, 2015: Renewable Energies. London, New York: Routledge.
Haraway, D., 2018: Unruhig bleiben. Die Verwandtschaft der Arten im Chthuluzän. Frankfurt a.M.: Campus.
Horkheimer, M. & T.W. Adorno, 1997: Dialektik der Aufklärung. Philosophische Fragmente. Frankfurt a.M.: Fischer.
Immler, H., 1985: Natur in der ökonomischen Theorie. Opladen: Westdeutscher Verlag.
Jahn, T., M. Bergmann & F. Keil, 2012: Between mainstreaming and marginalization. Ecological Economics. Ecological Economics 79: 1–10.
Klein, N., 2015: Die Entscheidung: Kapitalismus vs. Klima. Frankfurt a.M.: Fischer Verlag.
Kropp, C., 2002: „Natur". Soziologische Konzepte – politische Konsequenzen. Opladen: Leske + Budrich.
Kropp, C., 2018: Infrastrukturierung im Anthropozän. S. 181–204 in: A. Henkel & H. Laux (Hrsg.), Die Erde, der Mensch und das Soziale: Zur Transformation gesellschaftlicher Naturverhältnisse im Anthropozän. Bielefeld: Transcript.
Latour, B., 1995: Wir sind nie modern gewesen. Versuch einer symmetrischen Anthropologie. Berlin: Akademie Verlag.
Latour, B., 2007: Eine neue Soziologie für eine neue Gesellschaft. Berlin: Suhrkamp.
Latour, B., 2018: Das terrestrische Manifest. Berlin: Suhrkamp.
Lidskog, R., A.P.J. Mol & P. Oosterveer, 2015: Towards a global environmental sociology? Legacies, trends and future directions. Current Sociology 63: 339–368.
Luhmann, N., 1986: Ökologische Kommunikation. Kann die moderne Gesellschaft sich auf ökologische Gefährdungen einstellen?. Opladen: Westdeutscher Verlag.
Mannheim, K., 1929: Ideologie und Utopie. Bonn: Cohen.
Marx, K., 1969: Das Kapital. Kritik der ökologischen Ökonomie. Dritter Band. Berlin: Karl Dietz Verlag.
Mitchell, T., 2011: Carbon Democracy. Political Power in the Age of Oil. London: Verso.
Murphy, R., 2004: Disaster or Sustainability: The Dance of Human Agents with Nature's Actants*. Canadian Review of Sociology/Revue canadienne de sociologie 63: 317–338.
Murphy, R., 2015: The emerging hypercarbon reality, technological and post-carbon utopias, and social innovation to low-carbon societies. Current Sociology 63: 317–338.
Rammert, W., 1997:... eine Soziologie, als ob Natur nicht zählen würde? Soziologie: 23–32.
Rosa, E.A., 1998: Metatheoretical foundations for post-normal risk. Journal of Risk Research 1: 15–44.
Schütz, A. & T. Luckmann, 1971: Strukturen der Lebenswelt (Band I). Frankfurt a.M.: Suhrkamp.
Sonnberger, M. & M. Gross, 2018: Rebound Effects in Practice: An Invitation to Consider Rebound From a Practice Theory Perspective. Ecological Economics 154: 14–21.
Steffen, W., K. Richardson, J. Rockström, S.E. Cornell, I. Fetzer, E.M. Bennett, R. Biggs, S.R. Carpenter, W. De Vries, C.A. De Wit, C. Folke, D. Gerten, J. Heinke, G.M. Mace,

L.M. Persson, V. Ramanathan, B. Reyers & S. Sörlin, 2015: Planetary boundaries: Guiding human development on a changing planet. Science 347: 736-747.
Unruh, G.C., 2002: Escaping carbon lock-in Gregory. Energy Policy 30: 317–325.
Urry, J., 2011: Climate Change and Society. Cambridge: Polity.
Viehöver, W., 2010: Die Wissenschaft und die Wiederverzauberung des sublunaren Raumes. Der Klimadiskurs im Licht der narrativen Diskursanalyse. in: Handbuch Sozialwissenschaftliche Diskursanalyse.
Voss, M. (Hrsg.), 2010: Der Klimawandel. Sozialwissenschaftliche Perspektiven. Wiesbaden: VS Verlag für Sozialwissenschaften.
WBGU, 2011: Welt im Wandel – Gesellschaftsvertrag für eine Große Transformation. Berlin.
WBGU, 2016: Der Umzug der Menschheit: Die transformative Kraft der Städte. Berlin.
Weingart, P., A. Engels & P. Pansegrau, 2002: Von der Hypothese zur Katastrophe. Der anthropogene Klimawandel im Diskurs zwischen Wissenschaft, Politik und Massenmedien. Leverkusen, Berlin: Leske + Budrich.
Welzer, H., H.-G. Soeffner & D. Giesecke (Hrsg.), 2010: KlimaKulturen. Soziale Wirklichkeiten im Klimawandel. Frankfurt a.M., New York: Campus.

Literaturempfehlungen

Beck, U., 1986: Risikogesellschaft. Auf dem Weg in eine andere Moderne.
Ein Klassiker der Umweltsoziologie. Die Lektüre ist bis heute empfehlenswert, weil die Grundproblematik hier entfaltet wird, was die ökologische Krise für die moderne Gesellschaft bedeutet.

Bonneuil, C. & J.-B. Fressoz, 2016: The Shock of the Anthropocene.
Eine Einführung in das Anthropozän aus gesellschaftstheoretischer Perspektive: Die beiden Historiker sensibilisieren für die sozioökonomischen, soziotechnischen und politischen Hintergründe der nicht nachhaltigen Naturverhältnisse.

Latour, B., 1995: Wir sind nie modern gewesen. Versuch einer symmetrischen Anthropologie.
Eine bedeutende Streitschrift der Umweltsoziologie: Was, so die Frage, wenn die Soziologie insgesamt mit der Unterscheidung von Gesellschaft und Natur einer modernistischen Selbsttäuschung als Quelle der ökologischen Probleme aufsäße?

Kapitel 2: Gesellschaftliche Naturverständnisse – Die soziale Konstruktion von Natur und Umwelt

In diesem Kapitel lernen Sie die Vielfalt gesellschaftlicher Vorstellungen über Natur (Naturbegriffe) und deren Bedeutung für die gesellschaftliche Ordnung kennen. Sie erfahren, dass gesellschaftliche Naturverständnisse auf basaler Ebene im Alltagswissen verankert sind, darüberhinaus aber gemäß der Logik unterschiedlicher Teilsysteme spezifisch ausdifferenziert werden. Zugleich erlangen Sie Einsicht in die Rolle von Naturverständnissen im Zuge des historischen Wandels und für den Umgang mit den Herausforderungen nachhaltiger Entwicklung.

Menschen nehmen Natur und Umwelt durch eine kulturelle Brille wahr, die ihren Blick lenkt und die Zuordnungen, Präferenzen und Ängste bestimmt. Sie erfahren dadurch die natürliche Welt, von der externen Umwelt bis zum eigenen Körper, nicht „unmittelbar", sondern aus derjenigen Perspektive, die ihnen gesellschaftlich zur Verfügung steht. So ist bekannt, dass Kinder zunächst die Sichtweisen ihrer Eltern übernehmen und beispielsweise Spinnentiere je nach Ansicht der Eltern als eher bedrohlich oder nützlich wahrnehmen. Auf überindividueller Ebene schätzen soziale Gruppen das an der Natur, was Märchen, Medien und Mitmenschen als schön darstellen, und fürchten umgekehrt das, was – vom dunklen Wald bis zum bösen Wolf – kulturell oder gruppentypisch als bedrohlich gilt. In den alltäglichen Konstruktionen von Natur schneiden Hasen, Hunde, Weiden, Seen und Enzyme regelmäßig besser ab als Schweine, Wölfe, Wälder, Flüsse und Bakterien. Derlei symbolische Kategorien gehen mit weitreichenden Konsequenzen einher, sodass beispielsweise Schweine, die in Bezug auf Empfindsamkeit und Intelligenz Hunden nicht nachstehen, in Deutschland vor allem als ‚Nutztiere' für die industrielle Fleischerzeugung wahrgenommen werden, die An- oder Abwesenheit von Wölfen ganze Regionen in Konflikte stürzt und Flüsse in Bezug auf verschiedene Nutzungsansprüche leicht politisierbar sind (→ Kap. 6 zu Umweltbewegung und Umweltkonflikten). Deutsche Naturverständnisse unterscheiden sich aufgrund differenter Naturdiskurse und Naturbezüge von denen anderer Länder und Kontinente, aber auch im Inland fallen die Naturwahrnehmungen in Abhängigkeit von Fachwissen, Praxisbezug und Interesse gruppenspezifisch verschieden aus, wie Studien zum Naturbewusstsein zeigen (→ Kap. 4 zu umweltbezogenen Haltungen und Umwelthandeln).

Fach- und Spezialwissen beeinflusst die Wahrnehmung und Bewertung von Natur, indem bestimmte Phänomene aus der physischen Welt kognitiv besondere Aufmerksamkeit erhalten, etwa Waldschäden im Blick der Förster*in gegenüber jenem von Spaziergänger*innen oder die typische Sicht auf Körpergewicht aus weiblicher oder männlicher Perspektive. Normativ werden den natürlichen Dingen zugleich unterschiedliche Funktionalitäten und Werte zugeschrieben. Daneben haben individuelle und kollektive Praktiken einen elementaren Einfluss auf die Naturwahrnehmung, weil sie Naturbezüge und -erfahrungen ermöglichen und in Routinen lenken, so dass beispielsweise Hundehalter*innen oder Gärtner*innen über Kenntnis und Interessen hinaus ihr Gegenüber anders wahrnehmen und mit diesem anders interagieren als Personen mit nur geringem praktischen Bezug zu Hunden oder Pflanzen. Das drückt sich auch darin aus, dass erst diese individuellen und kollektiven Praktiken die Menschen befähigen, sich der natürlichen Welt anzupassen und diese zugleich nach ihren eigenen Interessen auszurichten. Insofern bedingen Interessen, was überhaupt als Natur wahrgenommen und im Rahmen welcher Interaktionsperspektiven und Nützlichkeitserwägungen in das Handeln und Entscheiden einbezogen wird. Die gesellschaftliche Bedeutung von Umwelt ist daher in aller Regel eine anthropozentrische: Umwelt wird dann zum Thema und Problem, wenn ihre ansonsten selbstverständliche Verfügbarkeit und Nutzbarmachung für menschliche Belange in Frage gestellt wird oder Naturkatastrophen menschliche Interessen durchkreuzen. Ökozentrische Naturverständnisse werden demgegenüber fast ausschließlich in der Naturethik oder Naturphilosophie verhandelt und erhalten zuletzt in der Kultur- und Humangeographie als „more-than-human-worlds" wachsende Aufmerksamkeit (→ Kap. 3 zu gesellschaftlichen Naturverhältnissen).

Für die Umweltsoziologie sind die sozio-kulturellen Symbolisierungen von Natur im Alltagswissen sowie ihre zeitliche und soziale Unterschiedlichkeit und kontextuelle Prägung ein wichtiges Untersuchungsfeld, und dies vor allem in interdisziplinären Zusammenhängen. Wenn beispielsweise in der Stadtentwicklung Entscheidungen über grüne Infrastrukturen wie Gärten und Parkanlagen anstehen (Winter 2015), in ländlichen Räumen Akzeptanz für Standortentscheidungen zu Windrädern oder Produktionsanlangen gewonnen oder allgemein die Motivation für nachhaltiges Umwelthandeln und ökologischen Konsum erhöht werden soll, werden Sozialwissenschaftler*innen zu den Mustern der Naturwahrnehmung und -bewertung befragt (Rückert-John 2017). Auf die Hintergründe von Umwelteinstellungen und Umweltbewusstsein sowie ihre Untersuchung gehen wir in Kapitel 4 genauer ein, auf Umweltkonflikte in Kapitel 6.

In diesem Kapitel stehen demgegenüber soziologische Theorien im Zentrum, die ihren Blick auf gesellschaftliche Natur*verständnisse* und die Bedeutung der sozialen Konstruktion von Natur für gesellschaftliche Ordnung sowie sozialen Wandel richten. Unter Naturverständnissen subsumieren wir hier alle Vorstellungen und Deutungsansprüche, die sich auf die äußere ‚Natur' oder (meist problembezogener) die natürliche Umwelt richten. Die Theoretisierung von Naturverständnissen ist in der Soziologie diskontinuierlich verlaufen. Das ist zum einen die Folge einer disziplinären Arbeitsteilung, durch die der gesellschaftliche Stoffwechsel und seine soziale Beobachtung, also die „sozio-materiellen" Naturbezüge, lange als Untersuchungsobjekt der Naturwissenschaften galten, obwohl deren Bedeutung für Eigentums- und Produktionsverhältnisse von John Locke und Karl Marx früh herausgestellt wurde (Immler 1985). Zum anderen sind gesellschaftliche Naturverständnisse und -diskurse oftmals als Teil- oder Unterthema in gegenwartsdiagnostische Theorien eingegangen, etwa in der Kritischen Theorie (Horkheimer & Adorno 1969), in der Cultural Theory (Douglas & Wildavsky 1982), der Systemtheorie (Luhmann 1986) oder der Theorie Reflexiver Modernisierung (Beck 1988). Vor diesem Hintergrund liegen die theoretischen Bezüge der Umweltsoziologie auf *gesellschaftliche Naturverständnisse* etwas disparat vor und müssen für die Darstellung in diesem Buch systematisiert werden. Wir tun dies, indem wir zunächst die Hintergründe der sozialen Konstruktion von Natur aus einer wissenssoziologischen und damit sozialkonstruktivistischen Perspektive rekonstruieren, dann auf den sozialen Wandel von Naturverständnissen in historischen Aneignungsperspektiven eingehen und im dritten Schritt die Bedeutung dieser Naturverständnisse für die Herausforderungen nachhaltiger Entwicklung im sogenannten ‚Anthropozän' erkunden. In Kapitel 3 setzen wir uns dann mit den *gesellschaftlichen Naturverhältnissen* auseinander, deren Betrachtung auf der hier erarbeiteten gesellschaftlichen Konzeption von Natur aufbaut und diese in interdependente sozio-materielle Naturbeziehungen einbettet.

1. Die gesellschaftliche Konstruktion von Natur: über die Bedeutung von Naturkonzepten im Alltagswissen

Seit Peter Berger und Thomas Luckmann (1969) die Bedeutung von Alltagswissen für sozialen Sinn, soziales Handeln und gesellschaftliche Institutionen herausgestellt haben, hat sich in den Sozialwissenschaften eine sozialkonstruktivistische Perspektive etabliert, die nach den Bedingungen der gesellschaftlichen Erzeugung dessen fragt, was als Wissen über die Wirklichkeit gilt. Demnach erwerben sich Handelnde in Prozessen der primären und sekundären Sozialisation ein kulturtypisches Wissen beispielsweise darüber, was sie essen sollen, was sie von bestimmten Tierarten zu halten haben, wie sie über Wälder und deren angemessene Bewirtschaftung denken oder wie sie ihren Körper einschätzen. Entsprechend betrachtet die (Umwelt-)Soziologie das Wissen und Denken über Natur als einen Untersuchungsgegenstand, der von den verschiedenen Handelnden in der Gesellschaft zwar „allgemeingültig", aber nicht objektiv bestimmt werden kann. Das gilt auch für die Naturwissenschaften, deren fachspezifischer Blick ebenfalls von tradierten Erkenntnisperspektiven geprägt ist und von historisch und kulturell eingebettetem Sonderwissen und Routinen. „Die Natur" entsteht also im Rahmen der „gesellschaftlichen Konstruktion der Wirklichkeit", so der Titel des zentralen Werks von Berger und Luckmann (1969). Menschen finden sich demzufolge kaum durch Instinkte, aber durch kulturelles Alltagswissen in der Welt zurecht, das sie im Prozess der Sozialisation über Sprache, Symbole, Rollen und Wertsetzungen internalisieren. Nachdem die ersten Naturverständnisse als intersubjektiv gültige Wirklichkeiten von signifikanten Anderen wie Eltern und Lehrer*innen übernommen wurden und in der Folge Schweine und Kühe als nützliche Nahrungslieferanten, Hunde und Katzen aber als liebenswerte Haustiere gelten[2], kommt, wie einleitend angedeutet, rollenspezifisches Fach- und Spezialwissen mit entsprechend differenzierten Normen hinzu, sodass in den Subwelten von Landwirtschaft, Medizin, Küche oder Kunst unterschiedliche Naturverständnisse und Routinen beispielsweise in Bezug auf Schweine(fleisch) vermittelt werden. Solange nicht Krisenerfahrungen oder andere disruptive Prozesse die kulturell eingelebten Naturverständnisse von außen in Frage stellen und ihre plausible Gültigkeit einer

---

[2] In den letzten Jahren werden die hierarchische Ordnung und ungleiche Behandlung von Tieren in den Critical Animal Studies als Speziezismus kritisiert und Möglichkeiten des Denkens in „multispecies worlds" sondiert (Westerlaken 2020).

„resozialisierenden" Neukodierung unterwerfen, orientieren sie langfristig das soziale Handeln. Naturverständnisse stabilisieren so die gesellschaftliche Ordnung als intersubjektiv geteilte Selbstverständlichkeit.

Der Sprache, oder man könnte auch sagen der üblichen Sprech*weise* über Natur, Umwelt, Körper, kommt als Ursprung der sozialen Konstruktion von Alltagswelt dabei eine fundamentale Bedeutung zu. Sie strukturiert semantische Felder des Naturbezugs (beispielsweise Stadt und Land, Nutztier und Haustier), organisiert individuelle Erlebnisse je nach Wortschatz in allgemeinen Sinnordnungen und liefert den Wissensvorrat, der bestimmt, was in den verschiedenen Subwelten als „normal" gilt – zumindest so lange, bis sich auf Basis dieser im Alltagswissen stabilisierten Naturverständnisse nicht mehr problemlos handeln und mit anderen Menschen interagieren lässt. Naturverständnisse orientieren das alltägliche Handeln also wie eine gesellschaftliche Institution, die im Sinne gedanklicher Spielregeln geteilte Typisierungen und wechselseitige Erwartungssicherheit schaffen. Institutionell ist daher ein Schweinesteak auf der Speisekarte in Deutschland unproblematisch, ein Hundesteak würde für Irritation sorgen. Wird, um im Bilde zu bleiben, die industrielle Fleischerzeugung mit ihren für Schweine und Kühe zumeist grausamen Bedingungen aber in der sozialen Mitwelt skandalisiert und für das Individuum unerträglich, kann die damit ausgelöste Legitimationskrise des dominanten Naturverständnisses individuell, aber auch milieuspezifisch oder gar historisch zu einer Veränderung in der gesellschaftlichen Konstruktion von Nutztieren und zu neuen Subsinnwelten führen, etwa des Vegetarismus. Allerdings spielt der Grad der Verdinglichung bzw. „Objektivierung" gegebener Sinnwelten in starken, durch viele Wiederholungen, Normen und Regeln abgesicherten Institutionen eine große Rolle und begrenzt deren Variabilität. Es kann davon ausgegangen werden, dass das gesellschaftliche Naturverständnis als wesentlicher Teil der gesellschaftlichen Weltbilder stark objektiviert, fest in den gesellschaftlichen Wissensbestand integriert und daher sehr stabil ist. Es gilt geradezu als „naturgegeben".

Diese starke Institutionalisierung von Naturverständnissen geht darauf zurück, dass in Gesellschaften vor allem diejenigen Handlungsfelder habitualisiert werden, die der Lösung alltäglicher Probleme wie beispielsweise der Ernährung dienen. Der institutionalisierte Umgang mit solchermaßen orts- und zeitübergreifenden, allen Gesellschaftsmitgliedern gemeinsamen Problemlösungen wird kulturell so tiefgreifend verinnerlicht (Internalisierung), dass ihre Institutionalisierung über das Subjektive hinaus als objektive Wirklichkeit gilt und von Generation zu Generation tradiert wird. In der Folge kann es zu kognitiven Dissonanzen kommen: Individuen integrieren eigentlich widersprüchliche Haltungen in ihre soziale Praxis, wie etwa die Beurteilung der Haltungsbedingungen von Nutztieren als unerträglich einerseits und den kulturell routinierten Fleischverzehr andererseits. Gegenkulturelle Naturverständnisse, wie eine vegane Lebensweise, werden demgegenüber als ‚fremd' wahrgenommen und durch die Träger*innen der „eingefleischten" Deutungsmuster zurückgewiesen. Dazu trägt, dialektisch die „Externalisierung" der dominanten Deutungen als selbstverständlicher, religiös, kulturell und rechtlich abgesicherter, eben „objektiver" Wissensvorrat in den meisten Relevanzstrukturen der Gesellschaft bei: „Eine verdinglichte Welt ist per definitionem eine enthumanisierte Welt", schreiben Berger und Luckmann (1969: 95) und betonen damit, dass der Mensch diese Welt als eine „Faktizität" erlebt, ein *opus alienum*, über das er keine Kontrolle hat.

Die Natur der Gesellschaft entsteht also im Alltag, indem sich eine gesellschaftlich geteilte Wirklichkeit durch individuelle Bildungsprozesse und soziale Interaktionen institutionell verstetigt und in vielfältiger Weise in Subsinnwelten tradiert. Diese soziale Konstruktion von Natur wird objektiviert und wirkt sich, so der letzte Satz von Berger und Luckmann, auf die darin fundierte Aneignung von Natur aus:

> „Der Mensch ist biologisch bestimmt, eine Welt zu konstruieren und mit anderen zu bewohnen. Diese Welt wird ihm zur dominierenden und definitiven Wirklichkeit. Ihre Grenzen sind von der Natur gesetzt. Hat er sie jedoch erst einmal konstruiert, so wirkt sie zurück auf die Natur. In der Dialektik zwischen Natur und gesellschaftlich konstruierter Welt wird noch der menschliche Organismus umgemodelt. In dieser Dialektik produziert der Mensch Wirklichkeit – und sich selbst." (Berger & Luckmann 1969: 195).

Diese Dialektik im Naturbezug, also die interne Konstruktion von biophysischen Phänomenen als „äußere Natur" und deren externalisierte Objektivierung, spielt in der Umweltsoziologie eine zentrale Rolle. Denn das moderne Alltagswissen ist zentral von einer Natur-Gesellschafts-Dichotomie bestimmt, die gleichzeitig die Abgrenzung von Gesellschaft und Natur *und* deren kontinuierliche, vor allem technische Herstellung und Veränderung zugunsten gesellschaftlicher Bedarfe ermöglicht, eine Doppelbewegung die Bruno Latour (1995) als moderne Verfassung bezeichnet (→ Abschnitte zu Bruno Latour in Kap. 3 zu gesellschaftlichen Naturverhältnissen).

Seit der Antike bezeichnet Natur begrifflich das Andere, in etwa das gedeihende Sein (*phýsis*) im Gegensatz zum technisch Gemachten (*techné*). Als extern Gegebenes, Außermenschliches, Außergesellschaftliches festigt dieses Naturkonzept die Sonderstellung des Menschen als „außernatürlich": Der lebendige (und damit natürliche) Mensch versteht sich nicht als solcher, sondern als ein Kulturwesen, das sich über die Natur erhebt. Helmut Plessner (1965) prägte entsprechend die Kategorie einer „exzentrischen Positionalität". Derzufolge ist der Mensch zwar in seine Umwelt positioniert bzw. „gestellt", in dieser aber „für die Objektivation seiner selbst und der gegenüberliegenden Außenwelt" (Plessner 1965: 305) auf Sprache, Kultur und Wissen angewiesen. Der Mensch orientiert sich also anders als andere Lebewesen nicht instinkthaft, sondern indem er in ein distanziertes, „weltoffenes" Verhältnis zu den natürlichen Bedingungen und sich selbst tritt. „Als exzentrisch organisiertes Wesen muss er sich zu dem, was er schon ist, erst machen" (1965: 309). Dieses „Gesetz der natürlichen Künstlichkeit" führt dazu, dass beispielsweise die Umweltfrage nicht nur die exzentrische Dezentralität des Menschen voraussetzt – eben die Distanznahme zur Natur –, sondern die Befassung mit der Umweltfrage den Menschen erst zum Menschen mit dieser besonderen Fähigkeit macht. Plessner entwickelt damit in seiner philosophischen Anthropologie ein nicht dualistisches Mensch-Natur-Verständnis, das der gesellschaftlichen Unterscheidung in Natur und Gesellschaft zu widersprechen scheint. Aber auch die alltagspraktisch gedachte Entgegensetzung von Natur und Gesellschaft ist schon konzeptionell ein dialektisches Wechselverhältnis: „Das Ensemble dessen, was,wir' nicht sind, lässt sich eben nur durch,uns' bezeichnen", so bemerkt Fritz Reusswig (2017: 100), so wie sich der Sinn des deutschen Lieds „Aus grauer Städte Mauern" erst erschließt, wenn die Differenz von Stadt und Natur hergestellt ist.

Die Dialektik des Naturverständnisses ist auch in Bezug auf seine Bedeutung für kollektive Identitäten bemerkenswert. Denn das abgegrenzte Andere, die Natur, definiert und stabilisiert die Identität des sich abgrenzenden Subjekts, und zwar auch in Mensch-Mensch-Verhältnissen. So lassen sich das Geschlechterverhältnis und ethnische Rassekonzepte als ein Unterthema gesellschaftlicher Naturverständnisse beleuchten. Ausgehend vom weißen, westlichen Mann als gedachter Norm wurden Frauen – und werden es bis heute – mit Verweis auf ihre „natürlichen Schwächen" oder „Reproduktionsaufgaben" als das dem männlichen Homo faber (*breadwinner*) entgegengesetzte Andere (*caregiver*) identifiziert. Im gleichen Muster entsteht in ethnischen Klassifikationsschemata die weiße Identität erst durch die Abgrenzung von andersfarbigen Menschen und der globale Süden als Gegenstück zur modernen Gesellschaft, und zwar aufgrund der jeweils unterstellten Naturnähe. In den genannten Fällen konstituiert sich das Subjekt – die Gesellschaft, der (weiße) Mann, die Moderne – durch die Negation des objektivierten Anderen, über das sich das Subjekt erhebt.

Aus semiotischer Sicht lässt sich ‚Natur' grundsätzlich nur ansprechen und bezeichnen, wenn sie innerhalb unserer Sprach- und Zeichenwelten als etwas anderes platziert werden kann. Werden die kollektiven Identitäten in der postmodernen Dekonstruktion durch die Auflösung dualistischer Essentialismen aber ‚verschoben', wird erkennbar, so Stuart Hall, dass sie nicht mehr sind als wandernde Signifikanten „auf der Suche nach einem transzendentalen Signifikat" (1999: 91)[3]. Das Bezeichnende ist offensichtlich genauso wenig dingfest zu machen wie das Bezeichnete. So wie es keinen essentiellen, ontologischen Ansatz gibt, um *people of colour* von weißen Bevölkerungsgruppen wesensmäßig zu unterscheiden, scheitert auch die begriffliche Identifikation von Natur an einer substanziellen Bestimmung ihrer selbst oder ihrer essentialistischen, d.h. wesensmäßigen, Differenzierung vom Künstlichen, Menschlichen, Gesellschaftlichen: Im Ergebnis bleibt „Natur" ein Komplementärbegriff zur Unterscheidung vom Nicht-Natürlichen, der vor allem dann ins Feld geführt wird, wenn es darum geht, Letztbegründungen aus dem Ärmel zu ziehen, dem Gewünschten, Gemachten, Denkbaren eine „Kontrastfolie" des Ursprünglichen, Selbstverständlichen, Notwendigen entgegenzusetzen. Reusswig weist darauf hin, dass es neben der konservativen Begriffsverwendung auch eine progressive gibt, mit der „gesellschaftliche Alternativen ins Spiel" gebracht

---

[3] In der Semiotik besteht ein Zeichen (beispielsweise ein Symbol oder Wort) aus einem Bezeichnenden (Signifikant, beispielsweise ♀ oder „Frau") und einem Bezeichneten (Signifikat, also das, was als weiblich/Frau angezeigt oder bedeutet wird).

werden, indem das „Bestehende als kontingent – als eben nicht ‚Natur' – gesetzt" wird (Reusswig 2017: 101) und die außergesellschaftliche Natur als Vorlage für andere, eben natürliche Ordnungen herangezogen wird, wie das in der Romantik und in der Umweltbewegung geschieht.

Der Naturbegriff, das machen diese Überlegungen deutlich, wird also nach Maßgabe gesellschaftlicher Interessen und Deutungsmuster genutzt. Er existiert allerdings nicht nur „abstrakt" im Alltagswissen und in gesellschaftlichen Vorstellungen, sondern ist strukturell in Weltbildern verankert und orientiert von dort Handlungsmotive und -praktiken. Für die Kulturanthropologin Mary Douglas und den Politikwissenschaftler Aaron Wildavsky (1982) bringen die Naturverständnisse verschiedener sozialer Gruppen ihre jeweilige Gruppenbindung und ihren unterschiedlichen Glauben an die Notwendigkeit hierarchischer Normen und Regeln zum Ausdruck. Entsprechend „wählten" marktindividualistische Milieus, mit stark individualistischen und liberalen Haltungen, ein Naturverständnis, durch das ihr Lebensstil von einer als gutmütig und resilient vorgestellten Natur gestützt wird, während die Umweltbewegung, die auf einen starken Gruppenzusammenhalt und egalitäre Interaktionsmodelle setzt, eine Vorstellung von einer verwundbaren Natur präferiert (→ Kap. 4 zu umweltbezogenen Haltungen und Umwelthandeln). Ähnlich nimmt Bernhard Gill (2003) an, dass dort, wo Natur zum „Streitfall" wird, in den unterschiedlichen Naturverständnissen konkurrierende, symbolisch vermittelte Weltbilder über die soziale Ordnung zum Ausdruck kommen. Er identifiziert auf Bewahrung zielende „konservative" Identitätsorientierungen, an Nutzung orientierte „utilitaristische" Fortschrittsorientierungen sowie eine gegenkulturelle Abgrenzung in der „alteritären" Naturromantik.

2. „Natur" in der Systemtheorie: Umweltkommunikation in gesellschaftlichen Teilsystemen

Etwas anders setzt Niklas Luhmann (1986) an und untersucht die Kommunikation über Natur und Umweltprobleme in den verschiedenen gesellschaftlichen Teilsystemen aus systemtheoretischer Sicht. Um die Frage zu beantworten, ob sich die moderne Gesellschaft auf ökologische Gefährdungen einstellen kann oder aber im Streit über verschiedene Naturverständnisse in einen diskursiven Leerlauf gezogen wird, beleuchtet er, wie über ökologische Probleme funktionsspezifisch kommuniziert wird und welche Möglichkeiten der Wahrnehmung relevanter Umweltveränderungen damit einhergehen. Wenn er von Umwelt spricht, meint Luhmann in der Regel nicht die wie auch immer bestimmte „äußere Natur", sondern das, „was als Gesamtheit externer Umstände die Beliebigkeit der Morphogenese von Systemen einschränkt und sie evolutionärer Selektion aussetzt" (Luhmann 1986: 23). Dies umfasst also alles, was nicht zur Einheit des sozialen Systems gehört, sondern zugunsten der kommunikativen Komplexitätsreduktion als Hintergrundrauschen ausgeblendet wird.

Gesellschaften sind für Luhmann nämlich soziale Systeme, deren Elemente nicht Individuen sind, sondern selbstreferentielle (*autopoietische*) Operationen in Form von anschlussfähigen Kommunikationen. Als Kommunikation bezeichnet Luhmann die Einheit von drei Auswahlprozessen (Information, Mitteilung und Verstehen), durch die sich soziale Systeme ausdifferenzieren, reproduzieren und erhalten. Dies geschieht in kommunikativen Operationen entlang teilsystemspezifischer Codes und dazugehöriger Programme, die dem jeweiligen System helfen, seine überkomplexe Umwelt durch beschränkte und kategorial vorformierte Selektionen auf die für das eigene Prozessieren relevanten Informationen zu begrenzen. Anschlussfähig ist also nur eine Kommunikation, die in dem teilsystemspezifischen „Code" prozessiert werden kann, an dessen Leitdifferenz sich das System zur Abgrenzung von externen Umwelten orientiert.

Das heißt beispielsweise, dass im juristischen und im wirtschaftlichen System jeweils andere Informationen über Natur gewählt, mitgeteilt und verstanden werden und die jeweiligen kommunikativen Operationen auch nicht über die Systemgrenzen hinweg ausgetauscht werden können. Vielmehr müssen die Botschaften den ausdifferenzierten und sich weiterentwickelnden Programmen so entsprechen, dass sich teilsystemspezifisch, also beispielsweise wirtschaftsintern, weitere Operationen darauf beziehen können: Weil im Wirtschaftssystem externe „Natur" gemäß des zentralen Codes zahlen/nicht zahlen nur als Ressource (beispielsweise von Schweinefleisch) vorkommt, die Nutzen für wirtschaftliche Produktions- und Konsumptionsprozesse erbringt, setzt eine anschlussfähige Kommunikation voraus, ökologische Fragen als wirtschaftlich internalisierbare Mengen- und Nutzenkalküle zu kommunizieren (Luhmann 1986: 114). In den anschließenden Schritten des selektiven Prozessierens von Informationen wird dann in teilsystemspezifischer Manier entschieden, ob es im Rahmen bestehender Programme wirtschaftlich rational ist, Zahlungen für ökologische Nutzenkalküle zu leisten oder nicht, also beispielsweise in bessere Haltungsbedingungen für Nutztiere zu investieren. Die Resonanzfähigkeit des Teilsystems auf die ökologische Kritik an der Schweinehaltung fällt entsprechend überschaubar aus, so Luhmann: „was wirtschaftlich nicht geht, geht wirtschaftlich nicht" (1986: 122). Differenzierungstheoretisch analog orientiert sich das Rechtssystem nicht an der Sprache der Preise, sondern an der Sprache der Normen, sodass hier die Beurteilung der Fleischproduktion entlang des Codes Recht/Unrecht geschieht und den entsprechenden Programmierungen in Gesetzen, Verordnungen oder Satzungen folgt. Auch im Rechtssystem stört die ökologische Kritik beispielsweise an den umweltschädlichen Folgen intensiver Schweinezucht als externes Rauschen die reibungslose Erfüllung gewohnter Erwartungen nur, wenn dadurch gesellschaftsinterne Konflikte ausgelöst werden, gegenüber denen um der sozialen Ordnung willen rechtliche Vorsorge zu leisten ist. Die Ausbildung von Programmen aber, durch die Schweinen Rechte gegen die Gesellschaft zugebilligt werden würden, ist nicht nur unwahrscheinlich, sondern vor dem Hintergrund bestehender Rechtsprechungen nicht anschlussfähig, sodass Luhmann eine „prinzipielle Unangemessenheit der juristischen Kategorisierung" gegenüber Umweltproblemen erwartet (1986: 133).

Die gesellschaftliche Differenzierung in Teilsysteme und deren je spezifische Informationsverarbeitung stellen Luhmann zufolge die Bedingungen dar, unter denen ökologische Sachverhalte und Veränderungen in der Natur gemäß der Systemtheorie „Resonanz" erzeugen können:

> „Wohlgemerkt: Es handelt sich um ein ausschließlich gesellschaftsinternes Phänomen. Es geht nicht um die vermeintlich objektiven Tatsachen: dass die Ölvorräte abnehmen, die Flüsse zu warm werden, die Wälder absterben, der Himmel sich verdunkelt und die Meere verschmutzen. Das alles mag der Fall sein oder nicht der Fall sein, erzeugt als nur physikalischer, chemischer oder biologischer Tatbestand jedoch keine gesellschaftliche Resonanz, solange nicht darüber kommuniziert wird. Es mögen Fische sterben oder Menschen, das Baden in Seen oder Flüssen mag Krankheiten erzeugen, es mag kein Öl mehr aus den Pumpen kommen und die Durchschnittstemperaturen mögen sinken oder steigen: solange darüber nicht kommuniziert wird, hat dies keine gesellschaftlichen Auswirkungen. Die Gesellschaft ist ein zwar umweltempfindliches, aber operativ geschlossenes System." (Luhmann 1986: 62f.).

Das System kann dabei nicht sehen, „dass es nicht sehen kann, was es nicht sehen kann" (Luhmann 1986: 52), bleibt also unbeeindruckt von allem, was möglicherweise außerhalb seiner Wahrnehmung passiert. In dieser strukturellen Blindheit sieht Luhmann den Grund, weshalb es modernen Gesellschaften so schwerfällt, auf die ökologische Selbstgefährdung zu reagieren. Der theoretische Ansatz, Gesellschaften als sich selbstreferentiell über Kommunikation reproduzierende Systeme zu betrachten, führte ihn konsequenterweise zu der Einschätzung, dass soziale Systeme bzw. ihre *Autopoiesis* auch nur über Kommunikation gefährdet werden können. Obwohl er die ökologische Problematik für eine Bedrohung der Gesellschaft hielt, bleibt dem Grundgedanken der funktionalen Differenzierung geschuldet, dass moderne Gesellschaften ohne Steuerungszentrum Ereignisse in ihrer Umwelt, also Umweltkatastrophen bzw. die vermehrte naturwissenschaftliche Kommunikation darüber, immer nur nach ihren je eigenen Operationsmodi in systemintern anschlussfähiger Weise verarbeiten. Selbst wenn in einzelnen Teilsystemen Irritationen entstehen, wenn beispielsweise die wissenschaftliche Aufregung über den systemintern als „wahr" beurteilten Klimawandel durch kommunikative Interdependenzen das politische System erfasst, bringt die Gesellschaft als Ganzes ausdifferenzierter Teilsysteme in dieser Theorie doch insgesamt zu wenig, und zwar zu wenig einheitliche Resonanz hervor, kann allenfalls „ohne von außen zerstört zu werden, an internen Überforderungen zerspringen" (1986: 220).

Es wäre falsch anzunehmen, Luhmann sähe keinerlei Beziehung zwischen Gesellschaften und ihren natürlichen Umwelten. Er betrachtet soziale Systeme durchaus als „umweltempfindlich" und bpsw. energetisch abhängig und diskutiert die Möglichkeit der Selbstgefährdung im Sinne einer destruktiven Evolution, an deren Ende die Menschheit verschwände. Aber trotz dieser „strukturellen Koppelung" bleiben soziale Systeme „operativ geschlossen", um umweltoffen zu sein. Das bedeutet, „auf der Ebene ihrer eigenen Operationen gibt es keinen Durchgriff auf die Umwelt, und ebenso wenig können Umweltsysteme an den autopoietischen Prozessen eines operativ geschlossenen Systems mitwirken" (1997: Bd. 1, 92). Mit operativer Geschlossenheit ist also nicht eine thermodynamische oder energetische Geschlossenheit gemeint, sondern die ausschließlich rekursive Ermöglichung systeminterner Operationen durch die Resultate eigener Kommunikation, sodass soziale Systeme im Sinne Luhmanns zwar autonom, aber nicht autark sind.

Der Begriff der strukturellen Koppelung legt Luhmanns eigenes Naturverständnis offen, das stark von der Kybernetik seiner Zeit und insbesondere von den Arbeiten des Biologen Humberto Maturana geprägt ist (Kropp 2002: 92). Demzufolge beschränken strukturelle Koppelungen den Bereich möglicher Strukturbildung, innerhalb derer ein System seine *Autopoiesis* organisieren kann und durch die seine Existenz bereits der (jeweiligen natürlichen und sozialen) Umwelt angepasst ist. Wo der Funktionalismus gesellschaftliche Funktionen und deren Erfüllung, beispielsweise die Anpassung an die natürliche Umwelt, als Input oder Output konzeptualisiert, denkt Luhmann die stofflich-energetischen Systemvoraussetzungen als Strukturkoppelungen, deren Komplexität im System nicht nachvollzogen werden muss. Die operative Geschlossenheit, innerhalb derer die Naturbedingungen den Gesellschaften intransparent bleiben, garantiert für Luhmann die Umweltoffenheit des Systems, weil das Umweltverhältnis nicht von der Umwelt, sondern von der geschlossenen Organisationsweise des Systems bestimmt wird: „Die gesamte physikalische Welt kann einschließlich der physikalischen Grundlagen der Kommunikation selbst nur über *operativ geschlossene* Gehirne und diese nur über *operativ geschlossene* Bewusstseinssysteme auf Kommunikation einwirken, also auch nur über,Individuen'" (1997: 114, Hervorh. im Original). Mit diesem Verständnis greift Luhmann auf zeitgenössische naturwissenschaftliche Naturkonzepte zurück: Er analysiert Gesellschaften nicht im Sinne von Emile Durkheim als Realität *sui generis*, sondern entlang der biologisch beschriebenen Fähigkeit lebendiger Organismen zur Selbstproduktion und Selbstorganisation vor allem unter dem Fokus der *Autopoiesis* und den damit gegebenen Erkenntnismöglichkeiten. Biologische Gesetzmäßigkeiten prägen sein Verständnis von der gesellschaftlichen Konstruktion von Wirklichkeit. Selbst wenn Luhmanns große Leistung, die Analyse der unvermeidlich teilsystemspezifischen Wahrnehmungen, Problemdefinitionen und Naturverständnisse und deren Bedeutung beispielsweise für die politische Umweltkommunikation nicht unterschätzt werden darf, geht damit ironischerweise doch einher, dass er die Bedingungen dieser Analyse naturalisiert und absolut setzt.

3. Gesellschaftlicher Wandel der Naturverständnisse

Wenn im Folgenden der Wandel gesellschaftlicher Naturverständnisse skizziert wird, geht es demgegenüber um die Erschließung der historischen Konstruktionsregeln, nach denen das gesellschaftliche Naturverständnis gebildet wird. Wie Luhmann versuchte schon der Soziologe Emile Durkheim (Lebensdaten) in seiner Religionssoziologie (1998, zuerst 1912) zu zeigen, dass Naturbegriffe und Klassifikationssysteme (beispielsweise des Totemismus) nicht der Natur entnommen werden, sondern aus der Gesellschaft stammen und auf die Natur projiziert werden. Seinen Untersuchungen zufolge ordnen gesellschaftliche Naturbegriffe und -klassifikationen die Natur nach den gleichen (hierarchischen) Mustern, die bereits in der Gesellschaft bestehen. In der Rückwirkung – hier wird wieder die oben angesprochene dialektische Architektur des Naturbegriffs sichtbar – helfen diese

Projektionen, gesellschaftliche Verhältnisse über den Analogieschluss zur Natur zu stabilisieren (Durkheim 1998: 179ff.). Durkheim misst Naturverständnissen damit eine legitimatorische und reproduktive Funktion für bestehende Sozialverhältnisse zu und betont ihren historischen wie ideologischen Charakter.

Weil die gesellschaftlichen Vorstellungen von sozialer Ordnung mit denen über Natur zusammenhängen, ist es aus soziologischer Sicht fruchtbar, Naturbegriffe, ihre wechselvolle Geschichte und ihre Bedeutung für die gesellschaftlichen Naturverhältnisse zu betrachten. Dabei geht es darum, inwiefern Naturverständnisse mit Vorstellungen von Gesellschaft und sozialer Ordnung verknüpft sind, welche Ordnungs- und Hierarchisierungspraktiken sie legitimieren, reproduzieren, ausschließen, auf- oder abwerten. Dazu werden im Folgenden einige Momente der Ideengeschichte des Naturbegriffs und seines Wechselverhältnisses mit sozialem Wandel skizziert. Diese Interdependenz zwischen Naturbegriff und gesellschaftlichem Selbstverständnis gilt auch für die Wissenschaften selbst: Auch in den Wissenschaften konkurrieren verschiedene Verständnisse der natürlichen Umwelt und beispielsweise ihrer Belastbarkeit, und zwar abhängig von den zugrunde gelegten Hypothesen über den gesellschaftlichen Stoffwechsel mit der Natur. Das gilt auch für die Soziologie.

Carolyn Merchant (1987) beschreibt den Zusammenhang von Gesellschafts- und Naturverständnis im Rahmen ihres Vorhabens, den analogen Wandel von Naturbeschreibung, industriell-technischem Umgang mit Natur und Geschlechterverhältnis herauszuarbeiten, sehr pointiert:

> „In dem Maße, wie die westliche Kultur nach 1600 immer mehr mechanisiert wurde, gerieten die weibliche Erde und der jungfräuliche Erdgeist unter das Joch der Maschine. Die Verschiebung der leitenden Metaphorik hing direkt mit der Veränderung menschlicher Einstellungen und Verhaltensweisen gegenüber der Erde zusammen. Während man das Bild von der nahrungsspendenden Erde als kulturelle Handlungshemmung ansehen kann, die die Formen des gesellschaftlich und moralisch zulässigen menschlichen Einwirkens auf die Erde einschränkt, wirkten die neuen Metaphern der Beherrschung und Bemächtigung als kultureller Freibrief für den die Natur entblößenden Zugriff des Menschen" (Merchant 1987: 18).

Die mit der Neuzeit einsetzende Durchsetzung eines mechanistischen Naturbilds, welches die Natur als eine gesetzesmäßig funktionierende Maschine konzipiert, ist die kulturelle Voraussetzung, so Merchants These, für tiefergehende Eingriffe in die natürliche Umwelt, die moralisch unter Bedingungen holistischer Naturverständnisse von „Natur" als gute „Mutter" oder übergreifendem „Kosmos" nicht legitim und akzeptabel gewesen wären. Raymond Williams spitzt diese These in Bezug auf die „nicht eingestandenen Schlüsselkonzepte" des westlichen Denkens im modernen Naturverständnis zu: „Men come to project on to nature their own unacknowledged activities and consequences" (1980: 81). Eine der wichtigsten Veränderungen seit dem 13. Jahrhundert sieht er im Verlust eines pluralen, mehrstimmigen Naturverständnisses und der damit einhergehenden Marginalisierung alternativer Legitimations- und Erklärungsmuster, durch die ein autoritatives Verständnis Deutungshoheit gewonnen habe. Seit dem ausgehenden Mittelalter sei nur mehr von der Natur anstatt von Naturen im Plural die Rede. Im Rahmen dieser Singularisierung sei Natur erst als Göttin, dann als göttliche Mutter, als absoluter Monarch, als Minister, als Gesetzgeber und schließlich als selegierender Züchter beschrieben worden und habe so jeweils andere Spielräume für die Interpretation der Natur-Gesellschafts-Verhältnisse eröffnet. Die zweite wesentliche Veränderung betreffe die Konstruktion eines „Naturstaats", der dem menschlichen Staat vorgängig sei und von der zivilisierten Gesellschaft unterworfen werden müsse, womit Naturzustand und zivilisierte Gesellschaft zu Gegensätzen wurden.

Die Vorlage für das dualisierende europäische Denken, das zwischen einer determinierten Natur und einer Gesellschaft freier Menschen unterscheidet, lieferte unter anderem die in der griechischen Antike beginnende Vorstellung einer *scala naturae*, einer Stufenleiter der Natur, die jedes Lebewesen, vom niedersten bis zum höchsten, in eine hierarchische Rangfolge einordnete. An der Spitze stand zunächst nicht der Mensch, sondern das Übernatürliche, über die Engelshierarchie bis zur Gottheit, später im Wesentlichen der weiße Mann. Auch wenn die Evolutionstheorie diese Vorstellung längst obsolet gemacht hat, knüpfen viele Betrachtungen der langfristigen menschlichen Entwicklung implizit daran an, beispielsweise wenn davon gesprochen wird, dass sich das Tier Mensch an die Spitze der Evolution gestellt und durch die Zivilisation den Naturzustand verlassen habe. Obwohl Mensch und Natur, Umwelt und Gesellschaft im historischen und kulturellen Vergleich in vielfältigen Konstellationen gedacht wurden (Descola & Palsson 1996) und essentiell kaum unterscheidbar sind, setzte sich im Laufe der Zeit die Vorstellung einer komplementären, erkennbaren Natur durch und prägt das Selbstverständnis moderner Gesellschaften und ihren Anspruch der vor allem technischen Naturbeherrschung im Prinzip bis heute.

Der Höhepunkt dieser dualistischen Entgegensetzung von Natur und Gesellschaft wurde im 19. Jahrhundert in den sich industrialisierenden Gesellschaften erreicht. Natur wurde nun gänzlich degradiert zum Bereich der Unfreiheit und des Kampfes, der unterworfen und kontrolliert werden müsse. Modernität und Fortschritt, so das entsprechende Weltverständnis, wurden demgegenüber unter dem Begriff der Naturbeherrschung aufgewertet und als universaler Prozess der Zivilisation betrachtet. Diese konzeptionelle Gegenüberstellung von beherrschbarer Natur und sich frei entwickelnder Gesellschaft zog jene unglaublichen Ausmaße der Nutzung, Ausbeutung und Entwertung von Natur und Landschaft nach sich, die heute unerträglich und bedrohlich erscheinen und die Zukunft der Zivilisation in Frage stellen. Der Historiker David Blackbourn (2007) führt in seinem Buch „Die Eroberung der Natur" am Beispiel des deutschen Wasserbaus aus, wie seit dem 18. Jahrhundert die äußere Umwelt planvoll und grundlegend umgestaltet und angeeignet wurde. Dabei verdeutlicht er, wie kulturelle Absichten und Vorstellungen von einer voranschreitenden Eroberung der Natur durch den Menschen die Trockenlegung von Sumpfgebieten, die Begradigung von Flüssen, den Bau von Deichen und Talsperren anleiteten, so heroische Subjekte schufen und damit auch die Gegenbewegung, die romantische Verklärung des Natürlichen auslösten. Das objektivierende Denken über die Natur zeichnet Blackbourn von der inländischen „Kolonialisierung" (2007: 177) der Hochmoore bis zur nationalsozialistischen Landnahme des „wilden Ostens" und seiner Bewohner*innen nach:

> „Was machte den ‚wilden Osten' wild? [...] die unwirtliche Umgebung [...] völkische Liedermacher [...] die Menschen, die darin lebten. In diesem verzerrten Blick auf die Welt wurden die einheimischen Bewohner als ‚geschichtslose Völker' abgeschrieben, keine echten Europäer, eher ‚Nomaden' als sesshafte Ackerbauern. Und die Deutschen projizierten auf sie die Eigenschaften, die von ‚Wilden' zu erwarten waren: Passivität, ein kindliches Gemüt, vor allem Hinterlist, Grausamkeit und ein unversöhnlicher Hass auf die ‚überlegene Rasse'. Mit einem Wort, sie machten aus ihnen Indianer" (Blackbourn 2007: 368).

Eine ähnliche Abwertung des Ländlichen rekonstruiert William Cronon (1992) für den Prozess der Urbanisierung im Rahmen der gegenläufigen, aber interdependenten Entwicklung von einerseits modernen Metropolen (Chicago) und andererseits einem dörflichen „Hinterland" (The Great West). Cronon argumentiert, dass die Industrialisierung und die Herausbildung kapitalistischer Märkte die erstmals flächendeckende Überformung von einer „ersten" (natürlichen) Natur zu einer „zweiten" (vom Menschen geschaffenen) Natur mit sich brachte. Die Urbanisierung der Industriegesellschaft erforderte ein Versorgungsnetz zwischen Konsumentenhaushalten in Städten, industriellen Produktionsstätten, dem landwirtschaftlichen Hinterland und den Märkten, in dem das natürliche Material (beispielsweise Wald) und die Vielfalt landwirtschaftlicher Erzeugnisse (beispielsweise Schweine, *engl. pig*) zu handelsfähiger Ware in kapitalistisch organisierten Lieferketten standardisiert wurde (beispielsweise Holz oder Schweinefleisch, *engl. pork*).

Ganz in diesem Sinne definierte Max Weber zu Beginn des zwanzigsten Jahrhunderts jene Orte (idealtypisch) als „Stadt", in denen die Bevölkerung ihren Alltagsbedarf durch Erzeugnisse befriedigt, die „für den Absatz auf dem Markt erzeugt oder erworben" (Weber 1980: 728) werden. Entsprechend gilt als wesentliches Merkmal städtischer Konsumentenhaushalte, dass sie ohne eine Versorgung durch den privaten Markt und öffentliche Infrastruktur nicht existenzfähig sind und in ihnen weniger produktive (Erwerbs-)Arbeit als reproduktive (meist weibliche) Hausarbeit stattfindet. Diese urbane Lebensweise ist seit Mitte des 20. Jahrhunderts zur Normalität geworden. Sie hat zuerst die Stadtbevölkerung von den natürlichen Voraussetzungen ihrer Existenz entfremdet und beruht seither auf dem Versprechen einer von Naturzwängen, Knappheiten und enger sozialer Kontrolle befreiten Industriegesellschaft. Von Beginn an verbindet sich mit dieser gesellschaftlichen Ordnung die ökologische Problematik eines rapide steigenden Energie-, Flächen- und Materialverbrauchs. Die Überwindung dieser Problematik und damit das Einschwenken in nachhaltige Entwicklungspfade wird aber bis heute von dem internalisierten und längst auf die Landbevölkerung des Globalen Nordens ausgedehnten Vorstellungen von fortschreitenden Wachstums-, Bequemlichkeits- und Konsummöglichkeiten durch industrielle Produktions- und Konsumweisen blockiert. Mittlerweile hat sich diese nun als „imperial" beschriebene Lebensweise als zentrales Element eines auf ökonomischer Landnahme beruhenden Wachstumsparadigmas entpuppt, das die natürlichen Lebensgrundlagen auch im globalen Süden ökologisch, sozial und ökonomisch zerstört (Brand & Wissen 2017). Die zugrundeliegende „Leugnung der Naturabhängigkeit" bezeichnet Reusswig als „deren notwendig falsches Bewusstsein" (2017: 106).

Der kleine Spaziergang durch die historische Entwicklung des Wechselspiels von Natur- und Gesellschaftsverständnis zeigt, dass die soziale Konstruktion von Natur mit dem Selbstverständnis der gesellschaftlichen Naturaneignung variiert: Das Naturverständnis wird nicht frei von der Naturaneignung gebildet, sondern ist ihre notwendige Voraussetzung. Deshalb haben in der Umweltsoziologie in den letzten Jahrzehnten Konzepte an Bedeutung gewonnen, die nicht mehr sozialkonstruktivistisch das Naturverständnis in den Mittelpunkt rücken, sondern die Ko-Produktion von Naturverständnissen und -verhältnissen, und dies mit einem besonderen Interesse an der Rolle der Technikwissenschaften (→ Kap. 3 zu gesellschaftlichen Naturverhältnissen). Für das Naturverständnis der Naturwissenschaften wie der Physik, Biologie oder Chemie bedeutet dies, dass auch ihre wissenschaftlichen Praktiken gestützt vom Weltbild der Aufklärung die Objektivierung der Natur als Gegenüber voraussetzen, deren Gesetzmäßigkeiten es zu entschlüsseln und zu nutzen gilt (→ Kap. 1 Einleitung). Im Zuge der Entwicklung von wissenschaftlichen Technologien und industriellen Produktionsformen formten insbesondere neuartige Aneignungsweisen der Natur sowie die Erschließung neuer Lebensräume ihr Naturverständnis. Für das Naturverständnis der Soziologie heißt das wiederum, dass sie als Kind der Industriegesellschaft das Weltbild der Naturwissenschaften übernahm und damit die „Natur" entweder vollständig ausblendete oder als passive Ressource und „totes" Produkt der gesellschaftlichen Entwicklung gegenüberstellte (Kropp 2002: 37). Agrargesellschaften hätten auf der Basis eines anderen Naturbegriffs eine andere Soziologie formuliert. Aus diesem Grund stellt sich aktuell die im letzten Abschnitt diskutierte Frage, ob die globale Umweltkatastrophe in post-industriellen Wissensgesellschaften zu einem anderen Naturverständnis und einer anderen Soziologie führen wird.

4. Naturverständnis, nachhaltige Entwicklung und Anthropozän

Erst spät und dann vor allem unter dem Druck der Wahrnehmung der ökologischen Selbstgefährdung moderner Risikogesellschaften entwickelten sich Überlegungen, wie „Natur" in die Theorien sozialen Wandels einbezogen werden könnte (Beck 1986; Kropp 2002). Die systematische Ausblendung und auch Leugnung der Naturabhängigkeit hat Bruno Latour als „moderne Verfassung" beschrieben (1995) und nimmt sie zum Ausgangspunkt für eine neue Soziologie (2007), die sich den vielfältigen Assoziationen jenseits der Gegenüberstellung von Natur und Gesellschaft widmet (→ Abschnitt zu Bruno Latour in Kap. 3 zu gesellschaftlichen Naturverhältnissen). Die Ausblendung der sozio-natürlichen Zusammenhänge, die sich mit dem neuzeitlichen Naturbegriff durchgesetzt hat, ermöglichte den modernen Gesellschaften und ihrer Wissenschaft, ein Wachstums- und Fortschrittsparadigma zu formulieren, als seien industrielle Massenproduktion, ortsunabhängiger Massenkonsum und der damit verbundene globale Ressourcenverbrauch und Abfall auf Basis optimierter Technisierung und gesellschaftlicher Organisation ohne riskante, katastrophale Rückwirkungen auf die naturräumlichen Voraussetzungen und die Eingebundenheit der Menschen in terrestrische Zusammenhänge möglich. Eine neue Soziologie soll demgegenüber die Wechsel- und Rückwirkungen zwischen im Plural gedachten „Naturen" und „Gesellschaften" ins Zentrum der Untersuchung des gesellschaftlichen Wandels rücken. Denn es erscheint heute nicht mehr als wahrscheinlich, dass die Erde als begrenzter Planet eine immer weiter expandierende Produktions- und Konsumwelt tragen kann, ohne als Lebensort der Menschen irreparablen Schaden zu nehmen (Steffen et al. 2015). Es gilt, das Naturverständnis in der erdgeschichtlichen Epoche des sogenannten „Anthropozän" zu erkunden, in der menschliches Wirken zum wesentlichen Treiber der bio-physischen Verhältnisse geworden ist.

Die Mehrzahl der damit hervorgebrachten gesellschaftlichen Naturverhältnisse erweist sich als nicht zukunftsfähig: Global betrachtet werden so viele Ressourcen verbraucht, so viele gesundheits- und umweltgefährdende Emissionen und Abfallprodukte erzeugt, so viele biologische Arten ausgerottet und so große Eingriffe in die Ökosysteme vorgenommen, dass kommende Generationen absehbar ihre Existenzbedarfe nicht mehr erfüllen können und schon heute ganze Regionen und Bevölkerungsgruppen durch den globalen Klima- und Umweltwandel bedroht sind. Hat diese dramatische Entwicklung zu einem anderen Naturverständnis geführt? Nicht wirklich. Zwar gelten für eine wachsende Zahl von Personen in Deutschland, in der Europäischen Union und weltweit der Klimawandel, der Verlust von Biodiversität und die Umweltzerstörung als wichtiges oder gar wichtigstes Politikfeld. Aber damit geht über individuelle Ansätze und spezifische Konzepte hinaus bislang kein kulturell neues Naturverständnis im gesellschaftlichen Alltagswissen und den relevanten Teilsystemen einher, in dessen Rahmen die Wechselverhältnisse von Natur, Technik und Gesellschaft neu gedeutet und interpretiert würden. Vielmehr lässt sich bis in die Konzepte, mit denen eine sozial-ökologische Transformation zu einer nachhaltigen Gesellschaft gelingen soll, die Dominanz objektivierender Naturverständnisse aufzeigen. In ihnen wird die Naturabhängigkeit des Menschen weiterhin ausgeblendet und die Verstrickung menschlicher Praktiken mit nicht-menschlichen, ökologischen Wirkungen und Rückwirkungen nicht angemessen erfasst. Symptomatisch dafür dominiert beispielsweise in Konzepten zu nachhaltiger Entwicklung das zwar oft kritisierte, aber gegenüber sogenannten „starken", ökologischen Leitplanken-Modellen immer als „umsetzbarer" eingeschätzte Drei-Säulen-Modell die Debatte. Dieses benennt zwar die Herausforderung, ökologische, soziale und ökonomische Belange zu integrieren, bleibt aber gegenüber ihrer Verflechtung unterkomplex, trennt in der Zielkontrolle die Bereiche (= Indikatorik) und blendet die naturräumliche Verankerung sozialer und ökonomischer Systeme fast vollständig aus. Demgegenüber überwinden die von den Vereinten Nationen beschlossenen und 2016 in Kraft getretenen 17 Ziele für nachhaltige Entwicklung (*Sustainable Development Goals*, kurz *SDGs*) durch die Benennung thematischer Prioritäten und Nachhaltigkeitsziele zwar die sektorale Gegenüberstellung von Ökonomie, Sozialem und Ökologie und orientieren sich zudem an universalen Menschenrechten, doch auch die *SDGs* lesen sich wie eine

Kapitel 2: Gesellschaftliche Naturverständnisse

anthropozentrische Wunschliste des Erhaltenswerten ohne die industrie-kapitalistische Perspektive der Naturaneignung und -beherrschung oder ihre kognitiven Grundlagen auch nur im Ansatz zu revidieren.

Und doch hat dieses Naturverständnis längst zu ökologischen Veränderungen im planetaren Maßstab geführt. Entsprechend bezeichnen viele (Geo-)Wissenschaftler*innen unser erdgeschichtliches Zeitalter als Anthropozän, um zu verdeutlichen, dass der Mensch zum größten Einflussfaktor für die biologischen, geologischen und klimatischen Lebensbedingungen auf der Erde geworden ist. Durch die ungewollten Rückwirkungen menschlicher Eingriffe habe der Planet die relativ stabile Phase des Holozän verlassen. Atomarer Fallout und Plastikpartikel gelten in dieser Analyse als „Leitfossilien", die das problematische menschliche Wirken noch in Jahrtausenden anzeigen, das mit der militarisierten, industrie-kapitalistischen Lebensweise und ihrem Naturverständnis verbunden ist. Der Begriff „Anthropozän" gewann vor allem durch den viel beachteten Artikel „Geology of Mankind" an Aufmerksamkeit, in dem der Meteorologe und Nobelpreisträger Paul Crutzen (2002) die Vielzahl und Tiefe menschlicher Eingriffe in ökologische Zusammenhänge und deren riskante Folgen problematisiert. Als Konsequenz dieser Entwicklung, die Crutzen dem wohlhabenden Viertel der Menschheit anlastet, sieht er die gewaltige Aufgabe von Wissenschaft und Technik nun darin, „to guide society towards environmentally sustainable management [..]. This will require appropriate human behaviour at all scales, and may well involve internationally accepted, large-scale geo-engineering projects, for instance to ‚optimize' climate" (Crutzen 2002: 23). Viele Sozialwissenschaftler*innen, insbesondere aus dem Feld der Politischen Ökologie (vgl. beispielsweise Swyngedouw 2006), kritisieren diese Schlussfolgerung. Sie wiederhole das industrielle Naturverständnis mit seinem technokratischen Management- und Optimierungsanspruch der wissenschaftlich-technischen Beherrschung ökologischer Zusammenhänge, das für jene Formen der Naturaneignung verantwortlich ist, die als Ursache des globalen Klima- und Umweltwandels betrachtet werden. Insbesondere die simplifizierende und naturalisierende Rede vom Anthropozän zieht harsche Kritik auf sich, weil sie die ökonomischen, (geo-)politischen und sozialen Hintergründe und Auswirkungen der Umweltzerstörung mit ihren Gewinner*innen und Verlierer*innen verkürzt oder komplett ausblendet.

Demgegenüber arbeiten die Historiker Christophe Bonneuil und Jean-Baptiste Fressoz (2016) detailreich heraus, wie verschiedene Naturregime, insbesondere nicht-nachhaltige Formen der Energienutzung, der Militarisierung, der Bildung profit-orientierter Technostrukturen und des fossilen Kapitalismus, sowie der Konsumgesellschaft und des Umgangs mit Wissen und Nicht-Wissen zum Anthropozän beitrugen, und zwar in historisch, kulturell und ökonomisch sehr ungleicher Weise. Auf die Gegenwart bezogen betrachtet Timothy Luke (2020) Anthropozän-Konzepte deshalb als eine politische Strategie der Deutung bedrohlicher anthropogener Veränderungen. Mit dem Begriff „anthropogen" würden diese Veränderungen fälschlicherweise der gesamten Menschheit zugeschrieben, obwohl sie größtenteils von privilegierten Gruppen in reichen Ländern verursacht seien, die spezifische technologische, politische, finanzielle und kulturelle Mittel einsetzten und diese als wissenschaftliche Aufklärung mystifizierten. Der Nutzen des Anthropozän-Konzepts bestehe für diese Gruppen darin, sich als „planetarische Manager" zu positionieren, um durch wissenschaftliche und technische Autorität legitimiert den „gemanagten" humanen und nicht-humanen Akteuren immense Lasten aufzuerlegen. Damit wiederholt sich im Anthropozän-Begriff die bereits in den letzten Abschnitten herausgearbeitete Bedeutung des Naturverständnisses nicht nur für die schrankenlose Unterwerfung und Eroberung nichtmenschlicher Lebewesen und Umwelten, sondern auch zur Herabsetzung eines Teils der Menschheit.

Erkennbar wird, dass selbst der Anspruch, „die Menschheit" sei nun über die ökologische Problematik „aufgeklärt" und dank besseren Wissens und neuartiger wissenschaftlicher und technischer Instrumente in der Lage, zur Lösung voranzuschreiten, im tradierten dualistischen Naturverständnis eines durch fortschrittliche Gesellschaften beherrschbaren, objektivierten Gegenübers verbleibt. Der Zusammenhang zwischen Naturbegriff und dem durch ihn eröffneten Möglichkeitsraum gesellschaftlicher Entwicklung bleibt der blinde Fleck gesellschaftlicher Naturverständnisse.

5. Die soziale Konstruktion von Natur und ihre politischen Implikationen

Die umweltsoziologischen Überlegungen der ersten drei Abschnitte dieses Kapitels lassen sich zu den drei Erkenntnissen zusammenfassen, dass die gesellschaftlichen Naturverständnisse erstens von je nach Praxis, Wissen und Aneignungsinteressen verschiedenen Wahrnehmungsperspektiven geprägt sind, die zweitens tief im Alltagswissen und den teilsystemspezifischen Anschlussfähigkeiten verankert sind und sich drittens in Aneignungsweisen externalisieren und materialisieren, die dem historisch und kulturell unterschiedlichen Naturverständnis entsprechen. Insofern hat das gesellschaftliche Naturverständnis einen dialektischen „Doppelcharakter", weil es als generalisierte und institutionalisierte „Vorstellungen über angemessene und unangemessene Umgangsweisen mit Natur, Bilder des Wünschbaren und Machbaren, des Erlaubten und Verbotenen" (Brand 2014: 13; → Kap. 3 zu gesellschaftlichen Naturverhältnissen) erzeugt. Es strukturiert die energetisch materiellen Austauschbeziehungen symbolisch und lenkt sie in historisch und kulturell variierende Nutzungsformen. Naturverständnisse erweisen sich dabei als meist uneingestandene Kehrseite gesellschaftlicher Selbstverständnisse, enthüllen mehr über die Gesellschaft und ihre Organisation als über sozial-ökologische Zusammenhänge und werden nicht unwesentlich durch Labor- und Produktionstechniken und ihre wissenschaftlich-technische Deutung geprägt. Dennoch sind die modernen Naturverständnisse strittig geworden, sodass in jeder Umweltdebatte unterschiedliche Deutungen und Bewertungen konkurrieren und sich auch das „vermeintlich objektive Expertenwissen" als „parteiisch" und von impliziten theoretischen Annahmen, „spezifischen Interessenlagen und Wertsetzungen" durchzogen zeigt (Brand 2014: 20), wie wir in Kapitel 6 zu Umweltkonflikten ausführen.

Kapitel 2: Gesellschaftliche Naturverständnisse

Im Umkehrschluss erweisen sich Naturverständnisse als politische Begriffe, wie dies zuletzt Luke (2020) für Konzepte des Anthropozäns herausstellt, mit denen implizit immer auch eine soziale Ordnung projiziert und postuliert wird, mit ungleichen Auswirkungen für Männer und Frauen, Stadt und Land, Länder des globalen Südens oder Nordens sowie die verschiedenen nicht-menschlichen Lebewesen und regionalen Landschaften. Deshalb sind Naturbegriffe wesentliche Elemente sozialer Machtverhältnisse, die Mensch-Mensch-, Mensch-Technik- und Mensch-Natur-Beziehungen umfassen (Kropp 2002). Donna Haraway (2018) ruft vor diesem Hintergrund dazu auf, nicht länger den (männlichen) Menschen und sein destruktives Wirken in das Zentrum der Geschichte zu stellen, sondern die vielfältigen Lebensweisen anderer Arten und Spezies („Kritter"), um zu erfahren, wie ein Überleben in *Sympoiesis* auf dem beschädigten Planeten aussehen kann. Aber dazu mehr im folgenden Kapitel 3 (gesellschaftliche Naturverhältnisse).

Was Studierende aus diesem Kapitel mitnehmen können:

- Wissen über die Muster der gesellschaftlichen Naturwahrnehmung
- Wissen über den historischen Wandel gesellschaftlicher Naturverständnisse
- Verständnis davon, wie Natur in unterschiedlichen soziologischen Theorietraditionen konzeptualisiert wird
- Verständnis für die Beziehung zwischen gesellschaftlichen Naturverständnissen und gesellschaftlicher Ordnung
- Verständnis für den politischen Charakter von gesellschaftlichen Naturverständnissen

---

Literatur

Beck, U., 1986: Risikogesellschaft. Auf dem Weg in eine andere Moderne. Frankfurt a.M.: Suhrkamp.
Beck, U., 1988: Gegengifte. Die organisierte Unverantwortlichkeit. Frankfurt a.M.: Suhrkamp.
Berger, P.L. & T. Luckmann, 1969: Die gesellschaftliche Konstruktion der Wirklichkeit. Eine Theorie der Wissenssoziologie. Frankfurt a.M.: Fischer Verlag.
Brand, K.-W., 2014: Umweltsoziologie. Entwicklungslinien, Basiskonzepte und Erklärungsmodelle. Weinheim, Basel: Juventa.
Blackbourn, D., 2007: Die Eroberung der Natur. Eine Geschichte der deutschen Landschaft. München: Deutsche Verlangs-Anstalt.
Bonneuil, C. & J.-B. Fressoz, 2016: The Shock of the Anthropocene. London: Verso.
Brand, U. & M. Wissen, 2017: Imperiale Lebensweise. Zur Ausbeutung von Mensch und Natur im globalen Kapitalismus. München: Oekom.
Cronon, W., 1992: Nature's Metropolis. Chicago and the Great West. New York: W.W. Norton & Company Ltd.
Crutzen, P.J., 2002: Geology of mankind. Nature 415: 23.
Descola, P. & G. Palsson, 1996: Nature and Society. Anthropological Perspectives. London, New York: Routledge.
Douglas, M. & A. Wildavsky, 1982: Risk and culture. Berkeley: University of California Press.

Durkheim, E., 1998: Die elementaren Formen des religiösen Lebens. Frankfurt a.M.: Suhrkamp.
Gill, B., 2003: Streitfall Natur. Wiesbaden: Springer VS.
Hall, S., 1999: Ethnizität: Identität und Differenz. S. 83–97 in: Die kleinen Unterschiede. Der Cultural Studies-Reader. Frankfurt a.M., New York: Campus.
Haraway, D., 2018: Unruhig bleiben. Die Verwandtschaft der Arten im Chthuluzän. Frankfurt a.M.: Campus.
Horkheimer, M. & T.W. Adorno, 1969: Dialektik der Aufklärung. Philosophische Fragmente. Frankfurt a.M.: Fischer Verlag.
Immler, H., 1985: Natur in der ökonomischen Theorie. Opladen: Westdeutscher Verlag.
Kropp, C., 2002: „Natur". Soziologische Konzepte – politische Konsequenzen. Opladen: Leske + Budrich.
Latour, B., 1995: Wir sind nie modern gewesen. Versuch einer symmetrischen Anthropologie. Berlin: Akademie Verlag.
Latour, B., 2007: Eine neue Soziologie für eine neue Gesellschaft. Berlin: Suhrkamp.
Luhmann, N., 1986: Ökologische Kommunikation. Kann die moderne Gesellschaft sich auf ökologische Gefährdungen einstellen? Opladen: Westdeutscher Verlag.
Luhmann, N., 1997: Die Gesellschaft der Gesellschaft. Frankfurt a.M.: Suhrkamp.
Luke, T.W., 2020: Tracing race, ethnicity, and civilization in the Anthropocene. Environment and Planning D: Society and Space 38: 129–146.
Merchant, C., 1987: Der Tod der Natur. Ökologie, Frauen und neuzeitliche Naturwissenschaft. München: Beck Verlag.
Plessner, H., 1965: Die Stufen des Organischen und der Mensch. Einleitung in die philosophische Anthropologie. Berlin: Walter de Gruyter & Co.
Reusswig, F., 2017: Natur. Versuch über eine soziologische Kalamität. S. 99–122 in: J. Rückert-John (Hrsg.), Gesellschaftliche Naturkonzeptionen. Wiesbaden: Springer Fachmedien.
Rückert-John, J. (Hrsg.), 2017: Gesellschaftliche Naturkonzeptionen. Ansätze verschiedener Wissenschaftsdisziplinen. Gesellschaftliche Naturkonzeptionen. Wiesbaden: Springer VS.
Steffen, W., K. Richardson, J. Rockström, S.E. Cornell, I. Fetzer, E.M. Bennett, R. Biggs, S.R. Carpenter, W. De Vries, C.A. De Wit, C. Folke, D. Gerten, J. Heinke, G.M. Mace, L.M. Persson, V. Ramanathan, B. Reyers & S. Sörlin, 2015: Planetary boundaries: Guiding human development on a changing planet. Science 347: 736-747.
Swyngedouw, E., 2006: Circulations and metabolisms: (Hybrid) natures and (cyborg) cities. Science as Culture 15: 105–121.
Weber, M., 1980: Wirtschaft und Gesellschaft. Tübingen: Mohr.
Westerlaken, M. (2020): What is the opposite of speciesism? On relating care ethics and illustrating multi-species-isms. International Journal of Sociology and Social Policy IJSSP 34/ 3/4: 522-540.
Williams, R., 1980: Ideas of Nature. S. 67–85 in: Problems in Materialism and Culture. London: Verso.
Winter, K., 2015: Ansichtssache Stadtnatur. Zwischennutzungen und Naturverständnisse. Bielefeld:

Literaturempfehlungen

Berger, P.L. & T. Luckmann, 1969: Die gesellschaftliche Konstruktion der Wirklichkeit. Eine Theorie der Wissenssoziologie.
Eine Einführung in das sozialkonstruktivistische Denken: In diesem Buch lernen Sie grundlegend, welche Bedeutung (Alltags)Wissen für gesellschaftliche Institutionen und Selbstverständnisse hat.

Brand, K.-W., 2014: Umweltsoziologie. Entwicklungslinien, Basiskonzepte und Erklärungsmodelle.
Eine ebenfalls empfehlenswerte Einführung, die insgesamt eine stärker historisierende Perspektive verfolgt.

Luhmann, N., 1986: Ökologische Kommunikation. Kann die moderne Gesellschaft sich auf ökologische Gefährdungen einstellen?
Ein Klassiker der Umweltsoziologie: Die Lektüre eröffnet einen guten Blick in die systemtheoretische Auseinandersetzung mit der ökologischen Frage.

Winter, K., 2015: Ansichtssache Stadtnatur. Zwischennutzungen und Naturverständnisse.
Eine anwendungsorientierte Perspektive: Die Lektüre verdeutlicht, welche Folgen unterschiedliche Naturbegriffe in der Stadtplanung zeitigen.

Kapitel 3: Theorien gesellschaftlicher Naturverhältnisse und relationaler Naturbeziehungen

> In diesem Kapitel lernen Sie soziologische Theorien kennen, die sich der Untersuchung der Veränderung und Veränderbarkeit gesellschaftlicher Naturverhältnisse und -beziehungen widmen. Sie erfahren, dass dialektische Herangehensweisen, die Natur und Mensch/Gesellschaft zwar nicht dualistisch gegenüberstellen, aber dichotom unterscheiden, von relationalen Theorien kritisiert werden, in denen diese Unterscheidung selbst ein Untersuchungsgegenstand ist und für ökologische Probleme verantwortlich gemacht wird. Wieder wird deutlich, dass das „Wissen über Natur" in der Umweltsoziologie nicht einfach vorausgesetzt werden kann.

Wer in Deutschland erzählt bekommt, „ich habe ein Verhältnis", weiß, dass das Gegenüber von einer (noch) ungeklärten Verbindung spricht, die wahrscheinlich dem institutionell normierten Modell einer Ehe nicht entspricht, eventuell temporär und in der ein oder anderen Weise „ungewöhnlich" ist. Diese Verbindung wird im weiteren Leben der Beteiligten Spuren hinterlassen, sie kann auch die sozialen Mitwelten betreffen und geht über eine rein platonische Begegnung des Gedankenaustauschs hinaus. Es ist also mit folgenreichen Rück-, Neben- und Wechselwirkungen zu rechnen. Wir empfehlen für die folgenden Überlegungen zu Naturverhältnissen dieses relationale Bild mit seinen sich sukzessive entfaltenden Konsequenzen im Gedächtnis zu behalten. Es kann helfen, über die ungeklärten Verbindungen und Austauschverhältnisse nachzudenken, die nicht nur jenseits gesellschaftlicher Normen liegen, sondern sogar über die Art und Weise hinausgehen, wie über diese Normen gedacht und gesprochen werden kann.

Natur*verständnisse* liefern die symbolisch-diskursive, man könnte auch sagen kulturelle und implizit normative Basis von Natur*verhältnissen* (→ Kap. 2 zu gesellschaftlichen Naturverständnissen). Als Fazit der Diskussion zu diesen sozialen Konstruktionen von Natur hatten wir daher festgehalten, dass sie stets gesellschaftliche Handlungsanweisungen implizieren und mithin als proto- oder wissenspolitische Konzepte zu betrachten sind (Kropp 2002): „Wissenspolitisch" meint, dass das zugrunde gelegte Wissen mit politischen Konsequenzen einhergeht, dass also das vermeintlich neutrale Wissen über die Natur selbst politische Auswirkungen hat: Es begünstigt bestimmte Bewertungs- und Handlungsansätze, legitimiert die Herrschaft über die Natur und alles, was als „natürlich" menschlichen Zwecken untergeordnet wird. Verweise auf „Natürlichkeit" oder „die Natur der Dinge" projizieren und begründen eine soziale Ordnung, die beispielsweise mit ungleichen Identitäts- und Handlungsoptionen für Mensch und Tier, Männer und Frauen, Stadt und Land oder Menschen im Globalen Norden und Süden einhergehen. Naturverständnisse, so hatten wir resümiert, zeigen sich als Teil sozialer Machtverhältnisse, deren Implikationen bis in die alltäglichen Lebens- und Arbeitswelten reichen. Die gegenwärtigen Naturverhältnisse und viele praktischen Formen der Naturaneignung erweisen sich als nicht nachhaltige Ausbeutung und Inanspruchnahme von Ressourcen, Ökosystemleistungen, Fruchtbarkeit etc.

und produzieren wenige Gewinner*innen und viele Verlierer*innen (Bonneuil & Fressoz 2016; Haraway 2018).

Vertreter*innen relationaler soziologischer Ansätze fordern demgegenüber für eine klima-, umwelt- und sozialgerechte Entwicklung die Überwindung der industriemodernen Naturverständnisse und der von diesen legitimierten, nicht nachhaltigen Naturverhältnisse. Relationale Ansätze problematisieren das zugrunde liegende Wissen und rücken die vielfältigen und ungeklärten Formen der Verwobenheit, der Interaktion und Vermischung (Hybridisierung) in den Vordergrund, die mit dem Bild vom „Verhältnis" angesprochen wurden. Naturverhältnisse erscheinen aus ihrer Perspektive als wechselseitig, vielfältig und vieldeutig, eingebettet in die jeweiligen Zusammenhänge ihrer Entstehung, Deutung und Aktualisierung. So unterscheiden sich die Verhältnisse zu Haustieren von jenen zu Nutzieren, und typischerweise finden sich unterschiedliche Naturverhältnisse in der konventionellen und der ökologischen Landwirtschaft, basierend auf sich gegenseitig ausschließenden Weltbildern. Die Beispiele erinnern daran, dass über Naturverhältnisse und den „richtigen" oder „legitimen" Umgang mit der nichtmenschlichen Mitwelt gestritten wird, weil jeder Naturbezug von gesellschaftlich-kulturellen Weltbildern und übergeordneten, moralisierten Deutungsmustern gerahmt wird.

Geht man von der Pluralität und Hybridität gesellschaftlicher Naturverhältnisse aus, die also variabel sind und sich im Kontext kultureller sowie wissenschaftlich-technischer Möglichkeiten entfalten, folgt daraus, dass Naturverhältnisse prinzipiell gestaltbar sind. Die Vorstellung, es gäbe nur ein mögliches, von „der Natur" oder den Naturwissenschaften vorgegebenes Verhältnis, wird dann als eine ordnungsgebende, gesellschaftliche Fiktion erkennbar. So wie die Ehe ein mögliches institutionell fixiertes Verhältnis zwischen zwei Menschen beschreibt, mit dem die Vielfalt anderer Beziehungsmöglichkeiten gesellschaftlich begrenzt wird, ist das an instrumenteller Nutzung orientierte, industriegesellschaftliche Naturverhältnis historisch entstanden, institutionell verankert und marginalisiert mögliche Alternativen. Die Folgen der damit legitimierten Umweltzerstörung wie globale Erwärmung und Artensterben führen jedoch zunehmend zu dessen Infragestellung. Die Kritik wird häufig aus der Wissens- und Wissenschaftstheorie formuliert, da es bei dem Streit um das „richtige" Naturverhältnis im Kern um eine Infragestellung der zugrunde liegenden Erkenntnistheorie und ihrer Wissenspraktiken geht (Haraway 1995a; Latour 2007).

In diesem Kapitel widmen wir uns verschiedenen Theorien zum Naturverhältnis. Sie gehen alle von einer Verwobenheit biophysischer Gegebenheiten und gesellschaftlicher Praktiken, Deutungen und Sinnsetzungen aus. Während dialektische Ansätze dafür die Natur- und Gesellschaftssphäre weiterhin, zumindest analytisch, unterscheiden, geben relationale Theorien diese Unterscheidung auf. Wir stellen im Folgenden erst dialektische und dann relationale Ansätze vor, um die theoretischen Möglichkeiten zu erkunden und damit auch alternative Naturverhältnisse denkbar zu machen. Dazu erörtern wir erst das Konzept „Naturverhältnis" allgemein und seine überkommene Verankerung im dualistischen Denken. Danach erörtern wir in Abschnitt 2 den Umgang mit diesem dualistischen Denken in dialektischen Ansätzen und in Abschnitt 3 die Bedingungen der Konzeption von

Naturverhältnissen jenseits der dichotomen Unterscheidung von Natur und Gesellschaft in relationalen Ansätzen.

1. Naturverhältnisse – der Blick auf die Beziehungen von menschlichen und nichtmenschlichen Agenten in der modernen dualistischen Aneignungsperspektive

Das soziologische Konzept gesellschaftlicher Naturverhältnisse (im Plural) thematisiert zunächst eine Vielzahl von Mensch-Gesellschaft-Natur-Beziehungen, die neben dem gesellschaftlichen Stoffwechsel mit der Natur auch andere Naturerfahrungen und -verhältnisse betreffen. Sie kommen beispielsweise in landwirtschaftlichen Naturverhältnissen wie der Viehhaltung, in Formen der Stadtentwicklung und dem Umgang mit grünen Infrastrukturen sowie im Umgang mit Haustieren, Nutz- und Zierpflanzen, Bakterien, Viren, dem eigenen Körper und so fort zum Ausdruck. Wird vom gesellschaftlichen Naturverhältnis (im Singular) gesprochen, liegt die Betonung nicht auf der Vielfalt dieser Beziehungen zwischen menschlichen und nichtmenschlichen Lebewesen sowie biophysischen Gegebenheiten wie Rohstoffen, Sonne, Wasser, Energie etc., sondern auf der dominanten Prägung der Mensch-Gesellschaft-Natur-Beziehungen durch vorherrschende Denkmuster, institutionelle und rechtliche Normen und kulturell verfestigte Praktiken. Diese dominante Prägung besteht zuvorderst aus einem instrumentellen und objektivierenden Naturbezug. In seinem Rahmen wird „Natur" im westlichen Denken als Objekt gesellschaftlichen Handelns konzipiert und diesem unterworfen verstanden. Vom alttestamentarischen *dominium terrae* (Genesis 1,28: „Seid fruchtbar und mehrt euch, füllt die Erde und unterwerft sie und waltet über die Fische des Meeres, über die Vögel des Himmels und über alle Tiere, die auf der Erde kriechen!") über die aufklärerischen Schriften des englischen Philosophen und Juristen Francis Bacon (1561–1626), der nach den Möglichkeiten der wissensbasierten Dienstbarmachung von Natur fragte und ihre Katalogisierung zu diesem Zweck anregte, bis zur gegenwärtigen Rede von Natur als „Ökosystemdienstleistung", Genpool oder Baukasten stehen dabei die Erwägungen ihrer Nutzbarmachung im Zentrum.

Voraussetzung für die instrumentelle Denkweise der Nutzbarmachung und Unterwerfung ist, dass Natur als „das Andere" objektiviert wird: Die Entgegensetzung von Natur und Gesellschaft, Natur und Technik, Natur und Kunst ist das langfristige Ergebnis gesellschaftlicher Entwicklungen, die in der griechischen Antike ihren Ausgang nahmen. Spätestens seit der Aufklärung ist diese Denkweise konzeptionell nicht mehr „verfügbar", d.h., sie kann nicht mehr in Frage gestellt werden, weil sie als einzig mögliche Betrachtungsperspektive gilt: In Form der modernen Erkenntnislehre (Epistemologie) entfaltet dieser Blick auf die Natur seither seine wissenspolitische Wirkung. Die Natur wird dabei dem Menschlichen und Sozialen grundsätzlich entgegengesetzt, ist konzeptionell und erkenntnistheoretisch das Andere, „nicht Identische", das Selbstbewegte (*physis*) mit eigenartigen, von Kultur und Technik prinzipiell unterschiedenen Bewegungen und Gesetzen. Die strenge Distanzierung von dieser Natürlichkeit ist Voraussetzung für die Menschwerdung und insbesondere für die „Vernunft" des *homo sapiens* als dessen Alleinstellungsmerkmal. In dieser Denkweise realisiert der „Mensch" seine

Sonderstellung (Plessner 1965) erst, indem er (oder sie) lernt, sich abzugrenzen, um zum Vernunftwesen zu mutieren, die Natur von hier aus als Gegenüber zu entdecken und zu nutzen, so die entsprechenden Grundzüge der abendländischen Philosophie (Böhme 1983). Diese Entgegensetzung mündet in den „unentrinnbaren Zwang zur gesellschaftlichen Herrschaft über Natur" (Horkheimer & Adorno 1988: 41) und hat ihren Preis:

> „Furchtbares hat die Menschheit sich antun müssen, bis das Selbst, der identische, zweckgerichtete, männliche Charakter des Menschen geschaffen war, und etwas davon wird noch in jeder Kindheit wiederholt." (Horkheimer & Adorno 1988: 40)

In der „Dialektik der Aufklärung", die erstmals 1947 angesichts der furchtbaren Gräueltaten des Naziregimes veröffentlicht wurde, rücken Max Horkheimer und Theodor W. Adorno (1988) die ungewollte Rückwirkung dieser Menschwerdung durch Abgrenzung und Objektivierung von Natur in den Fokus: In dem zentralen Werk der Kritischen Theorie beleuchten sie, wie die zivilisatorisch tief verankerte, auf Nutzbarmachung fokussierte Denkweise der instrumentellen Rationalität bis in die totalisierte Aneignung der Objektwelt und die grausame Unterwerfung, Ausbeutung und Vernichtung auch von „anderen" Menschen führte. Hier knüpft Donna Haraway mit Bezug auf Maria Puig de la Bellacasa an, wenn sie sich mit der von Hannah Arendt analysierten „Banalität des Bösen" des Naziverbrechers Adolf Eichmann auseinandersetzt und bemerkt: „Auf keinen Fall konnte die Welt für Eichmann und seine Erben – für uns? – ein Gegenstand der Sorge (*„matter of care"*) (Puig de la Bellacasa 2017) werden. Das Resultat war die aktive Teilnahme am Genozid" (Haraway 2018: 55).

Erst aus der Unterscheidung und Entgegensetzung von Natur und Gesellschaft – beziehungsweise der je kontextspezifischen Entgegensetzung von Natur versus Kultur, Technik, Kunst, Mensch, soziale Praktiken – ergibt sich die Möglichkeit, Natur als (externe) „Umwelt" und Objekt anzueignen. Die Natur, deren Teil Menschen prinzipiell sind, erscheint aus dieser Perspektive als ein den menschlichen Gesellschaften gegenübergestellter Raum oder Vorrat, den sich Menschen aneignen, Untertan machen und zu ihrer Bedürfnisbefriedigung nutzen können. In dieser dualistischen Erkenntnistheorie zeichnen sich der „vernünftige Mensch" und seine Werke, nämlich Kultur, Technik und Gesellschaft, gerade durch die Abgrenzung von einer Gesetzmäßigkeiten und Trieben unterworfenen Natur aus, die es als Umwelt zu entdecken, zu erobern, zu nutzen, auch zu bewundern, zu unterwerfen und auszubeuten gilt. Jedes Nachdenken über den Naturbezug oder das Naturverhältnis (im Singular) ist in der Folge in einer Gegenüberstellung gefangen.

Der erkenntnistheoretische Dualismus war bis Ende des letzten Jahrhunderts die Grundlage der in der deutschsprachigen Umweltsoziologie verbreiteten Herangehensweisen. Er prägt in einer reflektierten Form auch gegenwärtige Ansätze der Analyse gesellschaftlicher Naturbeziehungen und ihrer Umweltprobleme, wie wir anhand der Konzepte zu gesellschaftlichen Naturverhältnissen (Becker & Jahn 2006; Becker et al. 2011) sowie zu sozial-ökologischen Regimen (Brand 2014) im ersten Abschnitt erläutern. In diesen Ansätzen wird aber nicht mehr von einem prinzipiellen Dualismus ausgegangen, sondern von einer Dichotomie mit zwei unterschiedlichen Seiten. Dabei wird durchaus von einer interaktiven Verflochtenheit mit Rück- und Wechselwirkungen ausgegangen und einem dadurch bedingten „Doppelcharakter gesellschaftlicher Naturbeziehungen" (Brand 2014: 13). Dieser Doppelcharakter ergibt sich aus dem Umstand, dass Praktiken der Naturnutzung – von der Nahrungsmittelproduktion bis zum Tourismus – stets zugleich von Kulturtechniken, Deutungsmustern, institutionellen Festlegungen auf der einen und biophysischen Bedingungen auf der anderen Seite geprägt sind. Aufgrund dieses Doppelcharakters finden sich historisch und kulturell je spezifische Formen der miteinander verwobenen materiellen Nutzung und kulturellen Sinnstiftung: Keine Mahlzeit ist das alleinige Ergebnis *nur* biophysischer Bedingungen und gesundheitlicher Notwendigkeiten oder *nur* kultureller Sinnsetzung und sozio-ökonomischer Hintergründe. Vielmehr trägt jeder Ernährungsstil, wie alle anderen Naturverhältnisse auch, unumgänglich diesen interaktiven Doppelcharakter. In der folgenden Abbildung stellen wir den Interaktionsbereich gesellschaftlicher Naturverhältnisse als grauen Überschneidungsbereich der beiden als dichotom konzipierten Sphären von Natur und Gesellschaft dar. In ihm vermischen sich biophysische Strukturierungen natürlicher Zuordnung mit symbolisch-diskursiven gesellschaftlicher Bestimmung. Die biophysischen Strukturierungen werden theoretisch den stofflichen Eigenschaften und ihrem Zusammenspiel zugerechnet. Die symbolisch-diskursive Strukturierung wird anhand kontextspezifischer, kulturell bestimmter Naturverständnisse sowie der sprachlichen, respektive symbolischen und diskursiven Bedingungen des Naturbezugs und seiner Wahrnehmung erklärt (→ Kap. 2 zu gesellschaftlichen Naturverständnissen).

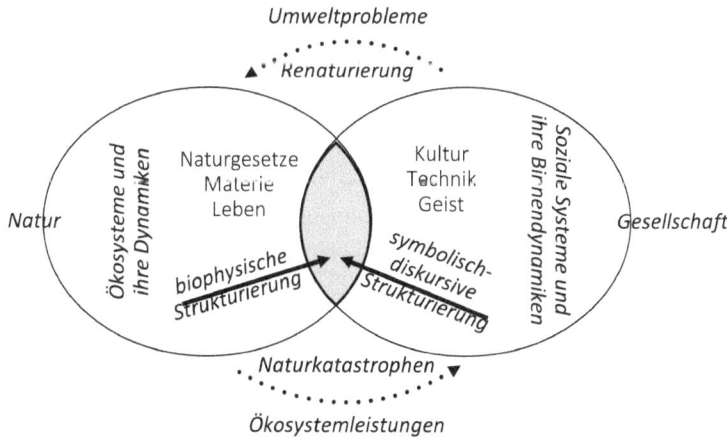

Abbildung 3: Interaktion gesellschaftlicher Naturverhältnisse in dialektischen Ansätzen; Quelle: Eigene Darstellung

Dialektische Konzepte sind also nicht streng dualistisch, aber dichotom aufgebaut. In ihnen bestimmen die biophysischen und energetischen Dynamiken von Öko-

Kapitel 3: Theorien gesellschaftlicher Naturverhältnisse

systemen die Sphäre der Natur jenseits des Interaktionsbereichs. Aus Sicht der Gesellschaft werden diese als „Naturgesetze" sowie Merkmale und Besonderheiten von Materie und Leben wahrgenommen und sind Gegenstand der modernen Naturwissenschaften. In Bezug auf die Gesellschaftsseite wird konzeptionell von den Eigengesetzlichkeiten sozialer Systeme, den gesellschaftlichen Deutungs- und Handlungsrahmen etablierter Institutionen, einflussreichen Diskursen der Naturdeutung und politökonomischen Machtverhältnissen ausgegangen, die sich in kulturellen, technischen und geistigen Produkten spiegeln und die gesellschaftliche Praxis im Umgang mit natürlichen Gegebenheiten prägen. Ihre Untersuchung ist Aufgabe der Geistes- und Sozialwissenschaften. Der interaktive Vermittlungszusammenhang wird in dialektischen Konzepten typischerweise aus zwei (in Abbildung 1 gestrichelt dargestellten) Richtungen beleuchtet: als Wirkungen der Gesellschaft auf die Natur – etwa indem sie Umweltprobleme erzeugt oder löst (Letzteres bspw. im Rahmen von Renaturierungsprozessen) – und als Wirkungen der Natur auf die Gesellschaft, bspw. als gesellschaftsrelevante Naturkatastrophen, aber vor allem als Versorgung der Gesellschaft mit Ökosystemleistungen, etwa zur Lebensmittelproduktion oder Energieerzeugung. Naturverhältnisse geraten dabei aus der einen wie der anderen Richtung vor allem aus funktionaler Perspektive in den Blick. Anders als in relationalen Perspektiven spielen emotionale oder praktische Beziehungen jenseits der dichotom gedachten Interaktionen und der existenziellen Grunderfahrungen von Leben (geben), Altern, Krankheit und Tod nur eine untergeordnete Rolle. Auch die Einsicht, wie sehr sowohl Naturkatastrophen als auch gesellschaftliche Umstürze mit natürlich-kulturellen Bedingungen variieren, kommt eher kurz (vgl. dazu Beck & Kropp 2007).

Aufgrund der funktionalen Ausrichtung dominiert in den dichotomen Herangehensweisen die Untersuchung der biophysischen (Rück-)Wirkungen und der symbolisch-diskursiven Strukturierung, ihrer Wahrnehmung und Bewertung. Häufig schleicht sich in Bezug auf die biophysischen Ursachen und Wirkungen ein „geläuterter" erkenntnistheoretischer Realismus wieder ein und in Bezug auf die symbolisch-diskursiven Strukturierungen eine sozialkonstruktivistische Sicht (→ Kap. 1 zu diesen erkenntnistheoretischen Perspektiven). Beide Perspektiven sind für sich genommen einseitig und basieren auf dem kartesianischen Dualismus der prinzipiellen Unterscheidung von materiellen Dingen (*res extensa*) und geistigen Phänomenen (*res cogitans*). Kritisiert wird am erkenntnistheoretischen Dualismus in Bezug auf Naturverhältnisse, dass auch in den Naturwissenschaften Erkenntnisse in gesellschaftlich bestimmten Wissenskulturen fabriziert und also semantisch-diskursiv geprägt werden (Knorr-Cetina 1991). Zudem entstehen auch die geistig-kulturellen Vorstellungen nicht unabhängig von den biophysischen Gesetzmäßigkeiten, der ihre Entwicklung unterliegt (Latour 1995). Wie wir sehen werden, greift Bruno Latour genau diese problematische Trennung in Naturelemente einerseits und Kultur- bzw. Gesellschaftsphänomene andererseits als „moderne Konstitution" auf und macht sie für die sorglose Vermehrung und Vernetzung von riskanten Hybridwesen wie bspw. industrielle Landwirtschaft, Höchstleistungskühe, Kernenergie etc. verantwortlich (vgl. Abschnitt 3 dieses Kapitels).

Bruno Latour und andere Vertreter*innen relationaler Ansätze betrachten Klimawandel und Artensterben – mit anderen Worten: die todbringenden Naturverhältnisse der Gegenwart – also als ein Produkt der folgenschweren dualistischen Unterscheidung von Natur und Gesellschaft. Aus ihrer Sicht ist es ebendiese falsche Art, Wissen zu produzieren, die in die ökologische Problematik führt. Würde nämlich nicht von einer Sonderstellung des (männlichen) Menschen und der Vormacht seines geistigen Wissens und seiner kulturellen und technischen Fähigkeiten über die natürliche Welt ausgegangen, so die (wissenspolitische) Argumentation, erschienen menschliche Gesellschaften als Komponente ökologischer Zusammenhänge, in diese eingebunden, mit diesen wachsend oder sterbend und daher den vielfältigen Restriktionen und Rückwirkungen relationaler Verhältnisse ausgesetzt. Die moderne Aneignungsperspektive aber hebt mit ihren Wissenspraktiken den *homo sapiens* aus der natürlichen Eingebundenheit hervor, um seine Spezies dann zum folgenblinden Schöpfer neuer Welten nach seinen Bedarfen (der instrumentellen Ausbeutung) zu machen.

In dieser zum modernen Selbstverständnis geronnenen Erkenntnislehre erscheint die Welt als ein Vorratslager und die Menschheit legitimiert, den Kosmos zu unterwerfen und alle Ressourcen und Lebewesen als Mittel für menschliche Zwecke zu ge- und missbrauchen. Die daraus hervorgehenden Wissenspraktiken münden in eine Überformung der einseitig und entgegengesetzt gedachten „Umwelt". Im Rahmen dieser Anschauung, so die Kritik, übersehen die dualistisch denkenden, industriemodernen Subjekte die übergroße relationale Komplexität, deren Teil sie gemeinsam mit allen irdischen Wesen und Elementen sind, und gefährden mit ihren partikularen Projekten und einseitigen Perspektiven die kollektiven Überlebensbedingungen.

In den folgenden beiden Abschnitten stellen wir nun erst die im deutschsprachigen Raum zentralen dialektisch-dichotomen Konzepte zu Naturverhältnissen vor und dann relationale Konzepte, die international und in der deutschen Theorieentwicklung große Aufmerksamkeit finden. Aber schon hier ist es wichtig zu verstehen, dass Naturdiskurse Naturverhältnisse strukturieren – bis in die Wissenschaften hinein. Die kulturell geprägten (modernen, instrumentellen, romantischen) Naturverständnisse (→ Kap. 2 zu gesellschaftlichen Naturverständnissen) münden als erkenntnistheoretisch verankerte Wissenspraktiken in spezifische Naturverhältnisse, aus denen „wir Modernen" (Latour 1995) kaum „herausdenken" können.

2. Dichotome Theorien: Unterschiedliche Dynamiken, Ko-Evolution und Interaktion in gesellschaftlichen Naturverhältnissen

Zwei Ansätze der deutschen Umweltsoziologie stehen für einen kritischen Umgang mit dualistischen Herangehensweisen, ohne die dichotome Perspektive gänzlich aufzugeben: das Frankfurter Rahmenkonzept gesellschaftlicher Naturverhältnisse von Autor*innen wie Thomas Jahn, Peter Wehling, Egon Becker, Diana Hummel und weiteren (vgl. Becker & Jahn 2006) und das Rahmenmodell umweltsoziologischer Analysen von Karl-Werner Brand (2014). Beide Ansätze reflek-

Kapitel 3: Theorien gesellschaftlicher Naturverhältnisse

tieren die enge Verwobenheit von Natur und Gesellschaft. Auf der Suche nach Problemlösungen im Umgang mit der ökologischen Krise behalten sie und ähnliche Herangehensweisen aber die Betrachtung von Natur und Gesellschaft als zwei eigenständige Bereiche mit unterschiedlichen Binnendynamiken bei, aus deren Verhältnissen und Wechselwirkungen erst im zweiten Schritt sozial-ökologische Strukturen der Interaktion entstehen. Sie richten ihre theoretischen Schweinwerfer auf die Untersuchung dieser Strukturen, die als institutionell erhärtete Rahmenbedingungen gesellschaftlicher Naturverhältnisse aus der Vielfalt möglicher Verhältnisse nur spezifische sozial-ökologische Regime (bzw. *socio-metabolic regimes*) zulassen.

2.1. Theorien gesellschaftliche Naturverhältnisse

Dialektische Perspektiven auf gesellschaftliche Naturverhältnisse gehen in aller Regel von einer historischen Intensivierung zunehmender Verflechtungen von Natur und Gesellschaft aus (→ Kap. 1, Abbildung 2), die sie für die Umweltprobleme verantwortlich machen. Für diese Diagnose einer fortschreitenden Interaktion mit riskanten Wechsel- und Rückwirkungen spricht der als ko-evolutionär gedachte, zunehmende Kolonisierungsgrad, mit dem menschliche Handlungsvollzüge und insbesondere das weltweit beschleunigte Wirtschaftswachstum die nichtmenschliche Mitwelt teils intendiert, teils unabsichtlich durchdringen, transformieren und bedrohen (Fischer-Kowalski 2011). Diese „Kolonisierung" wird u.a. als „ökologischer Fußabdruck" im Rahmen von Stoffstromanalysen für unterschiedliche Bereiche und Regionen erfasst. Stoffstromanalysen und der Blick auf „humanökologische Systeme des Stoffwechsels" leisten zwar einen wertvollen Beitrag für die Bewusstwerdung der Folgen einer zunehmenden Inanspruchnahme und Ausbeutung ökologischer Ressourcen. Sie stecken aber konzeptionell in dem Dilemma, den komplizierten Doppelcharakter gesellschaftlicher Naturverhältnisse auf Energie- und Materialflüsse zu reduzieren und die Koproduktion sozial-ökologischer Konstellationen in kulturell und sozioökonomisch geprägten Aneignungs- und Transformationsverhältnissen weitgehend außer Acht zu lassen. Rolf Sieferle beschreibt die vielfältig vermittelten gesellschaftlichen Naturverhältnisse z.B. als biophysischen Stoffwechsel einer wachsenden Weltbevölkerung in drei von der Energiegewinnung bestimmten Phasen (Sieferle et al. 2006). Stärker koevolutionäre Perspektiven nehmen die „Kolonisierung" von Natur zusammen mit den aus ihr hervorgehenden Hybridwesen – Menschen und ihre Artefakte – und die gesellschaftlichen Organisationen der gezielten Beeinflussung natürlicher Systeme als „sozialmetabolische Regime" in den Blick (Fischer-Kowalski 2011). Am Konzept der fortschreitenden Kolonisierung von Natur lässt sich zum einen kritisieren, dass Naturverhältnisse mehrdimensionaler sind, als dass sie nur durch den gesellschaftlichen Stoffwechsel geprägt würden. Zum anderen standen Mensch und Gesellschaft zu keinem Zeitpunkt wirklich außerhalb ökologischer (metabolischer) Zusammenhänge, auch wenn die dualistische Entgegensetzung im Hintergrund der problematischen Eingriffe dies als kognitive Abspaltung und Entfremdung ausblendet. Dennoch ist die Rekonstruktion einer sich verhärtenden, fortschreitenden Durchdringung beider Sphären für die umweltsoziologische Betrachtung nützlich.

Ebenfalls dichotom gedacht, aber stärker an wechselseitig beeinflussten Interaktionen orientiert, beschäftigt sich die im Folgenden diskutierte Perspektive des Frankfurter Instituts für sozial-ökologische Forschung (ISOE) mit der koevolutiven Verflechtung natürlicher und gesellschaftlicher Handlungsbedingungen und -strukturen (Becker & Jahn 2006). Die Genese sozial-ökologischer Konstellationen wird, ob es um ihre Manifestationen in modernen Städten oder im Brandrodungswanderfeldbau im brasilianischen Regenwald geht, ebenfalls als historisches Ergebnis der Interaktion von biophysischen und symbolisch-diskursiven Strukturierungen betrachtet. Darüber hinaus werden aber auch technische, kulturelle und ökonomische Zusammenhänge detailliert mit einbezogen. Umweltprobleme, bzw. „sozial-ökologische Problemlagen", geraten als nicht intendierte Folgen einer krisenhaft gewordenen Interaktionsdynamik in den Blick. Ihre analytische Durchdringung und Bearbeitung, so die Forderung, muss sowohl an den für die Entstehung verantwortlichen Praktiken, deren institutionellen Rahmenbedingungen, den kulturell dominanten Handlungsorientierungen als auch an dem Verständnis von sozial-ökologischen Wechselwirkungen ansetzen. Notwendig wird also ein Rahmenkonzept gesellschaftlicher Naturverhältnisse.

Ein solches Konzept wurde in den letzten drei Jahrzehnten am ISOE kontinuierlich erarbeitet (Jahn & Wehling 1998; Becker & Jahn 2006; Becker et al. 2011). Diesen Ansatz hat das Bundesministerium für Bildung und Forschung (BMBF) für sein sozial-ökologisches Forschungsprogramm 1999 aufgegriffen und fördert in seinem Namen eine thematisch breit aufgestellte, inter- und transdisziplinäre Forschung mit dem Ziel, gesellschaftliche Veränderungsprozesse für eine nachhaltige Entwicklung anzustoßen und zu unterstützen. Ziel war und ist es, die getrennte Betrachtung von Nachhaltigkeitsproblemen in der naturwissenschaftlich bestimmten Umweltforschung einerseits und den interpretativen Ansätzen der Geistes- und Sozialwissenschaften andererseits zu überwinden. Dafür wird problemorientiert System-, Orientierungs- und Entscheidungswissen zum gesellschaftlichen Umgang mit Nachhaltigkeitsanforderungen entwickelt. Diese explizit dreidimensionale Wissensproduktion zielt darauf, ein inter- und transdisziplinäres Verständnis der verflochtenen Problemzusammenhänge bereitzustellen, Handlungsoptionen zu benennen und zu bewerten und Entscheidungswissen für transformative Schritte zu erarbeiten (→ Kap. 10 zu Transdisziplinarität). Soziale Gerechtigkeitsfragen, politische Rahmenbedingungen und auch das Genderverhältnis finden programmatisch eine angemessene Berücksichtigung und sensibilisieren für die Bedeutung gesellschaftlicher Macht- und Konfliktstrukturen, wenn es um die Transformation gesellschaftlicher Naturverhältnisse geht. Damit reagiert die sozial-ökologische Forschung auf den unauflöslichen Zusammenhang ökologischer Problemkomplexe mit sozialen, politischen und ökonomischen Entwicklungen und kritisiert die bestehenden Formen der Wissensproduktion in voneinander abgeschotteten Disziplinen.

Vielmehr rückt sie die Zusammenhänge „als Zentralreferenz von Theoriebildung und empirischer Forschung" (Becker & Jahn 2006: 86) in den Mittelpunkt der Theorie gesellschaftlicher Naturverhältnisse bzw. der „Sozialen Ökologie". Ausgehend von krisenhaften Beziehungen zwischen Individuum, Gesellschaft und

Natur (als Dreiecksverhältnis) und deren Politisierung knüpft sie an die Kritische Theorie an. So kritisiert die Theorie gesellschaftlicher Naturverhältnisse die allgemeine wissenschaftliche Wissensproduktion als affirmativ, problementhoben und in jahrhundertealten Denkweisen und Weltbildern gefangen, die aufgrund der wissenschaftsinternen Grenzziehungen einer Bearbeitung sozial-ökologischer Problemkonstellationen im Wege stehen. Damit wissenschaftliches Wissen aber auf lebenspraktische gesellschaftliche Probleme bezogen werden könne, müsse es als ‚situiertes Wissen' mit Bezug zu konkreten Kontexten und Entstehungszusammenhängen „im Grenzgebiet zwischen den epistemischen Kulturen der Natur- und Sozialwissenschaften" (Becker & Jahn 2006: 22) ausgearbeitet werden, so fordern die Autoren mit Bezug auf Donna Haraway. Erst aus der Perspektive einer neuen Wissenschaft der Sozialen Ökologie mit einem integrierten Fokus auf die veränderlichen Formen und Gestaltungsmöglichkeiten werde es möglich, die Grenzziehung als Unterscheidungspraktiken „doppelseitig" und jenseits der „Tyrannei von Dualismen und Dichotomien" (Becker & Jahn 2006: 118) zu kritisieren. Die vielfältigen hybriden Mischgebilde der Beziehungen zwischen Individuen, Gesellschaft und Natur werden dann als konkrete Varianten einer „ökologischen Konfiguration" (ebd. 71) der Analyse zugänglich. Damit bewegt sich das Rahmenkonzept gesellschaftlicher Naturverhältnisse im Interaktionsbereich von Natur- und Gesellschaftssphäre mit Fokus auf die evolvierenden, historisch und epistemologisch geprägten Beziehungsmuster (vgl. Abbildung 3, S. XYZ). Obwohl die ‚Basisunterscheidung' von Natur und Gesellschaft als ein Produkt historischer Unterscheidungspraktiken und machtförmiger Hierarchisierungen kritisch dekonstruiert wird, behält das Rahmenkonzept gesellschaftlicher Naturverhältnisse diese aber als kategoriale Differenzsetzung bei, um logische „Operationen des Unterscheidens und Verbindens" denkbar zu machen (Becker et al. 2011: 87). Dafür stellt das Rahmenkonzept begriffliche Instrumente zur Verfügung, um die zeit- und kulturspezifischen Beziehungsmuster, die menschliche Subjekte, Gruppen und Gesellschaften in Interaktion mit materiellen und energetischen biophysischen Elementen hervorbringen und regulieren, systematisch „von der Analyse globaler Stoff- und Energieströme bis zur Untersuchung von Naturmythen und Gesellschaftsbildern" vergleichend analysieren zu können (Becker et al. 2011: 77).

Der Begriff der Regulierung bzw. Regulation[4] spielt dabei eine Schlüsselrolle. Er bringt zum Ausdruck, dass die denkbare Vielfalt von praktisch hergestellten, biophysischen und symbolisch-diskursiven Beziehungen als Pluralität gesellschaftlicher Naturverhältnisse empirisch nur in den engeren Grenzen etablierter Muster bzw. Regime variiert, so wie die Institution Ehe die Formenvielfalt menschlicher Beziehungen begrenzt. Als Regulationsmuster werden die verflochtenen, dynamischen Beziehungen zwischen verschiedenen Elementen, Strukturen und Prozessen in Mustern bezeichnet. Sie sind in verschiedensten Bereichen, etwa Ernährung, Verkehr oder Bauen und Wohnen, prägend. Der Begriff „Regulationsmuster" legt nahe, die in diesen Bereichen vorgefundenen Elemente und Strukturen, beispielsweise die Formen des Lebensmittelangebots und der Lebensmittelnachfrage, typischer Mahlzeiten, des Ernährungswissens, die Art von Ernährungsunternehmen,

---

4 Regulation ist ein steuerungstheoretisches Konzept, das in politisch-ökonomischen Analysen geprägt wurde.

-technologien und -konflikten sowie die relevante Gesetzgebung, nicht als isolierbare Phänomene, sondern als Gesamtzusammenhang zu betrachten. Hervorgehoben wird, dass Regulationsmuster hybrid sind, also stets soziale und materielle Dimensionen haben. Zudem sei die Regulation dieser Beziehungsmuster, die für die weitere Entwicklungs- und Zukunftsfähigkeit der Gesellschaft entscheidend ist, auch gestaltbar – aber nicht ausgehend von nur einem Element, nur einem Prozess oder nur einer Struktur.

Diese durchgesetzten Beziehungsmuster regulieren vor allem basale gesellschaftliche Naturverhältnisse, die der unverzichtbaren Erfüllung vitaler Grundbedürfnisse wie Ernährung, Landnutzung, Arbeit und Produktion, Wohnen, Fortpflanzung und Mobilität dienen. Sie sind global und in den jeweiligen Handlungsfeldern unterschiedlich und von einer problematischen Ungleichheit gekennzeichnet. Die basalen Naturverhältnisse sind auf allen gesellschaftlichen Ebenen reguliert, damit sie kontinuierlich und generationenübergreifend fortsetzbar sind. Aufgrund dieser generellen Regulation erfindet nicht jede gesellschaftliche Gruppe ihre Formen von Landwirtschaft, Mobilität oder Energieversorgung neu, sondern gestaltet sie entlang von kontextspezifischen Regulationsmustern und in Abhängigkeit von gesellschaftlichen Normen und Machtstrukturen (Becker et al. 2011: 81). Die Theorie gesellschaftlicher Naturverhältnisse geht nicht davon aus, dass Regierungen oder einzelne Organisationen oder Akteure gesellschaftliche Naturverhältnisse regulieren – und sei es nur in einem Bereich. Regulation wird vielmehr als ein Ebenen übergreifendes Phänomen betrachtet, das erst aus dem Zusammenhang der verschiedenen Strategien hervorgeht. Die Autor*innen sprechen von sozialökologischen Regulationen vor allem in Bezug auf die Folgeprobleme technisch, politisch und ökonomisch eng vernetzter Zusammenhänge, die als Regulationsprobleme eine dauerhafte Bearbeitung erfordern (Hummel & Kluge 2006: 251).

Mit der Theorie gesellschaftlicher Naturverhältnisse lassen sich die historisch unterschiedlichen Beziehungsformen, die in den verschiedenen Handlungsfeldern sowohl zur äußeren als auch zur inneren Natur der Individuen vorliegen, auf verschiedenen Ebenen untersuchen: Auf der Mikroebene individueller Bedürfnisbefriedigung äußern sich Regulationsmuster in gesellschaftlichen Normen, kulturspezifischen Handlungsskripten und sozialen Rollenmustern. Auf der Mesoebene gesellschaftlicher Organisationen und Institutionen bestimmen die soziotechnischen Versorgungssysteme und Technostrukturen (→ Kap. 9 zu Infrastruktursystemen) die regulative Art und Weise der Bedürfnisbefriedigung, auch die ungleiche Verteilung und Verfügbarkeit der lebensnotwendigen Güter. Auf der Makroebene (inter-)nationaler, aber auch regionaler Strukturen werden die Regulationsmuster von etablierten Produktions-, Eigentums- und Geschlechterverhältnissen als Dispositive der Bedürfnisbefriedigung stabilisiert. Der Begriff „Dispositiv" bezeichnet mit Bezug auf Michel Foucault die Verbundenheit und Verflochtenheit der in Regulationsmuster eingelassenen Vorstellungen und Vorentscheidungen als einen Gesamtrahmen, der die möglichen Praktiken und Denkweisen bestimmt. Die historisch gewachsenen und institutionell verankerten Regulationsmuster und Dispositive auf der Makroebene bestimmen den Spielraum der Regulierung gesellschaftlicher Naturverhältnisse auf der Meso- und Mikroebene mit und begrenzen damit den Optionenraum. Im Rahmenkonzept gesellschaftlicher Naturverhältnisse werden als sozial-ökologische Transformationen die Ansätze der zeitlichen, räumlichen oder soziokulturellen Veränderung von Regulationsmustern betrachtet. Sie können kaum auf den unteren Ebenen intentional angestoßen werden, ohne dass sich ein entsprechender Wandel der darüberliegenden Regulationsmuster vollzöge. Sie können auch nicht von oben angeordnet werden, solange die sozial-ökologische Praxis in übergeordneten Dispositiven reguliert wird. Konzeptionell ist aber eine misslungene Regulation denkbar, die sich in Risiken, ökologischen Problemlagen und sozial-ökologischer Ungerechtigkeit äußert und in diesem Ansatz bewusst normativ kritisiert wird.

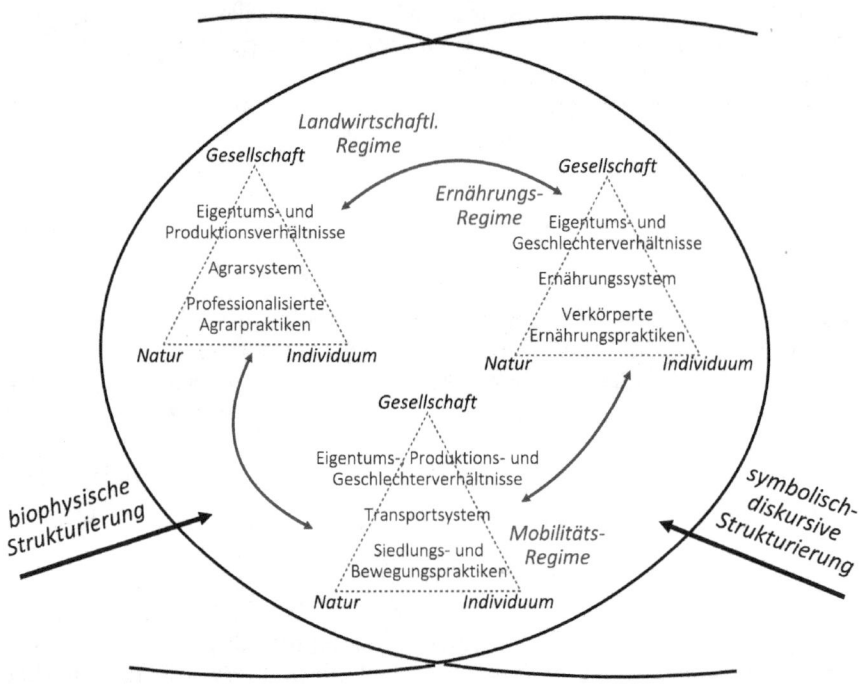

Abbildung 4: Gesellschaftliche Naturverhältnisse als sozial-ökologische Regulationsmuster bzw. Regime; Quelle: Eigene Darstellung

In der Abbildung versuchen wir zu verdeutlichen, wie Regulationsmuster in verschiedenen Handlungsfeldern, hier Ernährung, Landwirtschaft und Mobilität, miteinander verbunden sind, sich vor allem auf der Makro-Ebene ähneln, auf der Meso-Ebene von konkreten Infrastruktursystemen mitdefiniert werden und auf der Mikro-Ebene typische Praktiken hervorbringen. In der Theorie gesellschaftlicher Naturverhältnisse erfahren diese regulativen Strukturierungen als Vermittlungsinstanzen biophysischer und symbolisch-diskursiver Wirkungen besondere Aufmerksamkeit. In ihnen wird die dichotome Vorabunterscheidung zwischen

Natur und Sozialem als ein eher netzwerkartiges Muster beleuchtet (Becker et al. 2011: 92).

2.2. Naturverhältnisse und das sozial-ökologische Regime

Karl-Werner Brand geht für sein Rahmenmodell umweltsoziologischer Analysen vom Doppelcharakter gesellschaftlicher Naturbeziehungen aus und sucht ebenfalls eine „umfassendere, auf die Analyse sozio-materieller Interaktionsdynamiken von Gesellschaft und Natur gerichtete" Perspektive (Brand 2014). In Bezug auf die komplexen Natur-Gesellschafts-Verflechtungen nutzt Brand dafür die Schlüsselkategorie der sozial-ökologischen Regime. Wie bei Becker, Jahn und Ko-Autor*innen (2006) werden sozial-ökologische Regime als institutionalisierte Regulierungsformen betrachtet, die kulturell in Welt- und Naturbildern, Wissens- und Nichtwissensstrukturen, dominanten Technologien und Machtstrukturen verankert sind. Sie betreffen nun aber nicht verschiedene Bereiche, sondern das epochen- und regionsspezifische „Gesamtgefüge gesellschaftlicher Naturbeziehungen" (Brand 2014: 151). Brand geht insofern nicht von einer Pluralität an Regulationsmustern in verschiedenen Bereichen aus, sondern von einem gesellschaftstypischen, sozial-ökologischen Regime. Er betont mit Bezug auf Hartmut Rosa, dass sozial-ökologische Regime der Gegenwart hinsichtlich ihrer Zeitlichkeit einer Beschleunigungsdynamik und in Bezug auf Körperlichkeit und naturräumliche Bindung einer globalisierten Ausdehnung unterliegen (vgl. Rosa 2016). Diese räumliche und zeitliche Dynamik von Beschleunigung und Ausdehnung transformiert alle (Re-) Produktionsprozesse und das Selbstverständnis der Subjekte. Sie führt aufgrund ihrer inhärenten Steigerungsdynamik, die über institutionelle Kontrollfähigkeiten hinausgeht, zu einer „Eskalation von Nebenfolgen" und steht in einem strukturellen Konflikt mit Suffizienz- und Nachhaltigkeitskonzepten (Beck & Rosa 2014). Als „wachsende räumliche Inkongruenz zwischen ökologischen Problemlagen und institutionellen Bearbeitungsmöglichkeiten" (Brand 2014: 102) erschwert sie in modernen Netzwerkgesellschaften die gezielte Gestaltung und Transformation gesellschaftlicher Naturverhältnisse. Hinzu kommt, dass sozial-ökologische Regime durch technologische (Infra-)Strukturen, Denkweisen, Eigenrationalitäten und deren wachsende Verflechtung geprägt sind, die ihrerseits als soziotechnische Systeme Teil übergeordneter wirtschaftlicher und gesamtgesellschaftlicher Regime sind (→ Kap. 9 zu Infrastruktursystemen). Auch deren Beharrungskräfte stehen sozial-ökologischen Transformationsprojekten entgegen.

Brand unterscheidet in seinem Rahmenmodell zwei Analyseebenen gesellschaftlicher Naturverhältnisse, nämlich eine *innere* Ebene, in der die durch den gesellschaftlichen Stoffwechsel vermittelten Wechselwirkungsprozesse zwischen Natur und Gesellschaft verortet sind, und eine *äußere*, auf der die dadurch verursachten Rückkoppelungsprozesse entstehen, also sowohl die Umweltprobleme als nicht intendierte Nebenfolgen als auch die gesellschaftlichen, vor allem technischen Ansätze ihre Lösung (2014: 155). Er regt an, die Rückkoppelungsprozesse auf der äußeren Ebene in der umweltsoziologischen Forschung in vier Dimensionen zu untersuchen, nämlich in Bezug auf a) ihre Ursachen, b) die zugrundeliegenden sozial-ökologischen Regime, c) das Katastrophenpotenzial und die damit einhergehende soziale Verwundbarkeit sowie d) die gesellschaftlichen Wahrnehmungs- und Reaktionsmuster.

2.3. Zusammenfassung: Gesellschaftliche Naturverhältnisse und ihre schwierige Transformation

Alle dialektischen Ansätze widmen der Historie unterschiedlicher Naturverhältnisse und den mit ihnen verbundenen Konflikten große Aufmerksamkeit. Im Rahmen welcher Debatten und geprägt von welchen politischen und ökonomischen Macht- und Konfliktkonstellationen lassen sich beispielsweise Ernährungsweisen und -regeln verändern? Wie ändern sich, ein weiteres Beispiel, regionale und ökonomische Opportunitätsstrukturen im Zuge der Energiewende? Wie lassen sich gesellschaftliche Naturverhältnisse auf regionaler, nationaler und internationaler Ebene nachhaltig gestalten und wie kann dabei mit den Zielkonflikten zwischen sozialer, ökologischer und ökonomischer Dimension umgegangen werden? Der Blick auf Konflikte richtet den Analysefokus auf die umkämpfte Wahrnehmung von Umweltproblemen, auf miteinander konkurrierende technische Ansätze der Nutzung von Naturressourcen und auf umstrittene Deutungen von Klimawandel oder Technologierisiken. Ökologische Probleme, Technologiechancen, wirtschaftliche und politische Ziele innerhalb und außerhalb der Wissenschaft werden in Bezug zu strittigen Befunden über ihre Relevanz gesetzt. Die Untersuchung von Natur-, Technik- und Umweltkonflikten geschieht auch mit dem Blick auf verschiedene Gesellschafts- und Wirtschaftsmodelle, die den Konflikten zugrunde liegen, und diskutiert deren Bedeutung für sozial-ökologische Problemlagen.

Dialektische Perspektiven blicken also auf die biophysischen Folgen umstrittener Nutzungsweisen und beleuchten die mehrdimensionalen Hintergründe, beispielsweise durch den Vergleich von Ökobilanzen konventioneller und ökologischer Landschaft oder verschiedener Formen der Energieerzeugung. Auf dieser Basis diskutieren sie die Veränderbarkeit im räumlichen, zeitlichen oder sachlichen Vergleich. Im Ergebnis bewegen sie sich zwischen dem Natur- und dem Gesellschaftspol gesellschaftlicher Naturverhältnisse hin und her. Sie betrachten die sozial-ökologischen Regime, die durch sie vorgezeichneten Rück- und Wechselwirkungen und suchen nach Möglichkeiten, die nicht gewünschten Folgen durchgesetzter Regime des Naturbezugs in den Versorgungssystemen zu benennen, um die Entwicklung von Transformationen hin zu nachhaltigeren und gerechteren Naturverhältnissen zu unterstützen, die auf allen notwendigen Ebenen ansetzen muss. Dabei haben die dialektischen Ansätze die Trägheit der vielfach verknüpften Regulationsmuster und Regime im Blick. Der Vorteil dieser koevolutionär konzipierten Ansätze ist ihre Sensibilität für die Dynamik der krisenhaften Beziehungen von Mensch, Gesellschaft und Natur und für die mehrdimensionale Konstellation sozial-ökologischer Problemlagen. Der Nachteil scheint uns darin zu liegen, dass der Fokus stark auf funktionalen Naturbeziehungen liegt und je nach Blickwinkel tendenziell eine der beiden Natur-Gesellschafts-Sphären als monolithisch und passiv, die jeweils andere als wirkmächtig und vielfältig konzipiert wird. Insbesondere die Konzipierung epochaler und bereichsübergreifender sozial-ökologischer Regime bei Brand (2014: 151) vereinfacht unseres Erachtens die Komplexität und Konflikthaftigkeit der Naturverhältnisse in dichotomer Manier. Demgegenüber berücksichtigt die Theorie gesellschaftlicher Naturverhältnisse stärker die Verflochtenheit der hybriden Beziehungen (Hummel & Kluge 2006: 248) und beleuchtet auf der Suche nach Gestaltungsansätzen deren dynamischen und krisenhaften Wandel jenseits einfacher Steuerungsvorstellungen (ebd. 238, 256).

Dichotomisierung birgt stets die Gefahr, Natur und Gesellschaft doch als einander äußerliche und in sich jeweils homogene Einheiten zu betrachten und so die Komplexität sozial-ökologischer Problemlagen und ihre gesellschaftspolitisch, technisch, ökonomisch und materiell geprägten Verknüpfungen mitsamt der Wandlungsfähigkeit der in ihnen wirkenden menschlichen und nichtmenschlichen Wesen zu unterschätzen. Dadurch fällt die Analyse wieder auf das eingangs kritisierte Ausgangsniveau zurück, sozial-ökologische Transformationen als externe Einwirkung der Gesellschaft und ihrer soziotechnischen Innovationen auf die Natur zu betrachten oder umgekehrt die natürlichen Grenzen und Bedingungen auf gesellschaftliche Handlungsmöglichkeiten zu verdinglichen; Widersprüche, Konflikte und Dynamiken in verschiedenen Naturverhältnissen und ihre Einschreibung in und Überformung durch soziotechnische Arrangements geraten in der Folge nur schematisch in den Blick. Statt die Beziehungen zwischen Natur und Gesellschaft als dichotom strukturiertes Wechselverhältnis zu deuten, setzen die im nächsten Abschnitt betrachteten relationalen Ansätze dabei an, diese Konstellationen als komplexe Vielfalt von Assemblagen und verflochtenen Ermöglichungsverhältnissen zu betrachten.

3. Relationale Theorien: Fluide Relationen, umkämpfte Assemblagen und Intra-Aktion in Naturbeziehungen

Die im ersten Abschnitt diskutierten Theorien gesellschaftlicher Naturverhältnisse betrachten nicht konkrete und unter Umständen partikulare Beziehungen zwischen menschlichen Lebewesen, nichtmenschlichen Lebewesen und biophysikalischen Faktoren, sondern analysieren diese Beziehungen in einem übergeordneten Gesamtzusammenhang. Sie beleuchten gesellschaftliche Naturverhältnisse aus der Makroperspektive von Gesellschaftstheorien und untersuchen insbesondere die gesellschaftlichen Hintergründe von Umweltkrisen, Artensterben und Klimawandel. Naturverhältnisse erklären sie, wie gesehen, aus zugrundeliegenden Naturverständnissen, übergeordneten Dispositiven und Regulationsmustern. Im Prinzip werden die untersuchten Phänomene also auf natürliche oder gesellschaftliche Faktoren zurückgeführt und diese dadurch vorausgesetzt.

Relationale Ansätze lehnen diese Herangehensweise und ihren Bezug auf übergeordnete Erklärungsvariablen ab. Sie insistieren stattdessen darauf, in temporären Teilverbindungen und veränderlichen Assemblagen von Mensch-Natur-Ding-Beziehungen auf der Mikroebene zu denken, deren Verlauf die Makroebene erst erschaffen (Callon & Latour 2006, zuerst 1981). In der Folge betrachten sie das Soziale wie das Natürliche nicht als Ursprung, sondern als Resultat vorhergehender Aktivitäten des Zusammenfügens (franz. *assembler*). Den Begriff der Assemblage haben Gilles Deleuze und Félix Guattari (1992) aus der Kunst übernommen, wo er allgemein Kombinationen bezeichnete (bspw. Collagen), und mit verschiedenen Definitionen für die Beschreibung miteinander funktionierender, volatiler und heterogener Verbindungen aus Praktiken, Objekten und Räumen genutzt. Bruno Latour (2007) und Manuel DeLanda (2016) haben ihre Überlegungen in Richtung einer Assemblagen-Theorie der zwar kontingenten, aber folgenreichen Vernetzung ausgearbeitet. Wie das folgende Zitat verdeutlicht, stehen zunächst heterogene Allianzen und ihre aktive, aber flüchtige Bildung im Mittelpunkt:

> „What is an assemblage? It is a multiplicity which is made up of many heterogeneous terms and which establishes liaisons, relations between them, across ages, sexes and reigns – different natures. Thus, the assemblage's only unity is that of a co-functioning: it is a symbiosis, a 'sympathy'. It is never filiations which are important, but alliances, alloys; these are not successions, lines of descent, but contagions, epidemics, the wind" (Deleuze & Parnet 1969: 69, zit. nach DeLanda 2006: 1).

Relationale Ansätze wenden sich der Entstehung von Zusammenhängen vorurteilslos zu. Sie interessieren sich für deren mögliche Vielfalt und interaktive Weiterentwicklung hin zu Assemblagen, Assoziationen bzw. Netzwerken. Identitäten und soziale Rollen entstehen in dieser Vernetzungsperspektive erst durch die Beziehungen untereinander und werden in Aneignungs- und Austauschprozessen miteinander transformiert. Sie werden damit weder als vorgegeben noch als durch wesenshafte Makro-Merkmale vorstrukturiert betrachtet. Assemblagen bilden sich aus Verbindungen, die organische Akteure (menschliche und nichtmenschliche Lebewesen) mit technischen Einrichtungen (vom Herzschrittmacher bis zum Kernkraftwerk) und biophysischen Faktoren (Klima, Wasser, Temperatur, Bodenbeschaffenheiten etc.) eingehen. Das Konzept überwindet damit explizit die „große Trennung", die moderne Wissenschaften zwischen Natur und Gesellschaft gezogen haben (Latour 1995), und damit auch die Natur-, Sach- und Technikvergessenheit vieler umweltsoziologischer Herangehensweisen. Stattdessen bezieht das relationale Denken in Wechselverhältnissen und Netzwerken die kontinuierlichen Austauschbeziehungen ein. Mit Abbildung 5 versuchen wir das vorstellbar zu machen, auch wenn die Dynamik, Interaktion und Wandlungsfähigkeit schwer bildlich darzustellen ist. Die Beziehungen in Assemblagen sind vielfältig und wechselseitig. Sie können, unter anderem, parasitär, symbiotisch, verstärkend oder schwächend sein, wie z.B. die zwischen Bienen und Imkern, Bienen und Blumen, Bienen und Zucker, Bienen und Pflanzenschutzmitteln. Aus Sicht relationaler Theorien gehen die hybriden Zusammenhänge aus Lebewesen, wissenschaftlich-technischen, organischen oder anorganischen Komponenten räumlich und zeitlich situiert aus wechselseitigen Interaktionen als „Fortsetzungsgeschichten" (Haraway 2018: 80) hervor. Sie verändern sich im Zuge gemeinsamer und verflochtener Entwicklungsgeschichten des Miteinander-Werdens ko-evolutiv.

3. Relationale Theorien

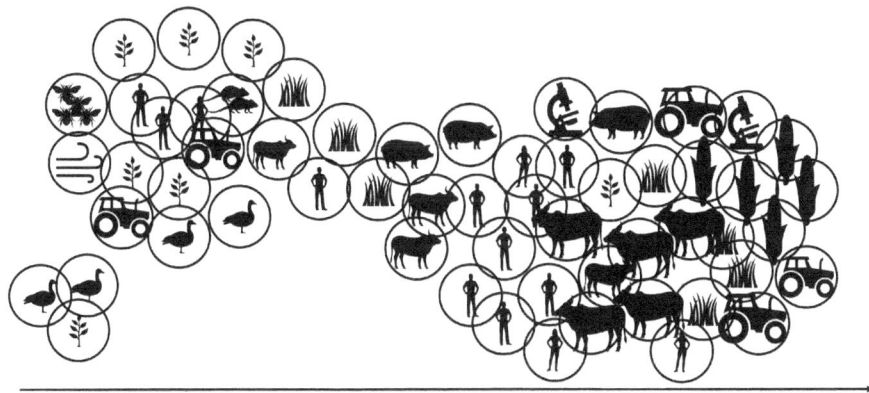

Abbildung 5: Relationale Koevolution veränderlicher Elemente in hybriden Zusammenhängen; Quelle: Eigene Darstellung

Gemeint ist damit, dass nicht von stabilen Handelnden, stabilen Umwelten, gesicherten Aneignungsformen, Einflussfaktoren oder Rahmenbedingungen setzenden gesellschaftlichen oder ökologischen Systemen auszugehen ist. Vielmehr werden die gemeinsamen Bedingungen erst im vernetzten Miteinander als eine relationale Verweltlichung geschaffen. Damit reagiert ein Teil der Autor*innen auf Konzepte der Biologie, die nicht von unabhängigen Organismen und Umwelten ausgehen, sondern die gesamte Biosphäre als ein sich wandelndes Lebewesen betrachten, wie insbesondere die „Gaia-Hypothese" nach James Lovelock und Lynn Margulis nahelegt (Lovelock & Sagan 1974). In ihr werden die wechselseitigen Verschränkungen, Rückkoppelungen und Abhängigkeiten im komplexen Miteinander betont (Kooperation und Symbiogenese).

Wie wir im Weiteren erläutern, werden dabei auch nichtmenschliche „Aktanten" bzw. „Agentien" als handlungs- oder wirkungsfähige Akteure betrachtet. Sie gelten nicht länger als ausschließlich passive, vollständig determinierte Objekte, sondern als interagierende Elemente in sozialen Beziehungen. Ihre Beiträge zur menschlichen Gesellschaft werden in vier Formen diskutiert (Sayes 2014: 135): als Grundlage der Möglichkeit menschlicher Gesellschaften, als Mittler in sozialen Beziehungen, als Delegierte moralisch-politischer Absichten und als Komponenten des Zusammenfügens von Netzwerken von Agenten mit variablen Ontologien[5], Zeiten und Räumen.

Mit diesen konzeptionellen Verschiebungen hin zu einem methodologischen Statement der notwendigen Berücksichtigung hybrider Zusammenhänge und nichtmenschlicher Handlungsfähigkeit (*agency*) negieren relationale Ansätze deterministische Verständnisse von Mensch-Natur-Gesellschafts-Verhältnissen, essentiali-

---

[5] Ontologie ist die philosophische „Lehre des Seins", die sich damit beschäftigt, was Sein bzw. Existieren ausmacht und welche Bedeutung es hat.

Kapitel 3: Theorien gesellschaftlicher Naturverhältnisse

sierende[6] Dualismen (Mensch-Tier, Gesellschaft-Natur) und einseitige Objektivierungen und Hierarchisierungen, etwa die Erzählung der menschlichen Naturbeherrschung oder technischer Überlegenheit. Sie erkennen zwar an, dass anthropogene Prozesse planetare Wirkungen entfaltet haben – die Anthropozänthese –, aber sie verweisen zugleich auf die Interaktion mit weiteren involvierten, ebenfalls wirkmächtigen Spezies und Elementen, wie beispielsweise Viren, Bakterien, Technologien oder klimatische Bedingungen. Die mannigfaltigen Wechsel- und Folgewirkungen zwischen diesen unterschiedlichen Agenten[7], so die Kritik relationaler an dichotomen Ansätzen, bliebe in A-priori-Unterscheidungen und in linearen Erzählungen ausgeblendet, z.B. in der humanistischen Vorstellung einer menschlichen Sonderstellung. Wir werden im Folgenden die drei bekanntesten Ansätze exemplarisch vorstellen, die in der soziologischen Theoriediskussion zu Naturverhältnissen besonders einflussreich sind.

3.1. Geschichten, Figurationen und die Vielfalt der Verwandtschaften bei Donna Haraway

Donna Haraway ist eine der einflussreichsten Vordenkerinnen relationaler Konzepte für die Analyse von Mensch-Gesellschaft-Naturbeziehungen, mit denen sie sich als Biologin, Philosophin und Wissenschaftshistorikerin auseinandersetzt. In ihrer Dissertation betrachtete sie die Rolle von Metaphern in der Geschichte der Entwicklungsbiologie (Haraway 1976) auf der Basis von Thomas Kuhn (1976), der den Erkenntnisfortschritt als umkämpften Wandel von Denkschulen und Paradigmen interpretierte. Mit dem Fokus auf die erkenntnisstrukturierende Kraft von Denkmustern zeichnete sie anhand der Schriften und des lebensweltlichen Umfelds von drei einflussreichen Wissenschaftlern nach, wie deren Kontroversen um mechanistische, muster- oder organisations- bzw. systembezogene Konzepte, beeinflusst durch Entwicklungen in den Nachbardisziplinen, zu einem Paradigmenwechsel in der Analyse organischer Entwicklungsprozesse führten. Die großen disziplinprägenden Dualitäten der Biologie – Struktur-Funktion, Epigenese-Präformation, Form-Prozess – seien im Zuge einer Fachkrise in diesen Prozessen der Wissensproduktion neu formuliert worden (Haraway 1976: 17). Dabei, so Haraway, waren es bildliche Metaphern und beispielhafte Untersuchungsgegenstände, die das Denken der Wissenschaftler und ihrer Communities wesentlich strukturiert (ebd. 189) und mit übergeordneten Weltbildern verbunden haben: „Die Barriere zwischen Organikern und Reduktionisten wird auch durch empirische Untersuchungen nicht durchbrochen werden, denn schließlich glauben die Menschen unterschiedliche Dinge über die Struktur der Welt" (ebd. 198, eig. Übers.) – obwohl sie zugleich „davon ausgehen, dass die Wissenschaft die Natur offenbaren könne" (ebd. 199). In ihrem ersten Buch stellt sie damit heraus, dass das Denken über natürliche Phänomene von symbolischen und gesellschaftspolitischen Zusammenhängen mitbestimmt wird, sich dennoch auf eine als ahistorisch konzeptualisierte, als „objektiv" bezeichnete Wirklichkeit beziehe, aber materiell-

---

6 Der Begriff des Essentialismus beschreibt eine philosophische Auffassung, der zufolge Subjekte oder Objekte ein eindeutiges, klar bestimmbares, unabänderliches Wesen (lateinisch *essentia* = Wesen) haben.

7 Unter dem Begriff „Agenten" fassen wir hier die verschiedenen genutzten Bezeichnungen (Akteure, Aktanten, Agentien, Companions) zusammen, die im Folgenden noch eingeführt werden.

semiotische Welten kokonstituiere. Das Adjektiv „materiell-semiotisch" integriert in relationalen Ansätzen die dialektisch gedachte Dichotomie biophysischer und symbolisch-diskursiver Strukturierungen. Mit ihm markieren die Autor*innen, dass ihre Untersuchungsgegenstände, ob es sich um Menschen, Regulationsmuster, Umweltprobleme oder Viren handelt, sich stets zugleich materiellen und diskursiven Herstellungsprozessen verdanken.

Die wissenschaftstheoretischen Überlegungen zu den materiell-semiotischen Bedingungen der Wissensproduktion arbeitet Haraway, angeregt durch ihr Engagement in der Friedens- und Frauenbewegung, in eine feministische Wissenschafts- und Gesellschaftskritik aus. Ihre Diskursanalysen zu biologischen Studien des Immunsystems und in der Primatologie münden neben wissenschaftstheoretischen Schriften, u.a. über „Situiertes Wissen" (Haraway 1995b), in das vielzitierte, zuerst 1980 veröffentlichte „Manifesto for Cyborgs" (Haraway 1995c). In diesem Manifest ruft sie dazu auf anzuerkennen, dass die Unterscheidungen von Mensch und Tier, Mann und Frau, aber auch von Natur und Technik zu verschiedenen Zeiten und unter verschiedenen Bedingungen unterschiedlich getroffen werden, weil der vermeintliche Referenzpunkt „Natur" sich mit den materiell-semiotischen Bedingungen seiner Erkenntnis verschiebt, genau wie sein Pendant, das Konzept der „Kultur". Um alternative und hybride materiell-semiotische Naturen-Kulturen denkbar zu machen, lässt Haraway die marginalisierten Stimmen von *Women of Colour* genauso zu Wort kommen wie technikutopische Science-Fiction.

Mit ironischen Doppelbegriffen wie dem von der „Cyborg" – ein Mischwesen aus Mensch, Maschine, Wissenschaft, Fiktion, Imagination und Erfahrung – versucht sie, dualistische Trennungen und Denkweisen zu hintergehen. Um die Konzepte von Natur als auch Kultur von verhängnisvollen Festlegungen zu befreien und entlang gelebter Beziehungen neu konzeptualisieren zu können, begegnet sie den Grenzkriegen der Entgegensetzung mit bewussten epistemologischen Standpunkten: Positionierungen, von denen aus Verantwortung für die Folgen der wissenschaftlich-technischen Wirklichkeitskonstitution „in weltverändernder Absicht" übernommen werden kann (Haraway 1995c: 43). Damit wendet sich Haraway auch gegen ökofeministische und sozialkonstruktivistische Herangehensweisen. Sie kritisiert, dass diese in Vorstellungen einer vermeintlich stabilen Authentizität („weibliche Erfahrung") oder in einer Überhöhung der Macht von gesellschaftlichen Diskursen stecken blieben. Damit könnten sie weder die Selbstbestimmungschancen im unendlichen Repertoire der Mensch-Technik-Natur-Beziehungen erfassen noch die Implikationen der entstehenden *Technoscience*[8]. Haraways Projekt des Cyberfeminismus setzt demgegenüber auf eine erkenntnispolitische Unterwanderung der herrschaftlich geordneten Dualismen und ihrer Begründung unterdrückender Ausbeutungsverhältnisse. Durch diskursive, kulturelle, aber auch wissenschaftlich-technische Möglichkeiten der situierten, temporären und parti-

---

8 Den Begriff *technoscience* hat zunächst Jaques Derrida verwendet, dann Bruno Latour aufgegriffen, und seither wird er in den *Science-Technology-Studies* als Chiffre für die im zwanzigsten Jahrhundert intensivierte Verbindung von technologischen, wissenschaftlichen und ökonomischen Praktiken der industriekapitalistischen und militärischen Produktion genutzt, beispielsweise in der Biotechnologie oder zuletzt der Entwicklung künstlicher Intelligenz.

ellen Hybridisierung, Vernetzung und, wie wir sehen werden, auch Verschwisterung möchte sie jenseits von Unterwerfungsgeschichten alternative Figurationen erschließen.

Haraway weist also in ihren Arbeiten die universale Erkenntnisperspektive mit ihren typischen Dualismen prinzipiell zurück und insbesondere den Anspruch wissenschaftlicher Subjekte als „bescheidene Zeugen" (*modest witness*), die vorgeben, objektive Wahrheit über natürliche Erkenntnisobjekte zu berichten. Dieser Erkenntnisanspruch, frei von kultureller Parteilichkeit oder biologisch verursachter Voreingenommenheit, so kritisiert sie, werde nur privilegierten westlichen Männern zugestanden, während Frauen, Vertreter*innen des Globalen Südens oder Arbeiter*innen genau wie die nichtmenschlichen Erkenntnisobjekte stets als das Andere dadurch kodiert und objektiviert werden. Im Gegenzug plädiert sie für bewusst situierte Perspektiven[9] innerhalb der Wissenschaften und darüber hinaus, die sie auch in ihren eigenen Darstellungen einnimmt, wenn es etwa um Hunde, Tauben oder Bakterien geht, die sie gemeinsam mit Menschen als „critter" – Getier – oder als „companions" – als Kumpel am Futtertrog bezeichnet (Haraway 2018)[10].

Bei Donna Haraway spielt neben feministischen Perspektiven die permanente Mitreflektion der machtanalytischen Konzeption von Biopolitik nach Michel Foucault eine zentrale Rolle. Foucault (1991) hatte 1970 mit der „Ordnung des Diskurses" Machtaspekte in das Zentrum der Untersuchung der Wissensproduktion gerückt. Seine Diskursanalysen werben für die epistemologische Einsicht, dass Diskursordnungen die Wissens- und Sinnproduktion mit spezifischen Mechanismen von Ausschließungs-, Klassifizierungs- und Reglementierungsprozeduren verknappen, kanalisieren und kontrollieren. Diskurse, so sein Argument, konstituieren nicht nur Subjekte und Objekte, sondern auch die Verfahren ihrer „Herstellung" und der Verbreitung des entsprechenden Wissens. Vor diesem Hintergrund definiert Haraway situiertes Wissen als ein lokal produziertes, vielsprachiges, verwobenes und subversives Wissens, das die Spuren seiner Entstehung sprachpolitisch sichtbar macht (Haraway 1995b: 88). Demgegenüber kritisiert sie den Absolutheitsanspruch vermeintlich objektiver, neutraler Wissenschaftlichkeit sowie deren oftmals implizit patriarchalen, anthropozentrischen und auch rassistischen Charakter und setzt diesem erklärtermaßen aktivistische und oppositionelle Standpunkte entgegen.

Auch „Natur" soll nicht länger nur das „Rohmaterial der Kultur" sein, „angeeignet, bewahrt, versklavt, verherrlicht oder auf andere Weise für die Verfügung durch Kultur in der Logik des kapitalistischen Kolonialismus flexibel gemacht", sondern „als Akteur und Agent vorgestellt" werden (Haraway 1995b: 93). Dabei geht Haraway nicht von einer präexistenten Welt mit stabilen Wesen aus, die vor der Interaktion da sind und entdeckt werden können, sondern stellt in einem

---

9 Situiertheit meint, dass kein universelles und neutrales Wissen produziert wird, sondern Wissen stets kulturell und zeitlich „verortet" also situiert ist, wie wir weiter unten erläutern.
10 Für die Auseinandersetzung mit dem Werk von Donna Haraway ist die ausführliche Annotation von Karin Harrasser in ihrer Übersetzung von „Staying with the trouble. Making Kin in the Chthuluzän" (dt. Unruhig bleiben, 2018) überaus hilfreich.

Interview mit Bezug auf Latour klar: „Nichts existiert vor dieser Relationalität" (Haraway 1995d: 109). Auch eine Zelle warte nicht einfach auf ihre angemessene Beschreibung, sondern sei kontingent eingelassen in spezifische Beziehungen zwischen Instrumenten, sozialen, materialen und literarischen Technologien und dennoch real (ebd.). In der Konsequenz zeichnet sie die vorgefundenen „Naturen-Kulturen" als Effekte historisch veränderbarer Machtverhältnisse nach und konzentriert sich zugleich auf die eigensinnigen und subversiven Praktiken der Überwindung einseitiger Zuschreibungsprozesse. Die Anerkennung der Handlungsfähigkeit (*agency* bzw. *agencies*) von nicht anthropomorphen Wesen als „materiell-semiotische Akteure" betrachtet sie als einzigen Weg, um die der natürlichen Sphäre zugeordneten Entitäten aus der Objektivierung zu befreien und vom determinierten Mittel zum Zweck an und für sich zu machen. Ob es um Geschlechtlichkeit oder die Handlungsfähigkeiten von Tauben geht, stets exploriert sie die konkreten Naturbeziehungen, die verkörperte und wandelbare Konstitution ihrer flüchtigen Gegenstände und deren situierte Praktiken der Grenzziehung mit den für die Science-Technology-Studies typischen ethnographischen Methoden.

Im Mittelpunkt des zuletzt erschienen Buches „Unruhig bleiben" (dt. 2018, engl. 2016) stehen instabile Beziehungen, Verhältnisse, Verwandtschaften – speziesübergreifend und vielgestaltig, zwischen Menschen und Maschinen, Menschen und Hunden, Korallen und Tauben. Im Angesicht von Überbevölkerung, Artensterben und Klimawandel propagiert Haraway, „Make Kin, Not Babies" (2018: 193, 140). Sie fordert ihre Leserschaft auf, sich als „Erdlinge" (ebd. 142) mit anderen sterblichen Arten verwandt zu machen und dafür die zerstörerischen Selbstverständnisse des zweckorientierten Individualismus und Anthropozentrismus zusammen mit globalisierenden Kosmopolitiken und der Epistemologie des menschlichen Exzeptionalismus aufzugeben. Ihre „Devise lautet: Mit-Werden statt Werden" (ebd. 23): Dafür erzählt sie hybride „Fortsetzungsgeschichten" (S. 80) anstelle von Essentialismen und Universalismen, öffnet den Blick also für vorangegangene und zukünftig mögliche Verstrickungen. Im Mittelpunkt ihrer Erkundungen steht die Suche nach Beziehungen, die erlauben, sich wechselseitig zu befähigen, untereinander und miteinander etwas zu bewirken, die Fähigkeiten aller Mitspieler*innen zu vermehren, nicht zu verringern. Haraway geht davon aus, dass Subjekte und Objekte, Lebewesen, Technologien sowie „Umweltfaktoren" in einem Netz von Relationen entstehen, in dem Körper, Vorstellungen und Handlungsfähigkeiten erst in den wechselseitigen Bezügen hervorgebracht werden und sich wandeln: ein radikales Verständnis von situierten Koevolutionen „materiell-semiotischer Welten", die gestaltbar sind und in denen permanent Antworten für das Zusammenleben gefunden werden müssen. Diese gelebten Antworten sind notwendigerweise partial, selektiv, nicht immer nur mitfühlend, sondern auch konflikthaft und gewaltsam, denn nichts kann sich mit allem verbinden und alles fördern (2018: 48). Das Materielle wird in ihnen mannigfaltig und flüssig, sodass Haraway als eine Vordenkerin des Neuen Materialismus gilt, in dem der einseitige Blick auf Diskurse, Körper und Konstruktionen aufgelöst wird (Lemke & Hoppe 2021).

„Unruhig bleiben", so das Motto, gegenüber reduktionistischen Festlegungen des naiven Naturalismus wie des radikalen Kulturalismus (→ Kap. 1), aber auch gegenüber den Götzen von Fortschritt und Kapitalismus, die Haraway mit dem Begriff des Kapitalozän für die Gegenwartsprobleme verantwortlich macht. Für ihre antikategorialen Darstellungen wählt sie einen unruhigen, eher assoziativen als analytischen Schreibstil, um Determinismen und Identitätspolitiken zu vermeiden. Sie möchte fürsorglich artenübergreifende Verhältnisse ausloten, Kategorien durchbrechen, komplexen Figurationen nachforschen und offene Geschichten über hybride Figuren aus verschiedensten Perspektiven erzählen, vor allem solche, die „es ermöglichen, die Fesseln des Anthropozäns und des Kapitalozäns zu zerschneiden" (2018: 13). Das Geschichtenerzählen selbst begreift sie als wissenspolitische Praxis der Verweltlichung (*worlding practice*). Dafür, so betont sie wiederholt, komme es darauf an, welche Konzepte verwendet werden, „welche Geschichten Welten machen und welche Welten Geschichten machen" (2018: 23). Die Schlüsselfrage im Anthropozän sei, ob und wie im heterogenen Gewebe von Denk- und Lebenszusammenhängen artenübergreifende, verantwortliche Beziehungen erzählt, komponiert, dekomponiert und entfaltet werden können. Ihre Beantwortung ordnet Haraway neben Kunst und Science-Fiction vor allem den Wissenschaften zu. Sie sollten komplexe, involvierende Geschichten erzählen, in dem sie Beziehungen mit Blick für die Vielfalt der Verbindungen und Wechselwirkungen darstellen, risikosensible „Verweltlichungspraktiken" (2018: 120) erkunden, situierte „Geschichten über das, was fortdauert" (2018: 108). Als eines von vielen Beispielen nennt Haraway dafür die Suche nach gemeinsam belebbaren kritischen Zonen in den Gaïa-Geschichten von Bruno Latour, dem wir uns im Folgenden zuwenden.

3.2. Akteur-Netzwerke, Propositionen und Assoziationen bei Bruno Latour

Bruno Latours Auseinandersetzung mit gesellschaftlichen Naturverhältnissen beginnt wie bei Haraway in der Wissenschaftsforschung, also in der Untersuchung, wie Wissen über Natur und natürliche Elemente zustande kommt. Latour untersuchte zuerst in Laboren und Bibliotheken mit den Methoden der Ethnographie, mit welchen Praktiken das Wissen über Lebewesen und biophysische Entitäten im Rahmen mannigfaltiger Übersetzungsprozesse in den Wissenschaften produziert und anschließend verteilt wird. Diese Untersuchungen verdeutlichen, wie natürliche Phänomene zugleich konstituiert und in übergreifende Netze ihrer gesellschaftlichen An- und Verwendung eingebunden werden. Dabei wird verständlich, wie wenig diese Praktiken dem modernen Anspruch entsprechen, eine unabhängige, externe Natur werde von einer neutralen Wissenschaft „entdeckt". In der gemeinsam mit Steve Woolgar 1979 veröffentlichten Studie „Laboratory Life. The Construction of Scientific Facts" (Latour & Woolgar 2008) wendete das Autorenteam den ethnographischen Blick von fremden, kolonialisierten Völkern auf das Labor als eine kulturell exotische Welt und berichtete darüber im Stil der großen Entdeckerberichte. Detailliert wird in der Studie festgehalten, wie aus einzelnen Laborbefunden, Messprotokollen, Datenreihen, Vorträgen und „Aufschreibetechniken" (Liburkina & Niewöhner 2017: 175) wissenschaftliche Erkenntnisse entstehen, stets eingebettet in die verfügbare Laborausstattung, in

Forschungsroutinen, persönliche Interessen und aufwendige Prozesse der Abstimmung, um schließlich als entkontextualisierte „Fakten" in Publikationen zu münden. Diese und weitere ethnographischen Studien in den Laboren renommierter Wissenschaftler trugen zur Entstehung der sogenannten Laborstudien (*Laboratory Studies*) bei, welche die Wissensproduktion und Welterfassung im naturwissenschaftlichen und technischen Laboralltag verfolgen. Bei Latour und Woolgar stehen dabei nicht nur sprachliche Metaphern, Diskurse und Symbole, soziale Interessen und Distinktionsbedürfnisse im Zentrum der Analyse, sondern die Laborinstrumente und die neuroendokrinologischen Untersuchungsgegenstände selbst werden als relevante Faktoren einbezogen. Sie gewinnen als mitwirkende „Aktanten" Aufmerksamkeit, weil ihre Beteiligung in den sozialen Laborpraktiken für die wissenschaftliche Zuschreibungen von Faktizität notwendig ist. Objekten wird dadurch eine gewisse Handlungsfähigkeit (*agency*) zuerkannt: Hormone, Apparate, Fachhistorien und Forscher*innen ermöglichen gemeinsam „inscriptions" – Einschreibungen, die als Akteur-Netzwerke Wirklichkeit hervorbringen, aber in den Berichten der Wissenschaftler*innen später hinter Faktizitäten verschwinden[11] bzw. durch das verdinglichende Blackboxing der wissenschaftlichen Darstellung unsichtbar gemacht werden. Die Laborstudien wollen dieses Blackboxing wissenschaftlich hergestellter Tatsachen wieder aufrollen, die zugrundeliegenden soziotechnischen Arrangements der Fabrikation und Verteilung von Handlungsfähigkeit entfalten und die Entstehungsprozesse und -folgen von Tatsachen (*matters of fact*) zu öffentlichen Angelegenheiten machen, zu „matters of concern" (Latour 2008).

Auf dieser Basis hat Latour in den Folgejahren die Akteur-Netzwerk-Theorie gemeinsam mit insbesondere Michel Callon, Madeleine Akrich und John Law ausgearbeitet. Zunächst geschah dies als Methodologie, die Forschung anleitet, später und vor allem seit der Erscheinung des Werkes „Wir sind nie modern gewesen" (franz. 1991, dt. 1995) als eine gegenwartskritische Gesellschaftstheorie. Die Akteur-Netzwerk-Theorie (kurz ANT) wird heute weltweit von vielen Disziplinen aufgegriffen und liefert speziell für die Umwelt- und Techniksoziologie wesentliche Anstöße und einen ihrer meistdiskutierten theoretischen Bezugspunkte. Ihre Entwicklung knüpft unmittelbar an die Wissenschaftsforschung an und erweitert diese in drei Stoßrichtungen, die wir im Weiteren ausführen, nämlich

1. die Erweiterung der Zurechnung von Handlungsfähigkeit über das Labor hinaus für alle soziotechnischen Arrangements und ihre natürlichen, technischen, materiellen Elemente,
2. die prinzipielle Betrachtung von Klassifizierungen und Identitäten als temporäres Ergebnis von Übersetzungs- und Stabilisierungsprozessen in Akteur-Netzwerken (anstatt als Ex-ante-Ausgangspunkte), die jedoch aufgrund einer für die Moderne konstitutiven, aber unhaltbaren Selbsttäuschung im Rahmen problematischer Vorabunterscheidungen einer institutionellen Reinigungsarbeit (die „große Trennung" von Natur und Kultur, Sozialem und Materiellem, Menschen und anderen Lebewesen) ausgeblendet werde, und

---

11 Latour spricht von Faitiches – Mitteldinge zwischen Glauben und Fakten (Latour 2000b: 336).

3. die notwendige, demokratietheoretische Bewusstwerdung und umsichtige Aushandlung dieser Vernetzungs- und Kompositionsprozesse im Rahmen einer politischen Ökologie.

Erstens führt Latour die beinahe anekdotisch gewordene Ausdehnung der Betrachtung von Handlungsfähigkeit nicht nur in Bezug auf menschliche, sondern auch auf nichtmenschliche und technische Aktanten programmatisch gegen die unkritische Übernahme und Reproduktion essentialistischer Vorannahmen über Menschen, Kultur, Natur und Technik ein. So, wie die Entstehung naturwissenschaftlicher Erkenntnisse nachgezeichnet wurde, solle auch die soziologische Wissensproduktion kritisch rekonstruiert werden. Wie also kommt das Soziale zustande? Wer handelt beispielsweise: die EU, die gegenwärtige Kommissionspräsidentin, alteuropäische Präferenzen oder die Emissionsrichtlinie für Neuwagen? Sie alle „schreiben vor", sind „verschiedene Varianten, Akteure dazu zu bringen, Dinge zu tun" (Latour 2007: 96). In Latours relationaler ANT sind alle genannten Akteure und Aktanten Handlungsträger, die sich nur durch den Grad ihrer jeweiligen Figuration unterscheiden, also ob sie bereits als kollektiver oder individueller Akteur bestimmt sind. In diesem Sinne überträgt die ANT Konzepte der Zeichentheorie als eine konzeptionell weniger verfängliche „Infrasprache" (ebd.) auf Epistemologie und Ontologie, um sich vor einer essentialistischen Reproduktion kategorialer Zuschreibungen zu schützen. In der Konsequenz ist „die Gesellschaft" nicht schon da, sondern muss als Resultat hybrider, beweglicher Assoziierungen verstanden werden, in denen eine Vielfalt von Entitäten[12] netzwerkartig aufeinander bezogen ist und sich ineinander verflochten reproduziert. Nicht nur im Labor, sondern generell sollen für das Verständnis soziotechnischer Arrangements, so die Forderung, alle relevanten Elemente einbezogen werden, auch Milchsäurebakterien, Schlüsselhalter, Türöffner, Bodenschwellen, Reaktoren und Erdkrumen, weil sie soziale Assoziationen stabilisieren, wechselseitige Festlegungen vornehmen und damit Mobilisierungs- und Vernetzungschancen eröffnen oder verschließen. Bruno Latour interessiert sich für diese soziale, und das heißt interaktive, komplementäre und umstrittene Zusammensetzung von „Kompositionen" – den Akteur-Netzwerken. Er plädiert für eine „neue Soziologie" (2007), um die zugehörigen Prozesse der Bildung und Begrenzung von Handlungs- und Durchsetzungsfähigkeit, Macht und Kontrolle angemessen erfassen zu können, in denen unterschiedlichste Entitäten einbezogen, modifiziert, umprogrammiert werden. Die neue Soziologie dürfe das Natürliche, Materielle, Technische nicht weiter vorab ausklammern, sondern solle es aufgrund seiner erheblichen Bedeutung für die Stabilisierung und Destabilisierung moderner Gesellschaften in der Theorieentwicklung gleichberechtigt („symmetrisch") berücksichtigen.

Die Untersuchung der umkämpften Auf- und Abbauprozesse von sozialen Verbindungen steht auch im Zentrum vieler Fallstudien in den Science-Technology-Studies, in denen mit den Methoden der ANT die Herausbildung hybrider Arrangements in verschiedenen Handlungsbereichen nachgezeichnet wird. Zu diesen

---

[12] In Fallstudien und Gedankenexperimenten werden Menschen, Tiere, Pflanzen, Bakterien, Technologien und Materialitäten, aber auch soziotechnische Konstellationen wie Schiffe, Transporteinrichtungen und ökonomische Waren als mithandelnde Entitäten beobachtet (vgl. Sayes 2014: 136).

Methoden gehört neben der symmetrischen Herangehensweise ohne Vorabunterscheidungen zentral die Rekonstruktion von Vermittlungs- und „Übersetzungsprozessen" (Callon 1986): Es wird im Detail verfolgt, wie Handlungsfähigkeit, Materialität, Wissen und Bedeutung aus aufeinander bezogenen Operationen der Vermittlung und des Aufbaus von Beziehungen sowie der Bemühung um ihre Stabilisierung hervorgehen, wie sie sich verändern und auch wieder auseinanderfallen können (Latour 2018a). Soziales Handeln wird dabei stets als Inter-Aktion konzipiert, als ein verteiltes Handeln mit und gegenüber vielfältigen Entitäten. Aus dieser Perspektive geraten vor allem Innovationsprozesse als wesentliche Quelle einer kontinuierlich wachsenden Zahl von hybriden Mischwesen aus Natur und Technik sowie Organisation und Technisierung in den Blick (Akrich et al. 2002). Für die Umweltsoziologie verändert sich durch diese relationale Herangehensweise das Bild maßgeblich: An die Stelle der früheren Großkonzepte Natur und Gesellschaft mit ihren dichotom gedachten Merkmalen treten auch in der ANT temporäre Assoziationen aus heterogenen und hybriden Aktanten und Elementen, die sich wechselseitig transformieren. In der frühen Studie „The pasteurization of France" (Latour 1988) widmet Latour seine Aufmerksamkeit dem französischen Nationalhelden Louis Pasteur, der als Biologe eine Vielfalt konkurrierender Kräfte zusammenbrachte, darunter Mikroben, Bauern, Weidezäune, Industrielle und Politiker. So gelang es ihm nicht nur, Mikroben zu explizieren, sondern durch den Aufbau wissenschaftlicher Fakten über diese auch Frankreichs Ställe und Hygiene, kurz: die ganze Gesellschaft neu zu definieren. Latour schenkt den involvierten Interessen und Handlungsprogrammen, den Verhandlungen zu ihrer Verknüpfung und den Versuchen, das per se instabile, bewegliche Netzwerk gegenüber weiteren Einbindungsversuchen zu verhärten und unverfügbar zu machen, als wissenspolitische oder wie er schreibt „kosmopolitische" Bestrebungen mehr Aufmerksamkeit als Haraway, die patriarchale, kapitalistische Interessen eher voraussetzt.

Zweitens spielen Vermittlungs- und Übersetzungsprozesse und ihre für die Moderne typische Ausblendung in der ANT eine entscheidende Rolle. Das Konzept der Übersetzungsprozesse wird herangezogen, um zu erläutern, dass durch Innovations- und Transformationsprozesse nicht nur „etwas Neues in die Welt kommt" (die einfache, aber unzutreffende Implementationsvorstellung), sondern dabei das Bestehende in neue Arrangements mit neuen Handlungsfähigkeiten, Rollen und Identitäten übertragen bzw. verschoben werden muss. In den Worten von Latour bezeichnet es die „Schöpfung einer Verbindung" (Latour 1998: 34) zwischen zwei Arrangements, durch die alle beteiligten Elemente und Agenten modifiziert werden und im entstehenden Netzwerk eine neue Position einnehmen. In Innovationsprozessen werden in diesem Sinne zwar einerseits beispielsweise für Elektromobilität, Hochleistungskühe, biotechnische Anbaumethoden und Märkte, Bauwerke oder die Energieversorgung neuartige Netzwerke und Verknüpfungen geschaffen, die vorhergehende Unterscheidungen unterlaufen und umdefinieren (Latour 1998; Callon 2006). Und insbesondere diese neuen „Gruppenbildungen [..hinterlassen..] Spuren" (ebd. 56), die es erlauben ihren Kompositions- und Fabrikationsprozess anhand der geführten Kontroversen um ihr Arrangement nachzuzeichnen: Welchen Vernetzungsakteuren gelingt es beispielsweise, Batterien, Fahrzeuggestelle, Lade-Infrastrukturen, Steuererleichterungen, Automobilhersteller und Fahrer*innen so zusammenzubringen, dass sie schließlich den Verbrennungsmotor verdrängen? Welche Akteure und Elemente werden dabei zurückgelassen, wer muss seine Ziele, seine Eigenschaften, seine Beziehungen im Rahmen welcher Kontroversen verändern? Diese Fragestellungen lassen sich mit dem Instrumentarium der ANT untersuchen und geben Aufschluss über die zugrunde liegende Vermischungsarbeit, um Beteiligte zu rekrutieren und verschiedene Rollen, Interessen, Fähigkeiten und Widerstände so aufeinander zu beziehen, dass alle Beteiligten ihre Positionen verändern und gemeinsam als neues soziotechnisches Arrangement Wirklichkeit werden.

Andererseits, und hierin liegt die wissenschafts- und gesellschaftstheoretische Kritik der ANT, negieren aber sowohl die wissenschaftlichen Disziplinen als auch das gesellschaftliche Selbstverständnis und Risikomanagement genau diese Prozesse der Einbindung, Involvierung, Mobilisierung und schließlich Repräsentation (Latour 1995; Callon 2006). Aufgrund einer Art konstitutionell verankerter, wissenspolitischer Reinigungsarbeit, so die zentrale These, werden auch danach Natur und Gesellschaft, Mensch und Technik, global und lokal, Makro-Regulationsmuster und Mikro-Handlungen trotz ihrer offenkundigen Vermischung wieder getrennt und unterschieden. Dadurch wird die De-facto-Komposition unsichtbar gemacht, sodass keine kollektive Verantwortung für ihre Folgen übernommen wird. Das von Wissenschaft und Technik permanent vorangetriebene Wachstum riskanter Hybriden – zu denken ist an die Produkte der Biotechnologie oder von künstlicher Intelligenz gesteuerte, cyber-physische Systeme – entgeht deshalb der institutionellen Kontrolle, etwa durch rechtliche und demokratische Institutionen. Dieses Wachstum und seine Potenzierung durch globale Wertschöpfungsketten mit einer immer undurchsichtigeren Risikosteigerung droht moderne Gesellschaften als eine „Eskalation der Nebenfolgen" (Beck & Rosa 2014: 465) vor kaum noch lösbare Probleme zu stellen, fällt aber quasi „konstitutionell" aus ihrem Wahrnehmungsbereich. Aus diesen Gründen vermeidet Latour den Begriff „Klimawandel", der sprachlich suggeriere, es handele sich um den Wandel des (externen) Klimas, und kritisiert sowohl eine nur naturwissenschaftlich betriebene Klimaforschung wie eine sozialwissenschaftliche Beschränkung auf die Erforschung von Klimafolgen und -diskursen. Stattdessen bevorzugt er die Rede von der „globalen Erwärmung", die besser für die zugrundeliegenden Prozesse der gemeinsamen, vielgestaltigen und riskanten Transformation in einem menschlich-technisch-ökologischen Kollektiv sensibilisiere: „So können wir schließlich verstehen, wieso wir weder in einer Gesellschaft leben, die auf eine Naturwelt schaut, noch in einer Naturwelt, die Gesellschaft als einen ihrer Bestandteile enthält. Wenn nichtmenschliche Wesen nicht länger mit Objekten verwechselt werden, lässt sich vielleicht das Kollektiv vorstellen, in dem die Menschen mit ihnen verwoben leben" (Latour 2000a: 211f.).

Die Begriffe „Proposition" und „Artikulation" nutzt Latour (Latour 2007: 332ff.), um einen alternativen Blick auf ökologische, technische und materielle Elemente in den Akteur-Netzwerken eröffnen: Während die „modernistische Verfassung" diese als neutrales Werkzeug oder höhere Gewalt externalisiert, werden sie von der ANT als „Mittler" internalisiert, von denen Impulse ausgehen und die es angemessen zu repräsentieren gilt. Das Nichtmenschliche wird dabei nicht als neutrales Mittel oder Zwischenglied zwischen menschlichen Handelnden betrachtet, etwa Mikroben oder Kühe zwischen Landwirt*innen und Konsument*innen, sondern als Mitspieler*innen, die in diesen Verhältnissen und in der Definition dieser Verhältnisse intervenieren können, nicht ohne sich selbst zu verändern (Latour 2007: 70)[13]. Wenn aber komplexe soziale Assoziationen permanent erkämpft und performativ aufrecht erhalten werden müssen, so das politische Argument der ANT, dann muss für diese Prozesse ein Rahmen ihrer verantwortlichen Gestaltung gefunden werden, etwa ein „Parlament der Dinge" (Latour 2001). In diesem solle aus vielseitigen Perspektiven eruiert werden, welche Verbindungen die unterschiedlichen Gruppenmitglieder eingehen wollen, welche Risiken und Kosten sie in Kauf nehmen wollen und wie sie in einer gemeinsamen Welt im Weiteren zusammenleben können. Diese Fragen und ihre gleichermaßen epistemologische, soziologische und politische Diskussion stehen als (kosmo-)politische Ökologie im Mittelpunkt der Publikationen der letzten beiden Jahrzehnte.

In diesen wendet sich Bruno Latour damit drittens den Problemen wachsender Hybrid- und Nebenfolgenketten zu, also den großen Herausforderungen, die als Ozonloch, Artensterben, Überhitzung des Planeten und Pandemie Gegenwart und Zukunft bedrohen. Wenn also Lebewesen, Gesellschaft, Technologien, Artefakte und Wissenschaft nicht unabhängig voneinander agieren und auch nicht getrennt erfasst werden können, sondern – wie von der ANT nachgezeichnet – ein hybrides „Kollektiv" bilden, dann, so Latours demokratietheoretische Folgerung, stellt sich die Frage, wie die Folgen der ausgeblendeten Übersetzungspraktiken wie Artensterben und Klimawandel internalisiert werden können: Wie können institutionell Möglichkeiten für die Entwicklung weniger riskanter Formen des Zusammenlebens gefunden werden. Da die komplexen Problemlagen nicht länger technischen Sachzwängen oder Naturgesetzen zugeschrieben werden können, sondern die ANT die handfesten Interessen, politischen Ansprüche und moralischen Präskriptionen offengelegt hat, die in ihre Vermehrung und Ausweitung verwickelt sind, fordert sie konsequenterweise einen Rahmen der umsichtigen diplomatischen Vermittlung, um im Zuge einer sorgfältigen Interessenartikulation und -verhandlung die Risiken demokratisch zu bändigen. Die sorglose Vermehrung der instabilen Mischwesen soll einer öffentlichen „Kosmopolitik" zugeführt werden (Latour & Weibel 2005), um die gemeinsame Herstellung guter, wir würden sagen „zukunftsfähiger" Ordnungen in den dünnen, „kritischen Zonen" des Planeten zu ermöglichen. Die Hybridproduktion solle dadurch verlangsamt, besser artikuliert, kontrolliert und demokratisiert werden (Latour 2001). In seinem „Terrestrischen Manifest" (Latour 2018b), dessen französischer Originaltitel[14] übersetzt „Wo landen?" lauten würde, wirbt Latour für die Aufgabe des globalisierend-ortlosen Blicks auf die Erde zugunsten der Wiederanerkennung unserer „Erdgebundenheit". Da Menschen weder von außen auf die Natur blicken noch Teil einer vordefinierten Natur sind, aber den Wechselwirkungen alles Irdischen ausgesetzt, müssen die Koordinaten des Politischen institutionell und politisch neu bestimmt

---

13 Der Roman über die Kuh Blösch von Beat Sterchi macht das nachvollziehbar.
14 Où atterrir? Comment s'orienter en Politique (2017.).

werden. Jenseits der modernistischen Orientierungspunkte global-lokal und diesbezüglich progressiv-konservativ steht Latour zufolge die sorgfältige Zusammensetzung eines lebbaren Terrestrischen unter Anerkennung des Umstands an, dass die geopolitisch verfügbare Fläche dafür begrenzt ist. Europa erscheint ihm dafür weiter als geeigneter Ausgangspunkt: „Nichts Besseres als ein Alter Kontinent, um sich aufs Neue zu fragen, was gemeinsam ist, und zitternd wahrzunehmen, dass die universelle Lage darin besteht, in den Ruinen der Modernisierung zu leben und wie ein Blinder tastend nach einer Wohnstätte zu suchen" (Latour 2018b: 122).

Latour konstatiert aber, dass im „neuen Klimaregime" (2017) bislang das Gegenteil stattfinde. Die unablässige Vertiefung ökologischer Risikolagen werde mit den übermächtigen Zwänge von Kapitalismus, Wettbewerb und Nationalismus (nicht nur von Trump und Co) begründet und als unüberwindbar dargestellt, sodass in diesen Ruinen der Modernisierung nun nicht mehr Natur als gegeben und unverfügbar externalisiert wird, sondern die sich selbst gefährdende soziale Ordnung. In seinem jüngsten Buch „Où-suis-je? Leçons du confinement à l'usage des terrestres" (2020; übersetzt: Wo bin ich?) greift er die durch die Covid-Pandemie erzwungene Erfahrung von Lockdown und Ausgangsbeschränkung als Generalprobe zukünftiger geosozialer Verortungen auf. Die Erdverbundenen sollten die schmerzhaften Erfahrungen der menschlichen Verbundenheit mit allem Irdischen für die Erkundung jener kritischen Zonen nutzen, in denen sie zukünftig aufgrund der mitproduzierten pandemischen und erhitzten Welten leben werden. Das Planetarische ist politisch, so könnte man zusammenfassen, und deshalb müsse die Suche nach Freiheit und Emanzipation in den recht merkwürdigen Formen der vollständigen Internalisierung zwischen neuen Koordinaten, vielleicht denen von Extraktivismus versus Mitweltreparatur, auf verträglichere Art und Weise wieder aufgenommen werden.

3.3. Agentieller Realismus und Intra-Aktion bei Karen Barad

Zu den jüngeren Entwicklungen relationaler Ansätze gehören auch die Theorien der „Neuen Materialismen" (Goll et al. 2013; Lemke & Hoppe 2021), als deren bedeutendste Vertreterin die Physikerin Karen Barad gilt. Sie arbeitet in den Spuren von Michel Foucault, Judith Butler, Donna Haraway, Bruno Latour sowie des Quantenphysikers Niels Bohr. Sie alle haben dem universellen Blick auf Wahrheit, Wissen, Struktur und Materie poststrukturalistisch deren Geschichtlichkeit, situative Hervorbringung und wissenspolitische Veränderbarkeit entgegengesetzt. Auch Barad geht es um die Beziehungen zwischen Menschen und der durch sie veränderten, neukonfigurierten (Um-)Welt, um die Überwindung dualistischer Vorannahmen zu Handlungsfähigkeit und Ursache-Wirkungs-Beziehungen und um das Verhältnis von materiellen Phänomenen und sozialen Praktiken ihrer Repräsentation (Barad 2007: 34). Barad radikalisiert mit ihrer programmatischen Betrachtung von Materie und Materialisierungen die relationalen Ansätze aus der Perspektive einer feministischen Wissenschaftstheoretikerin. Auch sie grenzt sich entschieden von anthropozentrisch-humanistischen Epistemologien ab, begreift menschliche Subjekte nicht als extern oder unabhängig und in besonderer Weise handlungs- und wirkungsfähig, sodass andere (biophysische) Phänomene von ihrem Willen abhängig seien. Aufgrund ihrer Einsichten in die Konstitution naturwissenschaftlicher Erkenntnisse fordert sie vielmehr, das Verständnis von wissenschaftlicher Rationalität, Laborpraktiken, ihren Resultaten und ihrer Verantwortungsethik grundlegend zu überdenken, weil die Verhältnisse zwischen Menschen und weiteren Agentien, so der hier genutzte Begriff, epistemologisch und ontologisch unsicher und instabil, aber dennoch objektiv sind.

Barad geht also ebenfalls von einem situierten, von Messgeräten („Apparaten") abhängigen und damit unabdingbar partiellen Wissen aus und setzt sich mit der Beteiligung „agentiver", also wirkungsfähiger, aber fluider Materie mit wechselnden Eigenschaften am Erkenntnisprozess auseinander (Barad 2007: 137)[15]. Sie begreift „Phänomene" wie beispielsweise Beobachterin und Beobachtetes (Sprecherpositionen, Körper, Atome) als voneinander abhängig. In der Erkenntnisproduktion sind ihr zufolge Körper und Materie nicht passiv und determiniert beteiligt, sondern sie inter- und intra-agieren epistemologisch umstritten, ontologisch instabil und politisch widerständig – nicht zuletzt, weil sie erst durch die grenzziehenden Apparate als materiell-diskursive Phänomene geformt werden. Im Zentrum ihrer Theorie des ‚Agentiellen Realismus', begrifflich ein Oxymoron, steht daher das Konzept der „Intra-Aktion", mit dem Barad nicht Verhältnisse zwischen Phänomenen oder Materialitäten in den Blick nimmt, sondern *innerhalb* dieser Subjekte und Objekte, die prinzipiell nur als Ergebnis von Verhältnissen in die Welt kommen: „Weder Diskurspraktiken, noch materielle Phänomene sind ontologisch oder erkenntnistheoretisch vorgängig" (Barad 2012: 44). Sie greift damit Foucaults These der epistemologischen Hervorbringung von (Definitions-)Macht und Subjektivität auf, ohne diese aber auf den Bereich des Gesellschaftlichen zu begrenzen oder den Bereich des Nichtmenschlichen, Materiellen diesen Praktiken unterzuordnen. Vielmehr seien die „Kräfte, die bei der Materialisierung von Körpern am Werk sind, nicht nur sozial, und nicht alle hergestellten Körper sind menschlich" (Barad 2007: 33f. eig. Übersetzung). Für ihre agential-realistische Konzeption von Macht arbeitet sie daher das traditionelle Kausalitätsverständnis in ein Konzept der „Intra-aktivität" um, mit dem sie „die wechselseitige Konstitution verwobener Agentien" (ebd.) bezeichnet. Wieder ist Handlungsfähigkeit das Resultat eines Zusammenspiels, hier des verwickelten Aktivwerdens unterschiedlicher agentiver Einheiten, die nicht vorab erkannt und unterschieden werden können, weil sie sich erst im Rahmen der Intra-aktion (re-)konstituieren. Anders als bei Haraway und Latour implodieren die vorgängigen Unterscheidungen aber nicht nur in Beziehungen und neuen Mischwesen, sondern auch im tätigen oder wirkenden Subjekt bzw. Objekt.

---

15 Diesbezüglich baut Barad ihre konzeptionellen Überlegungen zur epistemologischen und ontologischen Multiplizität von Materie auf ihrer Deutung von Werner Heisenbergs Unschärferelation und Nils Bohrs Komplementaritätsprinzipien auf, Erklärungsansätze der Physik im Umgang mit den sich wechselseitig ergänzenden und ausschließenden Beobachtungen des Welle-Teilchen-Dualismus (Hoppe & Lemke 2015). Trevor Pinch (2011: 434) wiederum kritisiert daran, dass Barad dieser Erkenntnisproduktion in der Physik autoritativen Charakter zurechne und damit über das Ziel hinausschieße, vergessene Materie einzubeziehen, weil sie nun sozialkonstruktivistische Analysen der sozialen Einbettung von Erkenntnis ihrerseits vergesse.

In der Folge bezieht auch Barad bewusst eine epistemologische Position und konzeptualisiert Materie[16] als temporäre, produktive, relationale und verwickelte Einheiten, die Transformationen hervorbringen und von Apparaten immer nur selektiv erfasst werden. Die notwendig situierte Erkenntnis versteht sie nicht als wissenschaftliche Fehlleistung, sondern als konstitutiv für die untersuchten Elemente, die ohne ihre partielle Beleuchtung in Laboreinrichtungen nicht existieren würden, und das Gleiche gilt für die Beobachter*innen selbst. Denn auch sie stehen nicht außerhalb der Welt und betrachten diese im Labor, sondern bringen sich und ihre Welten intra-aktiv hervor, kokonstituieren diese. Für die verflochtenen Hervorbringungen von Ontologie und Epistemologie fordert Barad, ähnlich wie Haraway und Latour, eine bewusste, posthumanistische und verantwortliche Zurechnung, ein „Ernstnehmen der Verflechtungen von Ethik, Erkenntnis und Sein" (Barad 2012: 100). Unklar bleibt dabei allerdings, so erscheint uns in Übereinstimmung mit Hoppe und Lemke (2015: 271), von welchem Standpunkt aus Verantwortung für mehr als situative Mikrobeziehungen nun übernommen werden kann.

Wir wollen es mit dieser knappen Skizze des Agentiellen Realismus bewenden lassen. Wichtig ist uns, hervorzuheben, dass diese radikal relationistische Perspektive an den Außengrenzen der betrachteten Elemente und Aktanten nicht haltmacht, sondern diese selbst in ihrer Verwobenheit mit Prozessen der Erkenntnisproduktion betrachtet und die darin involvierten Interessen und Handlungsfähigkeiten einbezieht.

Alle hier diskutierten relationalen Ansätze fordern in der Konsequenz ihrer wissenschaftstheoretisch fundierten Analysen für den Umgang mit den problematisierten „Umwelt"-Beziehungen eine stärkere Verantwortungsübernahme schon in den wissenschaftlichen Praktiken. Für die Umweltsoziologie lässt sich daraus die Notwendigkeit einer viel weitergehenden Einlassung mit ihren Untersuchungsgegenständen ableiten und die wichtige Suche nach alternativen Formen der Problembeschreibung und der Lösungssuche. Relationale Ansätze schaffen konzeptionell dafür die Möglichkeit, das Soziale als ein komplexes System mit vielen Unbekannten zu betrachten, in denen weniger lineare Ursache-Wirkungs-Ketten, übergeordnete Ideologien, institutionelle Rahmenbedingungen oder technowissenschaftliche Kontrollfantasien den Lauf der Dinge bestimmen, als eine unendliche Vielfalt unvorhersehbarer und unberechenbarer Wechsel- und Folgewirkungen. Sie eröffnen neue Möglichkeiten, um die bislang als materiell, technisch oder natürlich von der soziologischen Untersuchung ausgeklammerten Dimensionen ökologischer Problemkomplexe einzubeziehen und noch genereller, diesen tradierten Modus der Abgrenzung und Vorabunterscheidung zu überdenken. Wichtiger aber erscheint uns ihr Beitrag, um über neue Herangehensweisen mit den prägenden Erfahrungen von Klimawandel und Pandemien in der Gegenwartsgesellschaft nachzudenken. Relationale Ansätze ermöglichen, sozial-ökologische Zusammenhänge in all ihrer Geschichtlichkeit, Variabilität und Verwicklung mit konkreten

---

16 Zu ihrem Verständnis von Materie schreibt Barad: „Der agentiell-realistischen Auffassung zufolge bezieht sich Materie nicht auf eine feste Substanz; vielmehr ist Materie Substanz in ihrem intraaktiven Werden – kein Ding, sondern eine Tätigkeit, eine Gerinnung von Tätigsein" (Barad 2012: 40).

Interessen, durchsetzungsstarken Akteursgruppen und technischen Entwicklungen zu betrachten. Sie geben uns damit wissenschaftliche Begriffe und Konzepte an die Hand, um über die eingangs angedeuteten Mesalliancen und nicht ‚institutionell geheiligten' Verhältnisse jenseits anthropozentrischer Abgrenzungen und wissenspolitischer Abspaltungen zu reflektieren, und für eine fundamental andere Umweltsoziologie in Zeiten von Pandemie und Klimawandel.

Was Studierende aus diesem Kapitel mitnehmen können:

- Wissen über die Bedeutung und Implikationen gesellschaftlicher und insbesondere wissenschaftlicher Konstruktionen von Naturphänomenen für gesellschaftliche Naturverhältnisse und Mensch-Natur-Beziehungen
- Verständnis des Doppelcharakters gesellschaftlicher Naturverhältnisse
- Einsicht in die koevolutionäre Mehrdimensionalität und soziotechnische Verschränkung gesellschaftlicher Naturverhältnisse
- Einsicht in die Debatte um die Handlungsfähigkeit (agency) von menschlichen, nichtmenschlichen und anderen Agenten
- Wissen um die Unterschiede dialektischer und relationaler Ansätze zu gesellschaftlichen Naturverhältnissen bzw. Mensch-Technik-Natur-Beziehungen

---

Literatur

Akrich, M., M. Callon & B. Latour, 2002: The key to success in innovation, part I: The art of interessement. International Journal of Innovation Management 6: 187–206.

Barad, K., 2007: Meeting the Universe Halfway: Quantum Physics and the Entanglement of Matter and Meaning. Durham: Duke University Press.

Barad, K., 2012: Agentieller Realismus. Berlin: Suhrkamp.

Beck, U. & C. Kropp, 2007: Environmental Risks and Public Perceptions. S. 601–612 in: The SAGE Handbook of Environment and Society. SAGE Publications Ltd.

Beck, U. & H. Rosa, 2014: Die Eskalation der Nebenfolgen: Kosmopolitisierung, Beschleunigung und globale Risikosteigerung. S. 465–474 in: J. Lamla, H. Laux, H. Rosa & D. Strecker (Hrsg.), Handbuch der Soziologie. München, Konstanz: UVK, Lucius.

Becker, E. & T. Jahn (Hrsg.), 2006: Soziale Ökologie. Grundzüge einer Wissenschaft von den gesellschaftlichen Naturverhältnissen. Frankfurt a.M., New York: Campus Verlag.

Becker, E., D. Hummel & T. Jahn, 2011: Gesellschaftliche Naturverhältnisse als Rahmenkonzept. S. 75–96 in: M. Groß (Hrsg.), Handbuch Umweltsoziologie. Wiesbaden: VS Verlag für Sozialwissenschaften.

Böhme, H., 1983: Das Andere der Vernunft. Zur Entwicklung von Rationalitätsstrukturen am Beispiel Kants. Frankfurt a.M.: Suhrkamp.

Bonneuil, C. & J.-B. Fressoz, 2016: The Shock of the Anthropocene. London: Verso.

Brand, K.-W., 2014: Umweltsoziologie. Entwicklungslinien, Basiskonzepte und Erklärungsmodelle. Weinheim, Basel: Beltz Juventa.

Callon, M., 2006: Einige Elemente einer Soziologie der Übersetzung: Die Domestikation der Kammmuscheln und der Fischer in der St. Brieuc-Bucht. S. 135–174 in: A. Billiger & D.J. Krieger (Hrsg.), ANThology. Ein einführendes Handbuch in die Akteur-Netzwerk-Theorie. Bielefeld: Transcript.

Callon, M. & B. Latour, 2006: Die Demontage des großen Leviathans. Wie Akteure die Makrostruktur der Realität bestimmen und Soziologen ihnen dabei helfen. S. 75–102 in: A. Belliger & D.J. Krieger (Hrsg.), ANThology.
DeLanda, M., 2016: Assemblage Theory. Edinburgh: Edinburgh University Press.
Deleuze, G. & F. Guattari, 1992: Tausend Plateaus. Kapitalismus und Schizophrenie I. Berlin: Merve.
Fischer-Kowalski, M., 2011: Analyzing sustainability transitions as a shift between sociometabolic regimes. Environmental Innovation and Societal Transitions 1: 152–159.
Foucault, M., 1991: Die Ordnung des Diskurses. Frankfurt a.M.: Fischer.
Goll, T., D. Keil & T. Telios (Hrsg.), 2013: Critical Matter. Diskussionen eines neuen Materialismus. Münster: edition assemblage.
Haraway, D., 1976: Crystals, Fabrics and Fields. Metaphors of Organicism in Twentieth-Century Developmental Biology. New Haven, London: Yale University Press.
Haraway, D., 1995a: Die Neuerfindung der Natur. Primaten, Cyborgs und Frauen. Frankfurt a.M.: Campus
Haraway, D., 1995b: Situiertes Wissen. Die Wissenschaftsfrage im Feminismus und das Privileg einer partialen Perspektive. S. 73–97 in: Die Neuerfindung der Natur. Primaten, Cyborgs und Frauen. Frankfurt a.M.: Campus.
Haraway, D., 1995c: Ein Manifest für Cyborgs. Feminismus im Streit mit den Technowissenschaften. S. 33–72 in: Die Neuerfindung der Natur. Primaten, Cyborgs und Frauen. Frankfurt a.M.: Campus.
Haraway, D., 1995d: Wir sind immer mittendrin. Ein Interview mit Donna Haraway. S. 98–122 in: Die Neuerfindung der Natur. Primaten, Cyborgs und Frauen. Frankfurt a.M.: Campus.
Haraway, D., 2018: Unruhig bleiben. Die Verwandtschaft der Arten im Chthuluzän. Frankfurt a.M., New York: Campus Verlag.
Hoppe, K. & T. Lemke, 2015: Die Macht der Materie. Grundlagen und Grenzen des agentiellen Realismus von Karen Barad. Soziale Welt 66: 261–279.
Horkheimer, M. & T.W. Adorno, 1988: Dialektik der Aufklärung. Philosophische Fragmente. Theodor W Adorno Gesammelte Schriften Bd 3.
Hummel, D. & T. Kluge, 2006: Regulationen. S. 248–258 in: E. Becker & T. Jahn (Hrsg.), Soziale Ökologie. Grundzüge einer Wissenschaft von den gesellschaftlichen Naturverhältnissen. Frankfurt a.M., New York: Campus Verlag.
Jahn, T. & P. Wehling, 1998: Gesellschaftliche Naturverhältnisse – Konturen eines theoretischen Konzepts. S. 75–93 in: K.-W. Brand (Hrsg.), Soziologie und Natur. Theoretische Perspektiven. Opladen: Leske + Budrich.
Knorr-Cetina, K., 1991: Die Fabrikation von Erkenntnis – Zur Anthropologie der Wissenschaft. Frankfurt a.M.: Suhrkamp.
Kropp, C., 2002: „Natur". Soziologische Konzepte – politische Konsequenzen. Opladen: Leske + Budrich.
Kuhn, T.S., 1976: Die Struktur wissenschaftlicher Revolutionen. Frankfurt a.M.: Suhrkamp taschenbuch wissenschaft.
Latour, B., 1988: The Pasteurization of France. New York: Harvard University Press.
Latour, B., 1995: Wir sind nie modern gewesen. Versuch einer symmetrischen Anthropologie. Berlin: Akademie Verlag.
Latour, B., 1998: Über technische Vermittlung. Philosophie, Soziologie, Genealogie. S. 29–81 in: W. Rammert (Hrsg.), Technik und Sozialtheorie. Frankfurt a.M.: Campus Verlag.
Latour, B., 2000a: Ein Kollektiv von Menschen und nichtmenschlichen Wesen. S. 211–264 in: Die Hoffnung der Pandora. Frankfurt a.M.: Suhrkamp.
Latour, B., 2000b: Die Hoffnung der Pandora. Untersuchungen zur Wirklichkeit der Wissenschaft. Frankfurt a.M.: Suhrkamp.
Latour, B., 2001: Das Parlament der Dinge: für eine politische Ökologie. Frankfurt a.M.: Suhrkamp.

Latour, B., 2007: Eine neue Soziologie für eine neue Gesellschaft. Einführung in die Akteur-Netzwerk-Theorie. Berlin: Suhrkamp.
Latour, B., 2008: What is the Style of Matters of Concern?. Amsterdam: Van Gorcum.
Latour, B., 2017: Kampf um Gaia: Acht Vorträge über das neue Klimaregime. Berlin: Suhrkamp.
Latour, B., 2018a: Aramis – oder die Liebe zur Technik. Tübingen: Mohr Siebeck Verlag.
Latour, B., 2018b: Das terrestrische Manifest. Berlin: Suhrkamp.
Latour, B. & P. Weibel, 2005: Making Things Public – Atmospheres of Democracy. Cambridge, MA, London: The MIT Press.
Latour, B. & S. Woolgar, 2008: Laboratory Life. The Construction of Scientific Facts. Princeton, New Jersey: Princeton University Press.
Lemke, T. & K. Hoppe, 2021: Einführung in die Theorie neuer Materialismen. Weinheim, Basel: Junius.
Lovelock, J. & L. Sagan, 1974: Atmospheric homeostasis by and for the biosphere: the Gaia hypothesis. Tellus. Series A 26: 2–10.
Pinch, T., 2011: Review Essay: Karen Barad, Quantum Mechanics, and the Paradox of Mutual Exclusivity. Social Studies of Science 41: 431–441.
Plessner, H., 1965: Die Stufen des Organischen und der Mensch. Einleitung in die philosophische Anthropologie. Berlin: Walter de Gruyter & Co.
Puig de la Bellacasa, M., 2017: Matters of Care. Speculative Ethics in More Than Human Worlds. Minnesota: University of Minnesota Press.
Rosa, H., 2016: Resonanz. Eine Soziologie der Weltbeziehung. Berlin: Suhrkamp taschenbuch wissenschaft.
Sayes, E., 2014: Actor-Network Theory and methodology: Just what does it mean to say that nonhumans have agency? Social Studies of Science 44: 134–149.
Sieferle, R.P., F. Krausmann, H. Schandl & V. Winiwarter, 2006: Das Ende der Fläche. Zum gesellschaftlichen Stoffwechsel der Industrialisierung. Köln: Böhlau.

Literaturempfehlungen

Becker, E. & T. Jahn (Hrsg.), 2006: Soziale Ökologie. Grundzüge einer Wissenschaft von den gesellschaftlichen Naturverhältnissen.
Eine Einführung in das sozial-ökologische Denken: In Kapitel 6 erfahren Sie, wie diese Theorie für umweltsziologische Untersuchungen in verschiedenen Handlungsfeldern genutzt werden kann, etwa zum Umgang mit Wasser, Konsum, Ernährung, Mobilität etc.

Callon, M. & B. Latour, 2006: Die Demontage des großen Leviathans. Wie Akteure die Makrostruktur der Realität bestimmen und Soziologen ihnen dabei helfen.
Ein einführendes Handbuch in die Akteur-Netzwerk-Theorie. Bielefeld: Transcript. Ein Schlüsseltext der Akteur-Netzwerk-Theorie von 1981. Durch die Lektüre lernen Sie die Grundlagen der ANT in einem Text kennen.

Haraway, D., 1995a: Die Neuerfindung der Natur. Primaten, Cyborgs und Frauen.
Ein hilfreicher Sammelband für alle, die sich in Haraways Werk einlesen möchten.

Knorr-Cetina, K., 1991: Die Fabrikation von Erkenntnis – Zur Anthropologie der Wissenschaft.
Ein Klassiker der Wissenschaftsforschung. In diesem Buch können Sie aus ethnographischer Perspektive miterleben, wie wissenschaftliche Erkenntnisse in alltagsweltlichen Laborpraktiken hergestellt werden.

Latour, B., 2018b: Das terrestrische Manifest.
Ein kleines Buch, dessen Lektüre zu verstehen hilft, inwiefern die politischen Grundunterscheidungen für ein nachhaltiges Verständnis der bedrohten Existenzbedingungen auf der Erde neu gedacht werden müssen.

Kapitel 4: Umweltbezogene Haltungen und Umwelthandeln

> In diesem Kapitel erfahren Sie, wie Umweltbewusstsein theoretisch konzeptionalisiert wird und wie es empirisch erfasst werden kann. Darüber hinaus lernen Sie den aktuellen Stand der Forschung zum Thema Umweltbewusstsein kennen. Sie erfahren auch, warum Umweltbewusstsein nicht notwendigerweise zu umweltbewusstem Handeln führt und welche Faktoren für diese sogenannte „Einstellungs-Verhaltens-Lücke" verantwortlich sind. Schließlich beleuchtet das Kapitel, inwiefern Vorstellungen von einer guten und gerechten Gesellschaftsordnung mit entsprechenden Naturbildern einhergehen.

Während die bekundete Sorge um die Umwelt weltweit sowohl in der Bevölkerung als auch unter politischen Entscheidungsträger*innen zuzunehmen scheint, verschärfen sich zeitgleich ökologische Krisensymptome, wie etwa der Artenverlust und der anthropogen verursachte Klimawandel (Rockström et al. 2009; Steffen et al. 2015). Dies legt die Vermutung nahe, dass sich das Bewusstsein über den kritischen Zustand der Umwelt bislang nicht hinreichend in entsprechendem Handeln niedergeschlagen hat. Die Umweltsoziologie – mit fließendem Übergang zur Sozialpsychologie – befasst sich bereits seit Jahrzehnten mit den Fragen, was unter Umweltbewusstsein zu verstehen ist, wie es empirisch erfasst werden kann, wie unterschiedliche (Bevölkerungs-)Gruppen Umwelt wahrnehmen und deuten, wie Umweltbewusstsein und Umwelthandeln zusammenhängen und welche Folgen der gesellschaftliche Umweltbewusstseinsdiskurs zeitigt. Dabei existieren zwei unterschiedliche Zugänge zur gesellschaftlichen Wahrnehmung von Umwelt, die in der Umweltsoziologie weite Verbreitung und Anwendung gefunden haben. Die dem methodologischen Individualismus verpflichtete Einstellungs- und Verhaltensforschung begreift Umweltwahrnehmung und damit auch Umweltbewusstsein als ein individuelles Phänomen. Das heißt, die zentrale Analyseeinheit stellt das Individuum mit seinen spezifischen Haltungen und Handlungen dar, die hauptsächlich im Rahmen von Umfragen untersucht werden. Die sogenannte Cultural Theory hingegen leitet gruppenbezogene Wahrnehmungsmuster aus unterschiedlichen Modi der sozialen Praxis ab. Die gesellschaftliche Umweltwahrnehmung ergibt sich im Fall der Cultural Theory nicht wie bei der Einstellungs- und Verhaltensforschung aus der Aggregation der individuellen umweltbezogenen Haltungen sondern aus gruppenspezifischen Interaktionsstrukturen.

In den folgenden beiden Unterkapiteln stellen wir die Perspektiven der Einstellungs- und Verhaltensforschung sowie der Cultural Theory auf die gesellschaftliche Wahrnehmung von Umwelt dar. In einem dritten Unterkapitel beschäftigen wir uns anschließend mit der kritischen Reflexion des Diskurses rund um Umweltbewusstsein und Umwelthandeln. Hier wird aus gesellschaftsdiagnostischer Perspektive kritisch hinterfragt, welche Funktion öffentliche Debatten über Umweltprobleme und umweltfreundliches Verhalten erfüllen und welche Folgen sie zeitigen.

1. Umweltwahrnehmung und Umwelthandeln – Die Perspektive der Einstellungs- und Verhaltensforschung

Die Einstellungs- und Verhaltensforschung geht davon aus, dass sich die gesellschaftliche Wahrnehmung von Umwelt vollständig aus den individuellen, umweltbezogenen Haltungen rekonstruieren lässt und demnach die strukturierte Befragung von Personen den besten empirischen Zugang zur Erforschung gesellschaftlicher Umweltwahrnehmung darstellt. Die so gewonnen Erkenntnisse über individuelle Haltungen oder Handlungsweisen lassen sich dann auf Basis von statistischen Ähnlichkeiten zu gruppenbezogenen Charakteristika aggregieren. So ergeben sich Profile des Umweltbewusstseins und Umwelthandelns für unterschiedliche soziale Milieus oder Bevölkerungsgruppen. Im Folgenden werden das theoretische Verständnis von Umweltbewusstsein in der Einstellungs- und Verhaltensforschung näher erläutert sowie zwei gängige Instrumente zur empirischen Erfassung von Umweltbewusstsein dargestellt. Daran schließt ein kurzer Überblick über die empirischen Erkenntnisse aus der Einstellungs- und Verhaltensforschung zu Umweltbewusstsein und zum Zusammenhang von Umweltbewusstsein und Umwelthandeln an.

1.1. Die konzeptionelle Basis von Umweltbewusstsein

Es existiert eine Vielzahl von empirischen Studien zur Erfassung von Umweltbewusstsein und dem Zusammenhang von Umweltbewusstsein und umweltverträglichem Handeln. Allerdings weisen diese Studien eine große Heterogenität in der theoretischen Konzeptualisierung von Umweltbewusstsein und damit auch in der empirischen Operationalisierung auf (Best 2011: 241). Das Fehlen einer klaren konzeptionellen Basis hat zur Folge, dass die Ergebnisse einzelner Studien kaum miteinander vergleichbar sind und oftmals ganz Unterschiedliches gemeint ist, wenn von Umweltbewusstsein die Rede ist. So wird Umweltbewusstsein teilweise als Werthaltung, teilweise als Einstellung oder Weltsicht konzipiert und aufgefasst (Schultz et al. 2005). Die folgenden Abschnitte geben einen Überblick über die gängige theoretische Konzeptualisierung von Umweltbewusstsein als Einstellung und gehen auf den theoretischen Zusammenhang zwischen Einstellungen und Werten ein.

Werte bzw. Werthaltungen sind im Allgemeinen definiert als personen- oder gruppenspezifische Konzeptionen des Wünschbaren (Kluckhohn 1951: 395) oder spezifischer als ein dauerhafter Glaube daran, dass eine bestimmtes Handlungsweise oder ein bestimmter Zustand einer gegenteiligen Handlungsweise oder einem gegenteiligen Zustand vorzuziehen sei (Rokeach 1973: 5). Freiheit, Gleichheit, Sicherheit, Unabhängigkeit, Sauberkeit, Hilfsbereitschaft, Liebe etc. sind entsprechende Beispiele für Werte (Rokeach 1973: 28). Werte werden zumeist als Antezedenten von Einstellungen angesehen. Das heißt, es wird angenommen, dass sich bestimmte Einstellungen im Hinblick auf ein Einstellungsobjekt aus Werten ableiten und dementsprechend von diesen beeinflusst werden. Auch in der Umweltsoziologie hat sich die Vorstellung einer Wertebasis von Umweltbewusstsein weitestgehend durchgesetzt (Urban 1986; Stern & Dietz 1994; Best & Mayerl 2013). Die individuellen Einstellungen zu umweltbezogenen Themen oder Phänomenen leiten sich dementsprechend aus ihrem (positiven oder negativen) Verhältnis zu individuellen Werthaltungen ab. So ist Umweltbewusstsein beispielsweise mit einer postmateriellen Wertorientierung assoziiert (Inglehart 1971, 1995).

Unter dem Begriff der Einstellung wird eine psychologische Disposition bzw. Neigung verstanden, zustimmend oder ablehnend auf ein Objekt, eine Person, Institution oder ein Ereignis zu reagieren (Ajzen 1988: 4; Eagly & Chaiken 1993: 1). In der Einstellungsforschung hat sich das sogenannte Dreikomponentenmodell durchgesetzt, wonach sich eine Einstellung aus affektiver Betroffenheit (affektive Komponente), Wissen über das Einstellungsobjekt (kognitive Komponente) und Handlungsabsichten (konative Komponente) zusammensetzt (Eagly & Chaiken 1993)[17]. Umweltbewusstsein als Einstellung umfasst dementsprechend die affektive Betroffenheit von Umweltproblemen (z.B. Wut, Angst, Hilflosigkeit oder Hoffnung), Wissen und Informationen über Umweltprobleme (z.B. der Klimawandel ist durch den Menschen verursacht) sowie eine generelle Handlungsbereitschaft, Abhilfe für Umweltprobleme zu schaffen (z.B. Bereitschaft Energie zu sparen oder weniger Auto zu fahren) (Best 2011: 245).

In den meisten empirischen Studien zu Umweltbewusstsein sowie in theoretischen Auseinandersetzungen mit dem Konzept wird auf eine genaue Begriffsdefinition verzichtet (Homburg & Matthies 1998: 50, 61; Dunlap & Jones 2002). Dies rührt wohl daher, dass die Begriffsbedeutung zunächst klar erscheint und sich so eine pragmatische Begriffsverwendung durchgesetzt hat. International hat die folgende Definition von Riley Dunlap, einem der soziologischen Vordenker der Umweltbewusstseinsforschung, und Robert Jones weite Verbreitung gefunden: „[…] environmental concern refers to the degree to which people are aware of problems regarding the environment and support efforts to solve them and/or indicate a willingness to contribute personally to their solution" (Dunlap & Jones 2002: 485). Im deutschen Kontext wird immer wieder auf die klassische Definition des Rats von Sachverständigen für Umweltfragen verwiesen, der zufolge unter Umweltbewusstsein die „Einsicht in die Gefährdung der natürlichen Lebensgrundlagen des Menschen durch diesen selbst, verbunden mit der Bereitschaft zur Abhilfe" (Der Rat von Sachverständigen für Umweltfragen 1978: 445) zu verstehen ist. Beide Definitionen sind prinzipiell mit dem Verständnis von Umweltbewusstsein als Einstellung vereinbar. Nimmt man jedoch das Dreikomponentenmodell als Grundlage, ist bei beiden Definitionen festzustellen, dass die affektive Komponente der Betroffenheit unerwähnt bleibt (Diekmann & Preisendörfer 2001: 102).

1.2. Die empirische Erfassung von Umweltbewusstsein

Die Erfassung von Umwelteinstellungen und Umwelthandeln ist Teil vieler großer Bevölkerungsumfragen auf nationaler und internationaler Ebene (z.B. ALLBUS, Sozio-ökonomisches Panel, European Social Survey, Eurobarometer und World Value Survey). Mit der seit 1996 im zweijährigen Turnus im Auftrag des Umwelt-

---

17 Während im Dreikomponentenmodell Affekte, Kognitionen und Konationen als gleichbedeutend aufgefasst werden, wird in der neueren Einstellungsforschung die dominante Bedeutung von Affekten hervorgehoben (Banaji & Heiphetz 2010: 358).

bundesamtes durchgeführten Umweltbewusstseinsstudie werden Einstellungen, Wissen und Handeln der deutschen Bevölkerung im Hinblick auf Umwelt im Allgemeinen sowie bzgl. einzelner relevanter Themen wie Energie, Mobilität und Ernährung erfasst (Bauske & Kaiser 2019). Darüber hinaus gibt die ebenfalls im zweijährigen Turnus durchgeführte Naturbewusstseinsstudie seit 2009 Aufschluss über die Einstellungen der Deutschen zur Natur sowie über ihr Wissen und Handeln zum Schutz von Natur und Artenvielfalt (Kleinhückelkotten 2017). Im Bereich der angewandten quantitativen Sozialforschung existiert damit eine breite Datenbasis zu Umwelt- und Naturbewusstsein[18] in Deutschland.

Zur Erfassung von individuellen Haltungen, worunter sowohl Werte als auch Einstellungen fallen, greift die quantitative empirische Sozialforschung auf sogenannte Items zurück, die oftmals zu Skalen zusammengefasst werden. Unter dem Begriff Item wird eine Frage oder Aussage verstanden, zu der Befragte Stellung beziehen sollen. Ein Beispiel für ein Item, das immer wieder in Umfragen mit Umwelt-, Technik- oder Risikobezug verwendet wird, ist die Aussage: „Die moderne Industriegesellschaft erzeugt mehr Probleme, als sie lösen kann". Individuelle Haltungen werden dabei als latente Variablen aufgefasst, die nicht direkt beobachtbar sind. Sie werden dementsprechend über Items erfasst, von denen auszugehen ist, dass ihre Beantwortung Aufschluss über die Haltung der entsprechenden Person gibt. Um eine bestimmte latente Variable wie Umweltbewusstsein in seinen unterschiedlichen Facetten zu erfassen, können verschiedene Items zu einer sogenannten Skala zusammengefasst werden. Dabei werden die verschiedenen vorliegenden Messwerte für die einzelnen Items zu einem Messwert verrechnet werden, der dann als Indikator für die entsprechende Haltung einer Person interpretiert wird (eine detaillierte Darstellung verschiedener Skalierungsverfahren findet sich hier: Schnell et al. 2005: 179ff.).

Im deutschen Sprachraum sind vor allem das Skalensystem zur Erfassung des Umweltbewusstseins von Joachim Schahn (Schahn 1996) und die allgemeine Umweltbewusstseinsskala von Andreas Diekmann und Peter Preisendörfer (Preisendörfer 1999: 45; Diekmann & Preisendörfer 2001: 104) von Bedeutung[19]. Da Schahns Skalensystem äußerst umfangreich ist und selbst in der Kurzversion noch 21 Items umfasst, ist Diekmann und Preisendörfers Skala mit insgesamt neun Items für den Einsatz in quantitativen Befragungen deutlich besser anwendbar. International hat insbesondere die *new environmental paradigm scale* (NEP-Skala) von Riley Dunlap und Kent van Liere eine breite Anwendung gefunden (ursprüngliche Version der Skala: Dunlap & van Liere 1978; überarbeitete Version der Skala: Dunlap et al. 2000). Im Folgenden gehen wir nun kurz auf die allgemeine Umweltbewusstseinsskala von Diekmann und Preisendörfer sowie die NEP-Skala von Dunlap und van Liere ein, da diese im nationalen bzw. internationalen Raum gängige Instrumente zur Erfassung von Umweltbewusstsein darstellen.

---

[18] Der Begriff des Naturbewusstseins beschreibt dabei „[...] die Gesamtheit der Erinnerungen, Wahrnehmungen, Emotionen, Vorstellungen, Überlegungen, Einschätzungen und Bewertungen im Zusammenhang mit Natur, einschließlich der Frage, was überhaupt unter ‚Natur' verstanden wird" (Kleinhückelkotten 2017: 40). Auf den Begriff des Umweltbewusstseins wird im Folgenden noch näher eingegangen.

[19] Umfassende Informationen zu beiden Skalen befinden sich auch im Open Access Repositorium für Messinstrumente des Leibniz-Institut für Sozialwissenschaften (GESIS): https://zis.gesis.org/.

Die NEP-Skala ist keine Einstellungsskala im engeren Sinne, da sie die affektive und konative, d.h. auf Handlungsabsichten bezogene Dimension von Einstellungen, nicht berücksichtigt (Best 2011: 243). Laut Dunlap et al. (Dunlap et al. 2000) soll die NEP-Skala eine ökologische Weltsicht und nicht Umweltbewusstsein als Einstellung abbilden. Die Items der NEP-Skala weisen daher einen hohen Abstraktionsgrad auf. Sowohl Thomas Dietz et al. (Stern & Dietz 1994) als auch Henning Best und Jochen Mayerl (Best & Mayerl 2013) verorten die NEP-Skala in einer Hierarchie mentaler Konstrukte als Vermittler zwischen abstrakten Werten (z.B. post/-materielle Wertorientierungen) und spezifischen Umwelteinstellungen. Kritisiert wird die NEP-Skala in diesem Zusammenhang insbesondere dafür, dass ihr eine klare theoretische Basis fehle und damit ihre Rolle im Zusammenspiel von Einstellungen und Werten auf konzeptioneller Ebene vage bleibe. Eine deutsche Übersetzung der Items der aktuellen Version der NEP-Skala findet sich in Tabelle 1. Die Zustimmung zu den einzelnen Items wird auf einer fünfstufigen Antwortskala erfasst (stimme vollkommen zu, stimme eher zu, teils/teils, stimme eher nicht zu, stimme überhaupt nicht zu) (Dunlap et al. 2000: 433).

Tabelle 1: Deutsche Übersetzung der NEP-Skala

Wortlaut des Items
Wir nähern uns der Höchstzahl an Menschen, die die Erde ernähren kann.
Die Menschen haben das Recht, die natürliche Umwelt an ihre Bedürfnisse anzupassen.
Wenn Menschen in die Natur eingreifen, hat das oft katastrophale Folgen.
Der menschliche Einfallsreichtum wird dafür sorgen, dass wir die Erde NICHT unbewohnbar machen.
Die Umwelt wird von den Menschen ernsthaft missbraucht.
Es gibt genügend natürliche Rohstoffe auf der Erde – wir müssen nur herausfinden, wie man sie nutzbar machen kann.
Pflanzen und Tiere haben das gleiche Recht zu leben wie die Menschen.
Das Gleichgewicht der Natur ist stabil genug, um mit der Einwirkung der Industriestaaten zurechtzukommen.
Trotz unserer besonderen Fähigkeiten sind wir Menschen noch immer den Gesetzen der Natur unterworfen.
Die sogenannte „Umweltkrise" wird stark übertrieben.
Die Erde ist wie ein Raumschiff: Es gibt nur begrenzt Platz und Ressourcen.
Die Menschen sind dazu bestimmt, über die übrige Natur zu herrschen.
Das Gleichgewicht der Natur ist sehr empfindlich und leicht zu stören.

Wortlaut des Items
Mit der Zeit werden die Menschen genug über die Natur lernen, um sie kontrollieren zu können.
Wenn alles so weitergeht wie bisher, steuern wir auf eine große Umweltkatastrophe zu.

Quelle: Deutsche Übersetzung der NEP-Items aus Best (2011: 244f.).

Im Gegensatz zur NEP-Skala handelt es sich bei der allgemeinen Umweltbewusstseinsskala um eine Einstellungsskala im engeren Sinne. Das heißt, die einzelnen Items erfassen sowohl kognitive als auch affektive und konative Einstellungskomponenten. Die einzelnen Items und ihre Zuordnung zu den Einstellungskomponenten sind in der folgenden Tabelle dargestellt:

Tabelle 2: Allgemeine Umweltbewusstseinsskala

Dimension	Wortlaut des Items
Affektiv	Es beunruhigt mich, wenn ich daran denke, unter welchen Umweltverhältnissen unsere Kinder und Enkelkinder wahrscheinlich leben müssen.
	Wenn wir so weitermachen wie bisher, steuern wir auf eine Umweltkatastrophe zu.
	Wenn ich Zeitungsberichte über Umweltprobleme lese oder entsprechende Fernsehsendungen sehe, bin ich oft empört und wütend.
Kognitiv	Es gibt Grenzen des Wachstums, die unsere industrialisierte Welt schon überschritten hat oder sehr bald erreichen wird.
	Derzeit ist es immer noch so, dass sich der größte Teil der Bevölkerung wenig umweltbewusst verhält.
	Nach meiner Einschätzung wird das Umweltproblem in seiner Bedeutung von vielen Umweltschützern stark übertrieben.
Konativ	Es ist immer noch so, dass die Politiker viel zu wenig für den Umweltschutz tun.
	Zugunsten der Umwelt sollten wir alle bereit sein, unseren derzeitigen Lebensstandard einzuschränken.
	Umweltschutzmaßnahmen sollten auch dann durchgesetzt werden, wenn dadurch Arbeitsplätze verlorengehen.

Quelle: Diekmann & Preisendörfer (2001: 104)

Die Zustimmung zu den einzelnen Items wird auch hier auf einer fünfstufigen Antwortskala erfasst. Während die NEP-Skala eher abstrakte Haltungen zu Mensch-Umwelt-Beziehungen in den Blick nimmt, ist die allgemeine Umweltbewusstseinsskala spezifischer auf Umweltprobleme zugeschnitten. Für die empirische Analyse des Zusammenhangs von Umweltbewusstsein und Umwelthandeln bringt dies einen entscheidenden Vorteil mit sich: Da es sich bei Werten theoretisch betrachtet um eher „handlungsferne" Konstrukte handelt, weisen Messinstrumente, die auf abstrakte Werte fokussieren, empirisch eine geringere Erklärungskraft bezüglich des konkreten Umwelthandelns auf als spezifischere Einstellungsskalen, wie die allgemeine Umweltbewusstseinsskala (Homburg & Matthies 1998: 126).

1.3. Empirische Erkenntnisse zum Umweltbewusstsein und Umwelthandeln

Umwelteinstellungen sind in der Bevölkerung nicht einheitlich strukturiert, sondern nehmen gruppenspezifische Ausformungen an. Während beispielsweise für die einen der Schutz seltener Tierarten im Vordergrund steht, sind andere eher über die Auswirkungen des Klimawandels besorgt. Beides stellt unterschiedliche Varianten von Umweltbewusstsein dar. Darüber hinaus wandelt sich die Bedeutung unterschiedlicher Aspekte des Umweltbewusstseins auch im Zeitverlauf entlang gesamtgesellschaftlicher Diskurse (Radkau 2011). Die verschiedenen Instrumente zur empirischen Erfassung von Umweltbewusstsein, von denen zwei im vorherigen Abschnitt vorgestellt wurden, sind aber jeweils selektiv, da sie nur bestimmte Aspekte umweltbezogener Haltungen abdecken (können). Empirische Studien, die Umweltbewusstsein mit unterschiedlichen Instrumenten erfasst haben, sind daher nur begrenzt miteinander vergleichbar. Dementsprechend uneinheitlich und teilweise widersprüchlich gestaltet sich auch der Stand der Forschung. Hinzu kommt, dass mittlerweile sowohl international als auch national eine schier unüberschaubare Menge an empirischen Studien, meist quantitativer Art, zum Thema Umweltbewusstsein und Umwelthandeln existiert. Nichtsdestotrotz lohnt sich ein kurzer Überblick über den Stand der Forschung in unterschiedlichen Untersuchungsfeldern, um einen Eindruck von zentralen empirischen Erkenntnissen sowie offenen Fragen zu vermitteln. Die folgende Zusammenschau, die aufgrund der Vielzahl an Studien notwendigerweise kursorisch bleiben muss, fokussiert auf zwei Untersuchungsfelder: a) Umweltbewusstsein und gruppenspezifische Einstellungsunterschiede innerhalb Deutschlands und b) Umweltbewusstsein im internationalen Vergleich und der Zusammenhang zwischen Umweltbewusstsein, postmaterialistischer Wertorientierung und Wohlstand.

Wenngleich unterschiedliche Studien aufgrund divergierender Methodik und Operationalisierung von Umweltbewusstsein schwer miteinander vergleichbar sind, so lässt sich doch feststellen, dass sich das Umweltbewusstsein innerhalb der deutschen Bevölkerung bereits seit Mitte der 90er Jahre auf relativ hohem Niveau befindet. Es scheint darüber hinaus im Zeitverlauf zwar nur leicht, aber dennoch kontinuierlich zuzunehmen (Kuckartz & Rheingans-Heintze 2006; Bauske & Kaiser 2019; Rubik et al. 2019). Die Haltungen zu ökologischen Fragen sowie bereichsspezifisches Umwelthandeln variieren allerdings zwischen unterschiedlichen sozialen Milieus – also Bevölkerungsgruppen, die durch eine ähnliche soziale Lage (Bildung, Einkommen, Berufsstand, Familienstand etc.), Wertorientierungen und Handlungsmuster charakterisiert sind – teilweise erheblich. So zeichnet sich der bürgerliche Mainstream durch eher unterdurchschnittliches Umweltbewusstsein und -handeln aus, während kritische-kreative Milieus überdurchschnittlich umweltbewusst sind und sich auch in ihrem Handeln als besonders nachhaltig erweisen (Rubik et al. 2019). Neben den milieuspezifischen Unterschieden weisen außerdem Frauen durchschnittlich ein höheres Umweltbewusstsein auf als Männer (Kuckartz & Rheingans-Heintze 2006; Borgstedt et al. 2010; Rubik et al. 2019). Des Weiteren zeigt sich immer wieder ein positiver Zusammenhang zwischen formaler Bildung und Umweltbewusstsein (Kuckartz & Rheingans-Heintze 2006; Borgstedt et al. 2010). In Bezug auf den tatsächlichen CO_2-Fußabdruck ist allerdings festzustellen, dass dieser in sozialen Milieus, die sich durch ein hohes Bildungsniveau, hohes Einkommen und ein hohes Maß an Umweltbewusstsein auszeichnen, dennoch zumeist besonders groß ist (Moser & Kleinhückelkotten 2018). Dies hängt insbesondere damit zusammen, dass aufgrund des hohen Einkommensniveaus mehr Urlaubsreisen unternommen werden (können), das Ausstattungsniveau der Haushalte mit technischen Geräten generell höher ist und durchschnittlich mehr Wohnraum pro Person zur Verfügung steht (Sonnberger & Zwick 2016).

Im Hinblick auf Umweltbewusstsein im internationalen Vergleich existieren zwei unterschiedliche Diagnosen, die sich auf den Zusammenhang zwischen dem Wohlstandsniveau eines Landes und dem Umweltbewusstsein der Bevölkerung beziehen. Die „Wohlstandsniveau-These" (Diekmann & Preisendörfer 2001: 97) geht davon aus, dass die Bevölkerungen in Ländern mit hohem Wohlstandniveau ein höheres durchschnittliches Umweltbewusstsein aufweisen, da in diesen Ländern mehr Menschen mit einer postmateriellen Wertorientierung leben, was ursächlich mit Umweltbewusstsein zusammenhängt. Dieser Zusammenhang konnte mehrfach empirisch nachgewiesen werden (siehe beispielsweise Inglehart 1995; Franzen 2003). Andererseits finden Riley Dunlap und Richard York auf Basis einer Analyse von Daten aus dem World Values Survey keinen Zusammenhang zwischen Wohlstandsniveau und Umweltbewusstsein. Sie schließen daraus, dass Umweltbewusstsein zu einem globalen Phänomen geworden sei, welches in ärmeren Ländern genauso verbreitet ist wie in reicheren, und interpretieren dies als Widerlegung der Wohlstandsniveau-These (Dunlap & York 2008). Über den globalen Zusammenhang zwischen Wohlstandsniveau und Umweltbewusstsein lässt der bisherige Stand der Forschung demnach keine eindeutigen Schlüsse zu und die Frage, ob Umweltbewusstsein ein wohlstandsunabhängiges Phänomen ist, kann dementsprechend im internationalen Maßstab nicht abschließend beantwortet werden.

Wie wir bereits gesehen haben, existieren in Deutschland Unterschiede im Hinblick auf Umweltbewusstsein zwischen verschiedenen Bevölkerungsgruppen. Es stellt sich nun die Frage, inwiefern dies auch im internationalen Maßstab zutrifft. In einem Vergleich verschiedener europäischer Länder und den USA finden Angela Mertig und Riley Dunlap, nur äußerst geringe Zusammenhänge zwischen soziodemographischen Variablen (Alter, Einkommen und Geschlecht) und Umweltbewusstsein. Dies legt den Schluss nahe, dass Umweltbewusstsein in allen Schichten der untersuchten Gesellschaften verbreitet ist und dementsprechend kein gruppenspezifisches Phänomen (mehr) darstellt (Mertig & Dunlap 2001). Jochen Mayerl und Henning Best können allerdings auf Basis von Daten aus dem World Value Survey nachweisen, dass in ärmeren Ländern zwar kein Zusammenhang zwischen postmaterialistischer Wertorientierung und Umweltbewusstsein zu finden ist, dieser in reicheren Ländern jedoch durchaus existiert. Die Höhe des Umweltbewusstseins variiert dort zwischen materiell und postmateriell orientierten Bevölkerungsgruppen (Mayerl & Best 2018). Es bleibt somit auch hier unklar, inwiefern sich Bevölkerungsgruppen innerhalb von Ländern im Hinblick auf ihr Umweltbewusstsein unterscheiden oder ob die Sorge um die Umwelt ein generalisierbares Phänomen darstellt.

1.4. Die Kluft zwischen Umweltbewusstsein und Umwelthandeln

Die Frage, inwiefern ein hohes Maß an Umweltbewusstsein tatsächlich umweltbewusstes Handeln zur Folge hat, ist sowohl aus Perspektive einer nachhaltigen Entwicklung als auch aus wissenschaftlicher Perspektive hoch relevant. Zunächst liegt es nahe anzunehmen, dass die Geisteshaltung einer Person Einfluss auf ihr Handeln hat. Dies ist nicht zuletzt eines der zentralen Postulate der Einstellungs- und Verhaltensforschung: Einstellungen haben handlungsanleitenden und -motivierenden Charakter für geplante und willentlich kontrollierte Handlungen (Ajzen 1991). Allerdings verweisen sozialpsychologische Untersuchungen zum „geplanten Handeln" auf eine Vielzahl moderierender Mechanismen, und Dissonanztheorien gehen sogar davon aus, dass Einstellungen auch an Verhalten angepasst werden (Frey et al. 1993).

In empirischen Studien findet sich oftmals ein nur geringer Zusammenhang zwischen Einstellungen und entsprechendem Handeln. Dieses Phänomen wird zumeist als Einstellungs-Verhaltens-Lücke oder *attitude behavior gap* bezeichnet. Gerade im Umweltbereich ist die Kluft zwischen Umweltbewusstsein und Umwelthandeln besonders stark ausgeprägt (Kollmuss & Agyeman 2002; Moser & Kleinhückelkotten 2018). Die Tatsache, dass Menschen in vielen Fällen nicht gemäß ihrer umweltbezogenen Einstellungen handeln, hat Eingang in viele öffentliche Umweltdebatten gefunden, in denen beispielsweise immer wieder, zumeist auf sarkastische Weise, auf den/die sinnbildliche(n) Grünenwähler*in auf Fernreise verwiesen wird. Die empirisch konstatierte Kluft zwischen Umweltbewusstsein und Umwelthandeln wirft die Frage auf, inwiefern moralische Appelle sowie Maßnahmen zur Steigerung des Umweltbewusstseins überhaupt entsprechende handlungsbezogene Effekte zeitigen können. Um diese Frage sinnvoll beantworten zu können, lohnt sich ein genauerer Blick auf die Ursachen für das Auseinanderfallen von Umweltbewusstsein und Umwelthandeln in empirischen Untersuchungen. Diese sind sowohl methodischer als auch konzeptioneller Natur. Während die methodischen Ursachen in Problemen der empirischen Erfassung von Umweltbewusstsein und Umwelthandeln begründet sind, beziehen sich die konzeptionellen Ursachen auf das theoretische Verständnis, wie Handeln letztendlich zustande kommt. Die folgenden Abschnitte geben einen Überblick über die methodischen sowie konzeptionellen Ursachen der *attitude behaviour gap* zwischen Umweltbewusstsein und Umwelthandeln (Homburg & Matthies 1998: 127f.; Sonnberger 2015: 63f.).

Eine methodische Ursache für den geringen Zusammenhang zwischen Umwelteinstellungen und Umwelthandeln liegt darin begründet, dass in empirischen Studien Einstellungen und Handlungen oftmals auf unterschiedlichem Abstraktionsniveau erfasst werden. Einstellungen werden zumeist auf relativ generellem Niveau erhoben, während Handlungen eher spezifisch erfasst werden. Dies ist zwar sinnvoll, um weitestgehend tautologische Erklärungen zu vermeiden (z.B. Personen, die die Absicht haben, in näherer Zukunft ein verbrauchsarmes Auto zu erwerben, tun dies auch), jedoch nimmt mit dem Abstraktionsgrad der Einstellungsmessung auch die Zahl möglicher intervenierender, situativer und moderierender Variablen zu, und der direkte Bezug zwischen allgemeiner Einstellung und spezifischem Handeln geht mehr und mehr verloren. So spielen für die alltägliche Autonutzung eine Vielzahl von Faktoren eine Rolle (z.B. Wohnort, Autoverfügbarkeit, Erreichbarkeit und Kenntnis von Alternativen Fortbewegungsmöglichkeiten, Motive wie Bequemlichkeit, Freiheit oder Sicherheit etc.), wodurch Umweltbewusstsein zu einer Einflussgröße unter vielen wird.

Eine weitere methodische Ursache stellt das Erfassen von Handlungsmustern anstelle von bereichsspezifischem Handeln dar. Teilweise werden für die empirische Analyse unterschiedliche Handlungsweisen zu einem Handlungsindex zusammengefasst. Menschen verfügen in verschiedenen Handlungsfeldern jedoch über unterschiedliche (wahrgenommene) Handlungsspielräume und erachten unterschiedliche Handlungsmotive als relevant. Das heißt, für eine bestimmte Person ist Müll zu trennen vielleicht einfach, Heizenergie zu sparen jedoch aufgrund der Anwesenheit von Kleinkindern im Haushalt oder aufgrund einer automatisierten Heizungsanlage schwierig bzw. kein primäres Handlungsziel.

Eine dritte methodische Ursache für die *attitude behaviour gap* zwischen Umweltbewusstsein und umweltgerechtem Handeln findet sich in den unterschiedlichen Auffassungen von Wissenschaftler*innen und handelnden Person davon, was genau unter umweltgerechtem Handeln zu verstehen ist. Handlungsweisen, die Wissenschaftler*innen als nachhaltig einstufen, werden von den befragten handelnden Personen unter Umständen aufgrund anderer Bewertungsmaßstäbe oder Informationen nicht als nachhaltig klassifiziert. Dies gilt selbstverständlich auch für den umgekehrten Fall. So stufen beispielsweise viele Personen regional erzeugte Lebensmittel als besonders nachhaltig ein, obwohl dies nicht notwendigerweise immer der Fall ist.

Neben diesen drei methodischen Ursachen existieren drei weitere Schwierigkeiten konzeptioneller Art, die den Zusammenhang zwischen Einstellung und Handeln in Umweltfragen beeinflussen. Zunächst wäre hier der geringe Stellenwert von Umweltbewusstsein für alltägliches Handeln zu nennen. Im Alltag spielt umweltgerechtes Handeln für viele Menschen eine untergeordnete Rolle, da zum einen andere Handlungsmotive höhere Priorität genießen (z.B. Bequemlichkeit) und zum anderen eine Vielzahl (wahrgenommener) struktureller Zwänge die Handlungsspielräume einengen. Darüber hinaus treten Handlungen im Alltag oftmals als

Bündel auf, sodass die Ausführung einer bestimmten Handlung mit einer Vielzahl anderer Handlungen verknüpft ist und diese damit beeinflusst (→ Kap. 7 zu nachhaltigem Konsum). So hat die Nutzung des Autos für den Arbeitsweg oftmals zur Folge, dass auch Wege in der Freizeit (z.B. Einkauf, Sport, Kinderbetreuung, Freunde treffen) mit dem Auto zurückgelegt werden.

Die Relevanz von Handlungsroutinen stellt eine weitere konzeptionelle Ursache für den geringen Einfluss selbst stark ausgeprägten Umweltbewusstseins auf Alltagshandlungen dar, da diese den Großteil unseres Alltagshandelns bestimmen. Die Gründe für die Etablierung von Handlungsroutinen und der Sinn und Zweck ihrer Aufrechterhaltung sind per definitionem bewusster Reflektion nicht zugänglich. Dementsprechend haben Einstellungen und Einstellungsänderungen keinen unmittelbaren Einfluss auf diese Routinen. Das (Nicht-)Löschen des Lichts bei Verlassen des Raumes ist eine solche Routine, die sich im Alltag weitestgehend bewusster Verhaltenssteuerung entzieht. Erst wenn solche Routinen aufgrund einschneidender Ereignisse oder tiefgreifender Irritationen auf den Prüfstand geraten, können sie hinterfragt und im Lichte individueller Einstellungen neu bewertet werden. So führt beispielsweise oftmals die Geburt von Kindern dazu, dass Ernährungsroutinen aufgebrochen und verändert werden (Schäfer et al. 2012).

Die sogenannte Low-Cost-Hypothese (ausführliche Darstellung → Kap. 7 zu nachhaltigem Konsum) stellt eine dritte und letzte konzeptionelle Ursache für die Kluft zwischen Einstellungen und Verhalten dar. Laut der Low-Cost-Hypothese handeln Menschen nur dann entlang ihrer (Umwelt-)Einstellungen, wenn dieses Handeln im Vergleich zu anderen Handlungsoptionen keine übermäßig hohen Handlungskosten (Geld, Zeit, Komfort etc.) mit sich bringt (Diekmann & Preisendörfer 1998). Andernfalls ist und bleibt ihr Handeln von subjektiven Kosten-Nutzen-Kalkülen getrieben. Die Low-Cost-Hypothese kann dementsprechend erklären, weshalb umweltbewusste Menschen zwar Abfälle recyceln, jedoch viel weniger dazu bereit sind, auf ihr privates Auto zu verzichten.

Wie eben dargestellt gibt es plausible Gründe für die zunächst paradox anmutende *attitude behaviour gap*. Wenngleich jedoch im Alltag eine Kluft zwischen Umweltbewusstsein und Umwelthandeln existiert, bedeutet dies nicht, dass Umweltbewusstsein und damit auch Umweltbildung irrelevant wären. Der empirisch schwache Zusammenhang zeigt jedoch, dass Umweltbildung allein nicht ausreicht, um umweltbewusstes Handeln in der Bevölkerung zu verbreiten. Vielmehr gilt es, zusätzlich strukturelle Handlungsbarrieren abzubauen und Handlungskontexte so zu gestalten, dass nachhaltiges Handeln unabhängig von der individuellen Motivlage zur einfachsten Option wird. Auch wenn Umweltbewusstsein nur ein Motiv unter vielen darstellt, so ist es doch ein ergänzender Handlungsstabilisator. Es liefert einen legitimen, für viele andere nachvollziehbaren Grund für umweltschonende Entscheidungen und trägt zur Aufrechterhaltung von nachhaltigen Handlungsroutinen bei. Des Weiteren erzeugt ein hohes Umweltbewusstsein in der Bevölkerung und die damit verbundene Sensibilität für Umweltprobleme ein öffentliches Meinungsklima, in dem bestimmte Ideen, Forderungen, Erwartungen, Zukunftsvorstellungen etc. sagbar und anschlussfähig werden und öffentlicher Druck auf politische Entscheidungsträger*innen und Unternehmen erzeugt wird.

Die Forderungen, dass Menschen weniger bzw. keine Flugreisen unternehmen oder vegetarische Tage in Kantinen eingeführt werden sollen, hätte in den 1990er Jahren sicherlich kaum öffentliche oder politische Resonanz gefunden, nicht einmal großflächige öffentliche Empörung.

2. Sozialordnung und Naturbilder – Die Perspektive der Cultural Theory

Während die eben dargestellte Einstellungs- und Verhaltensforschung die gruppenspezifische Wahrnehmung von Umwelt als Resultat der Aggregation individueller Einstellungen betrachtet, entwickelt die sogenannte Cultural Theory (Douglas & Wildavsky 1982; Thompson et al. 1990; Douglas 2003 [1970], 2010 [1966], 2011 [1982]) einen anderen Zugang zu – wie es in der Sprache der Cultural Theory heißt – Naturbildern („myths of nature"). Die Cultural Theory geht davon aus, dass gruppenspezifische Naturbilder aus den Interaktionsstrukturen sozialer Gruppen heraus entstehen. Entscheidend für Ausprägung und Form gesellschaftlicher Umweltwahrnehmung sind somit nicht die individuellen Einstellungen, sondern die Interaktionsstrukturen, in die Individuen eingebettet sind und die ihre Einstellungen prägen.

Die Cultural Theory hat insbesondere im Bereich der sozialwissenschaftlichen Forschung zur Wahrnehmung und Bewertung von ökologischen Risiken große Prominenz erlangt. Laut Angelika Poferl und Reiner Keller stellt die Cultural Theory „[...] einen der elaboriertesten Versuche dar, konkurrierende Muster gesellschaftlicher Naturvorstellungen mit unterschiedlichen Formen der sozialen Praxis zu verknüpfen" (Keller & Poferl 1998: 118). Zu dieser Prominenz hat insbesondere der 1982 erschienene Essay „Risk and culture: An essay on the selection of technological and environmental dangers" von Mary Douglas und Aaron Wildavsky beigetragen (Douglas & Wildavsky 1982). Douglas und Wildavsky bringen dort die grundlegende Programmatik der Cultural Theory in Bezug auf (Umwelt-)Risiken wie folgt auf den Punkt: „[...] the choice of risks to worry about depends on the social forms selected. The choice of risks and the choice of how to live are taken together. Each form of social life has its own typical risk portfolio. Common values lead to common fears (and, by implication, to a common agreement not to fear other things)" (Douglas & Wildavsky 1982: 8).

Im Folgenden erläutern wir die theoretische Grundlage der Cultural Theory, das Grid-Group-Schema. Zudem gehen wir näher auf die verschiedenen, durch die Cultural Theory postulierten Naturbilder ein und stellen abschließend die Kritik an der Cultural Theory zusammenfassend dar.

2.1. Das Grid-Group-Schema

Im Kern geht die Cultural Theory davon aus, dass mit einer bestimmten Sozialordnung („social environment"), d.h. der Struktur der Sozialbeziehungen innerhalb einer bestimmten Gruppe (z.B. Familie, Organisation, Gesellschaft etc.), bestimmte Wahrnehmungs- und Bewertungsschemata („cultural biases") korrespondieren (Thompson et al. 1990: 1). Diese Wahrnehmungs- und Bewertungsschemata fungieren als Aufmerksamkeitsfilter, indem sie die Wahrnehmung so

2. Sozialordnung und Naturbilder – Die Perspektive der Cultural Theory

strukturieren, dass bestimmte Zustände, Ereignisse oder Entwicklungen als problematisch gerahmt und bestimmte Lösungen als legitim oder rational nahegelegt werden. Sozialordnung und Wahrnehmungs- und Bewertungsschemata konstituieren sich wechselseitig oder wie Thompson et al. es ausdrücken: „social relations generate preferences and perceptions that in turn sustain those relations" (Thompson et al. 1990: 2)[20]. Laut der Cultural Theory existieren vier unterschiedliche Typen von Sozialordnungen („social environments")[21], die sich entlang zweier Dimensionen ausbilden: „group" und „grid". Der Begriff grid beschreibt den Grad der sozialen Regulierung („individuation"), während mit group der Grad der Gruppeneinbindung bzw. Sozialintegration („social incorporation") gemeint ist (Thompson et al. 1990: 5f.; Schwarz & Thompson 1990: 6; Douglas 2003 [1970]: 62f., 2011 [1982]: 190). Der eine Pol der grid-Dimension beschreibt eine Sozialordnung, in der klar artikulierte und trennscharfe Klassifikationssysteme existieren und dementsprechend das Verhalten von Individuen durch strikte und explizite Regeln eingehegt ist. Der andere Pol der grid-Dimension beschreibt eine Sozialordnung, in der allenfalls abstrakte und damit interpretationsoffene Klassifikationssysteme und Verhaltensregeln existieren. Die group-Dimension beschreibt den Grad der Gruppeneinbindung. Der eine Pol repräsentiert eine Sozialordnung, in der klare Gruppengrenzen nach außen gezogen werden und ein hohes Maß an Gruppenidentifikation und sozialer Kontrolle innerhalb der Gruppe existiert und dementsprechend starke Gruppenbindung vorherrscht. Der andere Pol ist durch allenfalls schwache Gruppenabgrenzung und die weitestgehende Abwesenheit von sozialer Kontrolle und Gruppenidentifikation und entsprechend geringere Gruppenbindung gekennzeichnet.

Aus der Kreuzung der beiden Dimensionen group und grid ergibt sich ein Vierfelderschema, welches üblicherweise genutzt wird, um die vier unterschiedlichen Typen von Sozialordnungen, die laut Cultural Theory die einzig dauerhaft existenzfähigen Formen sozialer Ordnung repräsentieren, graphisch zu illustrieren (siehe Abbildung 6). Mischungen dieser vier Typen von Sozialordnungen können zwar temporär existieren, werden allerdings auf Dauer, so die Annahme, an ihren inneren Widersprüchen zugrunde gehen (Douglas 1999: 411). Insbesondere dieses strikte Postulat einer bestimmten Anzahl unterschiedlicher Sozialordnungen hat viele Kritiker*innen auf den Plan gerufen, da es gerade für spätmoderne, plurale Gesellschaften wenig einleuchtend erscheint, dass allein vier Formen sozialer Ordnung dauerhaft existieren können (Johnson 1987; Keller & Poferl 1998). Es erscheint daher sinnvoll, die vier Typen nicht als Real-, sondern als Idealtypen aufzufassen. Wahrnehmungs- und Bewertungsschemata werden entsprechend von diesen Idealtypen beeinflusst, können in ihrer realweltlichen Ausprägung jedoch nicht vollständig aus diesen abgeleitet werden.

Die vier Sozialordnungen werden zumeist als Fatalismus, Hierarchie, Individualismus und Egalitarismus bezeichnet und ihre Anhänger*innen dementsprechend

---

20 Hier zeigen sich implizite Parallelen zu Bourdieus Habitus-Konzept.
21 In einigen Veröffentlichungen zur Cultural Theory wird von der Existenz fünf unterschiedlicher Kulturtypen ausgegangen (z.B. Thompson et al. 1990), was jedoch umstritten ist (Mamadouh 1999: 401). Aus Platzgründen wird daher im Folgenden nur zwischen den vier gängigen Kulturtypen unterschieden.

als Fatalist*innen, Hierarchist*innen, Individualist*innen und Egalitarist*innen (Thompson et al. 1990: 6f.; Douglas 2011 [1982]: 205ff.).

Hierarchie beschreibt eine Sozialordnung, die durch starke Gruppenbindung (+ group) und strikte Verhaltensregeln (+ grid) charakterisiert ist. Individuen, die in einer hierarchischen Sozialordnung leben, sehen sich einer strengen Verhaltenskontrolle ausgesetzt, die dadurch gerechtfertigt wird, dass durch die Einhaltung der Rollenmuster und damit einhergehenden Formen der Arbeitsteilung die Stabilität und das Wohlergehen des Gemeinwesens sichergestellt werden kann. Die Entstehung von Problemen wird deviantem Verhalten oder äußeren Einflüssen zugeschrieben. Beispiele für hierarchische Gemeinschaften sind Bürokratien oder traditionelle, patriarchal strukturierte Familien.

Egalitarismus zeichnet sich als Sozialordnung durch eine starke Gruppenbindung (+ group) aber unspezifische Verhaltensregeln (– grid) aus. Zwischen Egalitarist*innen herrscht dementsprechend ein hohes Maß an Solidarität bei gleichzeitig niedrigem Ausmaß an Verhaltenskontrolle, da Kontrollmöglichkeiten und fest definierte Rollenmuster kaum existieren. Die Schuld für Probleme im Rahmen dieser Sozialordnung wird bei Institutionen oder dem „System" gesucht, die Individuen korrumpieren. Ein Beispiel für egalitaristische Gemeinschaften sind soziale Bewegungen.

Individualismus bezeichnet eine Sozialordnung mit geringer Gruppenbindung (– group) und unspezifischen Verhaltensregeln (– grid). Sozialbeziehungen sind hier kompetitiv organisiert und Verhaltensregeln verhandelbar und interpretationsoffen. In einer solchen kompetitiven Sozialordnung sind die Individuen dazu angehalten, in egoistischer Weise ihren eigenen Nutzen zu verfolgen. Die Ursache von Problemen liegt für Individualist*innen in persönlichen Verfehlungen bzw. schlechten Eigenschaften oder Inkompetenz. Marktförmig organisierte Gemeinschaften können hier als Beispiel dienen, auch wenn Individualist*innen allenfalls geringe Gruppenidentifikation aufweisen.

Fatalismus ist eine Sozialordnung, die sich durch geringe Gruppenbindung (– group), aber strikte Verhaltensregeln (+ grid) auszeichnet. Fatalist*innen sehen sich dementsprechend keiner näher bestimmten Gruppe zugehörig, dadurch aber auch von den Gruppen, die über Verhaltensregeln bestimmen, ausgeschlossen. Verhaltensregeln werden deshalb als gegeben und nicht änderbar wahrgenommen. Treten im Rahmen dieser Sozialordnung Probleme auf, werden sie von den Fatalist*innen dem Schicksal zugeschrieben und dementsprechend außerhalb des Bereichs menschlicher Beeinflussbarkeit angesiedelt. Da Fatalist*innen per definitionem keine Gemeinschaften bilden und dementsprechend weitestgehend isoliert sind, kann hier auch kein Beispiel für eine fatalistische Gemeinschaft genannt werden.

	− group	+ group
+ grid	Fatalismus	Hierarchie
− grid	Individualismus	Egalitarismus

Abbildung 6: Das Grid-Group-Schema; Quelle: Eigene Darstellung in Anlehnung an Schwarz & Thompson (1990: 7).

Anhänger*innen dieser verschiedenen Sozialordnungen kämpfen innerhalb einer Gesellschaft um die Deutungshegemonie darüber, wie mit Risiken (z.B. Luftverschmutzung) umzugehen ist und welche Lösungen als legitim und rational betrachtet werden sollten (z.B. Grenzwertsetzungen für Luftverschmutzung und die Überwachung ihrer Einhaltung vs. Verbot von Autoverkehr in Innenstädten). Innerhalb einer Gesellschaft existiert jeweils ein spezifisches Mischungsverhältnis von Egalitarist*innen, Hierarchist*innen, Individualist*innen und Fatalist*innen, das sich im Zeitverlauf jedoch verändern kann. Dabei gilt, je stärker ein Individuum in einer bestimmten Sozialordnung verhaftet ist, desto stärker internalisiert es die dort gültigen Wahrnehmungs- und Bewertungsschemata (Keller & Poferl 1998: 121)[22]. Die Sozialordnungen und ihre Anhänger*innen existieren parallel, da sie trotz ihres antagonistischen Verhältnisses jeweils voneinander abhängen, um ihre Existenz in Abgrenzung zueinander zu legitimieren, die jeweiligen Schwächen auszugleichen oder die anderen Typen für sich zu instrumentalisieren (Thompson et al. 1990: 4).

2.2. Naturbilder

Laut der Cultural Theory korrespondieren die oben dargestellten Sozialordnungen mit bestimmten Wahrnehmungsformen von Natur bzw. Naturbildern („myths of nature"), die durch die Spezifika der entsprechenden Sozialordnungen geprägt werden (Schwarz & Thompson 1990: 8ff.; Thompson et al. 1990: 26ff.). Dies bedeutet, dass die individuelle Wahrnehmung und Bewertung von Umweltproblemen durch die Sozialordnung bestimmt ist, in die das entsprechende Individuum eingebettet ist. Jede Wahrnehmung ist insofern als verzerrt zu betrachten, als dass sie dazu tendiert, die präferierte Sozialordnung zu rechtfertigen bzw. vor Risiken für die präferierte Sozialordnung zu warnen. Grundannahmen darüber, was riskant, gefährlich oder nachhaltig bzw. nicht nachhaltig ist, hängen dementsprechend immer mit sozialen, gruppenspezifischen Deutungsschemata zusammen. Beispielsweise sind für Individualist*innen Umweltprobleme nur dann von Relevanz, wenn sie die Funktionsfähigkeit und die „Selbstheilungskräfte" des freien Marktes einschränken; als Lösungen für Umweltprobleme werden dabei marktbasierte Instrumente bevorzugt (z.B. Emissionshandel). Egalitarist*innen nehmen demgegenüber Umweltprobleme auch dann als allgemein bedrohlich war, wenn sie nur wenige Mitglieder ihrer Gruppe betreffen, und fordern typischerweise einen grundlegenden Wandel des „Systems". Unterschiedliche Naturbilder

---

[22] Hier besteht Uneinigkeit, inwiefern die Zuordnung eines Individuums zu einem bestimmten Typus ein invariantes, permanentes Charakteristikum dieser Person ist oder ob diese Zuordnung nicht eher kontextspezifisch, quasi rollenabhängig, ist und sich im Zeitverlauf auch ändert (Thompson et al. 1990: 265ff.; Mamadouh 1999: 404).

erscheinen so wechselseitig als irrational. Die Cultural Theory nimmt mit der Verknüpfung von sozialer Ordnung und Problemwahrnehmung bzw. -bewertung eine sozialkonstruktivistische Perspektive auf Natur ein, nach der es zwar keine infinite Menge unterschiedlicher Naturbilder in einer Gesellschaft geben kann, jedoch (mindestens) vier unterschiedliche, sich wechselseitig ausschließende Varianten. Die Naturbilder stellen letztendlich jeweils partielle Repräsentationen der Realität dar.

Laut der Cultural Theory korrespondiert mit Individualismus das Bild einer belastbaren Natur („nature benign"), mit Hierarchie das einer in Grenzen toleranten Natur („nature perverse/tolerant"), mit Egalitarismus das Bild einer fragilen Natur („nature ephemeral") und mit Fatalismus das Bild einer unberechenbare Natur („nature capricious") (Schwarz & Thompson 1990: 4ff.; Thompson et al. 1990: 26ff.). Abbildung 7 zeigt die Verortung der Naturbilder im Grid-Group-Schema. Die inhärente Logik der Naturbilder wird dabei zumeist mit entsprechenden graphischen Illustrationen verdeutlicht.

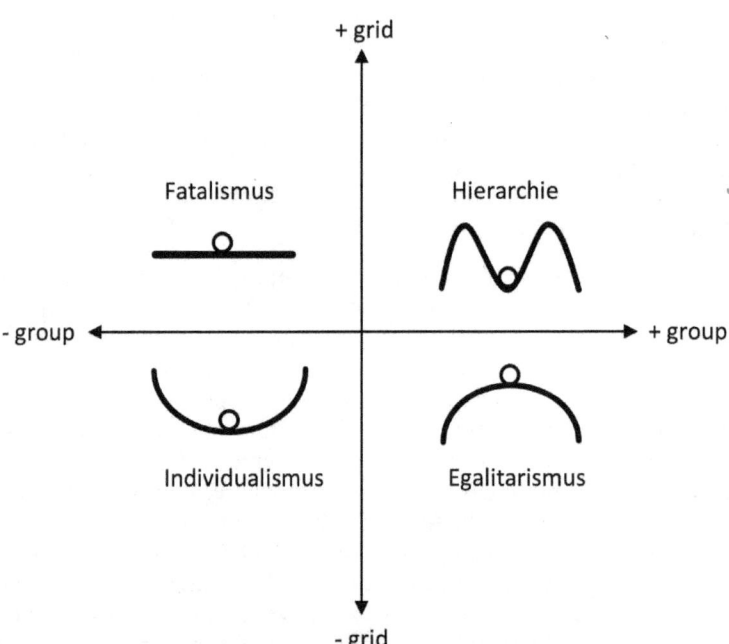

Abbildung 7: Verortung der Naturbilder im Grid-Group-Schema; Quelle: Eigene Darstellung in Anlehnung an Schwarz & Thompson (1990: 9)

Das Naturbild der Individualist*innen – **„belastbare Natur"** – rahmt die Natur als unbegrenzte Ressource, die durch menschliche Aktivitäten kaum aus dem Gleichgewicht gebracht werden kann, da sie prinzipiell stabil und robust ist. Es spricht daher nichts gegen weitreichende Eingriffe der Menschen in die Natur, da diese im Allgemeinen gut verkraftet werden und etwaige Nebenfolgen mit

Hilfe technischen Fortschritts leicht behoben werden können. Dieses Naturbild korrespondiert mit der von Individualist*innen präferierten marktförmigen, kompetitiven Sozialordnung.

Im Naturbild der Egalitarist*innen – **„fragile Natur"** – wird die Natur dagegen als äußerst verletzlich und leicht aus dem Gleichgewicht zu bringen wahrgenommen. Die Präferenz für eine solidarische Sozialordnung frei von Ausbeutungsverhältnissen wird dabei auf das Verhältnis zur Natur übertragen. Dementsprechend müssen zu tiefe Eingriffe der Menschen in die Natur, insbesondere durch technischen Fortschritt und wirtschaftliches Wachstum, vermieden und menschliches Handeln an die Grenzen der Natur angepasst werden. Geschieht dies nicht, kommt es über kurz oder lang zum Kollaps des Ökosystems.

Das Naturbild der Hierarchist*innen – **„in Grenzen tolerante Natur"** – beschreibt die Natur als prinzipiell robustes System, das jedoch bei Überbeanspruchung durchaus aus dem Gleichgewicht geraten kann. Die Natur kann dementsprechend durchaus als Ressource genutzt werden, jedoch muss darauf geachtet werden, dass die durch Experten identifizierten Belastungsgrenzen eingehalten werden. Mit Hilfe der richtigen Managementstrategien kann die Natur problemlos für menschliche Zwecke genutzt werden. Dies entspricht der Vorstellung der Hierarchist*innen, dass klare Strukturen und Kontrolle die besten Mittel sind, um eine soziales Gefüge zu stabilisieren.

Das Naturbild der Fatalist*innen – **„unberechenbare Natur"** – charakterisiert die Natur schließlich als System, das nach dem Zufallsprinzip oder zumindest nach für Menschen nicht vollkommen zugänglichen Prinzipien funktioniert. Dementsprechend sind die Menschen den Launen der Natur ausgeliefert und können diese durch ihr Handeln weder positiv noch negativ bewusst beeinflussen. Dies korrespondiert mit der Schicksalsgläubigkeit der Fatalist*innen und ihrem generellen Gefühl der Machtlosigkeit (Schwarz & Thompson 1990: 1ff.; Thompson et al. 1990: 26ff.; Keller & Poferl 1998: 124f.).

2.3. Kritik an der Cultural Theory

Die Cultural Theory und ihre Verfechter*innen sahen sich über die Jahre hinweg vielfältiger Kritik ausgesetzt, die sich gegen unterschiedliche Aspekte des Theoriegebäudes richtet (siehe beispielsweise Johnson 1987; Selle 1991; Boholm 1996; Keller und Poferl 1998). Hier sollen nun in aller Kürze die wichtigsten Kritikpunkte zusammengefasst werden.

Es wird zum einen kritisiert, dass die Theorie letztendlich keine stringente Erklärung dafür liefert, warum sich menschliche Interaktion und Sozialordnung allein entlang der beiden Dimensionen group und grid ausdifferenzieren soll. In diesem Zusammenhang wird des Weiteren bemängelt, dass die beiden Dimension nicht eindeutig definiert würden und daher ihre Bedeutung unklar und vage bliebe. Auch das Postulat, dass es allein diese vier Typen von Sozialordnungen gäbe, scheint wenig haltbar, zumal manche Autor*innen, die sich der Cultural Theory zuordnen, später noch einen fünften Typ (Autonomie) hinzugefügt haben (siehe beispielsweise Thompson et al. 1990), während Mary Douglas, die Begründerin der Cultural Theory, an der Unterscheidung von nur vier Typen festhielt (Douglas 1999). Das Postulat der Existenz von genau vier Typen erscheint außerdem vor dem Hintergrund spätmoderner, pluraler und funktional differenzierter Gesellschaften als eine überzogene Vereinfachung gesellschaftlicher Realitäten (Keller & Poferl 1998).

Kritik richtet sich auch gegen die Annahme, dass Menschen jeweils Anhänger*innen einer bestimmten Sozialordnung seien. Dies erscheint wenig plausibel, da Individuen in ganz unterschiedliche Kontexte, Gruppen und Organisationen eingebettet und daher in ihrem Wahrnehmen und Handeln niemals über unterschiedliche Lebensbereiche hinweg konsistent sind. Thompson et al. betonen zwar, dass Menschen lediglich Tendenzen zu einer bestimmten Sozialordnung und damit verknüpften Wahrnehmungs- und Bewertungsschemata aufweisen würden (Thompson et al. 1990: 265f.), hier bleibt dennoch unklar, wie diese Tendenzen zustande kommen sollen.

Kritikwürdig erscheint außerdem die fehlende Trennschärfe der einzelnen Typen von Sozialordnungen. Empirisch sind immer wieder soziale Gruppen auffindbar, die Elemente unterschiedlicher Sozialordnungen in sich vereinen. Es existieren beispielsweise strikt hierarchisch organisierte Umweltverbände, die sich einem egalitaristischen Naturbild verschrieben haben.

Nichtsdestotrotz liefert die Cultural Theory eine plausible Unterscheidung verschiedener Wahrnehmungs- und Bewertungsschemata (*„cultural biases"*) – inklusive einer theoretischen Erklärung für ihr Zustandekommen –, die sich als Heuristik für empirische Analysen immer wieder bewährt hat. Aus pragmatistischer Perspektive kann man daher feststellen, dass die theoretisch-argumentativen Unschärfen der Cultural Theory nicht gegen ihre empirische Anwendung sprechen. Die Cultural Theory ist daher eher als eine forschungsanleitende Heuristik und weniger als ein kohärentes Theoriegebäude einzustufen.

In der empirischen Anwendung hat sich die Cultural Theory immer wieder als erklärungskräftig erwiesen, auch wenn ihre Erklärungskraft nicht überschätzt werden sollte (Sjöberg 1998). So konnte beispielsweise in Einklang mit der Cultural Theory empirisch gezeigt werden, dass Egalitarist*innen weniger bereit sind, ökologische und technische Risiken zu akzeptieren als Fatalist*innen, Hierarchist*innen und Individualist*innen (siehe beispielsweise Dake 1991; Peters & Slovic 1996; Steg & Sievers 2000). Klimawandelskeptizismus scheint außerdem unter Egalitarist*innen weniger verbreitet zu sein als unter Individualist*innen (Shi et al. 2015). Neben der Anwendung der Cultural Theory in empirischen Analysen zur Wahrnehmung und Bewertung ökologischer und technischer Risiken, bietet die Cultural Theory eine gute Grundlage für die Erarbeitung von Strategien zum Umgang mit solchen Risiken. Die vier Naturbilder der Cultural Theory stellen jeweils bestimmte Perspektiven auf Risiken dar, die manche Aspekte ausblenden und andere hervorheben. Ein ganzheitlicher Ansatz zur Bearbeitung von Risiken sollte daher versuchen, alle vier Wahrnehmungs- und Bewertungsschemata zu integrieren, sodass sich diese mit ihren jeweiligen Stärken und Schwächen ergänzen. Lösungen für sozial-ökologische Probleme müssen demnach unter Beteiligung von Vertretern aller vier Naturbilder erarbeitet werden, damit diese gesamtgesellschaftlich tragfähig sind. Solche Lösungen sind dann zwar notwendigerweise keine Ideallösungen, sondern eher sogenannte „clumsy solutions". Diese sind jedoch angesichts sozial-ökologischer Problemlagen, die durch Unsicherheit, Ambiguität und Komplexität gekennzeichnet sind (z.B. anthropogen verursachter Klimawandel oder Biodiversitätsverlust), aus Sicht der Cultural Theory die einzig gangbaren (siehe beispielsweise Thompson et al. 1998; Verweij et al. 2006; Ney & Verweij 2015).

3. Moralische Appelle an das Umweltbewusstsein und die Problematik der Responsibilisierung

In der Soziologie und darüber hinaus existieren einige Stimmen, die öffentliche Debatten um Umweltbewusstsein und Umwelthandeln sowie entsprechende Forschung zu diesen Themen kritisch kommentieren. Hierbei wird hauptsächlich argumentiert, dass der Ruf nach umweltgerechterem Denken und Handeln in der Bevölkerung dazu führt, dass die Verantwortung für Umweltschutz und Umweltzerstörung von Industrie und Politik auf Bürger*innen verlagert wird und sich Industrie und Politik so teilweise argumentativ von der Last dieser Verantwortung befreien (Maniates 2001). Die Problematik nicht nachhaltiger Wirtschaftsstrukturen und Politiken wird somit ausgeblendet. Diese Argumentation ist in einen größeren Diskurszusammenhang um Neoliberalismus als politische Praxis eingebettet, in dem kritisiert wird, dass sich der Staat seit den 1980er Jahren mehr und mehr aus ehemals staatlichen Aufgaben der Daseinsvorsorge zurückzieht, eine wachsende Zahl von Lebensbereichen marktförmig organisiert und die Verantwortung für gesellschaftliches Wohlergehen mehr und mehr auf die Bürger*innen auslagert wird (Harvey 2007). Ein Beispiel dafür ist der Rückbau des kommunalen und damit staatlich getragenen und finanzierten öffentlichen Nahverkehrs. Die entstehende Lücke wird in solchen Fällen dann entweder, sofern entsprechende Gewinnerwartungen existieren, von privaten Anbietern gefüllt, oder es wird zivilgesellschaftlichem Engagement in Form von Bürgerbussen oder nachbarschaftlich organisierten Fahrdiensten überlassen, die Mobilität entsprechender Bevölkerungsgruppen wie Ältere oder ökonomisch deprivierte Familien aufrechtzuerhalten.

Im Kontext von Umweltdebatten meint der Begriff der Responsibilisierung, dass die Verantwortung für Umweltschutz – bewusst oder unbewusst – von kollektiven Akteuren wie dem Staat oder Unternehmen auf Individuen übertragen wird und diese dann versuchen, der Rollenerwartung umweltbewusst handelnder Bürger*innen gerecht zu werden (Pritz 2018; Block 2018; Buschmann & Sulmowski 2018). Umweltbewusstseins- und Informationskampagnen oder Aufrufe zum umweltbewussten Handeln können als Instrumente einer solchen Responsibilisierung betrachtet werden (Shove 2010; Evans et al. 2017). Zu kritisieren ist an dieser Stelle, dass solche Responsibilisierungsbemühungen von der Annahme ausgehen, dass Individuen in ihrem Handeln über große Freiheitsgrade verfügen und ohne große Bemühungen auch anders, in diesem Fall nachhaltiger, handeln könnten. Weitestgehend ausgeblendet wird dabei die Problematik, dass Individuen oftmals in nicht nachhaltigen Strukturen „eingeschlossen" sind – man spricht hier auch von *„lock-in"* (Unruh 2000, 2002) – und nicht nachhaltiges Handeln dementsprechend fast immer die einfachere, naheliegendere und strukturell unterstützte Handlungsoption darstellt (Hinton & Goodman 2010; Poferl 2017; Blühdorn et al. 2019: 227ff.) (→ Kap. 7 zu nachhaltigem Konsum). Beispielsweise wird ein hohes Niveau an nicht nachhaltigem motorisiertem Individualverkehr unter anderem durch entsprechend ausgelegte Infrastrukturen (z.B. Einkaufszentren mit großen Parkplätzen am Stadtrand und in Industriegebieten) und gesetzliche Regularien (z.B. Stellplatzverordnung, Pendlerpauschale, „Abwrackprämien") strukturell gefördert und stabilisiert. Im Hinblick auf Nachhaltigkeit lässt sich in diesem Zusammenhang mit Armin Grunwald gesprochen folgender Schluss ziehen: „Es ist eine gefährliche Illusion und bloßer Selbstbetrug, die Wende zur Nachhaltigkeit allein oder auch nur hauptsächlich von den Konsument*innen und vom privaten Umwelthandeln zu erwarten. Responsibilisierung mit ›guter Aussicht‹ auf Erfolg in Richtung Nachhaltigkeit und adäquat gemessen an den realen gesellschaftlichen Verhältnissen muss komplexere Ansätze in den Blick nehmen, vor allem in Bezug auf nachhaltigkeitsförderliche gesellschaftliche Rahmenbedingungen und entsprechende Anreizsysteme" (Grunwald 2018: 434).

Was Studierende aus diesem Kapitel mitnehmen können:

- Wissen über die theoretischen Grundlagen der Konzeptualisierung von Umweltbewusstsein
- Wissen über die empirische Erfassung von Umweltbewusstsein
- Verständnis für den komplexen empirischen Zusammenhang zwischen Umweltbewusstsein und entsprechendem Handeln
- Verständnis für den Zusammenhang zwischen unterschiedlichen Naturvorstellungen und Sozialordnungen (Cultural Theory)

Literatur

Ajzen, I., 1988: Attitudes, Personality and Behavior. Milton Keynes: Open University Press.
Ajzen, I., 1991: The Theory of Planned Behavior. Organizational Behavior and Human Decision Processes 50: 179–211.
Banaji, M.R. & L. Heiphetz, 2010: Attitudes. S. 353–393 in: S.T. Fiske, D.T. Gilbert & G. Lindzey (Hrsg.), The handbook of social psychology. Hoboken: John Wiley and Sons.
Bauske, E. & F.G. Kaiser, 2019: Umwelteinstellung in Deutschland von 1996 bis 2016: Eine Sekundäranalyse der Umweltbewusstseinsstudien. Dessau-Roßlau: Umweltbundesamt (UBA).
Best, H., 2011: Methodische Herausforderungen: Umweltbewusstsein, Feldexperimente und die Analyse umweltbezogener Entscheidungen. S. 240–258 in: M. Groß (Hrsg.), Handbuch Umweltsoziologie. Wiesbaden: VS Verlag für Sozialwissenschaften.
Best, H. & J. Mayerl, 2013: Values, Beliefs, Attitudes: An Empirical Study on the Structure of Environmental Concern and Recycling Participation. Social Science Quarterly 94: 691–714.

Block, K., 2018: Ökologie der Subjekte. Zum Responsibilisierungsverhältnis zwischen Umweltsoziologie und Umweltpolitik. S. 195–210 in: A. Henkel, N. Lüdtke, N. Buschmann & L. Hochmann (Hrsg.), Reflexive Responsibilisierung. Bielefeld: transcript.

Blühdorn, I., F. Butzlaff, M. Deflorian, D. Hausknost & M. Mock, 2019: Nachhaltige Nicht-Nachhaltigkeit. Warum die ökologische Transformation der Gesellschaft nicht stattfindet. Bielefeld: transcript.

Borgstedt, S., T. Christ & F. Reusswig, 2010: Umweltbewusstsein in Deutschland 2010. Ergebnisse einer repräsentativen Bevölkerungsumfrage. Berlin: Bundesministerium für Umwelt, Naturschutz und Reaktorsicherheit (BMU).

Buschmann, N. & J. Sulmowski, 2018: Von »Verantwortung« zu »doing Verantwortung«. Subjektivierungstheoretische Aspekte nachhaltigkeitsbezogener Responsibilisierung. S. 281–295 in: A. Henkel, N. Lüdtke, N. Buschmann & L. Hochmann (Hrsg.), Reflexive Responsibilisierung. Bielefeld: transcript.

Dake, K., 1991: Orienting Dispositions in the Perception of Risk: An Analysis of Contemporary Worldviews and Cultural Biases. Journal of Cross-Cultural Psychology 22: 61–82.

Der Rat von Sachverständigen für Umweltfragen, 1978: Umweltgutachten 1978. Stuttgart, Mainz: Verlag W. Kohlhammer.

Diekmann, A. & P. Preisendörfer, 1998: Umweltbewußtsein und Umweltverhalten in Low- und High-Cost-Situationen. Eine empirische Überprüfung der Low-Cost-Hypothese. Zeitschrift für Soziologie 27: 438–453.

Diekmann, A. & P. Preisendörfer, 2001: Umweltsoziologie. Eine Einführung. Reinbek: Rowohlt.

Douglas, M. & A.B. Wildavsky, 1982: Risk and culture. An essay on the selection of technological and environmental dangers. Berkeley: University of California Press.

Douglas, M., 1999: Four cultures: the evolution of a parsimonious model. GeoJournal 47: 411–415.

Douglas, M., 2003 [1970]: Natural symbols. Explorations in cosmology. London, New York: Routledge.

Douglas, M., 2010 [1966]: Purity and danger. An analysis of concept of pollution and taboo. London: Routledge.

Douglas, M., 2011 [1982]: In the active voice. Abingdon: Routledge.

Dunlap, R.E. & K.D. van Liere, 1978: The New Environmental Paradigm: A Proposed Measuring Instrument and Preliminary Results. Journal of Environmental Education 9: 10–19.

Dunlap, R.E. & R.E. Jones, 2002: Environmental Concern: Conceptual and Measurement Issues. S. 482–524 in: R.E. Dunlap & W. Michelson (Hrsg.), Handbook of Environmental Sociology. Westport: Greenwood Press.

Dunlap, R.E., K.D. van Liere, A.G. Mertig & R.E. Jones, 2000: Measuring Endorsement of the New Ecological Paradigm: A Revised NEP Scale. Journal of Social Issues 56: 425–442.

Dunlap, R.E. & R. York, 2008: The Globalization of Environmental Concern and The Limits of The Postmaterialist Values Explanation: Evidence from Four Multinational Surveys. The Sociological Quarterly 49: 529–563.

Eagly, A.H. & S. Chaiken, 1993: The Psychology of Attitudes. Belmont: Wadsworth.

Evans, D., D. Welch & J. Swaffield, 2017: Constructing and mobilizing 'the consumer': Responsibility, consumption and the politics of sustainability. Environment and Planning A 49: 1396–1412.

Franzen, A., 2003: Environmental Attitudes in International Comparison: An Analysis of the ISSP Surveys 1993 and 2000. Social Science Quarterly 84: 297–308.

Frey, D., D. Stahlberg & P.M. Gollwitzer, 1993: Einstellung und Verhalten: Die Theorie des überlegten Handelns und die Theorie des geplanten Verhaltens. S. 361–398 in: D. Frey

& M. Irle (Hrsg.), Theorien der Sozialpsychologie. Band 1: Kognitive Theorien. Bern: Huber.
Grunwald, A., 2018: Warum Konsumentenverantwortung allein die Umwelt nicht rettet. Ein Beispiel fehllaufender Responsibilisierung. S. 421–436 in: A. Henkel, N. Lüdtke, N. Buschmann & L. Hochmann (Hrsg.), Reflexive Responsibilisierung. Bielefeld: transcript.
Harvey, D., 2007: Kleine Geschichte des Neoliberalismus. Zürich: Rotpunktverlag.
Hinton, E.D. & M.K. Goodman, 2010: Sustainable consumption: developments, considerations and new directions. S. 245–261 in: M.R. Redclift & G. Woodgate (Hrsg.), The international handbook of environmental sociology. Cheltenham: Edward Elgar.
Homburg, A. & E. Matthies, 1998: Umweltpsychologie. Umweltkrise, Gesellschaft und Individuum. Weinheim, München: Juventa.
Inglehart, R., 1971: The Silent Revolution in Europe: Intergenerational Change in Post-Industrial Societies. The American Political Science Review 65: 991–1017.
Inglehart, R., 1995: Public Support for Environmental Protection: Objective Problems and Subjective Values in 43 Societies. Political Science & Politics 28: 57.
Johnson, B.B., 1987: The Environmentalist Movement and Grid/Group Analysis: A Modest Critique. S. 147–175 in: B.B. Johnson & V.T. Covello (Hrsg.), The Social and Cultural Construction of Risk. Essays on Risk Selection and Perception. Dordrecht: Springer Netherlands.
Keller, R. & A. Poferl, 1998: Vergesellschaftete Natur – Öffentliche Diskurse und soziale Strukturierung. Eine kritische Auseinandersetzung mit der Cultural Theory. S. 117–142 in: K.-W. Brand (Hrsg.), Soziologie und Natur. Wiesbaden: Springer.
Kleinhückelkotten, S., 2017: Empirische Befunde zu Naturbewusstsein und Naturschutz. Konzeptioneller Rahmen der Naturbewusstseinsstudien. S. 35–52 in: J. Rückert-John (Hrsg.), Gesellschaftliche Naturkonzeptionen. Ansätze verschiedener Wissenschaftsdisziplinen. Wiesbaden: Springer.
Kluckhohn, C., 1951: Values and Value-orientations in the Theory of Action: An Exploration in Definition and Classification. S. 388–433 in: T. Parsons & E. Shils (Hrsg.), Toward a General Theory of Action. Cambridge: Harvard University Press.
Kollmuss, A. & J. Agyeman, 2002: Mind the Gap: Why do people act environmentally and what are the barriers to pro-environmental behavior? Environmental Education Research 8: 239–260.
Kuckartz, U. & A. Rheingans-Heintze, 2006: Trends im Umweltbewusstsein. Umweltgerechtigkeit, Lebensqualität und persönliches Engagement. Wiesbaden: VS Verlag für Sozialwissenschaften.
Mamadouh, V., 1999: Grid-group cultural theory: an introduction. GeoJournal 47: 395–409.
Maniates, M.F., 2001: Individualization: Plant a Tree, Buy a Bike, Save the World? Global Environmental Politics 1: 31–52.
Mayerl, J. & H. Best, 2018: Two Worlds of Environmentalism? Empirical Analyses on the Complex Relationship between Postmaterialism, National Wealth, and Environmental Concern. Nature and Culture 13: 208–231.
Mertig, A.G. & R.E. Dunlap, 2001: Environmentalism, New Social Movements, and the New Class: A Cross-National Investigation*. Rural Sociology 66: 113–136.
Moser, S. & S. Kleinhückelkotten, 2018: Good Intents, but Low Impacts: Diverging Importance of Motivational and Socioeconomic Determinants Explaining Pro-Environmental Behavior, Energy Use, and Carbon Footprint. Environment & Behavior 50: 626–656.
Ney, S. & M. Verweij, 2015: Messy institutions for wicked problems: How to generate clumsy solutions? Environment and Planning C: Government and Policy 33: 1679–1696.
Peters, E. & P. Slovic, 1996: The Role of Affect and Worldviews as Orienting Dispositions in the Perception and Acceptance of Nuclear Power. Journal of Applied Social Psychology 26: 1427–1453.

Poferl, A., 2017: Zur ‚Natur' der ökologischen Frage: Gesellschaftliche Naturverhältnisse zwischen öffentlichem Diskurs und Alltagspolitik. S. 75–98 in: J. Rückert-John (Hrsg.), Gesellschaftliche Naturkonzeptionen. Ansätze verschiedener Wissenschaftsdisziplinen. Wiesbaden: Springer.

Preisendörfer, P., 1999: Umwelteinstellungen und Umweltverhalten in Deutschland. Empirische Befunde und Analysen auf der Grundlage der Bevölkerungsumfragen „Umweltbewusstsein in Deutschland 1991-1998". Opladen: Leske + Budrich.

Pritz, S.M., 2018: Subjektivierung von Nachhaltigkeit. S. 77–100 in: S. Neckel, N.P. Besedovsky, M. Boddenberg, M. Hasenfratz, S.M. Pritz & T. Wiegand (Hrsg.), Die Gesellschaft der Nachhaltigkeit. Umrisse eines Forschungsprogramms. Bielefeld: transcript.

Radkau, J., 2011: Die Ära der Ökologie. Eine Weltgeschichte. München: Beck.

Rockström, J., W. Steffen, K. Noone, Å. Persson, F.S. Chapin, E. Lambin, T.M. Lenton, M. Scheffer, C. Folke, H.J. Schellnhuber, B. Nykvist, C.A. de Wit, T. Hughes, S. van der Leeuw, H. Rodhe, S. Sörlin, P.K. Snyder, R. Costanza, U. Svedin, M. Falkenmark, L. Karlberg, R.W. Corell, V.J. Fabry, J. Hansen, B. Walker, D. Liverman, K. Richardson, P. Crutzen & J. Foley, 2009: Planetary boundaries: Exploring the safe operating space for humanity. Ecology and Society 14: 32.

Rokeach, M., 1973: The Nature of Human Values. New York: The Free Press.

Rubik, F., R. Müller, R. Harnisch, B. Holzhauer, M. Schipperges & S. Geiger, 2019: Umweltbewusstsein in Deutschland 2018. Ergebnisse einer repräsentativen Bevölkerungsumfrage. Berlin, Dessau-Roßlau: Bundesministerium für Umwelt, Naturschutz und nukleare Sicherheit (BMU); Umweltbundesamt (UBA).

Schäfer, M., M. Jaeger-Erben & S. Bamberg, 2012: Life Events as Windows of Opportunity for Changing Towards Sustainable Consumption Patterns? Journal of Consumer Policy 35: 65–84.

Schahn, J., 1996: Die Erfassung und Veränderung des Umweltbewusstseins. Eine Untersuchung zu verschiedenen Aspekten des Umweltbewusstseins und zur Einführung der Wertstofftrennung beim Hausmüll. Frankfurt am Main, New York: P. Lang.

Schnell, R., P.B. Hill & E. Esser, 2005: Methoden der empirischen Sozialforschung. München: Oldenbourg.

Schultz, P.W., V.V. Gouveia, L.D. Cameron, G. Tankha, P. Schmuck & M. Franěk, 2005: Values and their Relationship to Environmental Concern and Conservation Behavior. Journal of Cross-Cultural Psychology 36. 457–475.

Schwarz, M. & M. Thompson, 1990: Divided we stand. Re-defining politics, technology & social choice. Philadelphia: University of Pennsylvania.

Shi, J., V.H.M. Visschers & M. Siegrist, 2015: Public Perception of Climate Change. The Importance of Knowledge and Cultural Worldviews. Risk Analysis

Shove, E., 2010: Beyond the ABC: Climate Change Policy and Theories of Social Change. Environment and Planning 42: 1273–1285.

Sjöberg, L., 1998: World views, political attitudes, and risk perception. Risk: Health, Safety and Environment 9: 137–152.

Sonnberger, M., 2015: Der Erwerb von Photovoltaikanlagen in Privathaushalten. Eine empirische Untersuchung der Handlungsmotive, Treiber und Hemmnisse. Wiesbaden: Springer VS.

Sonnberger, M. & M.M. Zwick, 2016: Der Energieverbrauch in Privathaushalten soziologisch betrachtet. Soziologie und Nachhaltigkeit – Beiträge zur sozial-ökologischen Transformationsforschung: 1–28.

Steffen, W., W. Broadgate, L. Deutsch, O. Gaffney & C. Ludwig, 2015: The trajectory of the Anthropocene: The Great Acceleration. The Anthropocene Review 2: 81–98.

Steg, L. & I. Sievers, 2000: Cultural Theory and Individual Perceptions of Environmental Risks. Environment and Behavior 32: 250–269.

Stern, P.C. & T. Dietz, 1994: The Value Basis of Environmental Concern. Journal of Social Issues 50: 65–84.

Thompson, M., S. Rayner & S. Ney, 1998: Risk and Governance Part II: Policy in a Complex and Plurally Perceived World. Government and Opposition 33: 330–354.

Thompson, M., R.J. Ellis & A.B. Wildavsky, 1990: Cultural theory. Boulder, San Francisco, Oxford: Westview Press.

Unruh, G.C., 2000: Understanding carbon lock-in. Energy Policy 28: 817–830.

Unruh, G.C., 2002: Escaping carbon lock-in. Energy Policy 30: 317–325.

Urban, D., 1986: Was ist Umweltbewußtsein? Exploration eines mehrdimensionalen Einstellungskonstruktes. Zeitschrift für Soziologie 15: 363–377.

Verweij, M., M. Douglas, R. Ellis, C. Engel, F. Hendriks, S. Lohmann, S. Ney, S. Rayner & M. Thompson, 2006: The Case for Clumsiness. S. 1–27 in: M. Verweij & M. Thompson (Hrsg.), Clumsy solutions for a complex world. Governance, politics and plural perceptions. Basingstoke, New York: Palgrave MacMillan.

Literaturempfehlungen

Ajzen, I., 1991: The Theory of Planned Behavior.
Grundlagenartikel, der die Theory of Planned Behavior als eine der zentralen Theorien der modernen Einstellungs- und Verhaltensforschung zusammenfassend darstellt.

Douglas, M. & A.B. Wildavsky, 1982: Risk and culture. An essay on the selection of technological and environmental dangers.
Klassischer Essay zur kulturellen Prägung der Umwelt- und Risikowahrnehmung und Grundlagentext, der Cultural Theory. Das Grid-Group-Schema ist hier bereits in Grundzügen zu erkennen, wurde in späteren Publikationen jedoch noch klarer herausgearbeitet.

Dunlap, R.E. & K.D. van Liere, 1978: The New Environmental Paradigm: A Proposed Measuring Instrument and Preliminary Results.
Klassischer Artikel der empirisch orientierten Umweltsoziologie im Allgemeinen und der Umweltbewusstseinforschung im Besonderen. Hier wird ein empirisches Instrument zur Messung von Umweltbewusstsein entwickelt, das gut zwei Jahrzehnte später im darunterstehenden Artikel weiterentwickelt wurde.

Shove, E., 2010: Beyond the ABC: Climate Change Policy and Theories of Social Change.
Pointierte praxistheoretische Kritik an der Einstellungs- und Verhaltensforschung, die zentrale Schwachstellen dieses Forschungsstrangs im Bereich des Umwelthandelns benennt.

Thompson, M., R.J. Ellis & A.B. Wildavsky, 1990: Cultural theory.
Umfassender Überblick über die Cultural Theory mit einer systematischen Darstellung und Erläuterung des Grid-Group-Schemas.

Kapitel 5: Risiko und Risikokonflikte

> In diesem Kapitel lernen Sie die große Bedeutung kennen, die Risiken und ihre umstrittene Wahrnehmung in der Umweltsoziologie haben. Sie erwerben Kenntnisse über verschiedene Faktoren, die Einfluss auf die Risikowahrnehmung nehmen. Mit Ulrich Becks (1986) „Risikogesellschaft" und Niklas Luhmanns (1986) „Ökologischer Kommunikation" werden zwei unterschiedlich ausgerichtete, aber bis heute relevante Klassiker der Umwelt- und Risikosoziologie vorgestellt. Schließlich setzen wir uns mit der Komplexität und Ungewissheit übergreifender Risikokonstellationen auseinander und beleuchten ihren Beitrag zur „Koproduktion" gesellschaftlicher Veränderungsprozesse durch Risikokonflikte.

Der Risikosoziologie kommt in der Umweltsoziologie eine besondere Bedeutung zu, denn sie bündelt deren zentrale Fragen wie unter einem Prisma. In ihrem Gegenstandsbereich widmet sie sich manchmal einzelnen Substanzen und Prozessen, die mit möglichen ökologischen und gesundheitlichen Schäden in Verbindung gebracht werden, und untersucht deren gesellschaftliche Wahrnehmung, Bewertung und Regulierung. In den letzten Jahren verging beispielsweise kein Tag, an dem nicht über „Kohlendioxid" und „Feinstaub" debattiert wurde. Beide Stoffe entstehen durch Verbrennungsprozesse als Emission von Kraftfahrzeugen und Heizungen und unterliegen internationalen Regulierungen durch Grenzwerte. Kohlendioxid wird für die globale Erderwärmung und Feinstaub für erhebliche Gesundheitsrisiken mitverantwortlich gemacht. Die Zunahme beider Emissionen geht zu erheblichen Anteilen auf Handlungsroutinen und Verfahren zurück, die mit der Industriegesellschaft entstanden sind und wachsenden Wohlstand für große Teile einer ebenfalls wachsenden Weltbevölkerung ermöglicht, aber auch Umweltschäden und Gesundheitsbelastungen verursacht haben. Chancen und Risiken, der gewünschte Fortschritt und seine nicht gewünschten Nebenfolgen liegen nah beieinander und entsprechend schwierig und umstritten ist die Benennung ungewünschter Auswirkungen als „riskant" oder gar ihre Vermeidung. Schnell hat sich gezeigt, dass die Einschätzung solcher Risiken vom Standpunkt der Betrachtung beeinflusst wird, auf die neben sozialen und kulturellen Bedingungen auch individuelle Kosten-Nutzen-Abwägungen und die Einschätzung der Kontrollierbarkeit einwirken, und dass die Konjunkturen der Aufmerksamkeit weniger von der absoluten Zu- oder Abnahme der Stoffe in der Luft als von ihrer medialen und politischen Problematisierung abhängen. „Asbest", „Dioxin" und „Plastikmüll" verweisen als Reizworte auf ähnliche Problemkarrieren im Untersuchungsfeld der risikosoziologischen Forschung, die sich aber auch gesellschaftlichen Risiken in anderen Bereichen widmet, etwa durch internationalen Börsenhandel, Terrorismus oder Pandemien. Das besondere Interesse der Risikosoziologie gilt aber weniger der veränderlichen individuellen Bewertung solcher Risiken, sondern darüber hinaus dem schwierigen Zusammenhang von umstrittenem und unsicherem Wissen auf der einen und politischen Konflikten und Entscheidungen auf der anderen Seite. Wo Risikowahrnehmungen differieren und beispielsweise Kritik an den Experteneinschätzungen und ihrer Risikobewertung laut wird, wie dies in Bezug auf denkbare Risiken der Kernenergie, der Biotechnologie oder etwa der Mobilfunkanlagen geschah, entwickeln die Risikokontroversen ein sub-politisches Potenzial (Beck 1986: 107f.). Risikokonflikte stellen die austarierten Deutungsverhältnisse in Frage und führen institutionelle Zuständigkeiten zwischen Entscheider*innen und Betroffenen, Expert*innen und Laien sowie zwischen unterschiedlichen Teilsystemen, etwa Wirtschaft und Gesundheit, an die Grenzen ihrer internen Verarbeitungsfähigkeit (Luhmann 1993).

Der gesellschaftliche Umgang mit Luftschadstoffen ist ein Beispiel für die aus soziologischer Sicht interessanten Dynamiken in der „Risikogesellschaft", die, wie Ulrich Beck (1986) herausgearbeitet hat, sich durch die nicht intendierten Nebenwirkungen erfolgreicher Modernisierung zum Thema und Problem wird: Verkehrsemissionen galten zwar nie als gewünscht, schon der Pferdekot erregte gesellschaftliches Ärgernis und die Abgasregulierung hat eine lange Geschichte. Aber die gegenwärtigen Konflikte um Verkehrsemissionen und ihre Auswirkungen sind nicht einfach das Resultat einer Zunahme von Stickoxiden, Feinstaub und Kohlendioxid. In der erhitzten Debatte um die präzise Bestimmung der als riskant beurteilten Substanzen, ihre Gefährlichkeit, die Orte und Prozesse ihrer Entstehung, mögliche Verfahren der Reduktion und Vermeidung sowie deren Beurteilung als fair vermischen sich Fakten und Werte. In der Beurteilung dessen, was für die Luftreinhaltung als angemessen oder inakzeptabel gilt, welche Formen der nationalen und internationalen Durchsetzung von Regulierungsansätzen gegenüber den Betroffenengruppen legitim sind, ringen rechtliche, soziale, ökonomische und ökologische Perspektiven um Priorität in der Einordnung von eingetretenen Schäden gegenüber antizipierten Katastrophen, von stochastischen Abschätzungen gegenüber der Veränderung bestehender Gesellschaftsordnungen. Diese risikopolitischen Auseinandersetzungen haben längst eine Neubewertung des motorisierten Individualverkehrs nach sich gezogen und bedrohen eine deutsche Ikone von Freiheit, Fortschritt und Wohlstand – nicht ohne weitere gesellschaftliche Folgen.

In der Risikosoziologie werden diese komplexen Zusammenhänge untersucht, um ein besseres Verständnis der ausgelösten Be- und Entwertungsdynamiken und ihrer Bedeutung für die weitere politische und soziotechnische Entwicklung zu gewinnen. Zudem leisten die Sozialwissenschaften damit einen eigenen Beitrag zur Risikobewertung, -kommunikation und -governance (Renn 2008). Im Unterschied zu anderen Disziplinen geht es nicht um die Identifikation riskanter Eigenschaften einzelner Produkte oder Phänomene oder die rechtliche Auseinandersetzung mit Regulierungsmöglichkeiten, sondern um die gesellschaftliche Bedeutung der Risikowahrnehmung und -kommunikation, ihre kontext- und gruppenspezifische Variabilität und die Folgen der oftmals strittigen Risikobewertungen und Regulierungsansätze. Damit rücken drei zentrale Perspektiven der Risikosoziologie in den Fokus, die sie mit der Umweltsoziologie insgesamt teilt: erstens der Blick auf Deutungskonflikte, ihre Hintergründe und typischen Strukturen, zweitens die Bedeutung dieser Deutungskonflikte für gesellschaftliche Selbstverständnisse und deren sukzessive Infragestellung und drittens die Erosion institutioneller sowie soziologischer Kategorien im Umgang mit Risikokonflikten und der zunehmend schwierigen Abgrenzung von Risiken in Raum-, Zeit- und Sozialverhältnissen.

Diese drei Perspektiven gliedern auch das Kapitel. Im ersten Abschnitt befassen wir uns mit Fragen der Risikowahrnehmung und zeigen auf, inwiefern mit Hilfe von Nachbardisziplinen wie der Psychologie, Anthropologie und Kommunikationswissenschaft typische Muster der Risikowahrnehmung erkennbar und für die Gesellschaftsanalyse nutzbar werden. Im zweiten Abschnitt rücken aus den gesellschaftstheoretischen Perspektiven von Ulrich Beck, Niklas Luhmann und Bruno Latour Risikokonflikte, Risikopolitik und die gesellschaftliche Bedeutung von umstrittenen Risikobewertungen in den Mittelpunkt. Jeder dieser Autoren formuliert eine andere Antwort auf die Frage nach der gesellschaftsverändernden Rolle von Risikobewertungen und verbindet damit auch unterschiedliche Konsequenzen für die (Umwelt-)Soziologie. Im dritten Abschnitt wenden wir uns den gegenwärtigen Risikokonstellationen zu, die nicht auf einzelne Handlungsfelder begrenzt werden können. Entwicklungstrends wie die fortschreitende Mobilisierung, Digitalisierung und Ressourcenausbeutung verursachen hingegen systemübergreifende Effekte und machen in der globalen Moderne eine übergreifende Risikopolitik zum Thema und Problem. Abschließend gehen wir der Schlüsselfrage nach, inwiefern die globale Auseinandersetzung mit Umweltveränderungen und Erderwärmung als anthropogene Risiken nicht nur Konflikte um beispielsweise Kernkraft oder Verkehrsentwicklung auslösen, sondern die Suche nach alternativen Gesellschaftsmodellen vorantreiben.

1. Risikowahrnehmung und Risikodefinition

Die sozialwissenschaftliche Risikoforschung hat sich zusammen mit der Umweltsoziologie Ende der 1970er Jahre als Reaktion auf die wahrgenommene Häufung von Umweltkatastrophen etabliert und von Beginn an disziplinübergreifend entwickelt. Seit ihren Anfängen hat sie es mit dem Spannungsverhältnis zwischen Risikorealitäten und Risikowahrnehmungen zu tun, also der Annahme tatsächlich bestehender Risiken und ihrer wahrnehmungsabhängigen Erfassung, Kommunikation und Bewertung. So leiten Wolfgang Krohn und Georg Krücken ihren Sammelband von 1993 zum Thema „Risiko als Konstruktion und Wirklichkeit" mit der Feststellung ein, dass einerseits „zunehmender Technikeinsatz einen objektiv anwachsenden Problemdruck erzeugt – sei es in der Form des Versagens katastrophenträchtiger Hochtechnologien, sei es in der Form schleichender und irreversibler Gefährdungen" – und dass andererseits die „Wahrnehmung und Bewertung technischer Risiken sozialen und kulturellen Bedingungen unterliegen, deren Wandel zu erheblichen Wahrnehmungsveränderungen und Umbewertungen" (Krohn & Krücken 1993: 9) führt. Risiken, so das Dilemma, werden erst zu einer sozialen Tatsache, wenn sie als solche wahrgenommen werden; dass sie aber als Risiko wahrgenommen werden, macht sie zu einem. Was bedeutet das?

Terje Aven und Ortwin Renn (2009: 1) bezeichnen als Risiko „die Ungewissheit und Schwere" möglicher Handlungs- und Entscheidungsfolgen in Bezug auf etwas, „das Menschen schätzen". Jede Risikowahrnehmung ist also unsicher und in soziokulturelle und ethische Bewertungsmaßstäbe eingebettet. Bis Ende der 1960er Jahre haben nur Dichter der Romantik und im Naturschutz engagierte Gruppen einen problematischen Zusammenhang zwischen technischem Fortschritt und seinen möglichen Umweltschäden hergestellt. Erst nachdem bewusstseinsbildende Schriften wie die „Grenzen des Wachstums" (Meadows 1972) oder „Der stumme Frühling" (Carson, 2017, zuerst 1968) die Bevölkerungen der westlichen Industrieländer für einen solchen Zusammenhang sensibilisiert hatten, wurden Chemie- und Nuklearunfälle als „typische" Folge „riskanter Technologien" bewertet, sodass Krohn und Krücken 1993 ohne weitere Erläuterung vom „Versagen katastrophenträchtiger Hochtechnologien" sprechen konnten. 1993 assoziierten die Leser*innen unter „schleichenden Gefährdungen" zwar viele bis heute diskutierte Umwelt- und Lebensmittelgifte, aber eingebettet in damalige Muster der Wertschätzung, die sich von heutigen durchaus unterscheiden. Obwohl Risiken prinzipiell perspektivisch und selektiv erfasst werden, beanspruchen moderne Individuen und Organisationen in aller Regel, sich nicht an eingebildeten, sondern tatsächlich bestehenden Risiken zu orientieren. Oft beziehen sie sich damit auf eine statistische Risikodefinition, nämlich das probabilistische Modell der Risikokalkulation, mit dem Risiken als Produkt aus Schadenshöhe und Eintrittswahrscheinlichkeit kalkuliert werden. Die Umweltwissenschaftler*innen Robert Kates und Jeanne Kasperson nahmen diesbezüglich 1983 die wichtige begriffliche Unterscheidung von Risiko und Gefahr vor und stellten in ihrer Definition das statistische Risikoverständnis als eine spezifische, quantifizierende Wahrnehmungsform heraus: *„Hazards are threats to people and what they value and risks are measures of hazards"* (1983: 7027).

In dem an „Messung" orientierten Risikokalkül wird der Ursprung des Risikobegriffs erkennbar und seine Entstehung als „spezifisch neuzeitliche Form von Unsicherheitshandeln" (Bonß 1991: 261). Erst als die kapitalistische Wirtschaftsordnung und der Anspruch rationaler Berechenbarkeit zentralen Stellenwert erlangt und die vormoderne Ergebenheit gegenüber gottgewolltem oder naturgegebenem Schicksal verdrängt hatten, ein Prozess, dem Max Weber viel Aufmerksamkeit schenkte, werden Risiken überhaupt als abschätzbare Ungewissheiten denkbar, die einer vorausschauenden Kalkulierbarkeit unterzogen werden können. Etymologisch geht der Begriff wohl auf das italienische *risciare* im Kontext des mittelalterlichen Fernhandels oberitalienischer Städte zurück und bezeichnete das Wagnis, das Kaufleute eingingen, wenn sie etwa im Bewusstsein zahlreicher Gefahren wie Stürme, Fäulnis und Piraterie ein Schiff ausstatteten, um nach seiner vollbeladenen Rückkehr möglichst ihren Reichtum zu vermehren – oder im ungünstigen Falle wirtschaftlich ruiniert zu sein (Bonß 1991: 263). Sie schätzten damit Wahrscheinlichkeiten von Erfolg und Misserfolg individualistisch in Bezug auf das eigene Handeln ab, ein historisches Novum, und entwickelten bald sicherheitsorientierte Erwartungshorizonte, indem sie Formen der wechselseitigen Versicherung in Gefahrengemeinschaften mit einer neuartigen Zukunftsorientierung schufen. Bis heute bildet dieses Risikokonzept die Basis der Versicherungswirtschaft und funktioniert vor allem, wenn Erfahrungswerte für Schadenshöhen und Eintrittswahrscheinlichkeiten vorliegen und beide Größen klein genug bleiben, um die Möglichkeit einer (finanziellen) Kompensation offenzuhalten. Es handelt sich also auch bei diesem Risikokonzept nicht um eine „objektive" Risikoerfassung, sondern um eine soziokulturell spezifische Abschätzung bzw. „Konstruktion". Sie ist fest mit einer bestimmten Gesellschaftsordnung verbunden, die nur bestimmte Schädigungen und Umgangsweisen in ihr Kalkül einbezieht, andere aus der Betrachtung „externalisiert" und neue Kooperationsformen jenseits familiärer Solidargemeinschaften in vertraglich organisierten Versicherungsgesellschaften bildet.

Wie die weiteren Ausführungen zeigen werden, trägt jede Art der Risikobewertung in ihrem Kern bereits eine Vorstellung davon mit, wie sie mit den Unsicherheiten umzugehen gedenkt. Das statistische, vor allem in der Versicherungswirtschaft und den Ingenieurwissenschaften genutzte Risikokonzept dient dazu, Risiken entweder für eine Kompensation zu monetarisieren oder für eine Entscheidung zwischen Handlungs-, Material- oder Verfahrensalternativen vergleichbar zu machen. Die probabilistische Risikoabschätzung geht im Prinzip aus Entscheidungssituationen hervor, entsteht nicht als interessefreie Reaktion auf die pure Möglichkeit denkbarer (negativ beurteilter) Geschehnisse. Für eine begründete Entscheidung leistet die quantifizierende Art der Abschätzung je nach Datenlage einen wertvollen Beitrag, solange das wahrgenommene Risiko nicht so groß ist, dass es als gänzlich inakzeptabel bewertet wird, und solange eine Vermeidung überhaupt möglich ist. In den 1980er Jahren führten allerdings wiederholte Chemieunfälle und die ersten großen Unfälle in Kernkraftwerken in Teilen der Bevölkerung zu einer Verbreitung ökologischer und technikkritischer Einschätzungen, in deren Licht diese Technologien als zu riskant, deshalb inakzeptabel, aber vermeidbar erschienen. Es formierte sich Protest, aus dem Umweltbewegungen, grüne Parteien, die Diagnose eines Experten-Laien-Dilemmas und eine verstärkte sozialwissenschaftliche Auseinandersetzung mit den unterschiedlichen Risikowahrnehmungen hervorgingen.

Da die Politik ganz im Zeichen des technischen Fortschritts stand und insbesondere unter hochqualifizierten Entwickler*innen und Anwender*innen technikaffine Einstellungen mit positiven Perspektiven auf die Kontrollierbarkeit und Kosten-Nutzen-Bilanz der Technologien herrschten, orientierte sich die Risikoforschung zunächst an der Aufgabe, wie „rationalere" Risikobewertungen unterstützt und Akzeptanz in der Bevölkerung geschaffen werden könne. Es entstand das sogenannte „Defizitmodell der Risikokommunikation", das davon ausging, dass „Laien" technikskeptisch seien, weil ihnen die Fachkenntnisse der Expert*innen fehlten. Würden sie aber mit „richtigen" Risikoinformationen versorgt, könnten sie ihre „falsche" Risikowahrnehmung zugunsten einer größeren Technologieakzeptanz korrigieren (Irwin & Wynne 1996). In der Zeit von 1970 bis 1990 dominierten in der Folge erst psychologische, auf das Individuum konzentrierte, dann stärker anthropologische und kommunikationstheoretisch informierte, auf „Zeitungslesergemeinschaften" bezogene Ansätze der Risikoforschung.

Die ersten Untersuchungen, die sich auf das Problem der Akzeptanz für die möglichen Risiken neuer Technologien richteten, kamen von Ingenieuren selbst. Chauncey Starr (1969) bezog über die probabilistische Einschätzung hinausgehend soziale Kontexte ein, in dem er die Skepsis gegenüber neuartigen Risiken (Eisenbahnverkehr) mit bereits akzeptierten Schadenswahrscheinlichkeiten bekannter Risiken (Rauchen) verglich und daraus für die öffentliche Risikobeurteilung ableitete, ‚wie sicher sicher genug ist' (*How safe is safe enough?*). So kam er zu dem Schluss, dass Risiken eher als akzeptabel gelten, wenn mit ihnen ein gutes Maß an Nutzen verbunden ist, wenn sie freiwillig eingegangen werden, nur begrenzte Schadenseintritte und Betroffenheiten absehbar sind und insbesondere die Todesrate nicht über die üblicher Krankheiten hinausgehe (Fischhoff et al. 1978: 128). Seine Untersuchung führten Psycholog*innen im „psychometrischen Paradigma" der Risikoforschung mit quantitativen Einstellungsstudien fort, um die unterstellte Akzeptabilität nun in Surveys und Experimenten zu messen. Dabei richteten sie ihren Blick auch auf qualitative Beurteilungsmerkmale, etwa der Schrecklichkeit, Unbekanntheit oder der Verteilung von Kosten und Nutzen sowie auf weitere Faktoren, die die Risikowahrnehmung beeinflussen (Slovic 2000). Die Vielzahl der folgenden Untersuchungen fiel in Bezug auf die Suche nach eindeutigen stabilen Bedingungen der Akzeptanz enttäuschend aus. Sie stellte vielmehr die kontext- und gegenstandsspezifische Variabilität und zeitliche Veränderlichkeit von nun als „sozial" etikettierten Risikowahrnehmungen heraus, erlaubte aber keine Akzeptanzprognosen aufgrund des offensichtlich unsicheren Zusammenhangs von Einstellung und Handeln. Für die soziologische Risikoforschung zu unterschiedlichen Risikobewertungen und ihrer Bedeutung kann die Psychometrie mit ihrem Fokus auf individuelle Risikowahrnehmung nur wenig beitragen.

Mary Douglas und Aaron Wildavsky (1982) behandelten die Frage aus Sicht der Kulturanthropologie und entwickelten eine kulturelle Theorie der Risikowahrnehmung (→ Kap. 4 zu umweltbezogenen Haltungen und Umwelthandeln). Derzufolge entscheiden nicht individuelle Einschätzungen, aber kollektive „Lebensweisen" und soziale Organisationsformen über die Risikobewertung. In modernen Gesellschaften, so ihre Annahme, bilden sich die Subjekte nicht für jedes mögliche Risiko ein eigenes Urteil. Vielmehr orientieren sie sich an übergeordneten Weltbildern, die wesentlich von zwei Dimensionen geprägt seien, nämlich einer stärkeren oder schwächeren Orientierung an Norm- und Regeleinhaltung im Umgang mit Gefährdungen und einer stärker oder schwächer vorhandenen Gruppenbindung (*grid-group-scheme*): Während eine starke Gruppenbindung (*high group*) ein hohes Maß an kollektiver Kontrolle verlange, falle diese in einer Lebensweise mit niedriger Gruppenbindung zugunsten einer stärkeren Betonung von Eigenverantwortlichkeit geringer aus. Eine Lebensweise mit starker Struktur- und Normausrichtung (*high grid*) orientiere sich an dauerhaften Hierarchien und Regeln, eine Low-Grid-Lebensweise hingegen eher an einer egalitären Ordnung. In politischen Konflikten um riskante Technologien und Umweltschäden vertrauten nun Personen, so die kulturelle Risikotheorie, die sich in Milieus mit starker Regelorientierung und hoher Gruppenbindung bewegten als „Hierarchisten" auf die staatliche und normbasierte Regulierung, Angehörige eher „markt-individualistischer" Milieus mit niedriger Regelorientierung und Gruppenbindung („Individualisten") verließen sich demgegenüber auf eigenverantwortliches Handeln; „Fatalisten" mit starker Regelorientierung, aber schwacher Gruppenbindung hielten sich aufgrund geringer Wirksamkeitsüberzeugungen eher apathisch zurück, während von „Egalitaristen" oder „egalitären Sektierern", so die teilweise verwendete, nicht ganz wertfreie Etikettierung der Umweltbewegten, aufgrund des Gruppendrucks und der Solidaritätsorientierung eine Skandalisierung und Politisierung von Umweltschäden und technischen Risiken zu erwarten sei.

Mit ihrer Heuristik typischer Risikohaltungen galt die kulturelle Risikotheorie der psychometrischen Risikoforschung einige Jahre als überlegen, weil sie eine überindividuelle Rekonstruktion des Zusammenhangs von Risikowahrnehmung und präferierter (politischer) Gesellschaftsordnung ermöglichte, die sich in einigen Fallstudien zu bestätigen schien. Verständlich wurde, inwiefern Risikokontroversen auf institutionelle Unterschiede im Umgang mit Unsicherheit zurückzuführen und mit Fragen politischer, nicht rechtlicher, Regulierung verknüpft werden. Auf der anderen Seite fehlt in diesem Ansatz der Bezug auf unterschiedliche Risikomerkmale und -verläufe, durch den sich die Angemessenheit oder Plausibilität der Risikowahrnehmungen beurteilen oder das zeitlich und räumlich unterschiedliche und aus Expertensicht oftmals unerwartete Auftreten von Protest oder Akzeptanz erklären ließen. Auch in den daraufhin entwickelten, integrativen Analysen mit kommunikationstheoretischem Bezug, die Phänomene der „gesellschaftlichen Verstärkung" oder „Abschwächung" von Risikodebatten (*social amplification/attenuation of risk*) als ein Resultat psychologischer, sozialer, institutioneller und kultureller Prozesse und ihrer Wechselwirkungen erklären, bleiben die Bezugspunkte der Risikowahrnehmung ausgeblendet. Sie richten den Fokus vielmehr auf die Heuristiken der individuellen Informationssammlung und -verarbeitung und arbeiten mit mehrstufigen Konzepten.

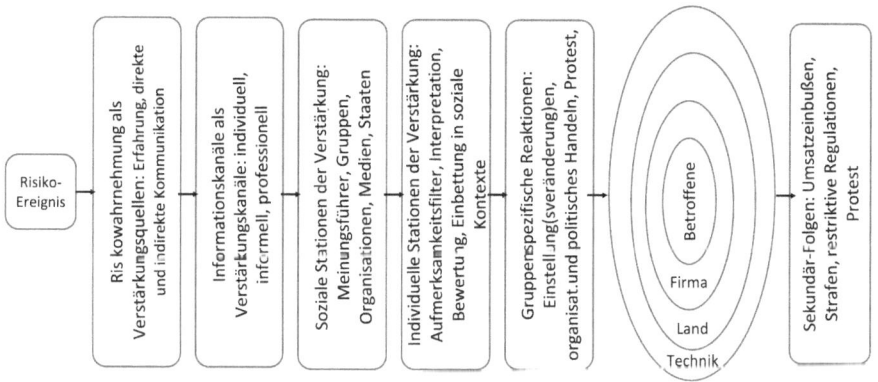

Abbildung 8: Vereinfachte Darstellung gesellschaftlicher Verstärkungseffekte; Quelle: Eigene Darstellung nach Kasperson et al. (1988: 185)

Die zentrale Annahme dieser Perspektive ist, dass die Bewertung von Gefahren mit psychologisch und sozial begründeten Aufmerksamkeitsfiltern sowie mit institutionellen und kulturellen Formen der Risikoverarbeitung in einer Weise interagiert, dass daraus eine verstärkte oder geschwächte Risikowahrnehmung hervorgeht (Renn et al., 1992; Kasperson et al., 2016). Kommunikationstheoretisch gedacht, senden in diesem Ansatz „Risiken" (*risk events*) Signalbündel aus technischen und symbolischen Informationen über verschiedene Vermittlungsstationen der Informationsverarbeitung und -bewertung, durch die sie von der Kommunikation durch Politik, Wissenschaften, Massenmedien, Meinungsführer*innen, Bezugspersonen etc. beeinflusst werden, an die Öffentlichkeit. Auf Seiten der individuellen Rezipient*innen, die ihrerseits filtern und selektieren, führen die dekodierten Risikosignale zu Verhaltensreaktionen, die erstens eine Verstärkung oder Schwächung der ursprünglichen Nachricht anzeigen und zweitens sekundäre Effekte wie Erregung oder (institutionelle) Anpassungsmaßnahmen auslösen und zu einem weiteren Auf- oder Abschaukeln beitragen. Der Ansatz geht implizit auf der Inputseite von durch Expert*innen benannte Gefährdungen aus, die auf der Rezipientenseite, gefiltert durch die verschiedenen Kommunikationsstationen, in eine individuelle Risikowahrnehmung mit entsprechenden Reaktionen übersetzt werden, aber der Experteneinschätzung nicht mehr entsprechen, sondern manche Risiken „überzogen" bewerten (Protest gegen Kernkraft), andere Risikoquellen hingegen „unterschätzen" (Rauchen). Aus heutiger Sicht ist bemerkenswert, wie die Autor*innen die öffentliche Bewertung als ein „Produkt intuitiver Voreingenommenheit und wirtschaftlicher Interessen sowie kultureller Werte" (Kasperson et al. 1988: 178) von derjenigen durch Expert*innen unterscheiden, die quasi mit „dem Risiko" selbst zusammenfällt, sodass Expert*innen vermeintlich frei von diesen Einflussfaktoren sachgerechte Einschätzungen formulieren.

Genau diese unterstellte Experten-Laien-Differenz wurde politisch zunehmend problematisch, vor allem, als sich aus dem Expertenkreis selbst erste Kernkraftkritiker wie Klaus Traube als „Gegenexperten" profilierten. Die Öffentlichkeit akzeptierte die Experteneinschätzung in politischen Debatten nicht mehr fraglos als besser und „rational". Der Streit um Technologiepolitik und ihre ausgeblendeten Nebenfolgen und die öffentlichen Debatten über Risikobewertungen und Risikomanagement erzwangen immer deutlicher eine umfassendere und kontextsensiblere Risikobewertung, als sie das probabilistische Risikokalkül leisten kann. Angesichts der verschiedenen Ansätze und Fallstudien wenden sich Sheldon Krimsky und Dominic Golding (1992) mit ihrem Sammelband zur sozialen Risikotheorie deutlich gegen das Defizitmodell der Risikokommunikation. Notwendig sei hingegen, sich angesichts der komplexen Zusammenhänge von direkten und indirekten Technikfolgen und -risiken sowie deren uneinheitlicher Bewertung mit dem Konstrukt „wissenschaftlicher Objektivität" stärker zu befassen und eine der Expertenrationalität ebenbürtige, aber differente „soziale Rationalität" zu konzeptualisieren. Da jede gesellschaftliche Konstruktion und Bewertung von „Risiko" unumgänglich in Erfahrungs- und Bewertungskontexte mit je spezifischen Gemengelagen von Wissen und Nichtwissen eingebettet ist – auf Seiten der Expert*innen nicht anders als auf Seiten weiterer Akteure –, betrachtet Sheila Jasanoff Risikobewertung per se als ein politisches Experiment, in dem neben technischen weitere kontextbezogene, beispielsweise soziale und ökologische Bewertungskriterien zu berücksichtigen seien (1999: 150). Hierzu leistet die soziologische Risikotheorie einen Beitrag.

2. Die soziologische Risikotheorie

Fassen wir zusammen: Risiken werden in sozialen Kontexten nach den dort relevanten Aufmerksamkeitsfiltern mit unterschiedlichen Folgen für die Bewertung konstruiert. Diese Konstrukte können statistische oder an Kontrollierbarkeit, Regulierbarkeit, Vertrautheit oder anderen Maßstäben orientierte Risikokonzepte sein, die ihrerseits sekundäre Effekte beispielsweise für die Versicherbarkeit, Akzeptanz, rechtliche und politische Einhegung erzeugen. Gemäß dem Modell der sozialen Risikoverstärkung lösen diese „Wellenschläge" gesellschaftliche Lern- und Anpassungseffekte aus, die sich auf bestehende Institutionen (beispielsweise des Risikomanagements) oder Geschäftsfelder auswirken. In der Risikotheorie geraten die sekundären Effekte als „Nebenfolgen" (Beck 1986) oder als „re-entry" (Luhmann 1993) in den Fokus. So steht die sozialwissenschaftliche Risikotheorie vor der Herausforderung, weniger mit direkten Risiken in Form von abgeschätzten Umwelt- und Gesundheitsschäden oder nicht intendierten Technikfolgen konfrontiert zu sein als mit indirekten Folge- und Wechselwirkungen, nämlich den durch Risiken angestoßenen institutionellen Modifikationen und politischen Veränderungen. Für die gesellschaftliche Verarbeitung kommt dabei erschwerend hinzu, dass Risiken oft nicht im direkten Zusammenhang mit ihrer Entstehung zutage treten und gesellschaftlich virulent werden, sondern zeitlich, räumlich und sozial versetzt und entgrenzt (Beck & Kropp 2007).

2.1. Die Risikogesellschaft von Ulrich Beck

Politisch erwies es sich in Deutschland bald als viel einfacher, Vertrauen im Umgang mit Risikodebatten zu verlieren als zu gewinnen, und zwar auch deshalb, weil mögliche Gefährdungen und eingetretene Schadensfälle in einem sensibilisierten Umfeld anders wahrgenommen, kommuniziert und beachtet werden und daraufhin die Kompetenz und Vertrauenswürdigkeit bestehender Zuständigkeiten in Frage stellen. In der Risikogesellschaft, die Ulrich Beck (1986) in seinem weit beachteten Buch wenige Wochen nach dem Reaktorunfall in Tschernobyl beschrieb, führen Chemie- und Kernkraftunfälle, Emissionen, Lebensmittelskandale sowie die möglichen Risiken der Biotechnologie zu einer Politisierung des institutionellen und politischen Status quo, aber auch biographische Risiken, die sich im Gefolge fortschreitender Individualisierung, Verberuflichung und Emanzipation ergeben. Beck konstatierte vor allem einen Vertrauensverlust in die Problemlösungsfähigkeit der bestehenden Institutionen, insbesondere in Wissenschaft und Politik, grundsätzlicher noch eine Erosion des Fortschritts- und Wachstumskonsenses der Nachkriegsjahre. In den folgenden Jahren beobachtete er, wie die etablierten Ausgangspunkte der Zurechnung, Bewertung und Unterscheidung weit über das Risikomanagement hinaus zerfallen und sich stattdessen eine risikopolitische Arena der Auseinandersetzung bildet. Die um sich greifenden Folgen der Katastrophe in Tschernobyl und später in Fukushima, aber auch die Finanzmarktkrisen, die Risiken des Klimawandels und die unzähligen Unglücke und Katastrophen auf den Weltmeeren unterlaufen zuerst die Kontrollfiktionen der zuständigen Expert*innen und stellen dann zentrale industriemoderne Lösungskonzepte und Unterscheidungen in Wissenschaft und Politik in Frage, beispielsweise national vs. global, Natur vs. Technik, nützlich vs. gefährlich. „Leben in der Weltrisikogesellschaft" heißt für Beck zudem, „mit unüberwindlichem Nichtwissen" (2007: 211) zu leben, weil durch mehr und besseres Wissen die Unsicherheiten nicht kleiner werden, sondern mehr Wissenschaft und neue und bessere Expertise immer auch neue Risikotheorien und Hypothesen hervorbringen – und zwar gerade auf Expertenseite. Die erheblichen Folgen riskanter Technologien wie Chemieunfälle,

Nuklearkatastrophen oder Asbest erweisen sich als kaum versicherbar, betreffen oftmals Bevölkerungen an anderen Orten und zu späteren Zeiten und galten bald nicht mehr als Sonderfälle, sondern als neue Realität der Weltrisikogesellschaft unter Bedingungen reflexiver Modernisierung (Beck 2007, 2016). In der reflexiven Moderne werde der soziale Wandel nicht länger von den erwünschten Errungenschaften des „Fortschritts" getrieben, sondern von dessen nicht intendierten Nebenfolgen und ihrer gesellschaftlichen Problematisierung und Politisierung.

Für Beck kündigt die Zunahme und Schärfe von Risikodebatten ein neues Zeitalter an, das sich anders als die „erste" (Industrie-)Moderne nicht zentral durch die Verteilung des positiven Zugewinns im Gefolge weitergehender Modernisierung definiere. Vielmehr schlittere die entgrenzte, „kosmopolitische" Gegenwartsgesellschaft durch die ungewollt als „Modernisierungsrisiken" (1986: 108) mitproduzierten Ungewissheiten, Risiken und Schäden in eine Zweite Moderne: Dieser komme gerade im erzwungenen Umgang mit nicht intendierten Nebenfolgen und Unsicherheiten des erfolgreichen Handelns der Rückgriff auf sektorale und nationale Lösungsschemata abhanden. Charles Perrows (1987) Beschreibung einer neuartigen „Normalität" von Katastrophen, die sich der immer engeren Vernetzung soziotechnischer Entwicklungen verdanke und Risiken vor allem da erzeuge, wo hohe Komplexität und enge Koppelung aufgrund von unkontrollierten Funktionsverschränkungen vorliege, trug dazu bei, die Gegenwart als eine Form „organisierter Unverantwortlichkeit" zu erleben, so ein Bonmot von Beck, deren institutionelle Ordnung den global produzierten soziotechnischen Verkettungen nicht länger gewachsen ist.

Die rasante Nebenfolgenproduktion, die nicht an Nationengrenzen halt macht, führt gemäß Becks Risikotheorie zu einer reflexiven Selbstkonfrontation moderner Gesellschaften und ihrer Ordnungs- und Sicherheitsversprechen, reformiert und revolutioniert (ungewollt) die institutionellen Grundlagen und Sozialbeziehungen, aber eher im Sinne eines sukzessiven Gestaltwandels („Metamorphose") denn als radikale Revolution (Beck 2016). Globale Risiken bringen daher nicht nur die Möglichkeit neuartiger Katastrophen hervor, sondern gleichzeitig auch neuartige Chancen, um Strukturen und Institutionen für die Zusammenarbeit über Grenzen hinweg zu schaffen, die dem alltäglichen Erfahrungsraum der Globalität eher gerecht werden als das nationalistische Container-Denken. Sie stiften neue Reflexivitäten der Selbstanwendung des Modernisierungsversprechens, teils bei beibehaltenen Institutionen (Demokratie, Kapitalismus, Globalisierung) beispielsweise in Form internationaler „Gefahrengemeinschaften", teils durch Institutionenwandel hin zu kosmopolitischen Formen der Solidarisierung. Durch das generalisierte Risikobewusstsein entstehe nämlich eine orts- und artenübergreifende Verbundenheit mit transnationalen Öffentlichkeiten. Von deren Herausbildung und Mitspracheanspruch erwartete sich Beck (2016) die notwendige Weltklimabewegung, wie etwa die von Greta Thunberg 2018 angestoßene Fridays-for-Futures-Bewegung der globalen Jugend. Eine gesellschaftliche Selbstthematisierung, die die institutionellen Grundlagen der Moderne reformiert und ihre Repräsentationsweisen grundsätzlich in Frage stellt, ist freilich nur möglich, wenn Alternativen denkbar und Optionen erkennbar sind. Insofern mögen, wie oftmals angemerkt wird, die früheren Risiken einer Hungersnot oder eines Krieges größer gewesen sein, sie wurden aber, wir kommen mit Niklas Luhmann gleich darauf zurück, externen Schicksalen, aber nicht internen Entscheidungen zugerechnet. Die gesellschaftliche Entwicklung selbst wurde nicht als ein riskantes Steuerungsproblem in den Kontext politischer Optionen gerückt, wie dies für Risikogesellschaften typisch ist und in der Folge Konflikte und Debatten über den richtigen Umgang mit der Optionalität hervorruft.

Die wahrgenommenen Risiken von gesellschaftsinternen, oft wissenschaftlichtechnisch angestoßenen Entwicklungen lösen heutzutage hingegen Umwelt- und Technikkonflikte aus, in denen die zugrunde liegenden Definitionsverhältnisse strittig werden (→ Kap. 6 zu Umweltbewegung und Umweltkonflikten). Als Risikopolitik betrachtete Ulrich Beck daher die gesellschaftlich folgenreiche Auseinandersetzung darüber, wessen Risikowahrnehmung auf der Basis welcher wissenschaftlichen und rechtlichen Kriterien sich durchsetzen kann und zu welchen Haftungsarrangements, Kosten und Kompensationsansprüchen führt. Das reflexive Folgenlernen, mit dem die absehbaren Schäden wie ökologische und gesundheitliche Folgen von Verkehrsemissionen verarbeitet werden, politisiert die Geltung der Verantwortungsorganisation, die politische Steuerung und die Angemessenheit der zugrunde liegenden „Definitionsverhältnisse" vor dem Hintergrund eines Optionenraums, der auch andere Risikoverständnisse, Verantwortlichkeiten und Entscheidungen denkbar machte. So ist Risiko für Beck „ein durch und durch unter weltgesellschaftlichen Machtverhältnissen sozial konstruiertes und inszeniertes Phänomen, in dem einige die Kapazität haben, Risiko zu definieren, andere dagegen nicht" (2007: 256).

2.2. Risiken und ökologische Kommunikation bei Niklas Luhmann

Für den zweiten wichtigen Risikotheoretiker, Niklas Luhmann (Luhmann 1991, 1993), ist genau diese Differenz von Entscheidern und Betroffenen zentral. Anders als Beck geht Niklas Luhmann für seine Theorieentwicklung nicht von der Zunahme neuartiger Gefährdungen aus, die er allerdings nicht bezweifelt (1991: 5f.), sondern von einer Zunahme gesellschaftlicher Risikodebatten, in deren Zuge sich die „soziale Problematik des Entscheidungsverhaltens" grundlegend verändert (Luhmann 1993: 131). Wie in Luhmanns Systemtheorie üblich, befasst sich seine Gesellschaftsanalyse ausschließlich mit Kommunikationen als Modus, in dem sich Gesellschaften (*autopoietisch*) reproduzieren. Mögliche „Umweltveränderungen" liegen aber in der Umwelt dieser an gesellschaftlichen Referenzsystemen orientierten Kommunikationen, die sie nur selbstreferentiell beobachten: „Das System führt *eigene Unterscheidungen* ein und erfasst mit Hilfe dieser Unterscheidungen Zustände und Ereignisse, die für das System selbst dann als Information erscheinen. *Information* ist mithin eine rein systeminterne Qualität." (Luhmann, 1986, p. 45, Hervorh. i. Org.) Luhmann betrachtet insofern den Ausgangspunkt der statistischen und psychologischen Risikoverständnisse als eine selbstreferentielle Beobachter-Konstruktion, die mehr über die Sichtweise ihrer Nutzer*innen sagt, als über das dahinterstehende Problem.

Für ihn verweist der Risikobegriff hingegen auf den historisch jüngeren Anspruch, schon in der Gegenwart auf Basis von Wahrscheinlichkeiten über die Zukunft zu disponieren, was nicht ohne Einfluss auf die Interessen anderer bleiben kann. Als „riskant" kommunizierte Entscheidungen spalten vielmehr die gesellschaftlichen Sozialverhältnisse in „Entscheider*innen" und „Betroffene" und erzeugen vor dem Hintergrund möglicherweise katastrophaler Effekte bei denen, die ihre Zukunftsaussichten davon in der ein oder anderen Weise behelligt sehen, eine gesunkene Bereitschaft zur Risikoakzeptanz. Gesellschaftlich sei daher die Frage in den Vordergrund gerückt, „wer oder was darüber entscheidet, ob (und in welchen sachlichen und zeitlichen Horizonten) ein Risiko beachtet wird oder nicht" (Luhmann 1991: 12). Das soziologisch relevante Risikokonzept problematisiere mithin nicht die „Sicherheit" oder „Unsicherheit" kontingenter Schadensfälle oder ihrer Vermeidung, die selbst ein Risiko beinhaltet, sondern die Zurechenbarkeit des Schadens auf eine Entscheidung. Der Gegenbegriff ist für Luhmann daher Gefahr. In Risikokontroversen geht es im Unterschied zu gefährlichen Natur- oder Alltagsereignissen, die extern oder selbst attribuiert werden, um mögliche Schäden, die auf die Entscheidungen anderer zurückgeführt werden. Politische Sprengkraft erhält die Bezeichnung Risiko als „Beobachtung zweiter Ordnung", wenn also kritische Öffentlichkeiten monieren, welche Beobachtungskriterien auf Seiten der Entscheider*innen handlungsleitend sind und welche nicht.

Kontroversen um riskante Technologien und ihre ökologischen Konsequenzen zeigen für Luhmann das Entstehen einer neuartigen Problematisierung der Unbestimmtheit von Zukunft vor dem Hintergrund größerer Entscheidungsräume an. Ihre Bewältigung könne aufgrund der sozialen Ansprüche von Wohlfahrtsstaaten nicht mehr im Rückgriff auf wirtschaftliche Kalkulationen und bestehende Regulierungsnormen gerechtfertigt werden, sondern wirft die (Systeme irritierende) Frage auf, „wie weit die Gesellschaft sich durch eigene Operationen in ihrer Umwelt etablieren" (1991: 79) und die Übernahme von Risiken begründen kann. Aus dieser Sicht werden für Luhmann die Risiken der einen zu Gefahren der anderen, die an der Entscheidung nicht beteiligt waren und die Entscheidungskriterien nicht kontrollieren können (Luhmann 1993). Je weiter die sozialen Gruppen der Entscheider*innen, Nutznießer*innen und möglichen Betroffenen auseinanderfallen, desto stärkere Konflikte seien im politischen System erwartbar. Interessant ist, dass Luhmann für seine Analyse der gesellschaftlichen Bedeutung von Risikokonflikten mit der Zentralstellung des Spannungsverhältnisses „Entscheider-Betroffene" in Bezug auf die zukünftigen Handlungsmöglichkeiten Dritter den gleichen Ausgangspunkt wählt wie der Pragmatist John Dewey (1996 [1927]). Während bei Dewey die direkten und indirekten Auswirkungen von Entscheidungen auf Kosten Dritter zur Bildung von Öffentlichkeit und bei gelingender Kommunikation auch einer „Großen Gemeinschaft" führen können, befürchtet Niklas Luhmann (1991, p. 122ff., 161ff.) eher ein Scheitern expliziter Risikokommunikation, da sie divergierende Beobachtungsperspektiven nicht transzendieren könne, vielmehr die Diskrepanz von Entscheidern und Betroffenen und ihrer divergenten Risikolagen strukturell reproduziere. Ein weiteres Phänomen lässt ihn Versuche, Risikokonflikte durch Kommunikation oder Partizipation zu entschärfen, als „unsinnig" und „unbrauchbar" beurteilen (Luhmann 1993: 152f.): Die enorme

Komplexität moderner Gefährdungslagen, ihre kaum kontrollierbaren soziotechnischen Wechselwirkungen und deren ökologischen Auswirkungen universalisieren auf der einen Seite Betroffenheit und erschweren auf der anderen Seite die kausale Zurechnung auf einzelne Entscheidungen, wie der Klimawandel illustriert.

Ulrich Beck und Niklas Luhmann sind sich insofern in der Beobachtung einer Zunahme folgenschwerer Verkettungen als Ergebnis fortschreitender technologischer Möglichkeiten einig, deren mögliche Risiken im Normalbetrieb der industriemodernen Institutionen nicht mehr verarbeitet werden können (Kropp & Wagner 2005). Für Beck ist das der Ausgangspunkt der Entstehung institutioneller Reflexivität, aber auch unvermeidlicher Kontroversen darüber, welche Problemlösungsstrategien sich im Umgang mit Modernisierungsfolgen und ihrem Bedrohungspotenzial anbieten und wie sie demokratisch legitim umgesetzt werden können. Ortwin Renn (2008) schlägt im Rückgriff auf eine Kooperation mit dem International Risk Governance Council (2005) und einigen Kolleg*innen dafür ein Verfahren der Risiko-Governance vor, in dessen Rahmen zunächst Komplexität, Ungewissheit und Ambiguität der fraglichen Risiken bestimmt werden, um dann analytisch-deliberativ Handreichungen für die je geeignete Risikobewertung, -kommunikation und -prävention unter Berücksichtigung der verschiedenen Perspektiven zu erarbeiten. Für Beck und Renn ist Kommunikation der Grundstein für die Entwicklung geeigneter Reaktionsformen. Für Luhmann liegt die Bedrohung hingegen eher in einer überzogenen öffentlichen Thematisierung der neuartigen Risikolagen, die als „Angstkommunikation" (1986: 240) die sozialen Systeme zu destabilisieren drohe.

2.3. Die Koproduktion riskanter Netzwerke bei Bruno Latour

Eine gänzlich andere Perspektive auf „Risiken" hat Bruno Latour (2007) entwickelt, der ebenfalls von einer Zunahme folgenschwerer Verkettungen ausgeht, ohne aber den gesellschaftlichen Raum der Auseinandersetzung darüber von jenem ihrer Produktion und Ausbreitung zu trennen. Die Produktion und Kommunikation von Risiken wie Feinstaub, nuklearer Strahlung und neuartigen Viren findet in seiner Sicht prinzipiell im selben „sozialen" Raum statt, weil sich Materialitäten und Wahrnehmungen wechselseitig bedingen. Allerdings gibt es nicht nur einen sozialen Raum, sondern mehrere verschiedene, in denen Akteur-Netzwerke in unterschiedlichen Weisen NaturenKulturen als Assemblagen realisieren. Dies lässt sich beispielsweise mit den verschiedenen Mobilitätswelten in europäischen Ländern, Afrika oder den USA veranschaulichen, in denen Dieselfahrzeuge technisch unterschiedlich ausgestattet und auch wahrgenommen werden. Latour (1995) begreift Natur und Gesellschaft damit als ein hybrides Netzwerk, das die moderne Erkenntnislehre zwar als Natur (Gefahr) – Gesellschaft (Politik) – Technik (Risiko) unterscheidet und trennt, in dem diese Trennungslinien aber durch die Resultate der gleichzeitig voranschreitenden Verknüpfung und Vermischung aller Elemente verwischt werden.

Latour betrachtet die dualistische „Trennung" zwischen natürlichen/technischen Objekten auf der einen und politischen/sozialen Objekten auf der anderen Seite folglich als eine moderne Selbsttäuschung. Sie werde zwar diskursiv und epistemisch durch entsprechende Praktiken der „Reinigung" aufrechterhalten, beispielsweise durch die dominante Unterscheidung von Sozial- und Naturwissenschaften sowie von sozialer Risikowahrnehmung und technischer Risikorealität. Gleichzeitig widersprächen ihr aber die Praktiken der permanenten und immer schnelleren Vermischung und Übersetzung und die dadurch entstehenden neuartigen Hybride zwischen den als Natur, Politik und Technik bezeichneten Feldern. Deshalb unterscheiden sich beispielsweise Gesellschaften vor oder nach ihrer Elektrifizierung und auch solche mit oder ohne Kernkraftwerke grundsätzlich, denn sie bilden jeweils unterschiedliche „Kollektive" der Assoziierung menschlicher und nichtmenschlicher Wesen in soziotechnischen Netzwerken. In diesen Netzwerken machen vor allem die wissenschaftlich-technisch produzierten „Quasi-Objekte", ein Konzept von Michel Serres (1987: 344ff.), einen Unterschied, indem sie Verknüpfungen mit all ihren Konsequenzen (Nebenfolgen) herstellen und eine neue Ordnung stabilisieren. Nichtmenschliche Wissensobjekte, also physische Dinge und Materialitäten wie Kernkraft oder Feinstaub, zirkulieren als wirksame Artefakte oder „Aktanten" in den Akteur-Netzwerken und werden zu Bezugspunkten menschlicher, aber auch nichtmenschlicher Handlungen, die sie zugleich interaktiv verändern: Sie sind „Quasi-Objekte", weil sie als Handlungsträger und -vermittler das Spektrum der relevanten Akteure erweitern (Latour 2007: 111ff.) und Modifikationen in der sozialen Welt der Assoziierungen anbahnen: Klima- und gesundheitsrelevante Emissionen und die um sie gelagerten Praktiken, Kontroversen und Verhandlungsarenen sind ein schönes Beispiel, ein anderes virusbedingte Epidemien. In allen Fällen transformieren Quasi-Objekte, in der Form von Elektrizität, Atomen, Emissionen oder Viren, die soziotechnischen Netzwerke, aus denen sie hervorgehen, und die gesellschaftlichen Ordnungen, die sie ermöglicht haben. Sie überschreiten Unterscheidungen und überwinden Abgrenzung, im Sinne von Beck beispielsweise nationale oder sektorale Grenzziehungen der Zuständigkeit, und machen auch an teilsystemischen Referenzen im Sinne Luhmanns nicht Halt. Wer über Feinstaub spricht, kann dies nicht tun, ohne sich mit Verbrennungsmotoren, Verkehr, Mobilitätszwängen und Siedlungsweisen auseinanderzusetzen. Wer sich mit der riskanten Verbreitung von Coronaviren beschäftigt, muss die global vernetzte Gesellschaft und die gruppenspezifisch verschiedenen Ernährungs-, Gesundheits- und Mobilitätsroutinen mitsamt ihrer technologischen Ausstattung berücksichtigen. Dieses hybride Treiben verfehlt aber eine disziplinäre, reinigende Erfassung von Risiken als entweder naturwissenschaftlich beschriebene Entitäten oder sozialwissenschaftlich beobachtete Konstruktionen. Denn obwohl „Risiken" wie Feinstaub und die globale Erwärmung stets „gleichzeitig real wie die Natur, erzählt wie der Diskurs und kollektiv wie die Gesellschaft sind" (Latour 1995: 14), geraten damit immer nur partielle Facetten ans Licht, beispielsweise berechnete Wahrscheinlichkeiten aus technischer Sicht, umstrittene Wahrnehmungen aus sozialwissenschaftlicher oder Problematisierungen von organisierten Regulierungsansprüchen aus Managementperspektive. Die Produktion ontologisch und epistemologisch gemischter Wirkkräfte und Realitäten bleibt unerkannt.

Bruno Latour verschiebt den Fokus demgegenüber anthropologisch auf eine „Sozialgeschichte der Dinge und eine ‚dingliche' Geschichte der Menschen" (2000: 29). Damit richtet er seine Aufmerksamkeit auf die Folgen der vielen, im Zuge moderner Technikwissenschaften erzeugten Quasi-Objekte in neuartigen soziotechnischen Netzwerken, die er als Assemblagen aus epistemischen Praktiken, dinglich instituierten Handlungsmöglichkeiten und -zwängen, ökologischen Risiken, ökonomischen Interessen und nicht gewollte Emissionen begreift. In diesen Assemblagen (beispielsweise um Feinstaub) interagieren Eigenschaften, Wirkungen, Interessen und Entwicklungsverläufe in relationalen Wechselverhältnissen, die auch die Perspektiven ihrer Beschreibung involvieren. Deshalb wird aus Latours Perspektive schon die gedachte Unterscheidung von Risiko und Risikowahrnehmung der Problematik nicht gerecht. Vielmehr werde das Ausmaß der „langen Ketten von Vermittlungen durch Objekte jeglicher Natur" jenseits ihrer verkürzten und exterritorialisierten Darstellung als „Umweltproblem" oder „Klimawandel" erst durch die Rekonstruktion der Kontroversen um diese „Konstrukte" (Latour 2007: 150ff.) erkennbar.

Anstatt also die Akteur-Netzwerke (beispielsweise von Verkehrsemissionen) für das Verständnis zu zerschneiden oder aus nur einer Perspektive zu beschreiben, müsse es darum gehen, alle Beteiligten und ihre aufeinander bezogenen Interaktionen und Eigenschaften in ihrer sozialen Dinglichkeit nachzuzeichnen (2007: 223ff.). Schnell wird dann deutlich, dass schon die Definition von Feinstaub bzw. „PM" ortsgebunden und nicht von ortsbezogenen Modellen des Seins und Sollens zu trennen ist, in denen Verkehrsmittel, Verkehrsmittelnutzer*innen, Siedlungsweisen, ökonomische Zwänge, ortstypische Präferenzen und Ängste interdependente Rollen einnehmen. Aus einer „terrestrischen" Perspektive auf diese Assemblagen, so Latour (2018), die sich als eine mit den vielfältigen Dingen als „wirkende Wesen" (2018: 91) räumlich und materiell verbundene versteht, ließe sich erkennen, dass „die Moderne" keineswegs die Menschen befreit und die Natur beherrscht, sondern sich in konkurrierenden Naturkulturverhältnissen wechselseitiger Konstruktion mit neuen Abhängigkeiten verstrickt hat, die nun auf dem Planeten Erde bedroht sind: Im Anthropozän, so Latour, reagiert das System Erde („Gaia") auf die riskanten Quasi-Objekte und repolitisiert ihre Netzwerke in einem „neuen Klimaregime" (2018: 100). Aus dieser Perspektive gibt es keine „externen" Orte der Erkenntnis, von denen aus „die globale Umweltveränderung" als Ganze oder auch ein einzelnes Risiko „objektiv" sichtbar würde, da die verschiedenen NaturenKulturen per se umstritten, relational und instabil sind. Angesichts der unkontrollierten Vermehrung riskanter Dinge aber, deren bedrohliche Existenz im Fall von Feinstaub und Kohlendioxid längst zu einem Politikum geworden ist, sei es höchste Zeit, nun auch explizit, mit „Achtsamkeit und Vorsicht" (2000: 354) neuartige Verfahren zu entwerfen, in denen die schon versammelten Kollektive die Kontroversen um ihre Zusammensetzung und die Widerstände der Beteiligten sichten. Ziel eines solchen „Parlaments der Dinge" wäre, sorgfältig zu erwägen und zu prüfen, welche neuen Ankömmlinge (beispielsweise autonome Fahrzeuge mit all ihren Konsequenzen) als Beteiligte eines „Lebensterrains" (etwa städtischer oder ländlicher Räume) assoziiert werden sollen und welche, zugunsten der vorhandenen Akteure, besser nicht (2018: 101ff.). Im nächsten Abschnitt nehmen wir die entstandenen Verflechtungen „neuer Risiken" in den Blick, um die es in solchen Verfahren ginge.

3. Zur Kritikalität neuartiger, systemischer Risikolagen

Die räumliche, zeitliche und soziale Ausdehnung riskanter Zusammenhänge, die beispielsweise für den anthropogen verursachten Klimawandel verantwortlich gemacht werden, stellt mit ihrer Komplexität die Risikotheorie vor Herausforderungen und beschäftigt auch diverse Gremien in Wirtschaft, Politik und Öffentlichkeit. Deren Aufmerksamkeit verdankt sich zum einen dem Selbstverständnis in wohlfahrtsstaatlichen Gesellschaften, dass kollektive Gefährdungen des Gemeinwohls, die auf Entscheidungen zurückgeführt werden, neben einem entsprechenden Risikomanagement auch der Rechtfertigung bedürfen. Zum anderen erzeugt der orts-, zeit- und bereichsübergreifende Charakter der riskanten Entwicklungen Konflikte, die auf die unterschiedlichen Bewertungsperspektiven von potenziellen Gewinnern und Verlierern zurückgehen und durch die verschiedenen Bewertungskontexte, -orte und -zeiten verschärft werden. Hinzu kommt, dass für die multiperspektivische Beurteilung systemübergreifender Risiken noch weniger kognitiv eindeutiges Wissen und normativ eindeutige Bewertungskriterien zur Verfügung stehen. Beispielsweise fallen die Einschätzungen der Chancen und Risiken durch die zukünftigen Möglichkeiten der Biotechnologie, der Digitalisierung und Roboterisierung gruppenspezifisch und je nach Standort der Betrachtung sehr unterschiedlich aus, und dies umso mehr, als die Bewertung sich nicht auf Erfahrung stützen kann und die weiteren Nebenfolgen zeitlich, sachlich oder sozial versetzt auftreten. Als „neue Risiken" bezeichnete Christoph Lau (1991) insofern solche Gefährdungen, die als Mischformen zwar auf menschliche „Inkaufnahme" zurückgehen, aber als nicht intendiertes „kollektives Verhängnis" niemandem konkret zugerechnet werden können und „bemerkenswert undefiniert" bleiben (1991: 252). Ihre soziale Nichtzurechenbarkeit hebt sie in gewisser Weise in den Status von Naturgefahren, problematisiert aber zugleich die Rationalität des Modernisierungsprozesses, aus dem sie hervorgehen, und konkret die Risikoverantwortung und -gerechtigkeit des wissenschaftlichen, wirtschaftlichen und politischen Handelns.

Diese neuartigen Risiken, deren negativ bewertete Folgen auch in Bezug auf die Schadenskategorien kaum einzugrenzen sind und deren Folgen und Folgenfolgen von einem System ins andere springen und schließlich ganze Gesellschaften betreffen, werden seit einem OECD-Bericht über *„emerging systemic risks"* von 2003 in der Risikoforschung als „systemische Risiken" bezeichnet (Renn et al. 2007). Anders als konventionelle Risiken reichen sie in ihren negativen direkten und indirekten Wirkungen weit über die Entstehungskontexte hinaus, überschreiten Staatsgrenzen und Zuständigkeitsbereiche, können zu unvorhergesehenen Markteinbrüchen, Handelskonflikten und dem Verlust von Institutionenvertrauen und Kapitalwerten führen, wie beispielsweise Feinstaub erst die Gesundheit gefährdet, dann aber auch die Fahrzeugindustrie und die als verantwortlich wahrgenommene Politik. Nahezu alle „ökologischen Risiken" sind als systemische Risiken zu betrachten, weil ihre Auswirkungen zugleich ökonomisch, ökologisch und sozial spürbar werden, interagieren und zeitlich, räumlich und sozial nicht eingegrenzt werden können: Der Klimawandel macht das überdeutlich. Systemische Risiken haben drei zentrale Merkmale (Renn 2008): Sie weisen aufgrund der zugrunde liegenden, hochgradig vernetzten Problemzusammenhänge eine erhebliche Komplexität auf, die Abschätzung ihrer negativen, bereichsübergreifenden Wirkungen geht mit immensen Ungewissheiten einher, und sie werfen Bewertungsprobleme auf, da sich ihre Entstehung Zusammenhängen verdankt, die insgesamt positiv bewertet werden, wie etwa individuelle Mobilität, Globalisierung und Wirtschaftswachstum, nicht aber deren riskante Auswirkungen.

Das Konzept systemischer Risiken rückt in der Folge weniger individuelle Risiken (Krankheit, Armut, Unfälle) in den Mittelpunkt, als deren Einbettung in zivilisatorische Risikokomplexe und deren kumuliertes Katastrophenpotenzial (Infrastrukturversagen, Pandemien), das sich aus genau diesen Entwicklungen ergibt. So geraten globale Lieferketten, verdichtete Siedlungsräume, großtechnische Infrastruktursysteme und ihre intern immer engere Koppelung und extern immer weitreichendere Vernetzung in den Blick. Diese erfüllen wiederum genau die Merkmale, die Charles Perrow (1987), wie erwähnt, als besonders katastrophenträchtig identifiziert hat, nämlich eine enge Koppelung bei komplexen Funktionsverschränkungen. Die mit der globalen Vernetzung und Verschränkung einhergehenden Systemgrenzen überspringenden Risiken werden deshalb als kaum kontrollierbar wahrgenommen. Medial verstärkt, erregen sie individuell und kollektiv Sorge und führen im Umkehrschluss zu einem gewachsenen Risiko- und Sicherheitsbewusstsein, dem organisatorisch nur sehr begrenzte Mechanismen des Risikomanagements gegenüberstehen. So verstärkt sich die von Beck und Luhmann identifizierte Dynamik, dass gesellschaftlich internalisierte, also Entscheidungen zugerechnete Risiken immer höhere Steuerungsaufgaben für die als verantwortlich wahrgenommenen Institutionen verursachen, denen diese aber immer weniger gewachsen sind. Ganz offensichtlich verlangen systemische Risiken nach gesellschaftlichen Formen, Institutionen und Verfahren der Bewältigung ihrer entgrenzten primären und sekundären Effekte. Wissenschaft, Wirtschaft und Politik sehen sich vor die Herausforderung gestellt, neue Verfahren zu entwickeln, um die interne Produktion von Risiken und Unsicherheiten akzeptabel zu machen, ohne dafür die Adressat*innen und die Verursachungskontexte präzise benennen zu können.

Vor diesem Hintergrund entstehen Formen und Verfahren des gesellschaftlichen Umgangs mit systemischen Risiken auf zwei grundsätzlich verschiedenen Wegen, die ich aus risikosoziologischer Perspektive im Sinne von Ulrich Beck in eine reflexartige und eine reflexive Verantwortungsfiktion unterscheide: Zum einen kommt es eher reflexartig und unbewusst zu einer immer stärkeren Individualisierung von Risiken: Es werden also Individuen für die Vermeidung verantwortlich gemacht, obwohl die komplexen Verursachungsbedingungen gerade die individuelle Risikokontrolle systematisch überfordern. Ein Beispiel dafür ist, in Reaktion auf den Klimawandel eine Veränderung des individuellen Ernährungs- oder Mobilitätshandelns zu verlangen, wiewohl der Klimawandel nicht auf individueller Ebene gebremst werden kann, sondern einen systemübergreifenden Wandel erfordert. Ähnlich hilflos muten regulative Reaktionen an, mit denen Fahrzeugführer*innen oder Produkthaftung gegenüber „vernetzten" Gütern wie selbstfahrende Autos oder Softwareanwendungen verantwortlich gemacht werden oder die Nationalisierung von Verantwortung in Zeiten von Pandemien. Zum anderen werden bewusst reflexive Verfahrensvorschläge entwickelt, die konzeptionell auf einen institutionellen Umgang mit den komplexen Ursache-Wirkungs-Ketten, den kategorialen Formen von Ungewissheit und der interpretativen Bewertungsvarianz und -ambivalenz zielen. Diesbezüglich wurde bereits das mehrstufige und beteiligungsorientiert angelegte Konzept der Risiko-Governance als Beispiel erwähnt (IRGC 2005), ein ähnliches sind die älteren, viel zitierten Überlegungen von Silvio Funtowicz und Jerome Ravetz (1993) zu einer „post-normalen Wissenschaft": Demzufolge solle in Fällen anstehender Risikoentscheidungen, für welche die Fakten unsicher, die Werte umstritten, aber die Schadenspotenziale hoch sind und daher das statistische Risikokalkül scheitert, eine breite Beteiligung potenziell Zuständiger, Verantwortlicher und Betroffener für die Entscheidungsvorbereitung organisiert werden, statt auf nur disziplinär gesicherte Expertise und stochastische Einschätzungen zurückzugreifen. So wohlmeinend derartige Konzepte sind und so viel sie auch zitiert werden, fehlen doch zum einen meist die Institutionen, die die Umsetzung entsprechender Verfahren gewährleisten könnten, und zum anderen bleibt unklar, welches Kontrollpotenzial diese diskursiven Verfahren letztlich gegenüber den Herausforderungen durch systemische Risiken entfalten können. Als Produkt der organisations- und bereichsübergreifenden, soziotechnischen Vernetzung in divergenten Lebens- und Wirtschaftswelten unterlaufen die neuartigen Risikolagen in aller Regel die punktuellen Bemühungen der Kontrolle und Regulierung. Entsprechend revidiert Funtowicz in einem jüngeren Papier mit Roger Strand den Ansatz und plädiert stattdessen dafür, die fehlende Handlungsfähigkeit direkt zu adressieren und im gegenwärtigen Wissen verankerte, an humanen Lebensbedingungen der Menschheit orientierte Lösungsschritte schrittweise und experimentell auf den Weg zu bringen und kontextsensibel zu erproben (Funtowicz & Strand 2011).

Wie aber wird es in der Zukunft möglich sein, ein gesellschaftlich akzeptables, experimentelles oder institutionalisiertes Risikomanagement für jene netzwerkartigen Infrastrukturen zu gewährleisten, von deren Funktionieren das moderne Leben und Wirtschaften so umfänglich abhängen, dass sie auch als Strukturen der „Daseinsvorsorge" bezeichnet werden? Ihrer „Verletzlichkeit" (Vulnerabilität) hat unter der Abkürzung KRITIS – Kritische Infrastrukturen – teils als Folge kriegerischer Auseinandersetzungen, vor allem aber aufgrund ihrer zunehmend digitalisierten Steuerung wachsende Aufmerksamkeit erhalten (Graham 2010; van der Vleuten et al. 2013). Kritische Infrastrukturen wie die Wasser- und Energieversorgung, Transportsysteme und Internet- und Kommunikationsnetze bilden das Rückgrat moderner und vor allem urbaner Lebensstile. Sie sind räumlich über Nationengrenzen hinausgehend verzweigt und verknüpft und unterliegen zugleich immer stärker fragmentierten Zuständigkeiten und Managementformen, die teils privatwirtschaftlich, teils staatlich organisiert sind. Ihrer zunehmenden Größe und Verflechtung stehen also stark parzellierte Managementansätze gegenüber. Das deutsche Bundesinnenministerium definiert als kritische Infrastrukturen alle „Organisationen und Einrichtungen mit wichtiger Bedeutung für das staatliche Gemeinwesen, bei deren Ausfall oder Beeinträchtigung nachhaltig wirkende Versorgungsengpässe, erhebliche Störungen der öffentlichen Sicherheit oder andere dramatische Folgen eintreten" (BMI 2010: 4). Ihr Funktionieren kann durch vorsätzliche Terrorakte, Naturkatastrophen, Unfälle, Fahrlässigkeit, Computerprobleme, Cyber-Hacking, kriminelle Aktivitäten, Überkomplexität und Systemversagen sowie den Ausfall anderer Infrastruktursysteme eingeschränkt und gestört werden oder ganz zum Zusammenbruch kommen.

Eine Unterbrechung der Energieversorgung, deren Wahrscheinlichkeit durch die zunehmend heterogene Einspeiselandschaft und die transnationale Organisation stark gestiegen ist, zieht beispielsweise unmittelbar den Ausfall von Transportsystemen, Ampel- und Schließanlagen, Internet und Kommunikationseinrichtungen bis hin zur Wasserversorgung nach sich. Alarmiert durch großflächige, ganze Länder betreffende Stromausfälle in Europa in 2003, 2005 und 2006, die auf Kettenreaktionen in der Folge von wetterbedingten oder organisatorisch verursachten technischen Störungen zurückgingen, haben die europäischen Länder nationale und internationale Vorsorgemaßnahmen und Strategien zur kooperativen Vermeidung und Bewältigung aufgesetzt. Dabei setzen sie sich auch mit dem „Verletzlichkeitsparadox" auseinander, dass nämlich ein Land, dessen Versorgungsleistungen erwartbar gut sind, von Ausfällen umso stärker und tiefgreifender erschüttert wird, weil die Individuen und Organisationen sich auf das Funktionieren verlassen und über keine Ersatzroutinen verfügen. Deshalb verlangen die an verschiedener Stelle formulierten Strategien im Umgang mit kritischen Infrastrukturen die Entwicklung einer der Komplexität, Vernetzung und Vulnerabilität großtechnischer Infrastruktursysteme angemessenen „Risikokultur" (BMI 2010: 11). Diese verlangt entsprechende Maßnahmen der sektorübergreifenden und offenen Risikokommunikation, zugleich Zusammenarbeit und die Verstärkung von Selbstschutz und Eigenverantwortlichkeit. Tatsächlich dominieren im Krisenfall aber weiterhin national und regional voneinander abgeschottete Vorgehensweisen, eine an Beschwichtigung und technischer Aufklärung orientierte Top-down-Kommunikation, einseitige Problemdefinitionen, wechselseitige Schuldzuschreibungen und eine generelle Unklarheit, was als Verwundbarkeit gelten und wer mit welchen Maßnahmen wann für welche Bereiche Verantwortung mit welchen Ressourcen übernehmen soll und kann (van der Vleuten et al. 2013). Die auf den vorhergehenden Seiten herausgestellten Interdependenzen und die schwierige Entscheidungszurechnung bei übergreifenden Betroffenheiten und Problemlagen werden bis heute kaum adressiert, und auch nicht, dass vom Infrastrukturausfall ärmere und vulnerable Bevölkerungsgruppen besonders betroffen sind.

Zudem wird immer deutlicher, dass insbesondere die Gewährleistung des sicheren Funktionierens von cyberphysischen Systemen, in denen digitale, mechanische und organisatorische Komponenten in der Steuerung und Kontrolle komplexer Infrastrukturen interagieren, zu denken ist beispielsweise an heutige Mobilitätssysteme und die Zukunft smarter Städte, hohe Anforderungen an das Risikomanagement stellen. In einem Vergleich nationaler Strategien für Cybersicherheit stellt die OECD (2012) diesbezüglich heraus, dass unter dem Topos *cybersecurity* sehr Unterschiedliches verstanden wird. Unisono wird aber formuliert, dass die Gewährleistung der Sicherheit kritischer Infrastrukturen holistische Herangehensweisen erfordere, in denen ökonomische, soziale, bildungsbezogene, rechtliche, technische, diplomatische, militärische und computerwissenschaftliche Aspekte berücksichtigt werden müssen und zudem Souveränitätserwägungen technischer und organisatorischer Natur an Bedeutung gewinnen. Offensichtlich spielen die für systemische Risiken beschriebenen Merkmale der Komplexität, Ungewissheit und Bewertungsambivalenz im Zusammenhang mit der digitalen Transformation eine große Rolle. Die kategorial schwer erfassbaren Gemengelagen cyber-physischer Arrangements mit ihren länder-, bereichs- und zuständigkeitsübergreifenden Verflechtungen führen daher zu Risikokonflikten auf organisatorischer und nationaler Ebene, die sich beispielsweise in der Diskussion um die Zulassung chinesischer Anbieter für das 5G-Netz schon gezeigt haben, und ziehen einen weitreichenden soziotechnischen Umbau moderner Gesellschaften nach sich. Die europäische Datenschutzgrundverordnung ist ein erster Schritt zur bewussten Gestaltung der damit verbundenen Risiken und macht zugleich erkennbar, wie zahnlos ein solcher Papiertiger gegenüber den bestehenden Definitionsverhältnissen ist, in denen wenige große Technologieunternehmen die Spielregeln faktisch setzen. Wieder werden die grundsätzlichen Merkmale von Risikopolitik erkennbar, nämlich das ungleiche und konfliktreiche Ringen darüber, welche und wessen Regeln, Interessen und Ressourcen die Identifikation von Risiken bestimmen, welche Formen des Risikomanagements daraus abgeleitet und welche Veränderungspotenziale damit durchgesetzt werden können.

4. Gegenwarten zwischen globalen Umweltrisiken und großtechnischen Systemen

Risiko- und Umweltsoziologie sind eng miteinander verknüpft: Die globalen Umweltveränderungen werden vor allem als Risiken für individuelle und gesellschaftliche Lebensstile, für das Funktionieren moderner Marktwirtschaften und die gesellschaftliche Ordnung wahrgenommen. Sie sind von den gesellschaftlichen Aufmerksamkeitsfiltern abhängig, treiben gesellschaftliche Reaktionsformen voran und haben als Umweltkatastrophen das Potenzial, das moderne Selbstverständnis und dominante Wirtschafts- und Steuerungsformen – mal disruptiv, mal schleichend – zu verändern. Als sozialwissenschaftliches Arbeitsgebiet hat sich die Risikosoziologie lange mit den Deutungskonflikten und ihrer Erklärung aufgehalten, schenkt der Veränderung und Verbreitung neuartiger Risikolagen demgegenüber eine vergleichsweise geringe Aufmerksamkeit.

Um den soziotechnischen Konstellationen des 21. Jahrhunderts gerecht zu werden, muss sich die risikosoziologische Forschung aber stärker mit den Dynamiken der verschiedenen sozialen, technischen und ökologischen Perspektiven auseinandersetzen und diese aufeinander beziehen. Entsprechend lenken Renn und Kollegen (Renn et al. 2019) in ihrem Text *„Things are different today"* den Blick auf die Herausforderung, in Bezug auf globale (Finanzmarkt-)Risiken zugleich mit intern komplexen Mikro- und kritischen Makrodynamiken und deren externer Interaktion mit verschiedenen Systemumwelten umzugehen. Die Autoren übertragen ihre Überlegungen auf globale Umweltrisiken und beziehen aufgrund von deren Katastrophenpotenzial zudem Uneinigkeit über alternative Zukunftsentwicklungen, nicht lineare Entwicklungsdynamiken, Tipping Points und komplexe Feedbackprozesse mit einem starken Fokus auf die quantitative Modellierung mit ein, um auch schwerwiegende Risikoverläufe vom Ausfall systemrelevanter Teilsysteme bis zum vollständigen Systemkollaps denkbar zu machen.

Mit Blick auf den bislang unaufhaltsam nicht nachhaltigen Wachstumspfad, gesellschaftliche Polarisierungstrends und die Krise liberaler Demokratien ist es sicher nicht überzogen, sich stärker mit den komplexen Interaktionen vernetzter Risikolagen auseinanderzusetzen. Im Umgang mit der globalen Erderwärmung und ihren verschiedenartigen direkten und indirekten, oftmals nicht linearen Auswirkungen lassen sich „Risikorealitäten", „Risikowahrnehmungen" und „Risikodimensionen" nicht trennen, sondern es muss konzeptionell und methodisch gelingen, ökologische und gesellschaftliche, technische und soziale, organisatorische und finanzielle, politische und kulturelle Aspekte der Risikobewertung und des Risikomanagements in ihren Interdependenzen und Wechselwirkungen zu erfassen. Im Zeitalter des Anthropozän interagieren Luftqualitäten, Böden, Klima, kollektive Lebensweisen, Infrastruktursysteme, informationstechnische Steuerungsformen, Agrar- und Bautechnologien und viele weitere Komponenten immer enger miteinander und machen das Denken in stabilen Untersuchungskategorien zu einem Trugbild, dem wohl nur im Rahmen einer neuen Epistemologie auch für die Risikoforschung beizukommen ist (Latour 2018). Ihre Sekundärwirkung kann sein, dass jenseits des verengten Blicks auf Marktgesellschaften auch andere gesellschaftliche Zukünfte denkbar und entsprechende Transformationen exploriert werden.

Was Studierende aus diesem Kapitel mitnehmen können:

- Verständnis davon, was aus soziologischer Perspektive unter Risiko verstanden wird
- Wissen, welche Faktoren die Risikowahrnehmung beeinflussen
- Kenntnisse zu unterschiedlichen Risikotheorien
- Verständnis davon, wie Risiken gesellschaftlich politisiert werden
- Wissen darüber, was unter systemischen Risiken zu verstehen ist

---

Literatur

Aven, T. & O. Renn, 2009: On risk defined as an event where the outcome is uncertain. Journal of Risk Research 12: 1–11.
Beck, U., 1986: Risikogesellschaft. Auf dem Weg in eine andere Moderne. Frankfurt a.M.: Suhrkamp.
Beck, U., 2007: Weltrisikogesellschaft. Auf der Suche nach der verlorenen Sicherheit. Berlin: Suhrkamp.
Beck, U., 2016: Die Metamorphose der Welt. Berlin: Suhrkamp.
Beck, U. & C. Kropp, 2007: Environmental Risks and Public Perceptions. S. 601–612 in: J. Pretty, A.S. Ball, T. Benton, J.S. Guivant, R. Lee, David, D. Orr, M.J. Pfeffer & H. Ward (Hrsg.), The SAGE Handbook of Environment and Society. Los Angeles, London, New Delhi: SAGE Publications.
BMI, B. des I., 2010: Nationale Strategie zum Schutz kritischer Infrastrukturen.

Bonß, W., 1991: Unsicherheit und Gesellschaft – Argumente für eine soziologische Risikoforschung. Soziale Welt 42: 258–277.
Carson, R., 2017: Der stumme Frühling. München: Beck Verlag.
Dewey, J., 1996: Die Öffentlichkeit und ihre Probleme. Bodenheim: Philo Verlagsgesellschaft.
Douglas, M. & A. Wildavsky, 1982: Risk and culture. Berkeley. University of California Press.
Fischhoff, B., P. Slovic, S. Lichtenstein, S. Read & B. Combs, 1978: How safe is safe enough? A psychometric study of attitudes towards technological risks and benefits. Policy Sciences 9: 127–152.
Funtowicz, S.O. & J.R. Ravetz, 1993: Science for the post-normal age. Futures 31: 735–755.
Funtowicz, S.O. & R. Strand, 2011: Change and commitment: Beyond risk and responsibility. Journal of Risk Research 14: 995–1003.
Graham, S., 2010: When Infrastructures Fail. S. 1–26 in: Disrupted Cities: When Infrastructures Fail. New York, London: Routledge.
IRGC, 2005: Risk Governance. Towards an Integrative Approach. Geneva.
Irwin, A. & B. Wynne, 1996: Misunderstanding Science?: The Public Reconstruction of Science and Technology. Cambridge: Cambridge University Press.
Jasanoff, S., 1999: The songlines of risk. Environmental Values 8: 135–152.
Kasperson, R.E., O. Renn, P. Slovic, H.S. Brown, J. Emel, R. Goble, J.X. Kasperson & S. Ratick, 1988: The Social Amplification of Risk: A Conceptual Framework. Risk Analysis 8: 177–187.
Kasperson, R.E., O. Renn, P. Slovic, H.S. Brown, J. Emel, R. Goble, J.X. Kasperson & S. Ratick, 2016: The social amplification of risk: A conceptual framework. The Perception of Risk 8: 232–245.
Kates, R.W. & J.X. Kasperson, 1983: Comparative risk analysis of technological hazards (A review). Proceedings of the National Academy of Sciences of the United States of America.
Krimsky, S. & D. Golding, 1992: Reflections. S. 355–363 in: S. Krimksy & D. Golding (Hrsg.), Social Theories of Risk. New York: Praeger.
Krohn, W. & G. Krücken, 1993: Risiko als Konstruktion und Wirklichkeit. Eine Einführung in die sozialwissenschaftliche Risikoforschung. S. 9–44 in: W. Krohn & G. Krücken (Hrsg.), Riskante Technologien: Reflexion und Regulation. Einführung in die sozialwissenschaftliche Risikoforschung. Frankfurt a.M.: Suhrkamp.
Kropp, C. & J. Wagner, 2005: „Agrarwende": Über den institutionellen Umgang mit den Folgeproblemen der Folgenreflexion im Agrarbereich. Soziale Welt 56: 159–182.
Latour, B., 1995: Wir sind nie modern gewesen. Versuch einer symmetrischen Anthropologie. Berlin: Akademie Verlag.
Latour, B., 2000: Die Hoffnung der Pandora. Untersuchungen zur Wirklichkeit der Wissenschaft. Frankfurt a.M.: Suhrkamp.
Latour, B., 2007: Eine neue Soziologie für eine neue Gesellschaft. Berlin: Suhrkamp.
Latour, B., 2018: Das terrestrische Manifest. Berlin: Suhrkamp.
Lau, C., 1991: Neue Risiken und gesellschaftliche Konflikte. S. 248–265 in: U. Beck (Hrsg.), Politik in der Risikogesellschaft. Frankfurt a.M.: Suhrkamp.
Luhmann, N., 1986: Ökologische Kommunikation. Kann die moderne Gesellschaft sich auf ökologische Gefährdungen einstellen? Opladen: Westdeutscher Verlag.
Luhmann, N., 1991: Soziologie des Risikos. Berlin, New York: de Gruyter.
Luhmann, N., 1993: Risiko und Gefahr. S. 126–162 in: Soziologische Aufklärung 5. Konstruktivistische Perspektiven. Wiesbaden: VS Verlag für Sozialwissenschaften.
Meadows, D., 1972: Die Grenzen des Wachstums. Bericht des Club of Rome zur Lage der Menschheit. Stuttgart: Deutsche Verlagsanstalt.
OECD, 2012: Cybersecurity Policy Making at a turning point.

Perrow, C., 1987: Normale Katastrophen: Die unvermeidbaren Risiken der Großtechnik. Frankfurt a.M.: Campus.
Renn, O., 2008: Risk Governance. Coping with Uncertainty in a Complex World. London, Sterling: Earthscan.
Renn, O., W.J. Burns, X. Kasperson, Jeanne, R.E. Kasperson & P. Slovic, 1992: Social Amplification of Risk: Theoretical Foundations and Empirical Applications. Journal of Social Issues 48: 137–160.
Renn, O., M. Dreyer, A. Klinke & P.-J. Schweizer, 2007: Systemische Risiken: Charakterisierung, Management und Integration in eine aktive Nachhaltigkeitspolitik. Soziale Nachhaltigkeit. Jahrbuch Ökologische Ökonomik 5 161–191.
Renn, O., K. Lucas, A. Haas & C. Jaeger, 2019: Things are different today: the challenge of global systemic risks. Journal of Risk Research 22: 401–415.
Serres, M., 1987: Der Parasit. Frankfurt a.M.: Suhrkamp.
Slovic, P., 2000: The Perception of Risk Author. Earthscane, Routledge.
Starr, C., 1969: Social Benefit versus Technological Risk. What is our society willing to pay for safety? Science 1232–1238.
van der Vleuten, E., P. Högselius, A. Hommels & A. Kaijser, 2013: The making of Europe's critical infrastructure: Common connections and shared vulnerabilities: Promises, Problems, Paradoxes. S. 3–19 in: The Making of Europe's Critical Infrastructure: Common Connections and Shared Vulnerabilities. Palgrave Macmillan.

Literaturempfehlungen

Beck, U., 2007: Weltrisikogesellschaft. Auf der Suche nach der verlorenen Sicherheit.
Eine aktualisierte Version des Klassikers „Risikogesellschaft". Die Lektüre eröffnet einen weiten Blick in die politische Dynamik globalisierter Risikogesellschaften und ihre Deutungskonflikte.

Funtowicz, S.O. & J.R. Ravetz, 1993: Science for the post-normal age.
Ein vieldiskutierter Beitrag über die geeignete Form von Wissenschaft in der Risikogesellschaft.

Luhmann, N., 1986: Ökologische Kommunikation. Kann die moderne Gesellschaft sich auf ökologische Gefährdungen einstellen?
Ein Schlüsselwerk der Risikosoziologie, dessen Lektüre sich auch als Einführung in Luhmanns Systemtheorie eignet.

Perrow, C., 1987: Normale Katastrophen: Die unvermeidbaren Risiken der Großtechnik.
Von überraschender Aktualität, wenn es darum geht nachzuvollziehen, wie Katastrophen in hochtechnisierten Gesellschaften entstehen und verarbeitet werden.

Kapitel 6: Umweltbewegung und Umweltkonflikte

In diesem Kapitel erfahren Sie, warum gesellschaftliche Konflikte über den Umgang mit und unser Verhältnis zu Natur entstehen und welche Formen diese Konflikte annehmen. Sie lernen unterschiedliche Theorien zur Erklärung des Erfolgs bzw. Misserfolgs sozialer Bewegungen kennen und machen sich mit der Geschichte der Umweltbewegung vertraut. Dabei erfahren Sie, wie sich die naturbezogenen Problemwahrnehmungen der Umweltbewegung im Laufe der Zeit verändert haben und welche sozialstrukturellen Merkmale die Umweltbewegung auszeichnen. Insgesamt entwickeln Sie ein Vertsändnis dafür, inwiefern die Umweltbewegung die Ausgestaltung gesellschaftlicher Naturverhältnisse verändert hat.

Die zunehmende Sorge um den Klimawandel und seine Auswirkungen auf gegenwärtige und zukünftige Gesellschaften ist in den letzten Jahren weltweit vor allem für jüngere Menschen zu einem wichtigen Motiv geworden, sich gesellschaftspolitisch zu engagieren. So ist mit der Klimabewegung eine der einflussreichsten sozialen Bewegungen des letzten Jahrzehnts entstanden. Die Klimabewegung reiht sich damit in eine Historie unterschiedlichster sozialer Bewegungen ein, die versuchten, gesellschaftliche Verhältnisse zu verändern. Der französische Soziologe Alain Touraine hat soziale Bewegungen als den zentralen Treiber der Transformation postindustrieller Gesellschaften beschrieben (Touraine 1981). Diese Diagnose mag manchen übertrieben erscheinen. Unbestritten ist jedoch, dass soziale Bewegungen wie die Frauenbewegung, die Bürgerrechtsbewegung, die Friedensbewegung, die Arbeiterbewegung und nicht zuletzt die Umweltbewegung unsere Gesellschaft verändert haben. Die Geschichte der Umweltbewegung reicht zurück bis ins späte 18. Jahrhundert: Die Sorge um die Natur hat ihre Wurzeln in der kulturgeschichtlichen Epoche der Romantik in Europa, die sich im ausgehenden 18. und anfangenden 19. Jahrhundert verorten lässt (Radkau 2011: 38f.). Die Romantik entwickelte sich als Gegenbewegung zu den Erfahrungen der Aufklärung, Urbanisierung und Säkularisierung und gegen Prozesse, die Max Weber als „Entzauberung der Welt" bezeichnete (Weber 1992 [1919/1919]: 87). Konträr zum Anspruch einer technisch-wissenschaftlichen Beherrschung der Natur wurden dieser Subjektqualitäten zugeschrieben und die spirituelle Verbundenheit des Menschen mit der Natur betont (Safranski 2009). Ausgehend von diesen Wurzeln hat sich die Umweltbewegung zu einer zentralen sozialen Bewegung unserer Zeit entwickelt – der Soziologe Manuel Castells bezeichnet sie sogar als eine der einflussreichsten: „Wenn wir soziale Bewegungen nach ihrer historischen Produktivität bewerten sollen, nämlich nach ihren Folgen für kulturelle Wertvorstellungen und die Institutionen der Gesellschaft, so hat sich die Umweltbewegung des letzten Viertels des 20. Jahrhunderts einen besonderen Platz in der Landschaft des Abenteuers der Menschheit erworben" (Castells 2017: 125).

Bevor wir uns näher mit der Umweltbewegung beschäftigen, wollen wir zunächst klären, was unter sozialen Bewegungen im Allgemeinen und unter der Umweltbewegung als Teil der sogenannten Neuen sozialen Bewegungen im Besonderen zu verstehen ist. Friedhelm Neidhardt und Dieter Rucht definieren soziale Bewegungen als „soziale Gebilde aus miteinander vernetzten Personen, Gruppen und Organisationen, die – mehr oder weniger gestützt auf kollektive Identitätsgefühle – mit gemeinsamen Aktionen Protest ausdrücken, um soziale bzw. politische Verhältnisse zu verändern oder um anstehenden Veränderungen entgegenzuwirken" (Rucht & Neidhardt 2020: 839). Organisationen können zwar Teil von sozialen Bewegungen sein, eine soziale Bewegung ist jedoch keine Organisation an sich, sondern eher als ein Netzwerk zu verstehen. Laut Neidhardt und Rucht unterscheiden sich soziale Bewegungen in dreierlei Hinsicht von Organisationen wie Verbänden, Vereinen oder Parteien: Erstens existiert keine klar zurechenbare Mitgliedschaft. So ist beispielsweise nicht eindeutig bestimmbar, wann eine Person als zur Umweltbewegung zugehörig bezeichnet werden kann. Zweitens weisen soziale Bewegungen keine klar strukturierte Aufgaben- und Rollenverteilung auf. Soziale Bewegungen verfügen beispielsweise nicht über eine Öffentlichkeitsarbeitsabteilung oder über einen gewählten oder ernannten Vorstand, was jedoch nicht bedeutet, dass es keine Führungsfiguren oder Personen gibt, die bestimmte Aufgaben erledigen. Dies geschieht jedoch stärker situativ und ist weniger formalisiert. Drittens sind soziale Bewegungen im Hinblick auf ihre Handlungsfähigkeit auf die intrinsische Motivation ihrer Anhänger*innen angewiesen. Im Gegensatz zu Unternehmen, Behörden oder Verbänden können sie Engagement nicht durch finanzielle Mittel sicherstellen (Rucht & Neidhardt 2020: 840f.). In der einschlägigen Literatur zur Bewegungsforschung wird mit dem Begriff der „neuen sozialen Bewegungen" eine qualitative Veränderung in der Orientierung von sozialen Bewegungen kenntlich gemacht, die sich vor allem in den 1960er und 1970er Jahren vollzog. Während die Triebkraft der Arbeiterbewegung als „alte" soziale Bewegung Klassengegensätze und die damit verbundene Forderung nach Umverteilung und materiellem Zugewinn waren, sind die neuen sozialen Bewegungen auf andere Konfliktfelder ausgerichtet. Ihre Forderung zielen auf den Wandel der Gesellschaft hin zu einer friedlicheren (Friedensbewegung), geschlechtergerechteren (Frauenbewegung), umweltfreundlicheren (Umweltbewegung) etc. Gesellschaft ab. Fragen der materiellen Umverteilung stehen dabei eher im Hintergrund (Yearley 2005: 11; Della Porta & Diani 2015a: 4).

Im Sinne der oben genannten Definition ist die Umweltbewegung eine soziale Bewegung, die den Fokus ihres Engagements auf Umweltprobleme legt (Rootes & Nulman 2015: 730). Der konkrete Problembezug kann dabei vielfältig sein: protestiert wird beispielsweise gegen Müllverbrennungsanlagen oder Atomkraft, oder für Tier-, Arten- und Klimaschutz. Dementsprechend ist es prinzipiell sinnvoll von Umweltbewegungen im Plural zu sprechen, wenngleich teilweise von der Umweltbewegung im Singular die Rede ist, um Gemeinsamkeiten zwischen einzelnen Bewegungssträngen zu betonen oder auf Genealogien hinzuweisen. Im Folgenden werden wir je nach Kontext von der Umweltbewegung oder von Umweltbewegungen sprechen.

Dieses Kapitel gliedert sich wie folgt: Im folgenden Abschnitt gehen wir auf den Konfliktbegriff im Allgemeinen und auf Umweltkonflikte im Besonderen näher ein, da Umweltkonflikte unterschiedlichster Art das zentrale Aktionsfeld der Umweltbewegung sind. Anschließend geben wir einen Überblick über die wichtigsten

Theorien der sozialwissenschaftlichen Bewegungsforschung, um einen Eindruck davon zu vermitteln, wie man sich sozialen Bewegungen als Untersuchungsgegenstand analytisch nähern kann. Darauf aufbauend erläutern wir die Geschichte, die sich wandelnden Weltbilder (später als Frames bezeichnet), die zentralen Strukturmerkmale und Wirkungen der Umweltbewegung. Abschließend geben wir einen kurzen Ausblick auf aktuelle Entwicklungen im Feld der Umweltbewegung und der Umweltkonflikte.

1. Umwelt als Konfliktfeld

Im Prozess fortschreitender gesellschaftlicher Modernisierung[23] wird immer deutlicher, dass Natur nicht als der Gesellschaft äußerlich betrachtet werden kann, sondern dass die künstlich gezogene Grenze zwischen Gesellschaft und Natur immer weniger aufrechterhalten werden kann (→ Kap. 1 Einleitung; Kropp 2002). So werden beispielsweise Pflanzen aufgrund gentechnischer Veränderung zu gesellschaftlichen Produkten, wo die natürliche Umwelt anfängt oder aufhört, wird in jedem Planungsprozess ausgehandelt. Wenn also die Natur nicht als extern, unveränderbar und vorgegeben betrachtet wird, dann ist es auch wenig verwunderlich, dass ökologische Fragen politisiert und Thema gesellschaftlicher Konflikte sind (Sutton 2007: 112). Vor allem die Wahrnehmung und Politisierung nicht gewollter Nebenfolgen industrieller, wissenschaftlich-technischer und weiterer gesellschaftlicher Entwicklungs- und Modernisierungsprozesse haben seit den 1960er Jahren Umwelt- und Technikkonflikte angestoßen und gelten als zentrale Impulse für die entstehende Umweltbewegung. Die Soziologen Ulrich Beck und Anthony Giddens haben diese Entwicklungen umfassend thematisiert und analysiert (Beck 1993; Giddens 1995) (→ Kap. 5 zu Risiko und Risikokonflikten).

Da Konflikte ein zentrales Merkmal von Gesellschaften sind, hat sich die Soziologie seit jeher mit ihnen beschäftigt und ihre Folgen für gesellschaftlichen Wandel untersucht. Karl Marx als einer der Gründungsväter der Soziologie ist hierbei eine der prominentesten Figuren. Die moderne Konfliktsoziologie hat ihren Ursprung in den Konflikttheorien von Ralf Dahrendorf (Dahrendorf 1972) und Lewis Coser (Coser 2009 [1956]). Unter dem Eindruck des Strukturfunktionalismus nach Talcott Parsons, der den Fokus auf gesellschaftlichen Konsens, Stabilität und Ordnungsbildung legte, galten Konflikte im soziologischen Mainstream bis in die 1950er Jahre hinein als negativ und dysfunktional (Saretzki 2010: 35). Ralf Dahrendorf und Lewis Coser gelang es, den Konfliktbegriff von dieser negativen Aufladung zu befreien, indem sie herausarbeiteten, dass Konflikte nicht zwingend desintegrierend wirken, gesellschaftliche Ordnung sogar stabilisieren können und zum gesellschaftlichen Fortschritt beitragen (Bonacker 2005: 12f.). Wie bei vielen Hauptbegriffen der Soziologie existiert keine einheitliche Definition des Konfliktbegriffs, da dieser mit der theoretischen Perspektive auf Konfliktphänomene variiert. Näherungsweise kann der Konfliktbegriff in loser Anlehnung an Thorsten

---

23 Der Begriff der gesellschaftlichen Modernisierung beschreibt die sich wechselseitig bedingenden Prozesse der Strukturveränderung im Übergang von traditionalen zu modernen Gesellschaften. Zu diesen Strukturveränderungen gehören beispielsweise Urbanisierung, Industrialisierung und später Tertiarisierung, Rationalisierung, Verwissenschaftlichung, Säkularisierung und Individualisierung (Zapf 1994: 18f.).

Bonacker jedoch wie folgt definiert werden: Ein Konflikt ist ein soziales Phänomen, das durch die Interaktion von zwei oder mehr Konfliktparteien mit unterschiedlichen, zumeist gegensätzlichen Interessen und Zielen charakterisiert ist (Bonacker 2005: 14f.). Die Umweltbewegung und themenspezifische Umweltbewegungen sind dementsprechend in Umweltkonflikten oftmals eine der Konfliktparteien. In Umweltkonflikten artikulieren sich gegensätzliche Vorstellungen über die Verteilung von Umweltbelastungen, Ressourcen (Flächen, Senken, Quellen), Umweltschutzkosten etc., aber auch grundsätzlich verschiedene Wertvorstellungen über das Verhältnis zwischen Mensch und Umwelt, Mensch und Tier bis hin zu konkurrierenden Wahrheitsansprüchen (Kraemer 2008: 221ff.; Bogner 2014). Dabei lassen sich drei zentrale Konflikttypen unterscheiden: Interessenkonflikte, Wertkonflikte und Wissenskonflikte.

Laut Klaus Kraemer liegen Interessenkonflikten konkurrierende Nutzungsinteressen und -erwartungen im Hinblick auf bestimmte Umweltfunktionen zugrunde. Die wichtigsten Umweltfunktionen sind dabei die Quellen- und die Senkenfunktion. Die Quellenfunktion bezieht sich auf die Nutzung und/oder den Verbrauch von natürlichen Ressourcen (z.B. Öl, Wasser, Holz etc.); die Senkenfunktion auf die Absorptionskapazität der Umwelt von Schad- und Abfallstoffen (z.B. Wälder als CO_2-Speicher, Mülldeponien, Atomendlager etc.) (Kraemer 2008: 221f.). So können beispielsweise Konflikte um die Nutzung der endlichen Ressource Öl entstehen oder auch um die Nutzung eines bestimmten Gebietes als Mülldeponie oder Naherholungsgebiet. Dabei ist zu beachten, dass auch Knappheiten (z.B. im Falle von Öl) oder Absorptionskapazitäten sozial konstruiert und subjektiv wahrgenommen werden, also nicht mit physischen Gegebenheiten übereinstimmen müssen. Dies verweist bereits auf die Rolle von Werten in Umweltkonflikten.

Umweltbezogene Wertkonflikte entzünden sich demgegenüber vornehmlich an den Fragen, welche Formen der Nutzung von Umwelt als legitim gelten, welche Umwelteingriffe als (zu) riskant anzusehen sind (z.B. Genmanipulation), welche Umweltzustände erhaltenswert und welcher Aufwand dafür gerechtfertigt ist (Kraemer 2008: 229). Wenig überraschend stehen dabei unterschiedliche Wertvorstellungen und Weltanschauungen im Konflikt. Dabei spielen konkurrierende Naturverständnisse über inkompatible Vorstellungen von Natur und die Ausgestaltung von Mensch-Umwelt-Beziehungen eine entscheidende Rolle (→ Kap. 2 zu gesellschaftlichen Naturverständnissen), aber auch gesellschaftliche Naturverhältnisse und ihr Wandel (→ Kap. 3 zu gesellschaftlichen Naturverhältnissen).

Während Interessenkonflikte auf konkurrierende Nutzungsansprüche und Wertkonflikte auf unterschiedliche normative Vorstellungen zum Umgang mit Umweltgütern und -dienstleistungen zurückgehen, wird in Wissenskonflikten um die Qualität und Situiertheit von Umwelt- und Naturwissen gestritten. Wissenskonflikte drehen sich um Kernfragen wie: „Welches Wissen ist das wahre Wissen? Auf welche Weise lässt sich dieses Wissen feststellen? Und wie zuverlässig sind die jeweiligen Wissensbehauptungen?" (Bogner 2014: 124). Es geht dabei um sich wechselseitig ausschließende Wahrheitsansprüche und deren (wissenschaftliche) Rechtfertigung. Beispiele für Wissenskonflikte sind einerseits Auseinandersetzungen über Risikofragen, etwa Konflikte um die Beurteilung der Risiken von Kernenergie oder Gentechnik, andererseits aber auch Deutungskonflikte um Klimawandel und die Angemessenheit verschiedener Maßnahmen und Handlungsmöglichkeiten. In Wissenskonflikten stehen sich typischerweise Expertise und Gegenexpertise gegenüber und damit verschiedene wissenschaftliche Herangehensweisen, Paradigmen und Überzeugungen, die nicht zuletzt von konkurrierenden Wertvorstellungen bestimmt sind.

Da Umweltprobleme zumeist durch einen wissenschaftlichen Zugang sichtbar und verstehbar werden, sind viele Konflikte, in die Umweltbewegungen als Konfliktpartei involviert sind, Wissenskonflikte. Es ist jedoch offensichtlich, dass sich die drei beschriebenen Konfliktformen überlagern und nur auf analytischer Ebene voneinander zu trennen sind. Umweltbewegungen vertreten in dieser Gemengelage spezifische Vorstellungen über Mensch-Umwelt-Beziehungen, die im Verlauf dieses Kapitels noch näher betrachtet werden. Da Umweltprobleme und -risiken stets auf Basis von Wertsetzungen, unterschiedlichen wissenschaftlichen Betrachtungsweisen und/oder konkurrierenden Nutzungsansprüchen identifiziert, beziehungsweise als Problem- und Konfliktfelder mit umstrittenen Wahrheitsansprüchen selektiert werden, gehen letztendlich immer verschiedene Weltbilder in die entsprechenden Konflikte ein.

2. Theorien sozialer Bewegungen

Die Bewegungsforschung ist ein eigenes, interdisziplinäres Forschungsfeld, das an der Schnittstelle von Politikwissenschaft und Soziologie zu verorten ist (Übersichten zu den Theorien sozialer Bewegungen und zum aktuellen Forschungsstand finden sich beispielsweise hier: Beyer & Schnabel 2017; Della Porta & Diani 2015b, 2020). Aus der Bewegungsforschung sind zahlreiche theoretische Ansätze zur Analyse des Zustandekommens und zum Verlauf sozialer Bewegungen entstanden. Ein umfassender Überblick über den Erkenntnisstand und das theoretische Repertoire der Bewegungsforschung würde den Umfang des Kapitels sprengen. Deshalb soll hier lediglich ein kursorischer Überblick über die prominentesten theoretischen Ansätze gegeben werden, damit nachvollziehbar wird, wie sich die Sozialwissenschaften dem Forschungsgegenstand der sozialen Bewegungen nähern.

Die Theorie der Ressourcenmobilisierung (Ressource Mobilization Theory), die Theorie politischer Gelegenheitsstrukturen (Political Opportunity Structures) und die Framing-Theorie bilden – wie Donatella Della Porta und Mario Diani schreiben – den Kern der „klassischen Agenda" der Bewegungsforschung (Della Porta & Diani 2015a: 5). Kurz gesagt umfasst das Forschungsprogramm zu sozialen Bewegungen sowohl theoretische wie auch empirische Arbeiten a) zu den organisatorischen und unternehmerischen Vorbedingungen der Mobilisierung kollektiven Handelns (Ressourcenmobilisierung), b) zur kulturellen Sinngebung im Hinblick auf Gründe, Strategien, Ziele und Identitäten von sozialen Bewegungen (Framing) und c) zu den Möglichkeiten und Grenzen kollektiven Handelns, die sich aus den Strukturen des jeweiligen politischen Systems ergeben (politische Gelegenheitsstrukturen).

2.1. Theorie der Ressourcenmobilisierung

Während in der Forschung zu kollektivem Handeln anknüpfend an Gustave Le Bons Werk „Psychologie der Massen" (Le Bon 1982 [1895]) lange Zeit die Irrationalität und Spontanität von Massenphänomen hervorgehoben wurde (Mertig et al. 2002: 465), beschreitet die Theorie der Ressourcenmobilisierung erstmals einen anderen Weg (McCarthy & Zald 1977). Diese Theorie stellt die planvollen, rational kalkulierenden Aspekte von Aktionen und Entscheidungen im Kontext sozialer Bewegungen in den Vordergrund. Bob Edwards und John McCarthy unterscheiden dabei zwischen fünf Arten von Ressourcen, die soziale Bewegungen mobilisieren und strategisch für die Erreichung ihrer Ziele einsetzen können: materielle (Geld, Räumlichkeiten, Ausstattung etc.), kulturelle (Symbole, Videos, Magazine, Spezialwissen, wie man eine Demonstration organisiert etc.), moralische (Legitimität, Solidarität, Sympathie, prominente Unterstützer*innen etc.), menschliche (Arbeitskraft, Führungskompetenzen, individuelle Erfahrungen etc.) und sozio-organisationale Ressourcen (Infrastrukturen, soziale Netzwerke etc.) (Edwards & McCarthy 2004: 125ff.). Die Bedeutung von Ressourcen wird betont, weil die „Unzufriedenheit mit den Zuständen" keine hinreichende Bedingung für Protest und seinen Erfolg oder Misserfolg sei: Ohne medienwirksame Inszenierungen, ohne materielle und moralische Unterstützung und soziale Netzwerke hätte auch die gegenwärtige Fridays-for-Future-Bewegung ihre enorme Bedeutung nicht erlangen können. Nur weil eine bestimmte Gruppe mit einem wie auch immer gearteten Zustand unzufrieden ist, führt ihre Unzufriedenheit demnach nicht automatisch zur Entstehung einer erfolgreichen sozialen Bewegung. Vielmehr müssen Bewegungsorganisationen oder auch einzelne Bewegungsunternehmer*innen über relevante Ressourcen verfügen bzw. diese akquirieren können und in der Lage sein, die entsprechenden Ressourcen auf zielführende Weise für die Mobilisierung von Protest einzusetzen (Rucht & Neidhardt 2020: 857). Art und Umfang verfügbarer Ressourcen wird in der Theorie der Ressourcenmobilisierung zur zentralen erklärenden Variable für die Entscheidungen und Handlungen und letztendlich den Erfolg oder Misserfolg von sozialen Bewegungen (Della Porta & Diani 2020: 15).

2.2. Framing

Die Framing-Theorie rückt demgegenüber die soziokulturelle Problemdefinition und ihre Resonanzfähigkeit in den Mittelpunkt der Analyse sozialer Bewegungen. Dabei wird auf Erving Goffmans Werk „Rahmenanalyse: Ein Versuch über die Organisation von Alltagserfahrungen" (Goffman 2018 [1974]) zurückgegriffen, in dem das Konzept des Rahmens bzw. „Frames" als zentrales Element der Interpretation sozialer Situationen und damit der interpretativen Soziologie entwickelt wird. Mit dem Frame-Begriff beschreibt Goffman ein kollektives, zumeist unbewusstes Organisationsprinzip von Alltagserfahrungen (Goffman 2018 [1974]: 19), das Menschen in die Lage versetzt, Alltagssituationen zu deuten und in ihnen sinnhaft zu handeln. In Goffmans Worten ermöglicht ein Frame „dem, der ihn anwendet, die Lokalisierung, Wahrnehmung, Identifikation und Benennung einer anscheinend unbeschränkten Anzahl konkreter Vorkommnisse, die im Sinne des Rahmen definiert sind" (Goffman 2018 [1974]: 31).

Bereits seit Ende der 1960er Jahre existierten Perspektiven in der Bewegungsforschung, die die Bedeutung interpretativer Prozesse hervorheben. Jedoch erst mit dem 1986 veröffentlichten Aufsatz „Frame Alignement Processes, Micromobilization, and Movement Participation" von David Snow und Kollegen (Snow et al. 1986) erlangte dieser Fokus auf die Einbettung individueller Wertsetzungen und Interessen in übergeordnete Deutungsrahmen größere Bedeutung (Snow 2004: 386). Die Framing-Theorie (für einen Überblick siehe: Snow 2004) stellt aus einer sozialkonstruktivistischen Perspektive die kollektiven Sinngebungs- und Definitionsprozesse in den Vordergrund, die notwendig sind, um die Aktionen von sozialen Bewegungen für ihre Mitglieder und letztendlich die gesamte Gesellschaft zu legitimieren (Hellmann 1998: 20). Dabei sind drei Arten von Frames von besonderer Bedeutung: diagnostische, prognostische und motivationale Frames. Diagnostische Frames dienen der Benennung von Ursachen für bestimmte Missstände. Sie liefern eine Problemdefinition, bei der wahrgenommene Ungerechtigkeiten eine große Rolle spielen und bestimmten Akteuren bzw. Akteursgruppen die Rollen von Opfern bzw. Schuldigen zugeschrieben werden. Prognostische Frames beinhalten die Beschreibung einer Problemlösung und formulieren Handlungsziele. Sie zeigen mit Blick auf mögliche gewünschte und nicht gewünschte Ereignisse an, was zu tun ist. Prognostische Frames leiten sich oft aus den diagnostischen Frames ab und werden daher durch diese begrenzt. Motivationale Frames umfassen ein Vokabular an Handlungsmotiven (z.B. Dringlichkeit, Gefährlichkeit, Notwendigkeit etc.), das Handlungsanreize setzen soll (Benford & Snow 2000: 615ff.). Framing-Prozesse dienen darüber hinaus der Herausbildung kollektiver Identitäten, indem sie übergreifende Deutungsangebote machen, Handlungsorientierungen formulieren und individuellen Überzeugungen eine höhere Bedeutung verleihen. Dabei wird definiert, wer man selbst ist, und wer aus welchen Gründen als Gegner*in zu betrachten ist (Beyer & Schnabel 2017: 163ff.).

2.3. Theorie politischer Gelegenheitsstrukturen

Den Begriff der politischen Gelegenheitsstrukturen führte Peter Eisinger 1973 in seinem Aufsatz „The Conditions of Protest Behavior in American Cities" (Eisinger 1973) in die Forschung zu sozialen Bewegungen ein (Kriesi 2004: 69). Im Kern geht die Theorie politischer Gelegenheitsstrukturen (für einen Überblick siehe: Kriesi 2004) davon aus, dass politische Gelegenheitsstrukturen die maßgeblichen Einflussfaktoren für den Verlauf und den Erfolg von sozialen Bewegungen sind (Kitschelt 1986: 58). Während sich die Framing-Theorie und die Theorie der Ressourcenmobilisierung auf die inneren Bedingungen sozialer Bewegungen richten, fokussiert die Theorie politischer Gelegenheitsstrukturen auf die äußeren Bedingungen, innerhalb derer soziale Bewegungen entstehen und handeln. Entscheidend ist aus dieser Sicht „das Ausmaß an Offenheit oder Geschlossenheit eines politischen Systems, beeinflusst durch den Grad seiner Demokratisierung, aber auch etwa durch das Ausmaß seiner föderalistischen Dezentralisierung; die Stabilität oder Instabilität der politischen Strukturen; die Durchsetzungsstärke der politischen Eliten; die Verfügbarkeit von oder der Mangel an Allianzen und Unterstützergruppen" (Rucht & Neidhardt 2020: 858). Neben solchen politischen Gelegenheitsstrukturen spielen diskursive Gelegenheitsstrukturen und hierbei primär die Medien eine wichtige Rolle. Der Zugang zum Mediensystem und die Art der Berichterstattung über die Aktionen von sozialen Bewegungen ebenso wie die Bedingungen digitaler Öffentlichkeiten beeinflussen deren Handlungschancen maßgeblich (Kriesi 2004: 86; Della Porta & Diani 2020: 224ff.). Die Theorie politischer Gelegenheitsstrukturen betont also die Bedeutung struktureller Konfigurationen, welche die Protesthäufigkeit, die Art des Protests (z.B. gewaltsam oder friedlich) und den Erfolg von Protesten beeinflussen. So haben soziale Bewegungen beispielsweise größere Erfolgsaussichten, wenn eine freie und vielfältige Presselandschaft und ein breites Spektrum an konkurrierenden Interessengruppen existiert, mit denen Allianzen geschmiedet werden können (Rucht & Neidhardt 2020: 858).

3. Verlauf und Struktur der Umweltbewegung

Wie bereits angesprochen, kann im strengeren Sinne nicht von der Umweltbewegung gesprochen werden, sondern es existieren verschiedene Umweltbewegungen mit unterschiedlichen Schwerpunktsetzungen und lokalen Verortungen. Nichtsdestotrotz gibt es in dieser Vielfalt einheitliche Elemente, die im Rahmen eines historischen Abrisses der Entwicklungsgeschichte der Umweltbewegung deutlich werden. Der folgende Überblick über die zeitliche Entwicklung und die sich wandelnden Strukturen und Schwerpunktsetzungen der Umweltbewegung gibt zugleich Einblicke in den Wandel gesellschaftlicher Naturverständnisse (→ Kap. 2 zu gesellschaftlichen Naturverständnissen).

3.1. Historischer Verlauf der Umweltbewegung

Die Romantik bildete, wie bereits eingangs erwähnt, mit ihrer „emotionalisierten, romantisch-ästhetischen Naturwahrnehmung" (Brand & Stöver 2008: 220) die ideelle Grundlage für den im 19. Jahrhundert aufkommenden Naturschutz. Aus einem Unbehagen an der Industrialisierung und ihren Folgen für die Natur erwuchs der Wunsch nach einer – zumindest partiellen – Bewahrung der „Erhabenheit" natürlicher Landschaften. Die Hauptforderung der Naturschützer*innen bezog sich zunächst auf die Einrichtung von Naturschutzgebieten (Rucht & Neidhardt 2020: 847). In den USA wurde in diesem Zusammenhang der 1892 gegründete Sierra Club, der sich dem Schutz der Wildnis und der Einrichtung von Nationalparks verschrieb, besonders einflussreich. Der Sierra Club existiert bis heute und hat nach eigenen Angaben 3,8 Millionen Mitglieder[24]. An der Schwelle zum 20. Jahrhundert traten zusätzlich Themen wie Luftreinhaltung und Tierschutz, insbesondere der von England ausgehende Vogelschutz, hinzu (Radkau 2011: 171f.). In dieser frühen Phase trat die Umweltbewegung, die streng genommen eher als Naturschutzbewegung zu charakterisieren war, weitestgehend politisch neutral, wenn nicht apolitisch, und in ihren Forderungen zurückhaltend

---

24 Siehe hier: https://www.sierraclub.org/about-sierra-club, geprüft am 17.9.2020.

auf. Mit Einsetzen des Ersten Weltkrieges im Jahr 1914, dem bald darauf folgenden Zweiten Weltkrieg und der ab 1945 einsetzenden Phase des Wiederaufbaus Europas rückten Umweltthemen länderübergreifend zunächst in den Hintergrund der öffentlichen Aufmerksamkeit (Mertig et al. 2002: 450; Brand & Stöver 2008: 223). Die Menschheit wandte sich den drängenderen Problemen zu.

Der Ursprung der modernen Umweltbewegung, die nur lose an die vorausgehenden konservativen Naturschutzbestrebungen anknüpfte, liegt in den USA der ausgehenden 1960er und beginnenden 1970er Jahre. Nach dem Zweiten Weltkrieg schwächte sich in den 1960er Jahren der Fortschrittsoptimismus deutlich ab und ökologische Probleme erlangten größere Aufmerksamkeit. Dies hatte vor allem drei Ursachen (Kern 2008: 104f.): Erstens entstanden, vermutlich genährt durch das allgemeine gesellschaftliche Protestklima, zahlreiche regionale Bürgerinitiativen gegen den Bau von Straßen, Staudämmen, Flughäfen, gegen Tagebau und die Abholzung von Wäldern. Zweitens entstand, vornehmlich getragen durch die Friedensbewegung, eine öffentliche Debatte über radioaktive Umweltverseuchung durch Atombombentests. Drittens führte die zunehmende Anwendung riskanter Technologien in den 1950er und 1960er Jahren zu mehr und mehr Umweltproblemen. Mit ihrem 1962 erschienen Buch „Silent Spring" wurde in diesem Zusammenhang Rachel Carson, eine US-amerikanische Biologin und Wissenschaftsjournalistin, zur bedeutenden Stichwortgeberin der Umweltbewegung. Das Buch erschien noch im selben Jahr unter dem Titel „Der stumme Frühling" auf Deutsch. Carson beschreibt darin die verheerenden Folgen von Herbiziden und Pestiziden für Flora und Fauna und das ökologische Gleichgewicht. Nicht minder einflussreich war die 1972 unter dem Titel „Limits to Growth" (Grenzen des Wachstums) veröffentlichte, vom Club of Rome[25] beauftragte Studie zur Lage und Zukunft der Menschheit. Die Autor*innen der Studie kamen auf Basis von Computersimulationen zu dem Schluss, dass bei weitergehendem Bevölkerungswachstum mit entsprechender Industrialisierung, Umweltverschmutzung, Nahrungsmittelproduktion und der Ausbeutung endlicher Ressourcen die planetaren Wachstumsgrenzen binnen hundert Jahren erreicht sein werden (Meadows et al. 1972: 23). Beide Veröffentlichungen erreichten in Westeuropa und Nordamerika große Bekanntheit und sensibilisierten so auch die Politik für die Umweltproblematik. Der Fokus der Umweltbewegung verlagerte sich so in den 1960er und Anfang der 1970er Jahre weg von den „alten" Naturschutzfragen hin zu einer Problematisierung der negativen Nebenfolgen technisch-ökonomischen Fortschritts und Wachstums. Joachim Radkau bezeichnet das Zeitfenster zwischen 1965 und 1972, in dem auf Basis eines neuen Frames der Umweltbewegung (Mertig et al. 2002: 450) eine enorme Mobilisierung für Umweltthemen stattfand, auch als die „Jahre der ökologischen Revolution" (Radkau 2011: 124). Getragen wurde diese ökologische Revolution zunächst vor allem von lokalen Bürgerinitiativen, „die sich für eine Verbesserung der Lebensbedingungen im Wohnumfeld einsetzten" (Brand & Stöver 2008: 224). Größere Verbände gewannen erst in der Folgezeit wachsenden Einfluss.

---

25 Der Club of Rome ist eine 1968 gegründete Vereinigung von Expert*innen, die sich mit Fragen der Zukunft der Menschheit und der Nachhaltigkeit auseinandersetzen.

Kapitel 6: Umweltbewegung und Umweltkonflikte

War die Zeit vor 1975 in Deutschland noch durch einen weitgehenden umweltpolitischen Konsens zwischen Umweltbewegung und der sozialliberalen Regierungskoalition bestimmt, die für damalige Verhältnisse eine relativ fortschrittliche Umweltgesetzgebung betrieb, so änderte sich dies Mitte der 1970er Jahre. Bedingt durch die Ölpreiskrisen 1973 und 1979 rückten ökonomische Fragen wieder ins Zentrum öffentlicher Aufmerksamkeit, und bei Industrie, Politik und Gewerkschaften setzte sich mehr und mehr die Befürchtung durch, dass Umweltschutz zu Lasten des Wirtschaftswachstums gehen könne. Dies und die sich verschärfenden Konflikte um den Ausbau der Atomenergie, der in der zweiten Hälfte der 1970er Jahre in Deutschland verstärkt vorangetrieben wurde, führte zu einer wachsenden Konfrontation von Ökonomie und Ökologie (Brand & Stöver 2008: 225). Die deutsche Umweltbewegung begann außerdem eigene wissenschaftliche Expertise aufzubauen. So wurde beispielsweise 1977 aus der Anti-Atomkraft-Bewegung heraus das Öko-Institut gegründet, das sich bis heute mit Fragen der Umweltforschung beschäftigt (Rucht & Neidhardt 2020: 848).

Im Jahr 1980 kommt es schließlich zur Gründung der Partei Die Grünen, die aus der Umwelt-, Anti-Atomkraft- und Friedensbewegung hervorging. Die Grünen konnten schnell erste politische Erfolge feiern und zogen schon 1983 in den Deutschen Bundestag ein. Im Laufe der 1980er Jahre nahm der Institutionalisierungsgrad der Umweltbewegung in Deutschland weiter zu, ihr Protestcharakter nahm gleichermaßen langsam ab. Die Umweltprobleme waren nun fest im öffentlichen Bewusstsein verankert, und mit den Grünen hatte sich eine ökologisch ausgerichtete Partei in der deutschen Parteienlandschaft etabliert. Ab Mitte der 1980er Jahre begannen außerdem Industrieunternehmen, teilweise in Zusammenarbeit mit Umweltschutzorganisationen, Umweltschutzmaßnahmen umzusetzen, um ihr öffentliches Image zu verbessern (Brand & Stöver 2008: 226f.; Huber 2011: 128ff.). Diese Institutionalisierung der Umweltbewegung war begleitet von internen Konflikten zwischen sogenannten „Fundis" (Fundamentalist*innen), die auch weiterhin radikalökologische Positionen vertreten und durchsetzen wollten, und „Realos" (Realist*innen), die sich auf eine pragmatische Politik des Möglichen fokussieren wollten. Der Konflikt zwischen Fundis und Realos flammt bis heute sowohl in der Umweltbewegung als auch innerhalb der grünen Partei immer wieder auf.

Die deutsche Wiedervereinigung im Jahr 1990 führte erneut zu einer Refokussierung öffentlicher Debatten auf wirtschaftliche Fragen. International schritt die Institutionalisierung der Umweltbewegung jedoch weiter voran. Weltweit etablierte sich unter dem Stichwort „Governance" eine sektorenübergreifende Kooperation von Staaten, Unternehmen und Umweltschutzorganisationen für die Bearbeitung von Umweltproblemen und die Verabschiedung von Umweltpolitiken. Umweltschutzorganisationen wurden bei mehr und mehr internationalen Beratungen als formale Partner akkreditiert (z.B. UN-Klimakonferenzen) (Brand & Stöver 2008: 230; Huber 2011: 131ff.). Parallel dazu vollzog sich vor allem in den USA eine Hinwendung der Umweltbewegung zu Fragen der Umweltgerechtigkeit. Dies machte die Umweltbewegung an globalisierungskritische Bewegungen anschlussfähig, die die Folgen neoliberaler Globalisierung insbesondere für den globalen

Süden problematisierten (Kern 2008: 108) und trug zur wachsenden internationalen Vernetzung der Umweltbewegung bei. Für Ende der 1990er bzw. Anfang der 2000er Jahre konstatieren manche Autor*innen einen Rückgang der Dynamik der Umweltbewegung (Huber 2011: 132) oder sogar Nachwuchsprobleme: „Generell hat die Umweltschutzbewegung zu Beginn des 21. Jahrhunderts ein Nachwuchsproblem. Viele junge Leute engagieren sich lieber in der aktiveren und sichtbareren globalisierungskritischen Bewegung, die Umweltprobleme durchaus aufgreift, aber nicht vorrangig thematisiert" (Brand & Stöver 2008: 243). Mit dem Aufkommen globaler Klimabewegungen, allen voran den jugendlichen Protestaktionen von Fridays for Future, hat sich dieser Trend in den letzten Jahren umgekehrt, und es wird wieder für Klimaschutzmaßnahmen protestiert, teils auch in radikaleren und konfrontativeren Bewegungen wie Extinction Rebellion, in denen Regierungen mit Hilfe zivilen Ungehorsams zu Maßnahmen gegen Klimawandel, Artenverlust und Umweltzerstörung gezwungen werden sollen. Die Gefährdung der Grundlagen für eine lebenswerte Zukunft hat global zu einer weitreichenden Mobilisierung jüngerer wie älterer Bevölkerungsgruppen beigetragen.

Sowohl die frühe, auf Naturschutz fokussierte Umweltbewegung als auch die Ende der 1960er bzw. Anfang der 1970er Jahre entstandene neue Umweltbewegung waren, ganz im Sinne der Theorie der Ressourcenmobilisierung, stets in der Lage, umfassende materielle (z.B. finanzielle Zuwendungen durch Unterstützer*innen), moralische (z.B. Sympathie weiter Teile der Bevölkerung), menschliche (z.B. eine Vielzahl an Wissenschaftler*innen, die die Umweltbewegung mit ihrer Expertise unterstützt haben) und sozio-organisationale Ressourcen (z.B. Allianzen mit anderen sozialen Bewegungen wie der Anti-Atomkraft-Bewegung) zu mobilisieren. Die Responsivität westlicher Regierungen, gesellschaftlicher Eliten und intentionaler Organisationen (z.B. UN) für Umweltprobleme trug außerdem im Sinne der Theorie politischer Gelegenheitsstrukturen zu einer Institutionalisierung der Umweltbewegung im Verlauf der Jahrzehnte bei. Es ist ebenfalls bereits angeklungen, dass sich die dominanten Frames – das heißt Wahrnehmungs- und Interpretationsschemata im Sinne der oben erläuterten Framing-Theorie – im Laufe der Geschichte der Umweltbewegung mehrmals veränderten. Auf die historisch gewachsenen Frames, die sich sowohl in Deutschland als auch international identifizieren lassen, wollen wir im Folgenden genauer eingehen.

3.2. Frames der Umweltbewegung: Naturschutz, Umweltschutz und Ökologie

Dass sich die zentralen Frames der Umweltbewegung im Laufe ihrer Geschichte immer wieder wandelten, bedeutet nicht, dass ein Frame jeweils durch einen anderen abgelöst wurde. Die verschiedenen Frames existieren nebeneinander, überlagern sich teilweise und sind in unterschiedlichen Teilen sowie Phasen der Umweltbewegung von unterschiedlicher Bedeutung (Mertig et al. 2002). In der einschlägigen Literatur wird zumeist zwischen drei Frames unterschieden Naturschutz, Umweltschutz und Ökologie (Mertig et al. 2002; Rootes 2004; Giugni & Grasso 2015).

Kapitel 6: Umweltbewegung und Umweltkonflikte

Zu Beginn der Umweltbewegung war Naturschutz das dominante Motiv, welches auch heute noch existiert (in Deutschland primär repräsentiert durch den Naturschutzbund Deutschland (NABU)) und sich hauptsächlich um die Bewahrung von Naturlandschaften, Artenschutz und die Vermeidung der Übernutzung von natürlichen Ressourcen dreht. Da sich Naturschutzbestrebungen historisch betrachtet meist auf relativ eng umrissene, lokal eingegrenzte Probleme bezogen, lagen Lösungsstrategien in diesem Frame oftmals klar und schnell auf der Hand (z.B. naturverträglichere Bewirtschaftung eines bestimmten Waldgebietes oder Ausweisung eines bestimmten Gebietes als Nationalpark oder Naturschutzgebiet) (Mertig et al. 2002: 451f.). In den 1960er Jahren, spätestens Anfang der 1970er Jahre, setzt sich mit dem Aufkommen der modernen Umweltbewegung ein neuer Frame durch, der Umweltschutz-Frame, und löst den Fokus von der lokalen Bewahrung von Natur zugunsten einer deutlich weiter gefassten Perspektive auf Umweltprobleme ab. Die Auswirkungen von Umweltproblemen auf die Lebensqualität, die menschliche Gesundheit und Gesellschaften als Ganzes rückten in den Vordergrund, z.B. in Bezug auf Risiken, die von Pestiziden und Herbiziden ausgehen können. Die Problemdiagnosen und -definitionen sind im Umweltschutz-Frame komplexer, Ursache-Wirkungs-Zusammenhang oftmals nicht klar benennbar und werden stärker technologisch und wissenschaftlich vermittelt. Die problematisierten Phänomene sind oftmals zwar weiterhin lokal eingrenzbar (z.B. ausgelaufenes Öl), werden jedoch als grundsätzliche Probleme betrachtet, die immer und überall auftreten und weitreichende indirekte Folgen haben können (Mertig et al. 2002: 451ff.). Ende des 20. Jahrhunderts entsteht schließlich ein dritter Frame, den wir als Ökologie-Frame bezeichnen, und der sich neben dem bis dahin dominanten Umweltschutz-Frame etabliert. Eine ökologische Perspektive, die die Vernetzung und die Beziehungen unterschiedlicher Elemente in den Blick nimmt, war zwar im Umweltschutz-Frame bereits enthalten, diese integrative Perspektive gewinnt jedoch erst allmählich und zunächst unter dem später wieder verworfenen Konzept des ökologischen Gleichgewichts größere Bedeutung. Globale Perspektiven rücken nun in den Vordergrund (z.B. globale Auswirkungen von Klimawandel oder Ozonloch) und die Auswirkungen ökologischer Probleme im Globalen Süden werden verstärkt thematisiert, Gerechtigkeitsfragen finden größere Beachtung. Die politischen Forderungen sind im Ökologie-Frame expliziter und weitreichender als im Naturschutz- und Umweltschutz-Frame: ein System- und Lebensstilwandel wird als notwendig proklamiert, um globalen sozial-ökologischen Krisen zu begegnen (Mertig et al. 2002: 455ff.).

Mit den verschiedenen Rahmungen der Umweltbewegung sind unterschiedliche Handlungsstrategien und Aktionsformen verbunden, die zu bestimmten Zeitpunkten in der Geschichte der Umweltbewegung und bei verschiedenen Bewegungsorganisationen und Gruppen variierenden Stellenwert genießen. Während Naturschutzgruppen und -organisationen hauptsächlich auf Lobbyingstrategien zurückgriffen und zurückgreifen, differenzierte sich das Spektrum der Aktionsformen mit dem Aufkommen des Umweltschutz-Frames aus. Umweltschutzgruppen und -organisationen setzten und setzen neben Lobbying vor allem auch auf gerichtliche Klagen, Petitionen und bürgerschaftliches Engagement. Die Entstehung des Ökologie-Frames brachte eine weitere Ausdifferenzierung der Aktionsformen mit sich: Der Hauptfokus der Aktionsformen verschiebt sich weiter in Richtung der praktischen Erprobung alternativer Lebensformen (verbunden mit dem Anspruch eines allgemeinen Lebensstilwandels), der Wahl grüner Parteien und Politiker*innen sowie auf direkte Aktionen (Demonstrationen, Blockaden, Sabotage, Besetzungen, Boykotte etc.) (Mertig et al. 2002: 452). Insbesondere Organisationen und Gruppen, die der Tiefenökologie[26] als Extremform des Ökologie-Frames nahestehen (z.B. Animal Liberation Front, Sea Shepherd oder Earth First!), greifen auf konfrontative, direkte Aktionsformen zurück (Mertig et al. 2002: 473).

Aufgrund der thematischen Vielfalt in der Umweltbewegung und ihrer unterschiedlichen Vorgehensweisen und Instrumente machen Marco Giugni und Maria Grasso Heterogenität als eines der zentralen Charakteristika von Umweltbewegungen aus (Giugni & Grasso 2015). Wie die vorangegangenen Abschnitte zeigen, sind Umweltbewegungen im Hinblick auf dominante Frames, thematische Zielsetzungen, Professionalisierungs- und Internationalisierungsgrad, präferierte Aktionsformen und organisationale Verfasstheit äußerst divers. Im Hinblick auf Ressourcenmobilisierung kann darin eine Stärke gesehen werden, da so auf unterschiedliche Ressourcenquellen und -formen zugegriffen werden kann. Im Hinblick auf die Ausbildung einer einheitlichen kollektiven Identität ist dies jedoch hinderlich, wie die parallele Existenz unterschiedlicher Frames mit Folgen für Mobilisierung und Identitätsbildung zeigt (Giugni & Grasso 2015: 354f.).

3.3. Strukturmerkmale der Umweltbewegung

Neben den wechselnden Rahmungen und Hintergründen in der Umweltbewegung existieren bestimmte Strukturmerkmale, die für diese Bewegung insgesamt charakteristisch sind. Zu diesen charakteristischen Strukturmerkmalen zählen der wachsende Institutionalisierungsgrad, die charakteristische Sozialstruktur und das Verhältnis zur Wissenschaft.

In Bezug auf die Entwicklung von sozialen Bewegungen wird allgemein angenommen, dass diese nach einer dynamischen Mobilisierungsphase eine Phase der Bürokratisierung und Institutionalisierung durchlaufen, die schließlich zur Verknöcherung und zum Verlust des Bewegungscharakters führen[27]. Für die Umweltbewegung scheint dies jedoch nicht zuzutreffen (Rootes 2004: 633). Trotz ihrer Institutionalisierung und der Erfolge, die sie feiern konnte (hierauf kommen wir im nächsten Abschnitt zurück), hat sie nicht an Dynamik eingebüßt. Die weltweite Bewegung Fridays for Future ist hierfür einer der eindrücklichsten Belege. Die Institutionalisierung der Umweltbewegung lässt sich letztlich an zwei Merkmalen festmachen: a) die Etablierung der Sorge um die Umwelt, zumindest auf rhetorischer Ebene, in allen Teilbereichen der Gesellschaft und die damit einhergehende

---

26 Das Konzept der Tiefenökologie wurde vor allem durch den norwegischen Philosophen Arne Naess geprägt und zeichnet sich durch eine radikal biozentrische Position aus. Das heißt, Natur wird ein intrinsischer Wert zugeschrieben unabhängig von ihrem Nutzen für den Menschen.

27 Diese Annahme eines Zusammenhangs zwischen Institutionalisierung und Bürokratisierung einerseits und Verlust an Flexibilität andererseits leitet sich aus Max Webers Beschreibung von Bürokratie als Gehäuse der Hörigkeit, das Menschen in den Dienst der Bürokratie zwingt und sie ihrer Rationalität unterwirft (Weber 1971: 322).

Etablierung von Umweltpolitik als eigenständigem und wichtigem Politikfeld sowie b) die Entstehung großer und etablierter Umweltschutzorganisationen und grüner Parteien (Giugni & Grasso 2015: 355). Karl-Werner Brand und Henrik Stöver gehen deshalb davon aus, dass Institutionalisierung nicht notwendigerweise mit Bürokratisierung und/oder Oligarchisierung verbunden sein muss, sondern dass sich im Falle der Umweltbewegung eine Form der Institutionalisierung durchgesetzt hat, die vornehmlich auf alltäglich gewordenem, professionellem sowie situativem Engagement von Bürger*innen beruht (Brand & Stöver 2008: 242). Insbesondere in Deutschland hat sich eine Koexistenz von fest etablierten, mitgliederstarken Organisationen wie BUND, NABU und der Partei Bündnis 90/Die Grünen einerseits und konfrontativen, teilweise sogar gewaltsamen Protesten, insbesondere im Kontext von Atomenergiekonflikten, andererseits durchgesetzt (Rootes 2004: 625). Diese Koexistenz von Institutionalisierung und Protestförmigkeit variiert jedoch in Abhängigkeit von den politischen Gelegenheitsstrukturen von Land zu Land. Alles in allem scheint Institutionalisierung im Fall der Umweltbewegung keine unüberwindliche Barriere für die weitere Mobilisierung von Protest zu sein.

Die Umweltbewegung wird oftmals als eine soziale Bewegung beschrieben, die hauptsächlich durch die so genannte neue Mittelklasse getragen wird. Diese neue Mittelklasse setzt sich aus Personen zusammen, die hochgebildet sind und im Bildungs- oder Pflegebereich, im Staatsdienst oder in der Kreativbranche arbeiten. Des Weiteren weist diese Personengruppe eher postmaterialistische als materialistische Werthaltungen auf. Der Zusammenhang zwischen Umweltbewusstsein und direktem Engagement in der Umweltbewegung scheint dagegen geringer ausgeprägt zu sein (Rootes 2004: 617; Giugni & Grasso 2015: 342f.). Dies kann als weiterer Beleg dafür angesehen werden, dass kein direkter kausaler Zusammenhang zwischen Umweltbewusstsein und ökologischem Handeln existiert (→ Kap. 4 zu umweltbezogenen Haltungen und Umwelthandeln). Der stärkere Zusammenhang zwischen postmaterialistischen Werten und Engagement in der Umweltbewegung rührt vermutlich eher daher, dass Postmaterialismus stärker mit Bildung assoziiert ist als Umweltbewusstsein und dass Bildung zugleich ein wichtiger Einflussfaktor für die Bereitschaft zu zivilgesellschaftlichem und politischem Engagement ist (Rootes 2004: 619f.). Ein relativ hoher Bildungsgrad von Aktivist*innen ist damit kein exklusives Merkmal der Umweltbewegungen, sondern konstitutiv für viele soziale Bewegungen.

Schließlich existiert eine besondere Verbindung zwischen der Umweltbewegung und der Wissenschaft. Der bestehende enge Bezug ist in sich durchaus widersprüchlich, da viele Umweltprobleme erst durch die Wissenschaft sichtbar und verstehbar gemacht werden, diese aber gleichzeitig auch für die Entstehung vieler Umweltprobleme mitverantwortlich ist (→ Kap. 10 zu Transdisziplinarität). Die Umweltbewegung greift in hohem Maße auf wissenschaftliche Expertisen und die Interpretation wissenschaftlicher Informationen zurück, um ihren Anliegen Gehör zu verschaffen und diese zu rechtfertigen, zeigt sich jedoch gegenüber technischwissenschaftlichem Fortschritt kritisch bis misstrauisch. Wie bereits angesprochen sind viele Forschungsinstitute aus der Umweltbewegung hervorgegangen und dokumentieren bis heute die enge Verbindung zwischen Wissenschaft und Umweltbewegung. Auch die Fridays-for-Future-Bewegung mit ihrer Forderung, die Politik solle die Erkenntnisse der Klimaforschung endlich ernst nehmen, ist ein Beispiel für diese häufige Bezugnahme, die allerdings typischerweise die Vielstimmigkeit der Wissenschaften ignoriert. Jedoch werden auch von Wirtschaft und Politik sowohl wissenschaftliche Expertisen als auch das Fehlen wissenschaftlicher Evidenz herangezogen, um eine abwartende, inaktive Haltung gegenüber bestimmten Problemlagen zu rechtfertigen, auf die von der Umweltbewegung hingewiesen wird. So kann es zu einer Frontstellung von Expertise und Gegenexpertise kommen, die zu einer Politisierung von wissenschaftlichen Erkenntnissen und ihren Interpretationen führt (Yearley 2005: 19ff.). Wissenschaftliche Erkenntnisse bleiben nichtsdestotrotz eine, wenn nicht die wichtigste Ressource der Umweltbewegung, die diese immer wieder wirkungsvoll für ihre Zwecke mobilisiert.

3.4. Gesellschaftliche und politische Wirkung der Umweltbewegung

Da es sozialen Bewegungen darum geht, „soziale bzw. politische Verhältnisse zu verändern oder […] anstehenden Veränderungen entgegenzuwirken" (Rucht & Neidhardt 2020: 839), stellt sich aus wissenschaftlicher Sicht die Frage, wie erfolgreich bestimmte soziale Bewegungen als Treiber und Initiator gesellschaftlicher Veränderungen und Lernprozesse waren und sind. Die Umweltbewegung in ihrer Gesamtheit gilt als eine der einflussreichsten sozialen Bewegungen überhaupt: „Sieht man von Sonderfällen wie dem Nationalsozialismus ab, so ist es wohl nicht übertrieben zu behaupten, dass kaum eine Bewegung in so kurzer Zeit so viele Spuren im gesellschaftlichen Alltag wie auch in der etablierten Politik hinterlassen hat" (Rucht & Neidhardt 2020: 850). Der Umweltbewegung ist es gelungen, Politik und Öffentlichkeit für Umweltprobleme zu sensibilisieren und konkrete Erfolge zu feiern (z.B. Schutz bestimmter Tierarten und Naturlandschaften, Kanalisierung und Einschränkung der Müllentsorgung an Land und auf See, Verbote riskanter Chemikalien) (Rootes 2004: 633; Yearley 2005: 9). Zugleich ist festzustellen, dass sich Umweltprobleme, allen voran der anthropogen verursachte Klimawandel, in den vergangenen Jahrzehnten trotz allem weiter verschärft haben und darüber hinaus stetig neue Umweltprobleme hinzukommen (z.B. die sozial-ökologischen Folgen des verstärkten Abbaus von kritischen Materialien im Zuge der Verbreitung erneuerbarer Energietechnologien). Es ist außerdem offensichtlich, dass all die Erfolge, die von verschiedenen Seiten der Umweltbewegung zugeschrieben werden, nicht einfach kausal auf das Wirken der Umweltbewegung zurückgeführt werden können, sondern dass dabei weitere Faktoren eine Rolle spielten, die im Rahmen empirischer Analysen nicht vollständig kontrolliert werden können. Dementsprechend schwer ist es, die Wirkung der Umweltbewegung an sich bzw. themenspezifischer Umweltbewegungen im Speziellen empirisch zu bestimmen (Rootes & Nulman 2015: 729). Christopher Rootes und Eugene Nulman schlagen für die Wirkungsbestimmung eine Unterscheidung unterschiedlicher Dimensionen vor, nämlich Einflüsse auf a) Problemdefinition, b) Politikformulierung, c) Politikimplementation und d) internationale Abkommen.

Im Hinblick auf soziokulturelle Problemdefinitionen kommt der Umweltbewegung das Verdienst zu, viele ökologische Probleme in das öffentliche Bewusstsein getragen zu haben. Darüber hinaus hat die Umweltbewegung dazu beigetragen, auch in Zeiten ökonomischer oder gesellschaftlicher Umbrüche die politische und öffentliche Aufmerksamkeit für ökologische Fragen zu erhalten (Rootes & Nulman 2015: 734). Die Umweltbewegung konnte darüber hinaus wiederholt Einfluss auf die Formulierung von bereichsspezifischen Politikzielen nehmen. So haben lokale Proteste dazu geführt, dass in das 2012 verabschiedete Kohlendioxid-Speicherungsgesetz eine Länderklausel aufgenommen wurde, die es Bundesländern ermöglicht, CO_2-Speicherung in bestimmten Regionen zu untersagen (Rost 2015).

Ebenso wie bei der Politikformulierung existieren für die Politikimplementation zahlreiche Beispiele der Verhinderung bestimmter politischer Vorhaben oder der Erzwingung politischen Handelns. Umweltaktivist*innen haben erfolgreich Atommülltransporte blockiert oder den Bau von Atomkraftwerken, Straßen, Mülldeponien oder anderen umweltgefährdenden Einrichtungen verhindert. Ihnen ist es außerdem immer wieder gelungen, die Ausweisung von Naturschutzgebieten oder den Schutz bedrohter Tierarten durchzusetzen. Wie die Beispiele zeigen, sind im Bereich der Politikimplementierung die Wirkungen der Umweltbewegung am einfachsten und genausten zu identifizieren.

Im Bereich internationaler Abkommen konnten vor allem umweltbezogene Nichtregierungsorganisationen ihren Einfluss geltend machen. Nichtregierungsorganisationen wurde im System der Vereinten Nationen formal ein so genannter Konsultativstatus zugesprochen, sodass sie an zwischenstaatlichen Tagungen und Verhandlungen teilnehmen und zivilgesellschaftliche Perspektiven dort einbringen können. So konnten Nichtregierungsorganisationen auf das Zustandekommen zahlreicher internationaler Konventionen zum Artenschutz, Walfang oder zur Forstpolitik Einfluss nehmen (Rootes & Nulman 2015: 737). Langfristig scheint der tatsächliche Einfluss im Vergleich zu anderen Interessen und ihrem Lobbying jedoch eher gering zu sein, wie das Beispiel der UN-Klimakonferenzen immer wieder zeigt.

4. Ausblick

Seit dem Ausgangspunkt der modernen Umweltbewegung in den 1960er Jahren hat diese nicht an Mobilisierungsvermögen und Dynamik verloren. Die fortschreitende Ressourcenerschließung, die weltweite Vernetzung und auch wissenschaftlich-technische Innovationen generieren laufend neue ökologische Problemlagen und geben Anlass für Konflikte und die Entstehung von lokalen und überregionalen Protesten. Eine aktuelles Beispiel ist die zunehmende Anwendung und Verbreitung von Hydraulic Fracturing (kurz: Fracking) als ein Verfahren, mit Hilfe dessen Erdgas- und Ölquellen in zuvor unzugänglichen geologischen Formationen erschlossen werden können. Lokale Frackinganwendungen haben im letzten Jahrzehnt rund um den Globus zu Protesten von Bürger*innen und Umweltschützer*innen geführt. Auch der sich verschärfende anthropogen verursachte Klimawandel, als die wohl größte ökologische Herausforderung, entfaltet eine wachsende und starke Mobilisierungswirkung. Weltweite Klimabewegungen wie La Via Campesina, Climate Justice Now! oder Fridays for Future sind prominente Beispiele für eine sich weiter verändernde Umweltbewegung, die jünger wird, Gerechtigkeitsfragen stärker einbezieht, Wirtschaftsunternehmen direkt angreift und sich in neuer Art und Weise in den sozialen Medien sowie in Camps und eigenen Bildungsveranstaltungen auch jenseits früherer Formate organisiert, um den Kampf gegen Klimawandel, Artensterben und Umweltzerstörung voranzutreiben. Gleichzeitig ist auch das Erstarken einer Art Anti-Umweltbewegung zu beobachten, die Zweifel an der Klimaforschung und -dringlichkeit verbreitet. Gesellschaftliche Transformationsprojekte wie die Energie- oder Mobilitätswende führen in dieser Gemengelage weiterhin zu umweltbezogenen Konflikten. Proteste gegen die Errichtung von Windparks oder gegen Dieselfahrverbote sind bekannte Beispiele. Konflikte um die Gestaltung gesellschaftlicher Naturverhältnisse und die Rolle, die soziale Bewegungen dabei spielen, werden die Umweltsoziologie daher sicher auch in Zukunft beschäftigen.

Was Studierende aus diesem Kapitel mitnehmen können:

- Wissen über unterschiedliche Arten von Konflikten und deren Verknüpfungen
- Wissen über unterschiedlichen Theorien zur Erklärung des Erfolgs bzw. Misserfolgs sozialer Bewegungen
- Wissen über die Geschichte der Umweltbewegung und ihre sich wandelnden Problemrahmungen
- Verständnis davon, was die Umweltbewegung sozialstrukturell auszeichnet

Literatur

Beck, U., 1993: Die Erfindung des Politischen. Zu einer Theorie reflexiver Modernisierung. Frankfurt am Main: Suhrkamp.
Benford, R.D. & D.A. Snow, 2000: Framing Processes and Social Movements: An Overview and Assessment. Annual Review of Sociology 26. 611–639.
Beyer, H. & A. Schnabel, 2017: Theorien Sozialer Bewegungen. Eine Einführung. Frankfurt: Campus.
Bogner, A., 2014: Umwerben als Aushandlungslogik in Wertkonflikten. Österreichische Zeitschrift für Politikwissenschaft 43: 121–140.
Bonacker, T., 2005: Sozialwissenschaftliche Konflikttheorien. Einleitung und Überblick. S. 9–29 in: T. Bonacker (Hrsg.), Sozialwissenschaftliche Konflikttheorien. Eine Einführung. Wiesbaden: VS Verlag für Sozialwissenschaften.
Brand, K.-W. & H. Stöver, 2008: Umweltbewegung (inkl. Tierschutz). S. 219–244 in: R. Roth & D. Rucht (Hrsg.), Die sozialen Bewegungen in Deutschland seit 1945.
Castells, M., 2017: Die Macht der Identität. Das Informationszeitalter: Wirtschaft, Gesellschaft, Kultur; Band 2. Wiesbaden: Springer VS.
Coser, L.A., 2009 [1956]: Theorie sozialer Konflikte. Wiesbaden: VS Verlag für Sozialwissenschaften.
Dahrendorf, R., 1972: Konflikt und Freiheit. Auf dem Weg zur Dienstklassengesellschaft. München: Piper.

Della Porta, D. & M. Diani, 2015a: Introduction: The Field of Social Movement Studies. S. 1–27 in: D. Della Porta & M. Diani (Hrsg.), The Oxford handbook of social movements. Oxford, New York: Oxford University Press.
Della Porta, D. & M. Diani (Hrsg.), 2015b: The Oxford handbook of social movements. Oxford, New York: Oxford University Press.
Della Porta, D. & M. Diani, 2020: Social movements. An introduction. Chichester, Hoboken: Wiley-Blackwell.
Edwards, B. & J.D. McCarthy, 2004: Resources and social movement mobilization. S. 116–152 in: D.A. Snow, S.A. Soule & H. Kriesi (Hrsg.), The Blackwell companion to social movements. Malden: Blackwell Publishing.
Eisinger, P.K., 1973: The Conditions of Protest Behavior in American Cities. The American Political Science Review 67: 11–28.
Giddens, A., 1995: Konsequenzen der Moderne. Frankfurt am Main: Suhrkamp.
Giugni, M. & M.T. Grasso, 2015: Environmental Movements in Advanced Industrial Democracies: Heterogeneity, Transformation, and Institutionalization. Annual Review of Environment and Resources 40: 337–361.
Goffman, E., 2018 [1974]: Rahmen-Analyse. Ein Versuch über die Organisation von Alltagserfahrungen. Frankfurt am Main: Suhrkamp.
Hellmann, K.-U., 1998: Paradigmen der Bewegungsforschung. Forschungs- und Erklärungsansätze – ein Überblick. S. 9–30 in: K.-U. Hellmann & R. Koopmans (Hrsg.), Paradigmen der Bewegungsforschung. Entstehung und Entwicklung von neuen sozialen Bewegungen und Rechtsextremismus. Wiesbaden, Opladen.
Huber, J., 2011: Allgemeine Umweltsoziologie. Wiesbaden: VS Verlag für Sozialwissenschaften.
Kern, T., 2008: Soziale Bewegungen. Ursachen, Wirkungen, Mechanismen. Wiesbaden: VS Verlag für Sozialwissenschaften.
Kitschelt, H.P., 1986: Political Opportunity Structures and Political Protest: Anti-Nuclear Movements in Four Democracies. British Journal of Political Science 16: 57–85.
Kraemer, K., 2008: Die soziale Konstitution der Umwelt. Wiesbaden: VS Verlag für Sozialwissenschaften.
Kriesi, H., 2004: Political Context and Opportunity. S. 67–90 in: D.A. Snow, S.A. Soule & H. Kriesi (Hrsg.), The Blackwell companion to social movements. Malden: Blackwell Publishing.
Kropp, C., 2002: „Natur". Soziologische Konzepte politische Konsequenzen. Wiesbaden: VS Verlag für Sozialwissenschaften.
Le Bon, G., 1982 [1895]: Psychologie der Massen: Alfred Kröner Verlag.
McCarthy, J.D. & M.N. Zald, 1977: Resource Mobilization and Social Movements: A Partial Theory. American Journal of Sociology 82: 1212–1241.
Meadows, D.H., D.L. Meadows, J. Randers & W.W. Behrens, 1972: The Limits to growth. A report for the Club of Rome's Project on the Predicament of Mankind. New York: Universe Books.
Mertig, A.G., R.E. Dunlap & D.E. Morrison, 2002: The Environmental Movement in the United States. S. 448–480 in: R.E. Dunlap & W. Michelson (Hrsg.), Handbook of Environmental Sociology. Westport: Greenwood Press.
Radkau, J., 2011: Die Ära der Ökologie. Eine Weltgeschichte. München: Beck.
Rootes, C., 2004: Environmental Movements. S. 608–640 in: D.A. Snow, S.A. Soule & H. Kriesi (Hrsg.), The Blackwell companion to social movements. Malden: Blackwell Publishing.
Rootes, C. & E. Nulman, 2015: The Impacts of Environmental Movements. S. 729–742 in: D. Della Porta & M. Diani (Hrsg.), The Oxford handbook of social movements. Oxford, New York: Oxford University Press.

Rost, D., 2015: Konflikte auf dem Weg zu einer nachhaltigen Energieversorgung – Perspektiven und Erkenntnisse aus dem Streit um die CarbonCapture and Storage-Technologie (CCS). Essen.

Rucht, D. & F. Neidhardt, 2020: Soziale Bewegungen und kollektive Aktionen. S. 831–864 in: H. Joas & S. Mau (Hrsg.), Lehrbuch der Soziologie. Frankfurt am Main: Campus.

Safranski, R., 2009: Romantik. Eine deutsche Affäre. Frankfurt am Main: Fischer-Taschenbuch-Verlag.

Saretzki, T., 2010: Umwelt- und Technikkonflikte: Theorien, Fragestellungen, Forschungsperspektiven. S. 33–53 in: P.H. Feindt & T. Saretzki (Hrsg.), Umwelt- und Technikkonflikte. Wiesbaden: VS Verlag für Sozialwissenschaften.

Snow, D.A., 2004: Framing Processes, Ideology, and Discursive Fields. S. 380–412 in: D.A. Snow, S.A. Soule & H. Kriesi (Hrsg.), The Blackwell companion to social movements. Malden: Blackwell Publishing.

Snow, D.A., E.B. Rochford, S.K. Worden & R.D. Benford, 1986: Frame Alignment Processes, Micromobilization, and Movement Participation. American Sociological Review 51: 464–481.

Sutton, P.W., 2007: The environment. A sociological introduction. Cambridge: Polity Press.

Touraine, A., 1981: The voice and the eye. An analysis of social movements. Cambridge: Cambridge University Press.

Weber, M., 1971: Gesammelte politische Schriften. Tübingen: Mohr.

Weber, M., 1992 [1919/1919]: Wissenschaft als Beruf. Tübingen: Mohr.

Yearley, S., 2005: Cultures of environmentalism. Empirical studies in environmental sociology. Houndmills, Basingstoke, Hampshire, New York: Palgrave MacMillan.

Zapf, W., 1994: Modernisierung, Wohlfahrtsentwicklung und Transformation. Soziologische Aufsätze 1987 bis 1994. Berlin: Edition Sigma.

Literaturempfehlungen

Bogner, A., 2014: Umwerben als Aushandlungslogik in Wertkonflikten.
Systematische Typisierung unterschiedlicher Konfliktarten und Modi der Konfliktbearbeitung im Umwelt- und Technikbereich.

Brand, K.-W. & H. Stöver, 2008: Umweltbewegung (inkl. Tierschutz).
Ein Handbuch. Frankfurt am Main: Campus. Kompakte und systematische Darstellung der Geschichte der Umweltbewegung.

Della Porta, D. & M. Diani, 2020: Social movements. An introduction.
Umfassende und leicht verständliche Einführung in die Theorie und Empirie der Bewegungsforschung.

Radkau, J., 2011: Die Ära der Ökologie. Eine Weltgeschichte.
Umfassende und detaillierte Darstellung der Geschichte der Umweltbewegung.

Saretzki, T., 2010: Umwelt- und Technikkonflikte: Theorien, Fragestellungen, Forschungsperspektiven. S. 33–53 in: P.H. Feindt & T. Saretzki (Hrsg.), Umwelt- und Technikkonflikte. Wiesbaden: VS Verlag für Sozialwissenschaften.
Überblicksartikel über Theorien, Fragestellungen und Forschungsbperspektiven im Bereich der Umwelt- und Technikkonflikte, der eine breite Annäherung an die Thematik ermöglicht.

Kapitel 7: Nachhaltiger Konsum

> In diesem Kapitel lernen Sie sozialwissenschaftliche Zugänge zum Thema nachhaltiger Konsum kennen und erfahren, inwiefern Konsumhandeln ein zentraler Bestandteil gesellschaftlicher Naturverhältnisse ist. Darüber hinaus erfahren Sie mehr darüber, wie Konsumhandeln sozial strukturiert ist und warum Konsummuster vielfach nicht nachhaltige Formen annehmen. Dabei wird deutlich, dass Konsum mehr als Bedürfnisbefriedigung ist und Individuen nur in begrenztem Maße freie Entscheidungen im Hinblick auf ihr Konsumhandeln und die damit einhergehenden sozial-ökologsichen Konsequenzen treffen können.

Konsum ist ein fester Bestandteil der Struktur moderner Gesellschaften und damit auch des alltäglichen Lebens. Moderne Gesellschaften werden dementsprechend immer wieder als Konsumgesellschaften (König 2008; Trentmann 2016) bezeichnet, was verdeutlicht, welchen Stellenwert konsumtive Handlungen in diesen Gesellschaften haben. Wolfgang König spricht in diesem Zusammenhang sogar von „Konsum als Lebensform der Moderne" (König 2008). Wichtigstes Merkmal dieser Konsumgesellschaften ist die Existenz eines Warenangebotes, das auf weit über die Befriedigung von Grundbedürfnissen hinausgehende Konsumwünsche abzielt, sodass ein Großteil der Bevölkerung deutlich über die Grundbedürfnisse hinausgehend konsumiert (Schneider 2000; König 2008). Der Anstieg von Reallöhnen und Freizeit, die Ausweitung des Kreditgeschäftes sowie die flächendeckende Durchsetzung der Massenproduktion, die fallende Preise der erzeugten Konsumgüter zur Folge hatte, waren im ausgehenden 19. und 20. Jahrhundert wichtige Treiber der Entstehung von Konsumgesellschaften, die sich durch eine stetig wachsende Nachfrage nach Konsumgütern auszeichnen (König 2008). In der Debatte um „nachhaltigen Konsum" geht es um die Frage, ob diese Entwicklung so weitergeführt werden kann. Die Soziologie liefert in diesem Zusammenhang wichtige Beiträge zu einem umfassenden Verständnis davon, wie bestimmte Konsummuster und damit auch Ressourcenverbräuche und Emissionen zustande kommen. Diese Beiträge werden wir im Folgenden skizzieren. Wir betrachten zunächst den Begriff des (nachhaltigen) Konsums näher, erläutern dann mit der Rational-Choice-Perspektive einen weit über die Soziologie hinaus relevanten konzeptionellen Zugang zu Konsum, danach die theoretischen Perspektiven auf Konsum als distinktive, symbolische Handlung und schließlich die vor allem im angelsächsischen Raum dominante, praxistheoretische Perspektive auf sozio-materielle Konsumpraktiken.

1. Was ist (nachhaltiger) Konsum?

Trotz der unumstritten großen gesellschaftlichen Bedeutung von Konsum als sozialem Phänomen war diese Thematik in der Soziologie im Allgemeinen stets randständig, da sich die Disziplin eher auf die Theoretisierung und empirische Analyse sozialer Institutionen wie Wirtschaft und Produktion, Staat und Politik, Familie, Bildung und Kultur fokussierte (Buttel et al. 2002: 20). Dementsprechend existiert in der Soziologie keine eigenständige konsumsoziologische Theorietradition (Shove & Warde 2002: 230). Nichtsdestotrotz war und ist die Auseinandersetzung mit der Tatsache, dass die Art und Weise, wie Gesellschaften und soziale

Gruppen konsumieren, unterschiedliche und teils erhebliche ökologische Folgen zeitigen, immer schon ein zentraler Bestandteil der Umweltsoziologie (Buttel et al. 2002: 19f.). Nicht zuletzt aufgrund der teils erheblichen ökologischen Folgen des Konsums ist die Auseinandersetzung mit diesem Thema für ein tieferes Verständnis des Verhältnisses zwischen Gesellschaft und Natur unerlässlich.

Der Begriff Konsum erscheint zunächst wenig erklärungsbedürftig, da er zumindest teilweise auch im Alltagswortschatz Verwendung findet. Dort bezieht er sich zumeist auf den Erwerb und teilweise auch auf die Nutzung von Gütern und Dienstleistungen. Im wissenschaftlichen Sprachgebrauch wird der Konsumbegriff oftmals nicht genau definiert, was eine etwas beliebige Begriffsverwendung zur Folge hat (Evans 2018). Die existierenden Definitionsversuche stimmen darin überein, dass sie Konsum als einen Prozess beschreiben, der unterschiedliche Phasen umfasst (Campbell 1995b; Schneider 2000; Warde 2005; Fischer et al. 2011; Evans 2018). Dementsprechend besteht Konsum nicht aus einer einzigen Handlung, sondern aus einer Sequenz unterschiedlicher Handlungen, die sich im Zeitverlauf vollziehen. Ausgangspunkt des eigentlichen Konsumprozesses ist die Bedürfnisgenese. Das heißt, es entsteht – teilweise bewusst durch Werbung induziert – bei Konsument*innen der Wunsch nach einem bestimmten Gut oder einer Dienstleistung. Der Bedürfnisgenese folgt die Auswahl eines entsprechenden Gutes oder einer Dienstleistung. Hierbei stehen Aktivitäten der Informationssuche und der Entscheidungsfindung bzgl. Modell, Ausführung, Marke, Preis etc. im Vordergrund, die durch unterschiedliche Bedürfnisse motiviert sein können. Bei der Informationssuche können sich Konsument*innen jedoch zumeist keinen umfassenden Überblick über die verschiedenen Produktmerkmale verschaffen, da sich bestimmte Eigenschaften nur erfahrungsbasiert erschließen lassen (sogenannte Erfahrungseigenschaften wie z.B. Haltbarkeit oder Folgekosten) oder nur auf Basis von Expert*innenwissen eingeschätzt werden können (sogenannte Vertrauenseigenschaften wie z.B. Umweltverträglichkeit oder Gefährlichkeit bestimmter Inhaltsstoffe) (Darby & Karni 1973). Ist die Informationssuche nach mehr oder minder großem Aufwand abgeschlossen und eine Entscheidung für ein bestimmtes Produkt gefallen, schließt die Phase des Erwerbs bzw. der Beschaffung an. Diese Phase umfasst die unterschiedlichen Wege, auf die sich die Konsument*innen das entsprechende Gut oder die Dienstleistung zugänglich machen (z.B. Kauf in einem Kaufhaus, Bestellung im Versandhandel, Ausleihen bei Bekannten, Barzahlung oder Finanzierung über Kredit etc.). In der Nutzungsphase integrieren die Konsument*innen das entsprechende Gut oder die Dienstleistung in ihren Alltag, nutzen und verbrauchen sie. Im Verbrauchsbegriff spiegelt sich die etymologische Abstammung des Wortes Konsum vom lateinischen Verb consumere = „verbrauchen" wider. Die letzte Phase des Konsumprozesses ist die Entsorgung. Diese Phase umfasst die unterschiedlichen Aktivitäten der Entsorgung des entsprechenden Gutes bzw. der Einstellung der Nutzung einer bestimmten Dienstleistung. Im Hinblick auf Güter bedeutet dies jedoch nicht zwangsläufig, dass diese aufgebraucht, ungenießbar, beschädigt, verschlissen oder kaputt sein müssen, da eine Vielzahl von Gütern entsorgt werden, ohne dass dies notwendig wäre (Evans 2018).

Abbildung 9 stellt die einzelnen Phasen des Konsumprozesses in ihrem konsekutiven Ablauf dar.

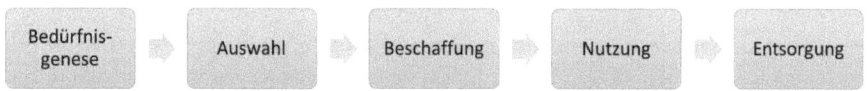

Abbildung 9: Phasen des Konsumprozesses; Quelle: Eigene Darstellung

Es ist offensichtlich, dass die Art der Güter und Dienstleistungen, die Menschen konsumieren, sowie die Art und Weise wie sie konsumiert und entsorgt werden, sozial-ökologische Konsequenzen mit sich bringen. Ein solches Verständnis für die (nicht intendierten) Folgen des Konsums hat sich allerdings erst sehr langsam herausgebildet. Zwar wurde der Begriff der Nachhaltigkeit – bzw. genauer gesagt das Verb „nachhalten" – bereits 1713 von Hans Carl von Carlowitz in seinem forstwirtschaftlichen Werk „Sylvicultura oeconomica" geprägt (Grober 2013: 114ff.), jedoch sollte es über zweihundert Jahre dauern, bis die Wissenschaft und in diesem Zuge auch die Öffentlichkeit den Begriff wieder aufgriff. So erschien im Jahr 1972 eine Studie des sogenannten Club of Rome, einem internationalen Zusammenschluss von Wissenschaftlern verschiedenster Disziplinen, mit dem Titel „The Limits to Growth". In dieser Studie zeichneten die Verfasser basierend auf Computersimulationen ein äußerst düsteres Bild von der Zukunft der Erde, sofern die Menschheit nicht beginnen würde, nachhaltiger zu leben und zu wirtschaften. Die Studie erregte, nicht zuletzt aufgrund ihrer düsteren Zukunftsprognose, weltweit viel Aufmerksamkeit (Pufé 2014: 37ff.). Für das politische Verständnis des Nachhaltigkeitsbegriffs war vor allem der Bericht „Our Common Future" der Weltkommission für Umwelt und Entwicklung, die 1983 von den Vereinten Nationen eingesetzt worden war, folgenreich. Im Bericht der Brundtland-Kommission – so bezeichnet nach ihrer Vorsitzenden, der damaligen norwegischen Ministerpräsidentin Gro Harlem Brundtland – wurde der Begriff der nachhaltigen Entwicklung wie folgt definiert: „Sustainable development seeks to meet the needs and aspirations of the present without compromising the ability to meet those of the future" (United Nations 1987). In dieser Definition wird bereits auf die Notwendigkeit der (generationengerechten) Bedürfnisbefriedigung verwiesen, was die Brücke zum Thema Konsum als Mittel der Bedürfnisbefriedigung schlägt. Im Zuge der Etablierung von nachhaltiger Entwicklung als normativem Leitprinzip der internationalen Staatgemeinschaft auf der Konferenz der Vereinten Nationen über Umwelt und Entwicklung im Jahre 1992 in Rio de Janeiro rückte die Neuausrichtung von Konsum in Richtung Nachhaltigkeit verstärkt in das Bewusstsein politischer Entscheidungsträger und hielt so auch nach und nach Einzug in politische und öffentliche Debatten (zur Geschichte des Nachhaltigkeitsbegriffs und zur Begriffsentwicklung siehe ausführlich: Grober 2013, Pufé 2014). Gegenwärtige Debatten über Nahrungsmittelverschwendung, Mikroplastik in den Weltmeeren, fairen Handel und den Anteil privater Haushalte an den weltweiten CO_2- und Schadstoffemissionen sind nur einige von vielen Beispielen, in denen sozial-ökologische Konsequenzen des Konsums in modernen Gesellschaften öffentlich problematisiert werden. Als nachhaltiger Konsum wird dabei – in Anlehnung der Nachhaltigkeitsdefinition der Brundtland-Kommission – eine Konsumform bezeichnet, bei der „der Erwerb, die Nutzung und die Entsorgung von Gütern in einer Weise geschieht, die dazu beiträgt, dass alle Menschen – gegenwärtige wie künftige – ihre (Grund-)Bedürfnisse und ihren Wunsch nach einem guten Leben verwirklichen können" (Defila et al. 2011: 13). Zu betonen ist hierbei, dass die sozial-ökologischen Auswirkungen bestimmter Konsumhandlungen nicht notwendigerweise mit entsprechenden individuellen Intentionen korrespondieren müssen. Das heißt, das individuelle Konsumhandeln kann sich in seiner Bilanzierung durchaus als nachhaltig erweisen, obwohl dies nicht explizit beabsichtigt war. Umgekehrt führen oftmals jedoch auch explizit ökologische Handlungsintentionen zu negativen sozial-ökologischen Konsequenzen. So zeigen beispielsweise Stephanie Moser und Silke Kleinhückelkotten in einer empirischen Untersuchung, dass besonders umweltbewusste Personen einen höheren CO_2-Fußabdruck aufweisen als weniger umweltbewusste Personen (Moser & Kleinhückelkotten 2018). Dies rührt hauptsächlich daher, dass Umweltbewusstsein positiv mit Bildung korreliert, die wiederum positiv mit Einkommen zusammenhängt. Ein höheres Einkommen eröffnet mehr Konsummöglichkeiten, was zumeist negative ökologische Konsequenzen nach sich zieht. Das heißt, der potenziell positive Effekt ökologischer Handlungsabsichten wird durch einen negativen Einkommenseffekt konterkariert. Deshalb muss bei der wissenschaftlichen Betrachtung von nachhaltigem Konsum zwischen einer wirkungs- und einer absichtsbezogenen Perspektive unterschieden werden (Stern 2000; Fischer et al. 2011). Aus wirkungsbezogener Perspektive rückt die Untersuchung der sozial-ökologischen Folgen von Konsummustern in den Mittelpunkt, während aus absichtsbezogener Perspektive der Untersuchungsfokus auf den sozialen, kulturellen und psychologischen Treibern von Konsumhandeln liegt. In der Kombination beider Perspektiven ergibt sich dann das umfassende Bild des durch bewusste oder unbewusste mentale Dispositionen (Präferenzen, Werte, Einstellungen etc.) beeinflussten und durch gesellschaftliche und soziotechnische Strukturen (soziale Lage, Infrastrukturen, Politiken etc.) vermittelten Konsumhandelns und seiner Auswirkungen.

Möchte man Konsumhandeln differenzierter betrachten, bietet sich zunächst die grobe Unterscheidung in unsichtbaren (englisch: inconspicuous), alltäglichen und außeralltäglichen Konsum an. Diese Unterscheidung ist zwar nicht vollkommen überschneidungsfrei, aber dennoch hilfreich, um die Treiber bestimmter Konsumhandlungen besser verstehen zu können. Der Begriff des unsichtbaren Konsums beschreibt den weitestgehend unbewussten und unbemerkten Verbrauch von Ressourcen im Zusammenhang mit bestimmten Handlungen (z.B. Wasserverbrauch beim Duschen). Alltäglicher Konsum bezieht sich auf repetitive, im Alltag fest verankerte Konsumhandlungen (z.B. Butter kaufen, fernsehen oder Serien streamen). Der Begriff des außeralltäglichen Konsums meint schließlich die mehr oder weniger außergewöhnlichen Konsumhandlungen, die nicht durch Routinen bestimmt sind (z.B. der Kauf eines Autos oder Hauses) (Gronow & Warde 2001; Evans 2018). Wie bereits angeklungen, werden manche Konsumhandlungen stark routinisiert und ohne größeren kognitiven Aufwand vollzogen, während andere Konsumhandlungen eine starke mentale Involviertheit bzw. Ich-Beteiligung mit sich bringen. Dementsprechend kann eine weitere Unterscheidung in High- und Low-Involvement-Produkte und -Aktivitäten vorgenommen werden. High-Involvement-Produkte und -Aktivitäten sind dadurch gekennzeichnet, dass sie stark mit persönlicher und sozialer Bedeutung „aufgeladen" sind und dementsprechend einen höheren Stellenwert für die Definition des eigenen Selbst haben (Belk 1995). So spielt beispielsweise ein Auto bei den meisten Menschen für den Ausdruck ihrer Identität eine größere Rolle als die Handtücher, die sie besitzen. Der Grad der Involviertheit hängt jedoch auch von situativen und individuellen Faktoren wie Persönlichkeitseigenschaften, Gemütsverfassung, verfügbarem Einkommen oder vorangegangenen Erfahrungen ab und kann sich über die oben dargestellten Phasen des Konsumprozesses hinweg verändern. Ebenso kann die Zuordnung eines Konsumgutes und damit verbundener Konsumhandlungen zu den drei Konsumformen – unsichtbar, alltäglich, außeralltäglich – entlang der Phasen des Konsumprozesses variieren. So handelt es sich beim Erwerb eines Elektroautos um einen außeralltäglichen Konsumakt, während seine Nutzung im Bereich des alltäglichen Konsums angesiedelt ist und der mit der Nutzung assoziierte Energieverbrauch dem Bereich des unsichtbaren Konsums zuzurechnen ist. Im Hinblick auf den Erwerb ist ein Elektroauto darüber hinaus sicherlich als High-Involvement-Produkt zu bezeichnen, während seine Nutzung wohl eher eine von Routinen bestimmte Low-Involvement-Aktivität darstellt. Zudem gibt es Momente, in denen routinisierte Konsumhandlungen unterbrochen, überdacht und neu organisiert werden, wie etwa der Lebensmittelkonsum nach der Geburt von Kindern oder die Mobilitätsgewohnheiten nach Umzügen. Diese Auslöser einer biographisch verursachten Reflektion und stärkeren Involviertheit in Konsumhandlungen und -entscheidungen gelten als Gelegenheitsfenster, in denen nachhaltigere Konsummöglichkeiten vermittelt und verankert werden können (siehe beispielsweise Prillwitz et al. 2006; Schäfer et al. 2012). Die eben dargestellten Unterscheidungen der drei verschiedenen Konsumformen sowie der persönlichen Involviertheit stellen ein umfassendes Analyseraster bereit, um (nachhaltigen) Konsum detailliert und differenziert zu betrachten.

2. Menschen als rationale Entscheider*innen

In der Umweltpolitik hat sich die Annahme durchgesetzt, dass umweltfreundliches Handeln mittels finanzieller Anreize beeinflusst werden kann. Die Basis für die Erklärung (nicht) nachhaltigen Konsums stellt in diesem Fall die Konzeption des Menschen als rationale*r Entscheider*in dar. Menschliches Handeln wird dabei aus den individuellen Kosten-Nutzen-Kalkülen heraus erklärt, basierend auf der Annahme, dass Menschen im Rahmen kontextueller Restriktionen (zur Verfügung stehende Zeit, verfügbares Geld, wahrgenommene Handlungsmöglichkeiten etc.) versuchen, mit ihrer Entscheidung den erwarteten Nutzen zu maximieren. Das heißt, Menschen wählen unter unterschiedlichen Handlungsoptionen diejenige aus, die ihnen den größten Nutzen verspricht (Kunz 2004; Liebe & Preisendörfer 2011). Umweltfreundliches Handeln ist dementsprechend nicht vorrangig auf Umweltbewusstsein, sondern auf rationale Kosten-Nutzen-Kalküle zurückzuführen.

Volker Kunz fasst die drei Kernannahmen der Theorie der rationalen Wahl (Rational Choice) wie folgt zusammen (Kunz 2004: 36):

1. Handeln ist zielgerichtet und dabei durch Bedürfnisse, Präferenzen oder Wünsche motiviert.
2. Handlungsrestriktionen stellen Rahmenbedingungen für das individuelle Handeln dar.
3. Menschen wählen die Handlungsoption, die unter gegebenen Handlungsrestriktionen das höchste Maß an Zielerreichung (Nutzen) verspricht.

In soziologischen Varianten der Theorie der rationalen Wahl ist Nutzen nicht notwendigerweise rein ökonomisch definiert, sondern kann sich auch auf Zeitersparnis, Erhöhung sozialer Anerkennung, Sicherung sozialer Identität etc. beziehen (Brand 2014: 165). Damit verbunden ist die Betonung der subjektiven Wahrnehmung und Definition dessen, was als Nutzen zu gelten hat. In soziologischen Modellen der rationalen Wahl wird Nutzen (und die entsprechenden Eintrittswahrscheinlichkeiten) daher zumeist als subjektiv wahrgenommener oder erwarteter Nutzen definiert (Liebe & Preisendörfer 2011: 224). Des Weiteren wird die Regel der Nutzenmaximierung teilweise eingeschränkt, indem diese durch die weniger strikte Regel des „satisficing" (Simon 1955) ersetzt wird. Die Annahme der vollständigen Rationalität wird dabei zugunsten der Annahme begrenzter Rationalität („bounded rationality") gelockert (Simon 1979). Das heißt, in komplexen Entscheidungssituationen verhalten sich Menschen aufgrund von kognitiver Überlastung nur noch begrenzt rational: Die Komplexität der Situation übersteigt die mentalen Fähigkeiten der Entscheidenden, aus den gegebenen Entscheidungsoptionen diejenige auszuwählen, die tatsächlich den höchsten Nutzen verspricht. Darüber hinaus verfügen Menschen über ein bestimmtes Anspruchsniveau, das die zusätzliche Informationssuche und damit den Aufwand, um zu einer möglichst nutzenmaximierenden Entscheidung zu kommen, reguliert. Menschen geben sich dementsprechend bei Entscheidungen oftmals mit einer als befriedigend wahrgenommenen Entscheidungsoption zufrieden, ohne überhaupt unter allen Umständen die nutzenbringendste Option ausfindig machen zu wollen.

Anknüpfend an die Theorie der rationalen Wahl brachten Andreas Diekmann und Peter Preisendörfer die sogenannte Low-Cost-Hypothese als Antwort auf die Frage ein, warum sich Umweltbewusstsein oftmals nicht in entsprechendem ökologischen Handeln niederschlägt (Diekmann & Preisendörfer 1992, 1998). Laut der Low-Cost-Hypothese übersetzt sich Umweltbewusstsein nur dann in umweltfreundliches Handeln, wenn es sich um eine Niedrigkostensituation handelt. Eine Niedrigkostensituation liegt dann vor, „[...] wenn die Kosten der weniger umweltfreundlichen Alternative minus der Kosten der umweltfreundlichen Alternative für möglichst viele Personen negativ, aber nahe null sind" (Diekmann 1996: 111). Dementsprechend zeigt sich umweltfreundliches Handeln meist nur dann, wenn es geringe Kosten im Hinblick auf Geld, Zeit, Aufwand oder Komfort mit sich bringt. Dies kann erklären, warum Menschen eher dazu geneigt sind, Biolebensmittel zu kaufen und Müll zu trennen als auf ein Auto zu verzichten oder auch nur weniger Auto zu fahren. In wahrgenommenen Hochkostensituationen, wie dem Verzicht auf ein eigenes Auto, sind subjektive Kosten-Nutzen-Kalküle wie der erwartete Komfort- und Flexibilitätsverlust, die in diesem Fall Handlungsbarrieren darstellen, entscheidender als unter Umständen vorhandenes Umweltbewusstsein. Hieraus lässt sich der Schluss ableiten, dass nicht Appelle an das Umweltbewusstsein oder Maßnahmen zur Steigerung des Umweltbewusstseins entscheidend sind, sondern der Abbau von Handlungsbarrieren und -kosten in als solche wahrgenommenen Hochkostensituationen.

Die Konzeption von Menschen als (begrenzt) rationale, nutzenmaximierende Entscheider*innen wurde vielfach kritisiert (Shove 2010). Einer der Haupteinwände ist, dass umweltverträgliches Handeln nicht vollumfänglich als rationales Wahlhandeln zu verstehen sei, da Handeln auch durch Lebensstile, Weltbilder, Emotionen, Routinen, kulturelle Traditionen, Distinktionsbedürfnisse, die Einbettung in soziotechnische Systeme und Haushaltsarrangements etc. geprägt sei (Brand 2014: 169). Darüber hinaus wurde als empirisches Argument gegen die Low-Cost-Hypothese ins Feld geführt, dass es von der Stärke einer Einstellung abhängig sei, ob diese handlungswirksam werde. Dementsprechend können umweltfreundliche Einstellungen durchaus auch in Hochkostensituationen handlungsanleitend sein, wenn diese so stark sind, dass sie Kosten-Nutzen-Kalküle außer Kraft setzen. Die Low-Cost-Hypothese wäre dementsprechend eher als Low-Attitude-Hypothese zu bezeichnen (Best & Kneip 2011; Best & Kroneberg 2012).

Alles in allem haben sich Rational-Choice-Theorien bisher im Umweltbereich immer dann als erklärungskräftig erwiesen, wenn es sich um die Analyse klar umrissener Entscheidungssituationen mit transparenter Kostenstruktur handelt (Diekmann & Preisendörfer 1998). Der nächste Abschnitt stellt demgegenüber die symbolische Konsumdimension in den Mittelpunkt.

3. Die symbolische Dimension von Konsum

Die Bedeutung von Disktinktionsbedürfnissen und Selbstdarstellung für das Konsumhandeln kommt in der Diskussion über symbolische Funktionen, die Konsumgüter bzw. Konsumhandlungen erfüllen, zum Ausdruck. Funktionserfüllung kann zwar teilweise auch als individuell nutzenstiftend interpretiert werden, jedoch geht die Unterscheidung symbolischer Konsumfunktionen deutlich über die Annahme hinaus, dass Menschen ihr Konsumhandeln an rationalen Kosten-Nutzen-Kalkülen ausrichten. Stattdessen betonen die dahinterliegenden Theorien die soziokulturelle Überformung individuellen Handelns und die Einbettung dieses Handelns in soziale Interaktionszusammenhänge und haben somit nicht den einzelnen Menschen als Entscheider*in im Fokus. Konsumgüter erfüllen demnach symbolische Funktionen, die sozial konstruiert und dementsprechend den Gütern nicht inhärent sind, sondern eine gesellschaftsstrukturelle Prägung aufweisen (Goffman 1951). Der Symbolwert von Gütern entsteht durch Zuschreibung im Rahmen sozialer Interaktionsprozesse und rekurriert auf einen kollektiven Bedeutungshorizont (Slater 2008). Dieser gemeinsame Bedeutungshorizont ermöglicht es Menschen von der symbolischen Bedeutung, die ein Konsumgut für sie selbst hat, darauf zu schließen, welchen Symbolwert es für andere hat und welche Reaktionen es höchstwahrscheinlich bei diesen auslösen wird (Mead 1995 [1934]: 111ff.).

Damit Konsumgüter überhaupt eine symbolische Funktion erfüllen können, müssen diese zwei Voraussetzungen erfüllen: Signifikanz und Visibilität (Wiswede 2000). Signifikanz beschreibt dabei die „kollektiv geteilte Bedeutungszuschreibung" (Wiswede 2000: 40). Das heißt, die symbolische Bedeutung eines bestimmten Konsumgutes muss von anderen Menschen als solche erkannt und verstanden werden. Wenn beispielsweise das Umfeld eines Solaranlagenbesitzers die Solaranlage nicht als nachhaltiges Gut erkennt und versteht, kann die Solaranlage in diesem Umfeld nicht als Symbolisierung von Nachhaltigkeit fungieren. Der Begriff der Visibilität bezieht sich auf die Sichtbarkeit des symbolisch aufgeladenen Konsumgutes. Ist das Gut für andere nicht sichtbar, kommt sein Symbolwert nicht zum Tragen.

Im Hinblick auf die symbolische Dimension von Konsumgütern lassen sich drei zentrale Konsumfunktionen unterscheiden (siehe beispielsweise Campbell 1995b: 111; Reisch 2002: 231; Sonnberger 2015: 88ff.), die im Folgenden dargestellt und näher beschrieben werden:

a) **Positionsfunktion:** Die Bedeutung von Konsumgütern für die Sichtbarmachung und Zurschaustellung sozialer Positionen und sozialen Status wurde auf prominenteste und elaborierteste Weise von Pierre Bourdieu (Bourdieu 1982) und Thorstein Veblen (Veblen 2007 [1899]) ausgearbeitet. Konsumgüter erfüllen demnach unter anderem die Funktion der Grenzziehung zwischen verschiedenen Personen, sozialen Gruppen, Schichten oder Klassen. Sie machen Aussagen über die soziale Position einer Person und damit über ihren Stellenwert in der Gesellschaft. Thorstein Veblen hat in diesem Zusammenhang den Begriff des „demonstrativen Konsums" geprägt, der beschreibt, dass Menschen mit Hilfe von Konsumgütern versuchen, ihre soziale Position gegenüber anderen sichtbar zu machen, diese zu behaupten oder gar aufzuwerten (Campbell 1995a: 38). Das eingängigste Beispiel hierfür ist wohl der Stellenwert bestimmter Autos als Statussymbole, mit Hilfe derer ihre Besitzer teilweise versuchen, ihrem Reichtum und Erfolg für alle sichtbar Ausdruck zu verleihen. Während sich Thorstein Veblen mit seinem Konzept des demonstrativen Konsums auf eher offenkundige, direkte Formen der Statusrepräsentation durch Konsumgüter bezog, arbeitete Pierre Bourdieu auf detaillierte Weise die subtileren, indirekten Formen der Distinktion („die feinen Unterschiede") heraus, indem er zeigte, wie auch nicht unmittelbar sichtbare Konsumpraktiken der sozialen Grenzziehung dienen. So ist beispielsweise der Opernbesuch nicht nur ein Mittel persönlichen Genusses, sondern auch eine Methode der symbolischen Abgrenzung von anderen, der „Hochkultur" nicht nahestehenden sozialen Gruppen, und letztendlich ein subtiler Ausdruck der eigenen Zuordnung zu einem feinsinnigen und als überlegen wahrgenommenen Geschmack.

b) **Integrationsfunktion:** Konsumgüter dienen nicht nur als Symbole der Abgrenzung, sondern erfüllen auch eine integrative Funktion, indem sie Gruppenzugehörigkeiten markieren und so soziale Ordnungen materialisieren und dabei stabilisieren. In ihrem Buch „The World of Goods" legen Mary Douglas und Baron Isherwood eine kulturanthropologische Interpretation moderner Konsumgesellschaften vor (Douglas & Isherwood 1996 [1979]). Sie wenden sich dabei gegen die Deutung, dass Konsum vornehmlich der Statusdemonstration diene und betonen, dass Konsumgüter ein Integrationsmedium von Gemeinschaften darstellen: „Within the available time and space the individual uses consumption to say something about himself, his family, his localty, whether in town or country, on vacation or at home. The kind of statements he makes are about the kind of universe he is in, affirmatory or defiant, perhaps competitive, but not necessarily so" (Douglas & Isherwood 1996 [1979]: 45). So stellt der exzessive Konsum von Fleisch in vielen Gesellschaften und sozialen Gruppen ein Symbol für Männlichkeit dar, welches wiederum die soziale Ordnung der Geschlechterverhältnisse manifestiert und reproduziert. Genauso dienen konsumtive Praktiken wie Dinnerparties der Einbettung von Personen in Gruppenzusammenhänge sowie der Stärkung sozialer Beziehungen. Konsumgüter und Konsumhandeln werden so zu einem kulturellen Kategorien- und Informationssystem der sozialen Ordnung und spiegeln daher wieder, in welcher Gesellschaft die Menschen leben wollen, welche soziale Ordnung sie präferieren und gegen welche sie sich wenden (Sassatelli 2007: 49).

c) **Expressionsfunktion:** Die Expressionsfunktion von Konsumgütern weist zwar Überschneidungen mit den beiden zuvor beschriebenen Funktionen auf, ist jedoch durchaus von diesen abgrenzbar. Während bei den anderen beiden symbolischen Konsumfunktionen die Manifestation, Stabilisierung und Reproduktion sozialer Beziehungen und damit sozialer Ordnung im Vordergrund steht, zielt die Expressionsfunktion auf den Ausdruck und die Konstruktion von Identität ab. Identität kann dabei als „[…] die Summe aller historisch gewachsenen persönlichen und sozialen Merkmale verstanden werden, in der sich das Bild, das man von sich selbst hat, widerspiegelt und welches man gegenüber anderen präsentiert" (Friese 1998: 40). Herbert Marcuse und Erich Fromm bringen – in kritischer Absicht – den Zusammenhang zwischen Identität und Konsum in modernen Gesellschaften wie folgt auf den Punkt: „Die Menschen erkennen sich in ihren Waren wieder; sie finden ihre Seele in ihrem Auto, ihrem Hi-Fi-Empfänger, ihrem Küchengerät" (Marcuse 2005 [1967]: 29) bzw. „Ich bin, was ich habe und was ich konsumiere" (Fromm 2003 [1979]: 37). Insbesondere Zygmunt Bauman hat die Passgenauigkeit zwischen Konsumkultur und den spezifischen Bedingungen der Moderne akribisch ausgearbeitet, in dem er verdeutlichte, dass unter modernen Verhältnissen Identitäten nicht mehr qua Geburt in eine bestimmte soziale Position festgelegt werden, sondern mühsam konstruiert, stetig angepasst und aufrechterhalten werden müssen (Bauman 2009). Identitäten werden so zu Projekten (Bauman 2009: 144). Bei der erfolgreichen Verwirklichung dieser Projekte spielen für viele Menschen Konsumgüter wie Kleidung oder Möbel eine wichtige Rolle. Paradoxerweise sahen sich die Menschen in modernen Gesellschaften, deren Dynamik sie zwingt, ihre Identität selbst zu konstruieren und nach außen zu präsentieren, jedoch mit einer durch Massenproduktion weitestgehend standardisierten Produktpalette konfrontiert (Brand 2008: 75). Hier setzt auch Andreas Reckwitz an und arbeitet heraus, in welchem Maße gerade digitale Produkte (Profilbilder, Playlists etc.) und Dienstleistungen zur „Besonderung" der Einzelnen beitragen und ihre Strategien der Stilisierung von „Singularität" unterstützen (Reckwitz 2017).

Natürlich erfüllen viele Konsumgüter unterschiedliche symbolische Konsumfunktionen zugleich. So kann der Kauf von Biolebensmitteln sowohl dazu dienen, sich von anderen, als weniger umwelt- und gesundheitsbewusst wahrgenommenen sozialen Gruppen anzugrenzen (Positionsfunktion), sich als Teil einer Gemeinschaft von „bewusst" Lebenden und Konsumierenden zu zeigen (Integrationsfunktion), als auch sich der eigenen Identität als umwelt- und gesundheitsbewusster Person zu versichern (Expressionsfunktion). Die meisten Konsumgüter weisen darüber hinaus sowohl Symbol- als auch Gebrauchswert auf, dies jedoch in unterschiedlicher Ausprägung. So zeichnen sich Autos durch hohen Symbolwert und auch hohen Gebrauchswert aus, während Kochtöpfe zwar einen hohen Gebrauchswert aufweisen, jedoch kaum Symbolwert. Letztendlich begründet sich der zugeschriebene Wert eines Gutes nicht allein aus seinem Gebrauchswert, sondern wird auch von seinem Symbolwert abgeleitet. In modernen Gesellschaften, die sich durch weitestgehend gesättigte Märkte auszeichnen, auf denen eine breite Produktpalette angeboten wird, gewinnt der Symbolwert sogar mehr und mehr an Bedeutung, da die Konsument*innen aus einer Vielzahl vom Gebrauchswert her ähnlicher Produkte auswählen können (Hirschman 1981: 4). Der Symbolwert wird so zum entscheidenden Faktor für den Absatz eines Konsumgutes. Ein aktuelles Beispiel dafür ist die wachsende Verbreitung von als „biologisch" gekennzeichneten Lebensmitteln. Unabhängig davon, wie biologisch die Art ihrer Erzeugung tatsächlich war, versprechen sie heutzutage einen symbolischen Mehrwert gegenüber anderen, konventionell erzeugten Lebensmitteln. An diesem Beispiel zeigt sich auch, wie sich der Symbolwert eines Konsumgutes aufgrund von soziokulturellem Wandel verändern kann: in den 80er und 90er Jahren des letzten Jahrhunderts waren Biolebensmittel unter anderem aufgrund ihres eher negativen Rufs kaum verbreitet. Sie galten vielen als unhygienisch und die entsprechenden Konsument*innen als Biofanatiker*innen. Erst das wachsende Umweltbewusstsein in der Bevölkerung hat Biolebensmittel für breitere Konsumentensegmente attraktiv gemacht.

4. Praktiken alltäglichen Konsums

Während die weiter oben eingeführten Theorien der rationalen Wahl das einzelne Individuum und seine bewussten Entscheidungen in den Blick nehmen, richten Praxistheorien den Analysefokus auf den Vollzug von Alltag im Rahmen sozialer Praktiken. Die Analyseeinheiten sind dabei nicht mehr Individuen, sondern Praktiken wie Kochen, Einkaufen, Duschen, Autofahren usw. (Reckwitz 2003). Es existieren unterschiedliche Definitionen des Praktikbegriffs sowie unterschiedliche Auffassungen darüber, aus welchen Elementen sich eine Praktik letztendlich zusammensetzt (siehe beispielsweise Schatzki 1996; Reckwitz 2003; Shove et al. 2012). Allgemein gesprochen sind Praktiken „embodied, materially mediated arrays of human activity centrally organized around shared practical understanding" (Schatzki 2001: 2). Das heißt, es handelt sich dabei um menschliche Aktivitäten, die körperlich vermittelt unter Einbezug von materiellen Objekten, im Rückgriff auf ein praktisches Bewusstsein und weitestgehend routinisiert erfolgen (Reckwitz 2003: 284). Der Begriff des praktischen Bewusstseins beschreibt dabei „all das, was Handelnde stillschweigend darüber wissen, wie in den Kontexten des gesellschaftlichen Lebens zu verfahren ist, ohne daß sie in der Lage sein müßten, all dem einen direkten diskursiven Ausdruck zu verleihen" (Giddens 1997 [1984]: 36). So ist die Praktik des Autofahrens eine körperliche Aktivität (Gangschalten, Lenken usw.), für deren Ausübung materielle Objekte wie das Auto an sich oder Straßen als Infrastruktur notwendig sind und die weitestgehend unbewusst im Rückgriff auf verinnerlichte Kompetenzen (Verhaltensregeln im Straßenverkehr, Wissen über die Bedeutung von Verkehrsschildern usw.) erfolgt. Die Nutzung des Autos für regelmäßige Wegezwecke, z.B. Arbeitsweg oder Wocheneinkauf, folgt dabei zumeist Routinen, die allenfalls in Krisensituationen hinterfragt werden.

Der Begriff Praxistheorien wird hier ganz bewusst im Plural verwendet, da nicht die eine allgemein anerkannte Praxistheorie an sich existiert, sondern vielmehr unterschiedliche Ansätze und Theorien parallel bestehen, die jedoch alle die Auseinandersetzung mit Praktiken zum Kern haben (Reckwitz 2003: 283f.). Anthony Giddens' Strukturationstheorie (Giddens 1979, 1997 [1984], 1993) sowie Pierre Bourdieus Habitus-Konzept (Bourdieu 1976, 1982, 1993) wären als Klassiker in diesem Feld zu nennen. In neuerer Zeit haben im Bereich des nachhaltigen Konsums die Praxistheorien von Elizabeth Shove (Shove 2003; Shove et al. 2012) und Theodore Schatzki (Schatzki 1996; Schatzki 2010) weite Verbreitung erlangt. Da sich insbesondere Elizabeth Shove und Kollegen um eine praxistheoretische Analyse von Fragestellungen aus dem Bereich des nachhaltigen Konsums bemüht haben, soll im Folgenden vertieft auf deren praxistheoretische Perspektive eingegangen werden.

Elizabeth Shove und Kollegen gehen davon aus, dass sich Praktiken aus Fähigkeiten, Sinn und materiellen Objekten zusammensetzen. Der Begriff der Fähigkeit beschreibt dabei das praktische Wissen und die Fertigkeiten, die zur Ausübung einer Praktik notwendig sind. Sinn bezieht sich auf die Bedeutungszusammenhänge, die mit der Ausübung einer Praktik verbunden sind, und materielle Objekte meint die Gegenstände, Geräte, Produkte und biophysische Elemente (z.B. Wasser, Kraftstoff, Strom etc.), deren Nutzung in die Ausübung der Praktik eingebunden ist (Shove et al. 2012: 22ff.). Praktiken sind darüber hinaus keine isolierten Einheiten, sondern treten meist als Bündel auf. Das heißt, Praktiken sind über ihre einzelnen Elemente oder sequenzielle Abfolgen miteinander verknüpft (Shove et al. 2012: 105ff.). So verweisen die Praktiken des Waschens von Kleidung und des Duschens auf denselben Bedeutungszusammenhang der Sauberkeit und damit verknüpfte soziale Normen der Reinlichkeit. Ein Beispiel der sequenziellen Verknüpfung von Praktiken ist die Praktik des Einkaufens, an die die zeitlich nachgelagerte Praktik des Kochens anschließt. Darüber hinaus sind zur Ausübung von Praktiken meist größere Infrastrukturen notwendig, damit die involvierten materiellen Objekte überhaupt funktionsfähig sind (Shove et al. 2015; Shove 2016). So hängt die Funktionalität von Fahrrädern oder Autos vom Vorhandensein einer entsprechenden Straßeninfrastruktur ab und variiert auch mit der Beschaffenheit dieser Infrastruktur; elektrische Geräte benötigen Strom, der in Kraftwerken erzeugt und über Stromnetze und Stromleitungen verteilt wird.

Laut Elizabeth Shove und Kollegen wandeln sich Praktiken, indem sich eines oder mehrere ihrer Elemente (Fähigkeiten, Sinn und materielle Objekte) verändert (Shove et al. 2012). So hat sich beispielsweise die Praktik des Kochens durch die Verbreitung der Gefriertruhe als materielles Objekt über die Jahrzehnte stark gewandelt (Shove & Southerton 2000; Hand & Shove 2007). Gefriertruhen trugen zur Verbreitung von Fertiggerichten bei, für deren Zubereitung es weitaus weniger praktischer Fähigkeiten bedurfte, als es beim herkömmlichen Kochen der Fall war. Die Essenzubereitung wurde außerdem weniger aufwendig und einfacher planbar, was die Gefriertruhe zum Zeitersparnisfaktor machte. Parallel zur Verbreitung von Gefriertruhen in Haushalten entstand auch eine neue Infrastruktur zu Bereitstellung von Tiefkühlkost: Kühlhäuser, Gefriertruhen in Einkaufsläden, neue Formen der Nahrungsmittelproduktion usw. wurden notwendig und fanden Verbreitung. Im Vergleich zum klassischen System der Nahrungsmittelbereitstellung und -zubereitung brachte dies jedoch weitaus größere Energieverbräuche und damit auch entsprechende ökologische Konsequenzen mit sich.

Ein weiteres Beispiel ist die zunehmende Verbreitung von Klimaanlagen, die unter anderem die Veränderung von Arbeitspraktiken mit sich bringt. In klimatisierten Räumen besteht keine Notwendigkeit bei heißen Temperaturen auf Sakko und Krawatte zu verzichten, was letztendlich mit einem Wandel von Bedeutungszusammenhängen rund um angemessene Kleidung am Arbeitsplatz einhergeht (Walker et al. 2014). Auf diese Weise werden bestimmte Bekleidungsnormen standardisiert und stabilisiert, wodurch wiederum Raumklimatisierung zur Notwendigkeit wird. Hier wird auch die Wechselwirkung zwischen Praktiken, den dafür erforderlichen Infrastrukturen und den entsprechenden gesellschaftlichen Bedeutungszusammenhängen deutlich.

Die Stärke einer praxistheoretischen Perspektive liegt darin, den Blick darauf zu richten, wie Praktiken im Zeitverlauf entstehen und sich im wechselseitigen Zusammenspiel sowie im Zusammenspiel mit Infrastrukturen und Produktions- und Bereitstellungssystemen wandeln (Brand 2014: 174). Es steht dabei nicht mehr wie bei den Theorien der rationalen Wahl das Individuum als rationale*r Entscheider*in im Vordergrund, sondern der Analysefokus wird auf die soziomaterielle Einbettung menschlicher Aktivitäten gerichtet. Im Hinblick auf eine nachhaltigere Gestaltung von Konsummustern legt eine praxistheoretische Perspektive Interventionen in das Zusammenspiel von Alltag, Infrastrukturen und Institutionen nahe (Brunner 2019). Das heißt, das Mittel der Wahl, um beispielsweise die Autonutzung zu verringern wären, zunächst nicht – wie es die Theorien der rationalen Wahl nahe legen würden – Eingriffe in die Kostenstruktur der Autonutzung (z.B. Erhöhung der Benzinpreise), sondern ein umfassenderer Ansatz, der die Veränderungen von Infrastrukturen und gesetzliche Regulierungen zum Ziel hat (→ Kap. 9 zu Infrastruktursystemen). Aus praxistheoretischer Perspektive würde man sich fragen, inwiefern die Art und Weise, wie unsere Städte gestaltet sind (Stichwort: Leitbild der autogerechten Stadt), bestimmte Praktiken eher ermöglichen, während sie andere eher verkomplizieren und unterbinden. Des Weiteren wäre zu untersuchen, welche sozialen Normen, Standards und gesetzlichen Regelungen Praktiken und Praktikenbündel der Nichtnachhaltigkeit stabilisieren und reproduzieren.

5. Ausblick

Die dargestellten praxistheoretischen Zugänge gehören gegenwärtig sowohl in empirischer als auch in theoretischer Hinsicht zu den wichtigsten Forschungsfeldern im Bereich des nachhaltigen Konsums. Darüber hinaus existieren eine Reihe weiterer Forschungsfragen in der entsprechenden soziologischen Forschung. Abschließend umreißen wir daher drei, vor allem empirisch weiterführende Forschungsthemen: soziale Strukturiertheit nachhaltigen Konsums, Prosuming und Sharing.

Mittlerweile hat die in den 1990er und auch noch Anfang der 2000er Jahre weit verbreitete Euphorie deutlich abgenommen, dass bewusster nachhaltiger Konsum zum Motor nachhaltiger Entwicklung in westlichen Gesellschaften werden könnte. Die Vorstellung von souverän entscheidenden Konsument*innen, die sich den negativen sozial-ökologischen Folgen ihres Handelns mehr und mehr gewahr werden und ihr Konsumhandeln entsprechend anpassen, und die damit verbundene Forschung zu den Motiven nachhaltigen Konsums ist mehr und mehr einer Perspektive gewichen, die die soziale Strukturiertheit nachhaltigen Konsums in den Blick nimmt (→ Kap. 4 zu umweltbezogenen Haltungen und Umwelthandeln). Das heißt, die sozialstrukturellen Bedingungen von Konsumhandeln, wie beispielsweise Schichtzugehörigkeit oder sozioökonomische Benachteiligung, erfahren wachsende Aufmerksamkeit. Dadurch rücken vermehrt klassische soziologische Thematiken in den Fokus empirischer Forschung zu nachhaltigem Konsum. Als Beispiele sind hier unter anderem die Themen Energiearmut als eine Form sozialer Ungleichheit (Großmann et al. 2017) oder nachhaltiger Konsum als Distinktionsstrategie (Neckel 2018) zu nennen.

Der Begriff des Prosumings wurde bereits Anfang der 1980er Jahre durch den Zukunftsforscher Alvin Toffler geprägt (Toffler 1981). Er beschreibt damit eine Form von Konsum, bei der sich die Konsument*innen- und die Produzent*innenrolle überschneiden. Das heißt, Konsument*innen erzeugen die Produkte, die sie konsumieren, (zumindest teilweise) selbst. So führte die Entwicklung von Solaranlagen und deren Verbreitung in Privathaushalten dazu, dass mehr und mehr Bürger*innen selbst erzeugte Energie verbrauchen und so im Energiesystem die Rolle von Prosument*innen einnehmen (Hellmann 2018). Die Beschäftigung mit den Bedingungen und Implikationen dieses Wandels, der sich momentan auch in anderen nachhaltigkeitsrelevanten Bereichen wie Urban Gardening und Reparatur-Cafés zeigt (Blättel-Mink 2018), ist ebenfalls ein relevantes Forschungsthema.

Kurze Zeit wurden internetbasierte Sharing-Plattformen und -Dienstleistungen – wie Uber, Airbnb oder verschiedene Carsharing-Angebote – in der Wissenschaft und auch in der breiten Öffentlichkeit als Möglichkeiten diskutiert, um durch das Teilen von Gütern und Produkten (z.B. Werkzeuge, Autos, Wohnungen etc.) Konsum effizienter und damit umweltverträglicher zu gestalten. Mittlerweile sind jedoch die Schattenseiten des sogenannten Plattformkapitalismus (Srnicek 2017), die sich unter anderem in ausbeuterischen Arbeitsverhältnissen und wachsenden Energieverbräuchen durch Serverfarmen manifestieren, deutlich zu Tage getreten. Eine Auseinandersetzung mit den Bedingungen sowie sozial-ökologischen Vor- und Nachteilen der (digital vermittelten) gemeinschaftlichen Nutzung von Ressourcen auf Basis zeitlich begrenzten Teilens ist daher ein weiteres relevantes Forschungsfeld, das in Zukunft an Bedeutung gewinnen wird (Frenken & Schor 2017).

> **Was Studierende aus diesem Kapitel mitnehmen können:**
>
> - Wissen darüber, was unter Konsum zu verstehen ist
> - Wissen über den Zusammenhang von Einstellungen und Konsumhandeln
> - Wissen über unterschiedliche soziale Funktionen von Konsum
> - Verständnis für eine praxistheoretische Perspektive auf alltäglichen Konsum

Literatur

Bauman, Z., 2009: Leben als Konsum. Hamburg: Hamburger Edition.

Belk, R.W., 1995: Studies in the New Consumer Behavior. S. 58–95 in: D. Miller (Hrsg.), Acknowledging Consumption. A Review of New Studies. London, New York: Routledge.

Best, H. & T. Kneip, 2011: The impact of attitudes and behavioral costs on environmental behavior: A natural experiment on household waste recycling. Social Science Research 40: 917–930.

Best, H. & C. Kroneberg, 2012: Die Low-Cost-Hypothese. Theoretische Grundlagen und empirische Implikationen. Kölner Zeitschrift für Soziologie und Sozialpsychologie 64: 535–561.

Blättel-Mink, B., 2018: Varieties of Prosuming – konzeptionelle Überlegungen und empirische Befunde zur veränderten Rolle von Konsument_innen. S. 17–32 in: P. Kenning & J. Lamla (Hrsg.), Entgrenzungen des Konsums. Dokumentation der Jahreskonferenz des Netzwerks Verbraucherforschung. Wiesbaden: Springer Gabler.

Bourdieu, P., 1976: Entwurf einer Theorie der Praxis auf der ethnologischen Grundlage der kabylischen Gesellschaft. Frankfurt am Main: Suhrkamp.

Bourdieu, P., 1982: Die feinen Unterschiede. Kritik der gesellschaftlichen Urteilskraft. Frankfurt am Main: Suhrkamp.

Bourdieu, P., 1993: Sozialer Sinn. Kritik der theoretischen Vernunft. Frankfurt am Main: Suhrkamp.

Brand, K.W., 2008: Konsum im Kontext. Der „verantwortliche Konsument" – ein Motor nachhaltigen Konsums? S. 71–93 in: H. Lange (Hrsg.), Nachhaltigkeit als radikaler Wandel. Die Quadratur des Kreises? Wiesbaden: VS Verlag für Sozialwissenschaften.

Brand, K.-W., 2014: Umweltsoziologie. Entwicklungslinien, Basiskonzepte und Erklärungsmodelle. Weinheim: Beltz Juventa.

Brunner, K.-M., 2019: Nachhaltiger Konsum und die Dynamik der Nachfrage. Von individualistischen zu systemischen Transformationskonzepten. S. 167–184 in: F. Luks (Hrsg.), Chancen und Grenzen der Nachhaltigkeitstransformation. Ökonomische und soziologische Perspektiven. Wiesbaden: Springer Gabler.

Buttel, F.H., P. Dickens, R.E. Dunlap & A. Gijswijt, 2002: Sociological Theory and the Environment: An Overview and Introduction. S. 3–32 in: R.E. Dunlap, F.H. Buttel, P.

Dickens & A. Gijswijt (Hrsg.), Sociological Theory and the Environment. Classical Foundations, Contemporary Insights. Lanham, Boulder, New York, Oxford: Rowman & Littlefield.

Campbell, C., 1995a: Conspicuous Confusion? A Critique of Veblen's Theory of Conspicuous Consumption. Sociological Theory 13: 37–47.

Campbell, C., 1995b: The Sociology of Consumption. S. 96–126 in: D. Miller (Hrsg.), Acknowledging Consumption. A Review of New Studies. London, New York: Routledge.

Darby, M.R. & E. Karni, 1973: Free Competition and the Optimal Amount of Fraud. Journal of Law and Economics 16: 67–88.

Defila, R., A. Di Giulio & R. Kaufmann-Hayoz, 2011: Einführung. S. 11–20 in: R. Defila, A. Di Giulio & R. Kaufmann-Hayoz (Hrsg.), Wesen und Wege nachhaltigen Konsums. Ergebnisse aus dem Themenschwerpunkt „Vom Wissen zum Handeln – Neue Wege zum nachhaltigen Konsum". München: oekom.

Diekmann, A., 1996: Homo ÖKOnomicus. Anwendungen und Probleme der Theorie rationalen Handelns im Umweltbereich. Kölner Zeitschrift für Soziologie und Sozialpsychologie: 89–118.

Diekmann, A. & P. Preisendörfer, 1992: Persönliches Umweltverhalten. Diskrepanzen zwischen Anspruch und Wirklichkeit. Kölner Zeitschrift für Soziologie und Sozialpsychologie 44: 226–251.

Diekmann, A. & P. Preisendörfer, 1998: Umweltbewußtsein und Umweltverhalten in Low- und High-Cost-Situationen. Eine empirische Überprüfung der Low-Cost-Hypothese. Zeitschrift für Soziologie 27: 438–453.

Douglas, M.T. & B. Isherwood, 1996 [1979]: The World of Goods. Towards an Anthropology of Consumption. London: Routledge.

Evans, D.M., 2018: What is consumption, where has it been going, and does it still matter? The Sociological Review 65: 1-19.

Fischer, D., G. Michelsen, B. Blättel-Mink & A. Di Giulio, 2011: Nachhaltiger Konsum: Wie lässt sich Nachhaltigkeit im Konsum beurteilen? S. 73–88 in: R. Defila, A. Di Giulio & R. Kaufmann-Hayoz (Hrsg.), Wesen und Wege nachhaltigen Konsums. Ergebnisse aus dem Themenschwerpunkt „Vom Wissen zum Handeln – Neue Wege zum nachhaltigen Konsum". München: oekom.

Frenken, K. & J. Schor, 2017: Putting the sharing economy into perspective. Environmental Innovation and Societal Transitions 23: 3–10.

Friese, S., 1998: Zum Zusammenhang von Selbst, Identität und Konsum. S. 35–53 in: M. Neuner & L.A. Reisch (Hrsg.), Konsumperspektiven. Verhaltensaspekte und Infrastruktur. Berlin: Duncker & Humblot.

Fromm, E., 2003 [1979]: Haben oder Sein. München: dtv.

Giddens, A., 1979: Central problems in social theory. Action, structure, and contradiction in social analysis. Berkeley: University of California Press.

Giddens, A., 1993: New rules of sociological method. A positive critique of interpretative sociologies. Cambridge: Polity Press.

Giddens, A., 1997 [1984]: Die Konstitution der Gesellschaft. Grundzüge einer Theorie der Strukturierung. Frankfurt am Main: Campus.

Goffman, E., 1951: Symbols of Class Status. The British Journal of Sociology 2: 294–304.

Grober, U., 2013: Die Entdeckung der Nachhaltigkeit. Kulturgeschichte eines Begriffs. München: Kunstmann.

Gronow, J. & A. Warde, 2001: Introduction. S. 1–8 in: J. Gronow & A. Warde (Hrsg.), Ordinary Consumption. London: Routledge.

Großmann, K., A. Schaffrin & C. Smigiel (Hrsg.), 2017: Energie und soziale Ungleichheit. Zur gesellschaftlichen Dimension der Energiewende in Deutschland und Europa. Wiesbaden: Springer VS.

Hand, M. & E. Shove, 2007: Condensing Practices. Ways of Living with a Freezer. Journal of Consumer Culture 7: 79–103.

Hellmann, K.-U., 2018: Energiewende, Bürgerenergie und Prosumtion. Oder welchen Stellenwert hat das Konzept des mitarbeitenden Kunden für diesen Trend? S. 507–526 in: L. Holstenkamp & J. Radtke (Hrsg.), Handbuch Energiewende und Partizipation. Wiesbaden: Springer VS.

Hirschman, E.C., 1981: Comprehending Symbolic Consumption: Three Theoretical Issues. S. 4–6 in: E.C. Hirschman & M.B. Holbrook (Hrsg.), Symbolic Consumer Behaviour. New York: Association of Consumer Research.

König, W., 2008: Kleine Geschichte der Konsumgesellschaft. Konsum als Lebensform der Moderne. Stuttgart: Franz Steiner.

Kunz, V., 2004: Rational Choice. Frankfurt am Main, New York: Campus.

Liebe, U. & P. Preisendörfer, 2011: Umweltsoziologie und Rational-Choice-Theorie. S. 221–239 in: M. Groß (Hrsg.), Handbuch Umweltsoziologie. Wiesbaden: VS Verlag für Sozialwissenschaften.

Marcuse, H., 2005 [1967]: Der eindimensionale Mensch. Studien zur Ideologie der fortgeschrittenen Industriegesellschaft. München: dtv.

Mead, G.H., 1995 [1934]: Geist, Identität und Gesellschaft aus der Sicht des Sozialbehaviorismus. Frankfurt am Main: Suhrkamp.

Moser, S. & S. Kleinhückelkotten, 2018: Good Intents, but Low Impacts: Diverging Importance of Motivational and Socioeconomic Determinants Explaining Pro-Environmental Behavior, Energy Use, and Carbon Footprint. Environment & Behavior 50: 626–656.

Neckel, S., 2018: Ökologische Distinktion. Soziale Grenzziehung im Zeichen von Nachhaltigkeit. S. 59–76 in: S. Neckel, N.P. Besedovsky, M. Boddenberg, M. Hasenfratz, S.M. Pritz & T. Wiegand (Hrsg.), Die Gesellschaft der Nachhaltigkeit. Umrisse eines Forschungsprogramms. Bielefeld: transcript.

Prillwitz, J., S. Harms & M. Lanzendorf, 2006: Impact of Life-Course Events on Car Ownership. Transportation Research Record: Journal of the Transportation Research Board 1985: 71–77.

Pufé, I., 2014: Nachhaltigkeit. Konstanz: UTB.

Reckwitz, A., 2003: Grundelemente einer Theorie sozialer Praktiken. Eine sozialtheoretische Perspektive. Zeitschrift für Soziologie 32: 282–301.

Reckwitz, A., 2017: Die Gesellschaft der Singularitäten. Zum Strukturwandel der Moderne. Berlin: Suhrkamp.

Reisch, L.A., 2002: Symbols for Sale: Funktionen des symbolischen Konsums. S. 226–248 in: C. Deutschmann (Hrsg.), Die gesellschaftliche Macht des Geldes. Wiesbaden: Westdeutscher Verlag.

Sassatelli, R., 2007: Consumer Culture. History, Theory and Politics. Los Angeles: Sage.

Schäfer, M., M. Jaeger-Erben & S. Bamberg, 2012: Life Events as Windows of Opportunity for Changing Towards Sustainable Consumption Patterns? Journal of Consumer Policy 35: 65–84.

Schatzki, T., 2010: Materiality and Social Life. Nature and Culture 5: 123–149.

Schatzki, T.R., 1996: Social practices. A Wittgensteinian approach to human activity and the social. Cambridge: Cambridge University Press.

Schatzki, T.R., 2001: Introduction. Practice Theory. S. 1–14 in: T.R. Schatzki, K. Knorr-Cetina & E. von Savigny (Hrsg.), The Practice Turn in Contemporary Theory. London: Routledge.

Schneider, N.F., 2000: Konsum und Gesellschaft. S. 9–22 in: D. Rosenkranz & N.F. Schneider (Hrsg.), Konsum. Soziologische, ökonomische und psychologische Perspektiven. Opladen: Leske + Budrich.

Shove, E., 2003: Comfort, Cleanliness and Convenience. The Social Organization of Normality. Oxford: Berg.

Shove, E., 2010: Beyond the ABC: Climate Change Policy and Theories of Social Change. Environment and Planning 42: 1273–1285.

Shove, E., 2016: Infrastructures and practices: networks beyond the city. S. 242–257 in: O. Coutard & J. Rutherford (Hrsg.), Beyond the networked city. Infrastructure reconfigurations and urban change in the North and South. London, New York: Routledge.
Shove, E. & D. Southerton, 2000: Defrosting the Freezer: From Novelty to Convenience. Journal of Material Culture 5: 301–319.
Shove, E. & A. Warde, 2002: Inconspicuous Consumption: The Sociology of Consumption, Lifestyles, and the Environment. S. 230–251 in: R.E. Dunlap, F.H. Buttel, P. Dickens & A. Gijswijt (Hrsg.), Sociological Theory and the Environment. Classical Foundations, Contemporary Insights. Lanham, Boulder, New York, Oxford: Rowman & Littlefield.
Shove, E., M. Pantzar & M. Watson, 2012: The dynamics of social practice. Everyday life and how it changes. Los Angeles: Sage.
Shove, E., M. Watson & N. Spurling, 2015: Conceptualizing connections. Energy demand, infrastructures and social practices. European Journal of Social Theory 18: 274–287.
Simon, H.A., 1955: A Behavioral Model of Rational Choice. The Quarterly Journal of Economics 69: 99.
Simon, H.A., 1979: Rational Decision Making in Business Organizations. The American Economic Review 69: 493–513.
Slater, D., 2008: Consumer Culture and Modernity. Cambridge: Polity Press.
Sonnberger, M., 2015: Der Erwerb von Photovoltaikanlagen in Privathaushalten. Eine empirische Untersuchung der Handlungsmotive, Treiber und Hemmnisse. Wiesbaden: Springer VS.
Srnicek, N., 2017: Platform capitalism. Cambridge, UK, Malden, MA: Polity Press.
Stern, P.C., 2000: Toward a Coherent Theory of Environmentally Significant Behavior. Journal of Social Issues 56: 407–424.
Toffler, A., 1981: The third wave. New York, Toronto, London, Sydney, Auckland: Bantam Books.
Trentmann, F., 2016: Empire of things. How we became a world of consumers, from the fifteenth century to the twenty-first. New York: HarperCollins.
United Nations, 1987: Report of the World Commission on Environment and Development: Our Common Future.
Veblen, T., 2007 [1899]: The Theory of the Leisure Class. Oxford: Oxford University Press.
Walker, G., E. Shove & S. Brown, 2014: How does air conditioning become 'needed'? A case study of routes, rationales and dynamics. Energy Research & Social Science 4: 1–9.
Warde, A., 2005: Consumption and Theories of Practice. Journal of Consumer Culture 5: 131–153.
Wiswede, G., 2000: Konsumsoziologie – Eine vergessene Disziplin. S. 23–94 in: D. Rosenkranz & N.F. Schneider (Hrsg.), Konsum. Soziologische, ökonomische und psychologische Perspektiven. Opladen: Leske + Budrich.

Literaturempfehlungen

Diekmann, A. & P. Preisendörfer, 1992: Persönliches Umweltverhalten. Diskrepanzen zwischen Anspruch und Wirklichkeit.
Grundlegende empirische Anwendung der Rational-Choice-Theorie im Bereich der soziologischen Forschung zu Umwelthandeln sowie entsprechende kritische Würdigung.

Douglas, M.T. & B. Isherwood, 1996 [1979]: The World of Goods. Towards an Anthropology of Consumption.
Klassischer, jedoch teilweise auch schwer zugänglicher Text, der die kulturellen Grundlagen des Konsumhandelns herausarbeitet und eine entsprechende Kritik ökonomischer Perspektiven beinhaltet.

Evans, D.M., 2018: What is consumption, where has it been going, and does it still matter?
Kompakte, überblicksartige Darstellung des aktuellen Standes des soziologischen Konsumforschung.

König, W., 2008: Kleine Geschichte der Konsumgesellschaft. Konsum als Lebensform der Moderne.
Umfassender Überblick über die Enstehungsbedingungen und Enstehungsgeschichte der Konsumgesellschaft.

Shove, E., M. Pantzar & M. Watson, 2012: The dynamics of social practice. Everyday life and how it changes.
Grundlegende, systematische Darstellung und Anwendung einer praxistheoretischen Perspektive auf Fragestellungen im Bereich der soziologischen Umweltforschung.

Kapitel 8: Nachhaltige Innovationen und Transformationsprozesse

> In diesem Kapitel lernen Sie die Anforderungen und Schwierigkeiten nachhaltiger Innovationen und ihrer Verbreitung hin zu einer nachhaltigen Gesellschaft kennen. Sie machen sich mit den Zielen nachhaltiger Entwicklung vertraut und lernen Innovationsprozesse aus soziologischer Sicht mit einem Fokus auf ihre Entstehung in Netzwerken und Fragen ihrer Veralltäglichung kennen. Mit der Multi-Level-Perspective (MLP) wird eine Mehr-Ebenen-Theorie nachhaltigen Wandels vorgestellt und diskutiert.

Weltweit sind die typischen Lebens- und Wirtschaftsweisen zu ressourcenintensiv, zu umweltbelastend und sozial-ökologisch zu wenig nachhaltig, um problemlos fortgeführt werden zu können. Deshalb sehen sich moderne Gesellschaften immer deutlicher vor der immensen Aufgabe, ihre nicht nachhaltigen Funktionsweisen grundlegend zu verändern und in allen Handlungsbereichen neue Formen der Bedürfnisbefriedigung zu entwickeln. *Nachhaltige Innovationen* versprechen, die politisch bestimmten Nachhaltigkeitsziele sowohl in ihren ökologischen, sozialen als auch ökonomischen Dimensionen durch neuartige Produkte, Prozesse und Arrangements zu erreichen. Über punktuelle Innovationen zur Verbesserung der Ökobilanz hinaus, geht es dabei um eine grundsätzliche Umkehr der gegenwärtigen Trends, endliche Ressourcen aufzubrauchen, Arten auszurotten, gefährliche Emissionen und Abfälle zu produzieren und dadurch einen globalen Klima- und Umweltwandel voranzutreiben, der menschliches Leben auf dem Planeten Erde gefährdet und auch vollständig auslöschen kann. Als zukunftsfähig, nachhaltig oder „enkeltauglich" gelten hingegen solche Formen des Lebens und Wirtschaftens, die keine Klima-, Umwelt- und Gesundheitsbedrohungen verursachen, sondern kommenden Generationen eine bewohnbare und lebenswerte Welt hinterlassen.

1. Das Leitbild Nachhaltige Entwicklung

Mit dem Konzept *Nachhaltiger Entwicklung* und seinen Dimensionen, Indikatoren und Konflikten befassen sich seit dem Bericht „*Our Common Future*" (1987) der von den Vereinten Nationen 1983 eingesetzten „Weltkommission für Umwelt und Entwicklung" viele Untersuchungen in Wissenschaft und Politik (vgl. Grunwald & Kopfmüller 2012). Der Bericht selbst bezeichnete eine Entwicklung als nachhaltig, mit der die Bedürfnisse der Gegenwart befriedigt werden, ohne zu riskieren, dass zukünftige Generationen ihre Bedürfnisse nicht (mehr) befriedigen können[28]. Die Kommission unter dem Vorsitz der Norwegerin Gro Harlem Brundtland nahm also die existenziellen Bedürfnisse aller Menschen weltweit und der kommenden Generationen in den Blick und suchte nach einer Harmonisierung der wirtschaftlichen Entwicklung mit den Nachhaltigkeitsimperativen. Sie

---

[28] Ursprünglich stammt das deutsche Nachhaltigkeitskonzept aus der Waldwirtschaft und wurde von Hans Carl von Carlowitz vor dreihundert Jahren eingeführt, um sicherzustellen, dass für Hoch- und Bergbau aus den Wäldern nicht mehr Holz entnommen wird als nachwachsen kann. Der Begriff fokussierte also auf die Ressourcennutzung und die Bedingungen ihrer natürlichen Regenerationsfähigkeit, mit dem Ziel, auch die zukünftigen Bedarfe decken zu können.

Kapitel 8: Nachhaltige Innovationen und Transformationsprozesse

orientierte sich zentral an einer inter- und intragenerationalen Gerechtigkeit im Umgang mit endlichen Ressourcen und der begrenzten Belastbarkeit der Ökosysteme und mündete im Anschluss weltweit in regionale „Agenda-Prozesse", um die Umsetzung der regulativen Idee nachhaltiger Entwicklung ökonomisch, ökologisch und sozial anschlussfähig auszubuchstabieren (→ Kap. 7 zu nachhaltigem Konsum).

Bis heute besteht das wesentliche Hindernis auf diesem Weg im fehlenden Konsens darüber, wie Nachhaltigkeit erreicht werden kann, was ein „gutes Leben" ist, welche „Bedürfnisse" dafür zu erfüllen sind und wie eine ökologisch „gerechte Bedürfnisbefriedigung" auch sozial und wirtschaftlich funktionieren kann. Diesbezüglich scheiden sich die Geister nicht nur im internationalen Vergleich, zwischen Nord und Süd, Ost und West, sondern auch zwischen den sozialen Gruppen und Milieus einzelner Länder. Mit den 2016 in Kraft getretenen siebzehn Zielen für nachhaltige Entwicklung (*Sustainable Development Goals, SDGs, dt. Agenda 2030*) haben sich die Vereinten Nationen nach langem Ringen abermals auf ambitionierte politische Grundsätze geeinigt, nun mit einem stärkeren Fokus auf die gleichzeitige Überwindung von Armut und Ungleichheit, die Durchsetzung der Menschenrechte und die Schaffung von Chancengleichheit und Resilienz durch internationale Zusammenarbeit auf dem Weg zu nachhaltiger Entwicklung. Aber auch die SDGs unterstellen einen Konsens über gemeinsame Ziele, der so nicht besteht und zudem von Zielkonflikten konterkariert wird. Hinzu kommt, dass die Ziele auf verschiedenen Wegen verfolgt werden können und teilweise von Faktoren abhängen, die außerhalb der Reichweite nationaler und internationaler Strategien liegen. So konterkarieren beispielsweise kriegerische Auseinandersetzungen, Waldbrände und insbesondere das Wachstum der Weltbevölkerung die bestehenden Ansätze. Innovationen versprechen angesichts dieser Schwierigkeiten einen nachhaltigen Gesellschaftswandel durch einen erfinderischen Umgang mit den Herausforderungen nachhaltiger Entwicklung und die Etablierung neuartiger Möglichkeiten der Bedürfnisbefriedigung. Meist werden sie vor allem im Rahmen neuer Technologien gesucht, seltener in „sozialen" Innovationen oder gar einem fundamentalen Systemwandel (sozial-ökologische Transformation).

In Deutschland ist die Verankerung der Nachhaltigkeitsziele in der Forschungs- und Innovationspolitik ein wesentlicher Teil der Nachhaltigkeitsstrategie, um bis 2050 „klimaneutral" zu werden und das Pariser Abkommen einzuhalten, also die Erderwärmung auf weniger als 2 Grad Celsius gegenüber vorindustriellen Zeiten zu begrenzen. Ob Innovationen und eine vor allem technisch geprägte Suche nach neuen Möglichkeiten der beste Pfad zur Erreichung nachhaltiger Entwicklung ist, wird in der Umweltsoziologie teilweise bezweifelt, da dieser Fokus häufig mit wachstums- und wettbewerbsorientierten Entwicklungsvorstellungen verbunden ist und weniger mit Werten wie Solidarität, Genügsamkeit oder auch Verzicht, die im Sinne des Suffizienzprinzips angesichts begrenzter Ressourcen zugunsten globaler Nachhaltigkeit notwendig erscheinen (Schneidewind & Zahrnt 2013). Die Durchsetzung „innovativer" Formen der Problemlösung, die mit weniger Ressourcen und Emissionen einhergehen und als nachhaltige Innovationen bezeichnet werden, ist deshalb nur dann vielversprechend, wenn sie von einem entsprechenden Bewusstseinswandel flankiert wird und diese Innovationen tatsächlich ressourcenintensive Lebensweisen überwinden anstatt sie zu verlängern oder um weitere nicht nachhaltige Optionen zu bereichern (*Stichwort: Elektroauto als Drittwagen*).

2. Nachhaltige Innovationen

Anders als die Konzepte zu nachhaltiger bzw. sozial-ökologischer Transformation (WBGU, 2011) meint die Rede von nachhaltigen Innovationen allerdings oft nur *technische* Neuerungen ohne einen gleichzeitigen Wandel der handlungsleitenden Orientierungen. Aus dieser Sicht versprechen nachhaltige Innovationen die Beibehaltung des heutigen Lebensstils und sogar wachsenden Wohlstand bei gleichzeitiger Entkoppelung dieser Ziele vom Ressourcenverbrauch. In der Vergangenheit konnten innovative Technologien tatsächlich häufig die Ressourceneffizienz verbessern und schädliche Abfälle minimieren. Die Nachhaltigkeitsgewinne führten aber oftmals zu keiner Trendwende, sondern wurden in vielen Fällen durch sogenannte Rebound-Effekte überkompensiert, wenn beispielsweise der niedrigere Kraftstoffbedarf von PKWs moralisch oder aufgrund gesunkener Mobilitätskosten zu mehr Fahrten verleitet (Santarius 2015; Sonnberger & Gross 2018). Am deutlichsten wird das Rebound-Problem, wenn der globale Energieverbrauch betrachtet wird, der kontinuierlich zunimmt und zu dessen Befriedigung Kohle als besonders klimaschädlicher, fossiler Energieträger weiterhin den Löwenanteil liefert. Deshalb sehen viele Wachstumskritiker die Hoffnungen auf eine Entkoppelung von Umweltverbrauch und Wachstum („*green growth*") als unrealistisch und denken stattdessen über Postwachstumsgesellschaften mit vollständig veränderten Formen des Wirtschaftens und der Wohlfahrtsproduktion nach (Paech 2005; Latouche 2006). Sie setzen damit stärker auf *soziale* Innovationen und gesellschaftliche Reformen, auch auf *Exnovation* als eine Form der Erneuerung, durch die nicht-nachhaltige Produkte, Prozesse und Denkmuster ersatzlos aus der Welt geschafft werden (Kropp 2015).

Im Folgenden werden im Sinne eines umfassenderen Innovationsverständnisses solche Entwicklungs- und Veränderungsprozesse als *nachhaltige Innovationen* bezeichnet, die durch die Ermöglichung, Nutzung und Verbreitung von neuartigen technischen, organisatorischen, praktischen oder institutionell-kulturellen Problemlösungen in einem Handlungsfeld darauf zielen, global und langfristig übertragbare Lebens- und Wirtschaftsweisen zu ermöglichen und gesundheits- und umweltgerechte Formen der Bedürfnisbefriedigung bereitzustellen (Kropp 2019: 4).

Grundsätzlich sind mit der Bezeichnung „Innovation", abweichend vom Alltagsverständnis, nicht (nur) Ideen oder Erfindungen (Invention) gemeint, sondern ihre Umsetzung in Neuerungen bzw. als „neue Kombinationen" (Schumpeter 1997: 100f.), die sich in den jeweiligen Handlungsbereichen und Märkten *durchsetzen*. Innovation bzw. Innovationsprozesse gehen also über die Idee hinaus und verändern das Bestehende, ergänzen oder verdrängen es. Eine gute Idee für nachhaltige Problemlösungen, die von niemandem aufgegriffen wird, ist innovationstheoretisch und ökologisch betrachtet irrelevant. Der Unterschied zwischen Idee und Innovation liegt in der Umsetzung und Verbreitung des Neuen, die Nachhaltigkeitsinnovationen in der Mehrzahl der Fälle leider nicht gelingt. Sie bleiben oft ungenutzt oder verharren in Nischen, wie beispielsweise Brauchwassertoiletten oder Passivhäuser (Fichter & Clausen 2013; Kropp 2013). Seit dem Beginn der Innovationsforschung bei Schumpeter (1997, Erstauflage 1912) bezeichnet die Rede von Innovationen daher einen Prozess, der von der Erfindung (Invention) und Erprobung (Prototypen) über die Einführung bis zur Durchsetzung der Neuerungen reicht und von vielen Unwägbarkeiten beeinflusst wird. Für die Beschreibung dieses idealtypischen Ablaufs, der sachlich, zeitlich und örtlich meist Umwege, Rückschläge und auch Irrwege umfasst, werden häufig die englischen Begriffe *Invention, Incubation, Introduction* und *Diffusion* verwendet.

Wir beleuchten im Weiteren drei wesentliche Richtungen der Innovationsforschung, die sich vor allem hinsichtlich der Einflussfaktoren, denen sie besondere Aufmerksamkeit schenken, unterscheiden, aber auch in Bezug auf ihre Annahmen zur Gestaltbarkeit von Innovationsprozessen. Gemeinsam ist ihnen, dass sie reduktionistische und lineare Vorstellungen verwerfen, denen zufolge die Durchsetzung von Innovationen eine Frage „besserer" Ideen, Technologien oder Strategien ist. Stattdessen berücksichtigen soziologische Innovationstheorien mit ihrem Fokus auf Innovationsnetzwerke und -ebenen die Vielfalt und Verschränkung von technischen, soziokulturellen und wirtschaftlichen Einflüssen in Innovationsprozessen.

3. Theorien der Veralltäglichung von Innovation

Als einer der ersten hat sich Gabriel Tarde, ein Zeitgenosse von Emile Durkheim (2003, zuerst 1890), mit der Verbreitung und Veralltäglichung von Erfindungen und Entdeckungen beschäftigt: Gesellschaftsentwicklung ist aus seiner Sicht Nachahmung. Tarde betrachtete sozialen Wandel im Wechselspiel von Prozessen kontingent entstehender Erfindungen (*inventions/innovations*) und ihrer Nachahmung (*imitations*). In seiner Theorie werden Innovationen, die in allen Bereichen der Gesellschaft entstehen, durch Imitationsakte in „Nachahmungsketten" teilweise und ergänzend oder umfassend von einzelnen Agenten einer Gruppe aktiv aufgegriffen und verbreitet. Dafür müssen sie allerdings mit bestehenden Werten und Strukturen kompatibel sein, auf die sie ihrerseits rückwirken und dadurch weitere Erfindungen möglich oder unmöglich machen. Das Besondere an dieser frühen soziologischen Perspektive ist, dass Tardes Ansatz relationale Elemente enthält, also zwischen soziologischen Handlungstheorien der individuellen Ebene und makrosoziologischen Strukturtheorien vermittelt: Bei ihm gewinnen soziale Tatsachen durch individuell nachahmende Ausbreitung an Profil. Soziale Tatsachen sind für die Erklärung sozialer Phänomene also nicht vorgängig wie bei Durkheim, sondern werden von Tarde als temporäres Ergebnis der Veralltäglichung von nachgeahmten Praktiken betrachtet. Diese Nachahmung breite sich, so Tarde, von einem Inneren hoher Komplexität und Kreativität, in dem die Neuschöpfung entstanden ist, aus zu einem Äußeren stärkerer Standardisierung und nachahmender Wiederholung. Erst ändern sich die Wahrnehmungen und Interaktionen einzelner Imitierender, dann manifestieren sich die Innovationen stärker standardisiert auf der Ebene von Praktiken und Institutionen. Diese Standardisierung bzw. „Veralltäglichung" auf der Ebene von Bräuchen, Sprache, Umgangs- und Wirtschaftsformen ermöglicht für Tarde die soziale Verknüpfung von mehr oder weniger freiwilligen Akten des Imitierens und deren weitere Differenzierung im Spannungsfeld von lernender Adaptation und variierender Opposition: Gesellschaft entwickelt sich in seiner innovationsorientierten Sicht daher als stets vorläufiges und fragiles Ergebnis von Nachahmungsprozessen, durch die Erfindungen stabilisiert, variiert oder verworfen werden.

Tarde wäre wohl wenig erstaunt gewesen, dass Nachhaltigkeitsinnovationen wie Car-Sharing, Brauchwassertoiletten, vegane Ernährungsmuster oder Ansätze einer zirkulären Ökonomie nicht wie ausgedacht nachgemacht werden, sondern im Zusammenspiel mit der gleichzeitigen Verbreitung nicht nachhaltiger Erneuerungen ihren Richtungssinn verlieren, verändert, fallen gelassen oder Gegenstand unvollständiger Nachahmung mit nicht nachhaltigen Folgen werden. Deshalb lautet die für nachhaltige Innovationen grundsätzlich aufgeworfene umweltsoziologische Frage: Was sind die Bedingungen der Veralltäglichung nachhaltiger Innovationen als substanzieller Beitrag auf dem Weg in eine nachhaltige Gesellschaft?

Aus Sicht der Diffusionsforschung und insbesondere ihres bekanntesten Vertreters, Everett M. Rogers, spielen Kommunikationsprozesse dafür eine entscheidende Rolle. Durch sie werden Informationen über das innovative Neue in sozialen Kommunikationskanälen und -netzwerken verbreitet und sukzessive von weiteren sozialen Gruppen adaptiert bzw. als positive Abweichungen über ihre Netzwerke verbreitet (Rogers 2003, zuerst 1962; Rogers et al. 2009). In der Diffusionsforschung findet vor allem der Zeitbedarf t dieser Durchsetzung und die Innovationsaffinität verschiedener sozialer Gruppen Aufmerksamkeit, um den zu erwartenden Diffusionsaufwand einzuschätzen.

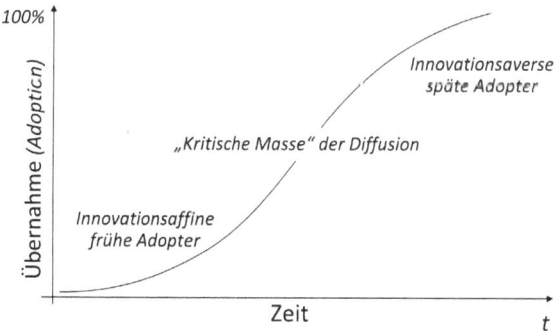

Abbildung 10: Diffusionsverlauf, dargestellt als S-Kurve nach Rogers; Quelle: Eigene Darstellung nach Rogers et al. (2009: 427)

Je schneller eine Innovation übernommen wird und sich durchsetzt, desto schneller erreicht sie die „kritische Masse" und führt zu finanziellen Gewinnen für Unternehmer*innen, Prestige für Vorreiter*innen und Nachzugzwänge für spätere

Nachahmer*innen (*Adopter*). Dieser Prozess führt zu einer Veralltäglichung der Erneuerung im jeweiligen Handlungsbereich, bis sie überhaupt nicht mehr als Innovation wahrgenommen wird. In empirischen Studien zu Diffusionsverläufen haben sich oft Jüngere, höher Gebildete und Männer eher als innovationsaffin erwiesen als Ältere, niedriger Qualifizierte und Frauen, die Innovationen meist später adaptieren. Schon bei Tarde sind die Erfindungen eher auf der Seite weniger, aber prestigereicher Akteure zu suchen, während die repetitive, aber auch kreative Übernahme in den breiten Mehrheiten geschieht. Auch nachhaltige Innovationen setzen sich eher bei Jüngeren und besser Gebildeten durch, allerdings sind Frauen statistisch stärker an Nachhaltigkeit orientiert als Männer. Insgesamt jedoch finden alle extern verursachten Veränderungen, die eine Abweichung vom Gewohnten und einen Routinebruch bei den Betroffenen bedeuten, zunächst wenig Gegenliebe, auch wenn in modernen Gesellschaften eine starke Innovationsorientierung proklamiert wird. Demgegenüber führt eine Reihe von Beharrungskräften dazu, dass inkrementelle Innovationen, die nur geringe Veränderungen bestehender Routinen und Fähigkeiten erfordern, bessere Durchsetzungschancen haben als radikale Innovationen. Zudem werden Innovationen im Zuge der Diffusion kontextspezifisch angeeignet und verändert, worauf schon Tarde verwies.

Soziologisch lässt sich die verzögerte und eigensinnige Adoption von Innovationen damit erklären, dass diese – wie soziale Abweichung generell – Erwartungssicherheiten auflösen, die bis dato soziales Handeln erleichtert hatten und Orientierung gaben. Stattdessen verursachen sie Handlungsunsicherheiten und erfordern organisatorische und technische Anpassungsmaßnahmen zur Überwindung fehlender Passungen mit dem Alten und Gewohnten. Alle Neuerungen verlangen insofern die Entwicklung neuer Anwendungskompetenzen und entwerten bestehende Erfahrungen und Fähigkeiten. Innovations- und Transformationsprozesse stoßen deshalb nur selten auf spontane Akzeptanz, sondern werden auf den verschiedenen Ebenen der Gesellschaft abgewehrt oder nur angepasst und sukzessive übernommen. Aus diesem Umstand leitet sich auch das erwähnte, vermeintliche Paradox ab, dass jene Innovationen am erfolgreichsten diffundieren, die am wenigsten vom Bestehenden abweichen bzw. deren Innovationshöhe als gering bezeichnet wird. Ihre inkrementelle Neuartigkeit lässt sich einfacher in bestehende Alltagspraktiken und Handlungserwartungen integrieren als radikale Veränderungen, die gegen die etablierte soziale Ordnung „verstoßen". Der Absatz von spritsparenden PKWs ist deshalb leichter organisierbar als die Verbreitung von Formen geteilter Mobilität (*ride sharing*), die als Innovation nicht nur eine neue Antriebstechnik nutzt, sondern den Abschied vom eigenen Auto und den Routinen individueller Mobilität erfordert. Damit ist das grundsätzliche Problem nachhaltiger Innovationen benannt: Sie verlangen nicht nur den isolierten Austausch einzelner Produkte oder Verfahrensweisen durch andere Technologien mit ähnlicher Funktionsweise, sondern weichen in ihrer Ausrichtung meist so stark vom Status quo ab, dass sie zugleich die Veränderung handlungsleitender Deutungsmuster (automobile Freiheit des Individualverkehrs), eingefleischter Praktiken (flexible Bewegungsmuster und Planung) und entsprechender Strukturen (Siedlungsformen, Infrastrukturen, Rechtsprechung) bedingen (vgl. zum Beispiel Canzler et al. 2018) und in der Folge als Systeminnovationen bezeichnet werden (Clausen & Fichter 2019).

In der allgemeinen Innovationsforschung liegt der Fokus aber weniger auf der Bedeutung von Systeminnovationen für gesellschaftlichen Wandel insgesamt als auf der Bedeutung einzelner Produkt- und Prozessinnovationen für die wirtschaftliche Entwicklung eines Landes und seiner Unternehmen bzw. – umgekehrt betrachtet – auf den Folgen fehlender Innovationsfähigkeit für die wirtschaftliche Entwicklung. Bei Schumpeter (1997), der als Gründungsfigur der Innovationsforschung gilt, bestimmen vor allem die Unternehmerpersönlichkeit und die Möglichkeit, Kredite für die Innovationsentwicklung zu erhalten, über den Innovationsverlauf. Beide Faktoren entscheiden, ob es gelingt, die Möglichkeit einer Neuerung (*invention*) im Unternehmen und davon ausgehend in der Gesellschaft bzw. auf den Märkten durchzusetzen (*diffusion*), um einen „Prozess der schöpferischen Zerstörung" anzustoßen, durch den das Bestehende diskontinuierlich vom Neuen verdrängt wird. Dafür muss es den Innovationstreibern oder „Promotoren" in den Organisationen gelingen, die Erneuerung als überzeugende Verbesserung zu präsentieren und im Weiteren einen Adaptionsprozess anzustoßen, in dessen Verlauf das Neue so im Alten adaptierbar wird, dass es sich verändert.

Als Teilgebiet der Betriebswirtschaftslehre widmet sich das Innovationsmanagement der Überwindung betriebsinterner und -externer Innovationsbarrieren durch eine strategische Unterstützung von Innovationsprozessen und ihren Promotoren, um zügig von ersten Ideen zu einer erfolgreichen Marktdurchdringung zu gelangen. Die Herausforderungen der Unterstützung von nachhaltigen Innovationen sind aber größer: Sie müssen nicht nur erfolgreich vorangetrieben und durchgesetzt werden, sondern dabei ihrer Ausrichtung treu bleiben, sich also *nicht* besonders gut an das (nicht nachhaltige) Bestehende anpassen, sondern ihre „transformative Richtungsgebung" (Antes et al. 2012) hin zu Nachhaltigkeit bewahren. Diese Zielsetzung verlangt häufig die bewusste Missachtung von kurzfristigen Erfolgsfaktoren zugunsten langfristiger Transformationsziele, die für sich betrachtet sowohl radikal, unsicher, strittig als auch unbeständig sind, wie die Debatte um das Elektroauto zu illustrieren vermag. Hier gilt sogar als Erfolg, wenn es sich unabhängig von seiner ökologischen Gesamtbilanz als Zweit- oder Drittwagen durchsetzt und nicht nachhaltige Lebensweisen eher stabilisiert als transformiert.

Das mag ein Grund sein, warum nachhaltige Innovationen seltener von großen Marktakteuren und etablierten Entwicklungslaboren, sondern meist von explizit ökologisch motivierten Branchenneulingen, Start-ups, Nischenakteuren und sogenannten Ökopionieren vorangetrieben werden. Zugleich unterscheidet sich die Art der Nachhaltigkeitsinnovationen in beiden Kontexten. In etablierten Unternehmen und Organisationen der Technikentwicklung folgen die Anreize für Innovationsprozesse merkantilen Gesichtspunkten, sodass inkrementelle Anpassungs- und Verbesserungsinnovationen für Nachhaltigkeit überwiegen, mit denen marktgerecht auf entsprechende Regulierungen oder Nachfrageveränderungen reagiert werden soll. Vermieden werden „radikale" Innovationen, die mit hohen Kosten und großen Risiken des Scheiterns verbunden sind. Grundlegendere Innovationen im Namen von Nachhaltigkeit werden deshalb typischerweise von neu gegründeten Organisationen „mit hohem Engagement und klaren Nachhaltigkeitszielsetzungen" (Fichter & Clausen 2013: 243), von „Change Agents", „Visionären" oder innovativen Nutzergemeinschaften betrieben, darunter auch Privatpersonen aus dem zivilgesellschaftlichen Bereich (Ornetzeder und Rohracher 2012). Sie streben gezielt nachhaltige Veränderungen an, um auf ein als bedrohlich wahrgenommenes Entwicklungsmodell mit der Generierung von Alternativen zu reagieren.

Fichter und Clausen (2013) betrachten für die Erklärung der unterschiedlichen Verbreitungserfolge nachhaltiger Innovationen über Kommunikationsprozesse hinaus die Rolle von Leitmärkten, Pfadabhängigkeiten (Skaleneffekte, Kapitalbindungen, Lock-In-Effekte) und Brancheneffekten aus Perspektive der evolutorischen Ökonomik. In ihrer Typisierung unterschiedlicher Verbreitungs- und Nachhaltigkeitspfade führen effizienzsteigernde und einfach zu verstehende Verbesserungsinnovationen durch Etablierte zwar schneller zu einer höheren Marktdurchdringung und sind eher von staatlicher Unterstützung unabhängig, gehen aber mit höheren ökologischen Rebound-Risiken einher. Demgegenüber verläuft die Diffusion radikalerer und grundlegenderer Nachhaltigkeitsinnovationen niedriger und schleppender, und dies insbesondere, wenn sie mit hohem Verhaltensänderungsbedarf einhergehen und höhere Anforderungen an ihre Nutzung stellen. Ihr Potenzial für einen ökologischen Wandel ist aber größer. Im Ergebnis sind grundlegende Schlüsselinnovationen für eine nachhaltige Entwicklung zwar eher von exogenen Treibern und Akteuren zu erwarten, eine bessere Marktdurchdringung gelingt aber Nachhaltigkeitsinnovationen von branchenerfahrenen Akteuren mit erprobten Vertriebskanälen.

In den meisten Fällen richtet sich das sozialwissenschaftliche Interesse nicht nur auf einzelne Prozesse, die zur Entwicklung, Verbreitung und Etablierung neuer Technologien oder sozialer Arrangements führen, sondern auf übergreifende Innovationsprozesse, Innovationssysteme, -milieus, -regime und -netzwerke und deren soziokulturelle Voraussetzungen und gesellschaftliche Effekte. Der Blick der Innovationssoziologie bleibt nicht auf den wirtschaftlichen Bereich beschränkt, sondern umfasst alle gesellschaftlichen Handlungsfelder und ihre unterschiedlichen Innovationsprozesse und Akteursgruppen (Beck & Kropp 2012; Rammert et al. 2016). Im folgenden Abschnitt führen wir unsere Erkundung der Chancen nachhaltiger Innovationen daher mit einem Fokus auf die Netzwerkbildung in wissenschaftlich-technischen Innovationsprozessen aus Perspektive der *Science and Technology Studies (STS)* fort.

4. Innovationsnetzwerke und Allianzenbildung zugunsten des Neuen

Während Daniel Düsentrieb (alias *Gyro Gearloose*) für ganze Generationen das Bild des genialen, aber weltfremden (Garagen-)Erfinders prägte, der bei Bedarf innerhalb weniger Tage ein überlichtschnelles Raumschiff zur Verfügung stellt, sind Innovationsprozesse im seltensten Fall das Ergebnis der Genialität einzelner Akteure. Sie bedürfen vielmehr der Zusammenarbeit über Organisationsgrenzen hinweg und beziehen vorhandene Instrumente, Technologien, Finanzierungsmöglichkeiten und weitere Anknüpfungspunkte ein. In einem dadurch aufgespannten, mal implizit und mal explizit genutzten Innovationsnetzwerk verändern im Fall gelingender Innovationsprozesse alle beteiligten Akteure ihre (Ausgangs-)Positionen, Motive und Kriterien, und auch materielle, technische Artefakte werden zugunsten einer innovativen „Neukombination" in den Worten von Schumpeter bzw. „Neukomposition" in den Worten von Latour umgeformt. Dieser Prozess der transformierenden Netzwerkbildung erfordert die Veränderung und Umorganisation aller Komponenten, gleichermaßen der menschlich-sozialen und der technisch-materiellen. In der Akteur-Netzwerk-Theorie (ANT) werden die Entwicklungsstadien dieser Prozesse im Zuge eines typischerweise mäandernden Verlaufs (*trajectory*) verfolgt und die einzelnen Veränderungsschritte mit dem Konzept der „Übersetzung" betrachtet (Callon 2006, zuerst 1986). Das Konzept der „Übersetzung" weist darauf hin, dass durch Innovationsprozesse nicht ein Ausgangszustand nahtlos in einen neuen Zustand umschlagen, sondern dies, wie im Fall von Übersetzungen von einer Sprache in eine andere, mit Verschiebungen, Veränderungen und neuen Sinnsetzungen verbunden ist, die nicht unbedingt den ursprünglichen Intentionen entsprechen (→ Kap. 3 zu gesellschaftlichen Naturverhältnissen). Reduktionistische Vorstellungen von wissenschaftlichen „Entdeckungen", individuellen „Ideen" oder technischen „Verbesserungen" und deren anschließender „Anwendung" bzw. „Implementation" werden somit zurückgewiesen. Stattdessen zeichnet die ANT ethnographisch nach, wie neue wissenschaftliche Interpretationen, soziale Arrangements und technische Möglichkeiten in einem heterogenen Beziehungsgeflecht entstehen und sich als innovative soziotechnische Netzwerke durchsetzen – oder eben nicht (Latour 2018). Diese Herangehensweise greift zum einen die Befunde der sozialkonstruktivistischen Wissenschafts- und Technikforschung (*Social Construction of Technology, SCOT*) auf, die anhand vieler Einzelstudien nachgezeichnet hat, wie Prozesse der Technikgenese von relevanten sozialen Gruppen und deren Vorstellungen und Erwartungen beeinflusst werden (Bijker et al. 1986). Sie berücksichtigt zum anderen im Rahmen ihres „symmetrischen" Ansatzes auch die Rolle technologischer Einflussfaktoren, materieller Wirkungen und natürlicher Widerstände: „The social ‚material' and the technical ‚material' are both relatively malleable and the successful innovation is the one which stabilises an acceptable arrangement between the human actors (users, negotiators, repairers) and the non-human actors (electrons, tubes, batteries) at the same time" (Akrich et al. 2002a: 210).

Eine Innovation erscheint aus dieser Perspektive als ein mehrere Komponenten verbindender, interdependenter Prozess, in dem sich die Entstehung naturwissenschaftlicher Beschreibungen (beispielsweise der Elektrizität), technologische Anwendungen (Stromnetz, Glühlampe) und Arrangements ihrer Nutzung (Stromverbrauch) wechselseitig kokonstruieren. Der Untersuchungsfokus richtet sich daher darauf, wie es gelingt, ein solches sich entfaltendes Netzwerk zu stabilisieren, in dem verschiedene Akteure, Interessen und Handlungsspielräume verknüpft werden (Latour 2007). Erst aus der erfolgreichen Verbindung entstehen „*kollaborativ*" neuartige „Assoziationen" einer geteilten Welt, ohne dass darin die Rollen von Natur und Technik, Innovationsträger*innen und -nutzer*innen, Netzwerk und Akteur, Innovation und Adaption klar voneinander getrennt werden könnten. Michel Callon (2006) hat diesen Prozess des relationalen Einbezugs in einer viel zitierten Studie zur Entstehung eines neuen Verfahrens der Zucht von Kammmuscheln als Momente der Übersetzung im Verlauf eines heterogenen Innovationsprozesses beschrieben, durch den die involvierten menschlichen und nichtmenschlichen Akteure, Gemeinschaften, Identitäten und Ansprüche verknüpft und verändert wurden, bis das neue Verfahren durch die Vernetzung und Veränderung aller Elemente schrittweise Gestalt annimmt. Callon bezeichnet den Auftakt der Entstehung eines gemeinsamen Handlungsproblems und der Benennung relevanter Gruppen als Problematisierung (*problematization*) des Status quo, dem die Einbindung relevanter Perspektiven, Materialien, Technologien und Akteure (*interessement*) in eine Allianz folgen muss, um sukzessive wechselseitige Bezüge herzustellen und Rollen festzulegen (*enrolment*), die schließlich in die erfolgskritische Mobilisierung (*mobilization*) als gelingende weitere „Repräsentation", d.h. Stabilisierung, des innovativen Arrangements mündet (vgl. Abbildung 11). Diese Netzwerkbildung, so zeigen auch weitere Fallstudien, verläuft nicht linear, sondern über Um- und Querwege, und ist oftmals nicht erfolgreich, sondern wird durch das Scheitern gemeinsamer Visionen und Allianzen, auch durch gegenläufige Strategien einzelner „Dissidenten" erschwert oder verhindert.

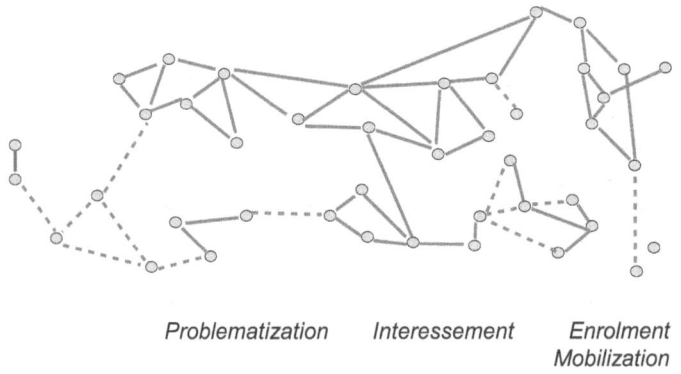

Problematization   *Interessement*   *Enrolment*
                                       Mobilization

Abbildung 11: Netzwerkartige Innovationsprozesse; Quelle: Eigene Darstellung nach Callon (1986) und Akrich et al. (2002b)

Ähnlich ist auch die Arbeit des Technikhistorikers Thomas P. Hughes (1983) angelegt, dessen vergleichende Untersuchung des Elektrifizierungsprozesses in den Vereinigten Staaten, Großbritannien und Deutschland und der dadurch entstehenden Infrastruktursysteme als wichtiges Werk der Innovationsforschung gilt. Darin zeichnet Hughes nach, wie die Gaslampen in privaten Haushalten durch Edisons Glühlampe und elektrischen Strom verdrängt wurden, nicht weil die Technologie überlegen oder Thomas Edison ein genialer Erfinder waren, sondern weil er ein geschickter „Systembildner" (*system builder*) war. Es gelang ihm neben der Entwicklung technisch nutzbarer Apparaturen auch, entsprechende Versorgungssysteme zu initiieren, Finanzierungsmöglichkeiten zu organisieren und relevante Entscheidungsträger zu überzeugen. Edison problematisierte die Risiken der Gaslampen, versammelte relevante Persönlichkeiten, mobilisierte soziale, materielle und finanzielle Ressourcen für die neue Infrastruktur und stabilisierte sein Versorgungssystem erfolgreich, indem er auch die Bedürfnisse von Unternehmen, Verbraucher*innen und Behörden „repräsentierte" – und zwar vor der Entwicklung technischer Applikationen. Mit seiner Arbeit des Zusammenfügens heterogener Komponenten, die Law als „*heterogeneous engineering*" charakterisiert hat (Law 1986), ermöglichte er die Entwicklung eines neuartigen, relationalen Netzwerks („*seamless web*") der Elektrifizierung und trug dazu bei, das entstehende Infrastruktursystem gegenüber Widerständen und alternativen Vorschlägen durch kontinuierliche Anpassungen zu stabilisieren, die nicht nur technischer, sondern auch finanzieller, diskursiver und rechtlicher Art waren (Hughes 1986). So brachte er ein komplexes soziotechnisches System auf den Weg, mit dem sich nicht nur die Beleuchtungstechnologien, sondern auch die rechtlichen Normen, politischen Machtverhältnisse, Abrechnungsmodelle und weitere Komponenten interdependent zugunsten eines neuen, gemeinsamen Systemziels veränderten. Im doppeldeutigen Buchtitel bezeichnet Hughes (1983) die entstehenden Versorgungssysteme tiefsinnig als „*Networks of Power*" – Stromnetze bzw. Netzwerke der Macht – und verknüpft also die Entwicklung von technischen Infrastruktursystemen mit der damit verbundenen Entstehung politischer Einflusszirkel. Innovationen, so teilt er uns mit, sind keine Frage technisch oder sozial überlegener Einfälle, sondern müssen, um erfolgreich zu sein, die soziale Wirklichkeit umkrempeln und die soziotechnischen Konstellationen durch die Bildung von innovativen Bündnissen neu arrangieren.

Für unsere Frage nach nachhaltigen Innovationen und ihrer Durchsetzung lassen sich zwei wichtige Schlüsse ziehen: Erstens können Innovationsprozesse nicht von Einzelnen geplant und „umgesetzt" werden, sondern bedürfen für ihre Entwicklung überindividueller Netzwerke und einer erfolgreichen Stabilisierung: „Innovation is perpetually in search of allies. It must integrate itself into a network of actors who take it up, support it, diffuse it" (Akrich et al. 2002a: 203f.) Es reicht also nicht, wenn umweltbewegte Wissenschaftler*innen oder Aktivist*innen nachhaltige Problemlösungen ausarbeiten, sondern die Neukompositionen müssen sich in einem Geflecht soziotechnischer Komponenten behaupten und erfordern dazu vielfältige Anpassungen und wechselseitige Kompromisse. Zweitens sind Innovationsprozesse nicht aus einer Perspektive intentional gestaltbar, sondern hängen von diesen erfolgreichen Verknüpfungen ab – sie verändern sich und ihre Kontexte unvorhersehbar und interdependent im Verlauf der verzweigten Einführungs-, Durchsetzungs- und Stabilisierungsphasen. So manche nachhaltige Innovation, wie etwa Fleischersatzprodukte für vegetarische Lebensweisen, enttäuschen deshalb in ihrer Nachhaltigkeitsbilanz, wenn sie schließlich als industriell gefertigte Konsumgüter in Kühltheken landen. Diesen überraschungsreichen, umfassenden Prozess bezeichnet die ANT als „soziotechnische Transformation" (Akrich et al. 2002b: 212). Allerdings ging es weder bei Hughes noch bei Callon oder Latour zunächst spezifisch um Nachhaltigkeitsinnovationen, obwohl sich alle drei Autoren dieser Problematik später zugewendet haben und die notwendige Berücksichtigung nichtmenschlicher Akteure für ein langfristig gelingendes Zusammenspiel auf der Erde betonen.

Auch die Forschung zu nicht technischen Innovationen, beispielsweise zur Einführung der ersten Papierwährung und der Errichtung freiwilliger Feuerwehren durch Benjamin Franklin (Mumford 2002) oder zur gegenwärtigen Entstehung kommunaler, nachhaltiger Energieversorgungssysteme (Smith et al. 2016), stellt die Notwendigkeit der erfolgreichen Netzwerkbildung und der wechselseitigen Anpassung technischer und sozialer Systeme heraus. Dabei stehen insbesondere Innovationen, die von der etablierten sozialen Ordnung abweichen und deren leitende Handlungsorientierungen in Frage stellen, wie dies für nachhaltige Innovationen in aller Regel gilt, vor dem Problem, ein gegenkulturelles Netzwerk aufbauen zu müssen und sich gegen die mächtigen, bestehenden Allianzen durchzusetzen. Dafür sind sie meist auf Gelegenheitsfenster angewiesen, die etablierte Herangehensweisen in Frage stellen, und auf geschützte Räume, in denen nachhaltige Problemlösungen zunächst erprobt werden können, bevor sie sich der Konkurrenz mit dem nicht nachhaltigen Mainstream aussetzen. Diese Einsichten bündelt die im Folgenden vorgestellte Mehrebenen-Perspektive, die vor allem in der Transformationsforschung (bzw. *transition research*) der letzten zehn Jahre aufgegriffen wurde.

5. Innovationen und die verschiedenen Ebenen der Transformation des nicht Nachhaltigen

Als Transformationsforschung wird eine Vielzahl von Forschungsansätzen bezeichnet, die sich mit Möglichkeiten der Unterstützung von Transformationsprozessen hin zu nachhaltigen Gesellschaften befassen. Sie untersuchen beschreibend, bewertend und befördernd aus unterschiedlichen Perspektiven beispielsweise die Energie-, Agrar- oder Verkehrswende und ihre möglichen Beiträge zu einem gesellschaftlichen Wandel in Richtung Nachhaltigkeit (→ Kap. 10 zu Transdisziplinarität). Auch in diesem breiten Feld interessiert man sich nicht für einzelne Innovationsprozesse, sondern vor allem für die innovationsrelevanten Interaktionen zwischen den etablierten, nicht nachhaltigen Systemen und den verschiedenen nachhaltigkeitsorientierten bzw. „transformativen" Ansätzen und Strategien und ihre sozio-ökonomischen und institutionellen Rahmenbedingungen.

In den Niederlanden wurde dazu seit Ende der 1980er Jahre die Mehrebenen-Perspektive (*Multi-Level Perspective, MLP*) als eine viel beachtete Heuristik entwickelt (vgl. Abbildung 12), in die Konzepte der Akteur-Netzwerk-Theorie, der Evolutions- und Institutionenökonomie und der Governanceforschung eingegangen sind (Kemp et al. 1998). Sie untersucht die Chancen nachhaltiger Innovations- bzw. Transformationsprozesse erklärtermaßen als relationale, ko-evolutive und längerfristige Prozesse aus mehrteiligen Veränderungen der soziotechnischen Systeme und ihrer Konfiguration (Geels 2002; Grin et al. 2010). Dazu beleuchtet sie die Interaktionen zwischen Akteursgruppen unterschiedlicher Sektoren und Disziplinen von der gesellschaftlichen Mikroebene bis auf die gesellschaftliche Makroebene und ihre Chancen, das etablierte soziotechnische System grundlegend zu verändern. Damit verfolgt auch die MLP eine dezidiert nicht deterministische Sichtweise, die Technologien als Ort der Organisation gesellschaftlichen Wandels begreift, nicht als dessen Treiber, auch wenn sie sich viel mit der Durchsetzung innovativer technologischer Problemlösungsprozesse befasst hat. Im Rückgriff auf Untersuchungen von Innovationstrajektorien – also den konkreten Verläufen von

Innovationsprozessen (vgl. Abschnitt 2.) – geht sie stattdessen von drei miteinander verknüpften Ebenen der Innovationsentwicklung mit unterschiedlichen Veränderungszyklen aus, zwischen denen sich ein mehrdimensionales Wechselspiel von radikalen Nischeninnovationen, stabilisierten Problemlösungsmustern und langfristigem Wandel entfaltet (Grin et al. 2010).

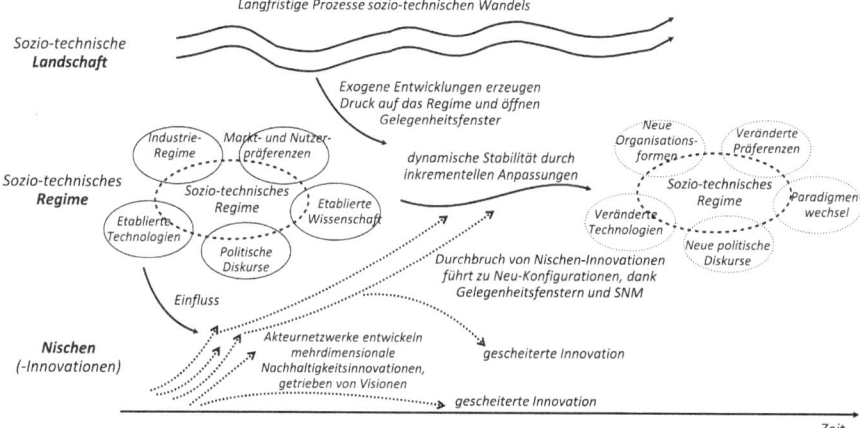

Abbildung 12: Transformationsprozesse aus Sicht der Multi-Level Perspective (MLP); Quelle: Eigene Darstellung nach Geels (2002: 1263)

- Im Mittelpunkt steht das Konzept des *Regimes*, das ein stabilisiertes soziotechnisches System aus Akteuren, Produkten, Technologien, Fachwissen und entsprechenden Nachfrageroutinen und -kulturen sowie politischen Lobby-Netzwerken beschreibt. In ihm sind die verschiedenen Interessen austariert und die notwendigen Organisationsprozesse fest etabliert. Die vorhandenen Infrastrukturen sind an dieses Regime angepasst, genau wie die rechtlichen, moralischen und kognitiven Regeln. Ein solches Regime lässt sich gut mit der in Deutschland dominanten Automobilwirtschaft oder dem etablierten Lebensmittelsystem illustrieren, die in allen Dimensionen verfestigt und dadurch kaum veränderbar sind.

- Demgegenüber können vielversprechende Nachhaltigkeitsinnovationen nur auf der unteren Ebene in *Nischen* entstehen, also an den Rändern der durchgesetzten Lösungsmuster. In ihnen experimentieren die bereits genannten *change agents* bewusst mit alternativen, gegenkulturellen Handlungsstrategien und lassen ihre Ergebnisse zunächst im geschützten Raum ökologisch orientierter Milieus oder Nachbarschaften zirkulieren, solange sie im Mainstream (noch) nicht wettbewerbsfähig sind. Zu denken ist etwa an die frühen Tage der Solar- und Windenergieentwicklung, an Mobilitätspioniere oder Biobetriebe.

- Als exogene, soziotechnische *Landschaft* wird die übergeordnete Analyseebene gesamtgesellschaftlicher Trends und Entwicklungen bezeichnet, die den Umgang mit Ressourcen langfristig prägen. Auf dieser Ebene können Krisen und Katastrophen den Status quo in Frage stellen, sodass sich die für Veränderun-

Kapitel 8: Nachhaltige Innovationen und Transformationsprozesse

gen notwendigen Gelegenheitsfenster öffnen, wie beispielsweise im Nachgang zu Fukushima für die Energiewende. Allerdings bleibt diese Ebene konzeptionell diffus und bildet den schwächsten Teil der MLP.

Der Regimebegriff spielt in der Diffusionsforschung seit Langem eine Rolle. Mit ihm wurden unterschiedliche Bedingungskonstellationen für die Durchsetzung von Innovationen bezeichnet, etwa Routineregime in hochkonzentrierten Märkten mit starken Pfadabhängigkeiten, in denen vor allem kapitalintensive Großunternehmen einen Innovationsvorteil haben, gegenüber Entrepreneur-Regimen mit besonderen Innovationsmöglichkeiten für kleinere, schnell lernende Unternehmen, wie etwa in der Musik- und Kulturindustrie (Acs & Audretsch 1987). Diese Forschung hat zudem herausgestellt, dass der Umgang mit Wissen und die strategische Organisation neuer Wissensformen wichtig für den Innovationserfolg sind. Werden diese Befunde auf nachhaltige Innovationen übertragen, stellt sich deutlich heraus, dass sogenannte *Incumbants*, also die gut etablierten Regime-Akteure, den notwendigen Umgang mit Unsicherheiten und Komplexitäten meiden, aber über ausreichend Ressourcen verfügen, um Herausforderungen wie das Leitbild nachhaltiger Entwicklung vor allem symbolisch aufzugreifen, „ohne tatsächlich einen umfassenden und kontinuierlichen Nachhaltigkeitsprozess einzuleiten" (Blättel-Mink 2006: 90). Sie tragen vielmehr mit kontinuierlich lancierten inkrementellen Innovationen zu einer dynamischen Stabilität im etablierten soziotechnischen System bei, in dem sich die geltenden Handlungsorientierungen nur allmählich verändern. Neues Wissen für Nachhaltigkeitsinnovationen wird hingegen, wie im ersten Abschnitt angesprochen, eher extern und zwar von „Ökopionieren" (beiderlei Geschlechts) in Nischen beigesteuert (Blättel-Mink 2006: 89).

Im Mittelpunkt der MLP steht die Analyse der komplexen und von intendierten und nicht intendierten Wechselwirkungen geprägten Innovations- und Transformationsprozesse gegenüber dem etablierten Nexus vorherrschender Infrastrukturen, Gewohnheiten, Denkmuster, Handlungslogiken, Akteurskonstellationen, Politiken, Wirtschaftsweisen und Regulationsformen. Deshalb umfasst ihr Untersuchungsraum über die Organisationsebene einzelner Innovationen hinaus vor allem die Bedeutung hoher Institutionalisierungsgrade, wie sie relevante Pfadabhängigkeiten, rechtliche und finanzielle Rahmenbedingungen und ihre historische Entwicklung prägen. Diese Beharrungskräfte des soziotechnischen Status quo mitsamt ihrer institutionellen Verankerung in Marktmacht, Standards, Konsumpräferenzen oder Ausbildungsinhalten stehen vor allem nachhaltigkeitsorientierte Visionen, Lernprozesse und Allianzen gegenüber, die nicht im Mainstream entstehen können, sondern in gegenüber diesen Institutionen stärker abgeschirmten Nischen. Mit dem Ansatz des *Strategic Niche Management* (NSM) ging es den Autor*innen der MLP darum zu erkunden, wie nachhaltige Innovationen aus den „grünen" Pioniermilieus erfolgreich in das dominante Regime-Netzwerk aus industriellen Markt- und Akteurskonstellationen, kanonisiertem Wissen, etablierten Lösungserwartungen, Wirtschafts- und Konsummustern sowie der fraglosen Fortsetzung nicht nachhaltiger Naturverhältnisse „durchbrechen" können.

Betont wird die Notwendigkeit von zueinander passenden Co-Evolutionen, durch die beispielsweise entsprechende politische Steuerungsimpulse den Erfolg von

Nachhaltigkeitsinnovationen begleitend unterstützen, um die vorhandenen rechtlichen und kulturellen Regelsysteme für Nachhaltigkeitsziele zu öffnen. Denn solange übergeordnete Prozesse des Wandels nicht Anpassungszwänge in den Regimen und Gelegenheitsfenster für die in Nischen entwickelten Nachhaltigkeitsinnovationen schaffen, so die Grundthese der Mehrebenen-Perspektive, verursachen die Regime eine weitgehende Anpassung der Nachhaltigkeitsinnovationen an die etablierten Problemlösungsmodi. Seit ein paar Jahren wird die Forschungsheuristik zudem mit Konzepten aus der politischen Ökonomie hinsichtlich der Widerstandsfähigkeit dominanter Akteurskonstellationen in Industrie und Politik (*incumbent actors*) geschärft (Geels 2014): Seither wird der engen kapitalistischen Allianz aus Entscheidungsträger*innen in Politik und Wirtschaft verstärkte Berücksichtigung gezollt und ihren ressourcenstarken, definitorischen, techno-ökonomischen und staatlich-regelsetzenden Formen der Interessensdurchsetzung im Sinne des für sie profitablen Systemerhalts.

Deshalb beleuchtete die an Transformationsprozessen interessierte Forschung die Entwicklung nachhaltiger Innovationen zunächst unter dem strategischen Gesichtspunkt der Bereitstellung von Schutzräumen in lernenden Nischen, in denen ihre praktische Entwicklung und Erprobung durch eine netzwerkartige Unterstützung gegenüber dem etablierten Regime gelingen kann (Kemp et al. 1998). Der Ansatz des strategischen Nischenmanagements (*SNM*) untersucht entsprechend, wie Nachhaltigkeitsexperimente die Leistung und Verbreitung potenziell transformativer Innovationen durch Vernetzung, Visionsbildung und soziales Lernen, das positive Erwartungen verstärkt, verbessern kann (Kemp et al. 1998; Schot & Geels 2008). Verläufe nachhaltiger Innovationsprozesse, so die These, können durch eine antizipative und an langfristigen Zielen orientierte Entscheidungsfindung im politischen Raum, durch die begleitende Artikulation handlungsleitender Nachhaltigkeitsvisionen, durch die Bildung übergreifender Netzwerke und durch umfassende Schulungs- und Lernprozesse unterstützt und stabilisiert werden (Kemp & Loorbach 2006; Grin et al. 2010). Immer deutlicher hat die Forschung jedoch erwiesen, dass ein strategisches Nischenmanagement allein nicht ausreicht, um nachhaltige Innovationen gegenüber dem bestehenden Regime durchzusetzen. Transformative nachhaltige Neuerungen sind zudem auf politische Unterstützung (*niche policy advocacy*), Formen der flankierenden Interessenvertretung durch intermediäre Organisationen und auf überzeugende Transformationsdiskurse angewiesen (Smith et al. 2016), ebenso wie auf die gezielte Delegitimierung der nicht nachhaltigen Problemlösungen und die oftmals zivilgesellschaftlich getragene Anstiftung, subversive Innovationsnetzwerke zu schmieden (Smith et al. 2016). Vor allem aber, so wird immer deutlicher, profitieren sie von bewussten „Destabilisierung" der bestehenden Regime durch politische Instrumente der Transformation auf übergeordneter Ebene (Kivimaa & Kern 2016; zusammenfassend Köhler et al. 2019).

In den vergangenen Jahren wurde der Ansatz der Multilevel-Perspektive besonders häufig auf die Energiewende bezogen, für deren erfolgreiche Umsetzung nicht nur Innovationen für regenerative Erzeugungs- und Speichertechnologien notwendig sind, sondern auch weitreichende politische, finanzielle, organisatorische und soziale Veränderungen bis hin zu innovativen Governance- und Steuerungsformen. Ihre viel zu langsame Durchsetzung verdeutlicht, wie schwierig derart weitreichende Veränderungsprozesse sind und welchen Hindernissen die notwendige Vielzahl miteinander verknüpfter Transformationen über einen längeren Zeitraum hinweg gegenüberstehen, bis eine angekündigte Wende auch messbar nachhaltige Veränderungen verursacht. Gesellschaftlich durchgesetzt und veralltäglicht ist eine Transformation erst, wenn die etablierten Herangehensweisen und institutionellen Ordnungen durch neu entstandene soziotechnische Regimen abgelöst wurden. Das umfasst eine Veränderung im Denken, Handeln und Regulieren, denn die transformativen Praktiken müssen über die „semantische" Ebene der diskursiven und symbolischen Veränderungen hinaus auch die „operative" Ebene neuer Praktiken und Routinen erreichen sowie die „grammatische" Ebene (Rammert 2010) der handlungsleitenden (Infra-)Strukturen und Regeln verändern. Eine „*transition*", also ein Übergang in eine andere, dann nachhaltigere Regimekonstellation ist daher aus Sicht der Multilevel-Perspektive gleichbedeutend mit ebenen-übergreifenden Veränderungen in einem Sektor (Energieversorgung, Mobilität), aus der innovierenden Nische (Photovoltaik, Elektroauto) über das gesamte soziotechnische Regime (Energie- oder Mobilitätssysteme) bis auf die übergeordnete gesellschaftliche Makroebene (postfossile Gesellschaft).

6. Ausblick

Wie wir im Gang durch die Innovationsforschung gesehen haben, sind schon einzelne Innovationsprozesse für nachhaltige Entwicklung weitreichende und komplexe Vorhaben, die gegenüber dem etablierten soziotechnischen System mit erheblichen „Startnachteilen" zu kämpfen haben. Ein transformativer Durchbruch in Richtung genereller nachhaltiger Innovations- und Gesellschaftsentwicklung muss sich erst recht aus vielen kleinen und einigen fundamentalen Transformationsschritten zusammensetzen. Rückblickend werden daran sowohl inkrementelle als auch radikale Innovationen beteiligt gewesen sein, teils als Antwort auf wahrgenommene Risiken oder gewandelte Ansprüche, teils als überraschende Ergebnisse der Netzwerkbildung in Reaktion auf die von Klima- und Umweltwandel verursachten Zwänge und Katastrophen (→ Kap. 5 zu Risiko und Risikokonflikten). Innovations- und Transformationsprozesse, das sollte betont werden, sind in ihren Wirkungen nicht prognostizierbar, sondern setzen sich aus direkten und indirekten, intendierten und nicht intendierten Veränderungen und Übernahmeprozessen zusammen und gehen mit gesellschaftlichen Verwerfungen einher, die weitere Innovations- und Anpassungsprozesse nach sich ziehen. Nach Jahrzehnten der sozialwissenschaftlichen Zurückhaltung in Gestaltungsfragen erlangt deshalb die gezielte und problemadäquate Lenkung langfristiger Transformationsprozesse und die Auseinandersetzung mit den dabei imaginierten Zukünften wachsende Aufmerksamkeit (→ Kap. 10 Transdisziplinarität). Dabei kommen Fragen nach der Legitimität der konkurrierenden Zukunftsentwürfe, ihren Subjekten und Objekten, den Transformationsregimen, den Vorstellungen von Transformationszielen und von Gerechtigkeit aus globaler Perspektive auf. Die Transformationsforschung beschäftigt sich bislang vor allem mit den strukturellen Barrieren nachhaltiger Innovations- und Transformationsprozesse in westlichen Industrieländern; deren notwendige Verknüpfung mit den Handlungs- und Lebensbedingungen im globalen Süden kommt dabei trotz der einleitend vorgestellten SDGs viel zu kurz.

Für die Umweltsoziologie ist die Bedeutung der Forschung zu nachhaltigen Innovationen enorm. Je stärker moderne Gesellschaften erkennen, wie umfassend nachhaltige Innovations- und Transformationsprozesse gedacht werden müssen, wie gering der Beitrag technologischer Innovationen alleine ist, wie wichtig aber ihre Verknüpfung mit gesellschaftlichen Veränderungsprozessen und ihre Verankerung in soziotechnischen Transformationsprozessen, desto deutlicher wird der notwendige Beitrag der Soziologie und Politikwissenschaften. Diese können auch dazu beitragen, den *„innovation bias"* der Ingenieurwissenschaften zugunsten weiterer Forschung zu Exnovationen zu korrigieren. Dafür wäre herauszuarbeiten, wie neben der „Einführung" nachhaltiger Ansätze und Versorgungssysteme, etwa die Nutzung regenerativer Energieträger, erst die gleichzeitige „Ausführung" nicht nachhaltiger Praktiken und Technologien wie beispielsweise der Verstromung von Kohle die Gesellschaft wirklich nachhaltig machen kann (Kropp 2015; Kivimaa & Kern 2016; Davidson 2019).

Was Studierende aus diesem Kapitel mitnehmen können:

- Wissen über Innovationsprozesse und ihre Verläufe
- Wissen über Nachhaltigkeitsziele und die Schwierigkeiten darauf bezogener Innovationsprozesse
- Kenntnisse zur Diffusionsforschung
- Verständnis der Merkmale von Innovationsprozessen und -netzwerken
- Wissen über nachhaltigkeitsorientierte Transformationsprozesse
- Kenntnis der Multi-Level Perspective

Literatur

Acs, Z.J. & D.B. Audretsch, 1987: Innovation, Market Structure and Firm Size. Review of Economics and Statistics 69: 567–575.

Akrich, M., M. Callon & B. Latour, 2002a: The key to success in innovation, part I: The art of interessement. International Journal of Innovation Management 6: 187–206.

Akrich, M., M. Callon & B. Latour, 2002b: The Key To Success in Innovation, Part II: the Art of Choosing Good Spokespersons. International Journal of Innovation Management 6: 207–225.

Antes, V.R., K. Eisenack & K. Fichter, 2012: Zur Gestaltung von Wandlungsprozessen. Ökologisches Wirtschaften 3: 35–40.

Beck, G. & C. Kropp, 2012: Gesellschaft innovativ: Wer sind die Akteure? Wiesbaden: VS Verlag für Sozialwissenschaften.

Bijker, W.E., T.P. Hughes & T.J. Pinch, 1986: The Social Construction of Technological Systems: New Directions in the Sociology and History of Technology. Cambridge, MA: MIT Press.

Blättel-Mink, B., 2006: Veralltäglichung von Innovation? S. 77–92 in: Kompendium der Innovationsforschung. Wiesbaden: VS Verlag für Sozialwissenschaften.

Callon, M., 2006: Einige Elemente einer Soziologie der Übersetzung: Die Domestikation der Kammmuscheln und der Fischer in der St. Brieuc-Bucht. S. 135–174 in: A. Billiger & D.J. Krieger (Hrsg.), ANThology. Ein einführendes Handbuch in die Akteur-Netzwerk-Theorie. Bielefeld: Transcript.

Canzler, W., A. Knie, C. Scherf & L. Ruhrort, 2018: Erloschene Liebe? Das Auto in der Verkehrswende.Erloschene Liebe? Das Auto in der Verkehrswende. Bielefeld: Transcript.

Clausen, J. & K. Fichter, 2019: Governance radikaler Umweltinnovationen. Theoretische Grundlagen und Forschungskonzeption. Berlin.

Davidson, D.J., 2019: Exnovating for a renewable energy transition. Nature Energy 254–256.

Fichter, K. & J. Clausen, 2013: Erfolg und Scheitern „grüner" Innovationen. Warum einige Nachhaltigkeitsinnovationen am Markt erfolgreich sind und andere nicht. Marburg: Metropolis.

Geels, F.W., 2002: Technological transitions as evolutionary reconfiguration processes: A multi-level perspective and a case-study. Research Policy 31: 1257–1274.

Geels, F.W., 2014: Regime Resistance against Low-Carbon Transitions: Introducing Politics and Power into the Multi-Level Perspective. Theory, Culture & Society 31: 21–40.

Grin, J., J. Rotmans & J. Schot (Hrsg.), 2010: Transitions to Sustainable Development: New Directions in the Study of Long Term Trans-formative Change. New York, Oxford: Routledge.

Grunwald, A. & J. Kopfmüller, 2012: Nachhaltigkeit. Frankfurt a.M.: Campus Verlag.

Hughes, T.P., 1983: Networks of power: Electrification in Western Society, 1880–1930. Baltimore: Johns Hopkins University Press.

Hughes, T.P., 1986: The seamless web. Technology, science, etcetera, etcetera. Social Studies of Science 16: 281–292.

Kemp, R. & D.A. Loorbach, 2006: Transition management: A reflexive governance approach. S. 103–130 in: J.-P. Voß, D. Bauknecht & R. Kemp (Hrsg.), Reflexive governance for sustainable development. Cheltenham: Edward Elgar.

Kemp, R., J. Schot & R. Hoogma, 1998: Regime shifts to sustainability through processes of niche formation: The appraoch of Strategic Niche Management. Technology Analysis and Strategic Management 10: 175–195.

Kivimaa, P. & F. Kern, 2016: Creative destruction or mere niche support? Innovation policy mixes for sustainability transitions. Research Policy 45: 205–217.

Köhler, J., F.W. Geels, F. Kern, J. Markard, E. Onsongo, A. Wieczorek, F. Alkemade, F. Avelino, A. Bergek, F. Boons, L. Fünfschilling, D. Hess, G. Holtz, S. Hyysalo, K. Jenkins, P. Kivimaa, M. Martiskainen, A. McMeekin, M.S. Mühlemeier, B. Nykvist, B. Pel, R. Raven, H. Rohracher, B. Sandén, J. Schot, B. Sovacool, B. Turnheim, D. Welch & P. Wells, 2019: An agenda for sustainability transitions research: State of the art and future directions. Environmental Innovation and Societal Transitions 31: 1–32.

Kropp, C., 2013: Nachhaltige Innovationen – eine Frage der Diffusion? S. 87–102 in: J. Rückert-John (Hrsg.), Soziale Innovationen und Nachhaltigkeit. Perspektiven sozialen Wandels. Berlin: Springer VS.

Kropp, C., 2015: Exnovation – Nachhaltige Innovationen als Prozesse der Abschaffung. S. 13–34 in: A. Arnold, M. David, G. Hanke & M. Sonnberger (Hrsg.), Innovation – Exnovation: Über Prozesse des Abschaffens und Erneuerns in der Nachhaltigkeitstransformation. Marburg: Metropolis.

Kropp, C., 2019: Nachhaltige Innovationen. S. 1–18 in: B. Blättel-Mink, I. Schulz-Schaeffer & A. Windeler (Hrsg.), Handbuch Innovationsforschung. Wiesbaden: Springer Nature.

Latouche, S., 2006: Le pari de la décroissance. Paris: Fayard.

Latour, B., 2007: Eine neue Soziologie für eine neue Gesellschaft. Berlin: Suhrkamp.

Latour, B., 2018: Aramis – oder die Liebe zur Technik. Tübingen: Mohr Siebeck Verlag.

Law, J., 1986: Technology and heterogeneous engineering: The case of the Portuguese expansion. S. 111–134 in: W.E. Bijker, T.P. Hughes & T.J. Pinch (Hrsg.), The social

construction of technological systems: New directions in the sociology and history of technology. Cambridge, MA: MIT Press.
Mumford, M.D., 2002: Social Innovation: Ten cases from Benjamin Franklin. Creativity Research Journal 253–266.
Paech, N., 2005: Nachhaltiges Wirtschaften jenseits von Innovationsorientierung und Wachstum. Marburg: Metropolis.
Rammert, W., 2010: Die Innovationen der Gesellschaft. S. 21–52 in: J. Howaldt & H. Jacobsen (Hrsg.), Soziale Innovation. Auf dem Weg zu einem postindustriellen Innovationsparadigma. Wiesbaden: VS Verlag für Sozialwissenschaften.
Rammert, W., A. Windeler, H. Knoblauch & M. Hutter, 2016: Innovationsgesellschaft heute. Perspektiven, Felder und Fälle. Innovationsgesellschaft heute. Wiesbaden: Springer Fachmedien Wiesbaden.
Rogers, E.M., 2003: Diffusion of innovation. New York: Free Press.
Rogers, E.M., A. Singhal & M.M. Quinlan, 2009: Diffusion of Innovations. S. 418–434 in: An Integrated Approach to Communication Theory and Research. New York: Routledge.
Santarius, T., 2015: Der Rebound-Effekt. Ökonomische, psychische und soziale Herausforderungen der Entkopplung von Wirtschaftswachstum und Energieverbrauch. Marburg: Metropolis.
Schneidewind, U. & A. Zahrnt, 2013: Damit gutes Leben einfacher wird. Perspektiven einer Suffizienzpolitik. München: Oekom.
Schot, J. & F.W. Geels, 2008: Strategic niche management and sustainable innovation journeys: Theory, findings, research agenda, and policy. Technology Analysis and Strategic Management 20: 537–554.
Schumpeter, J., 1997: Theorie der wirtschaftlichen Entwicklung. Berlin: Duncker & Humblot.
Smith, A., T. Hargreaves, S. Hielscher, M. Martiskainen & G. Seyfang, 2016: Making the most of community energies: Three perspectives on grassroots innovation. Environment and Planning A 48: 407–432.
Sonnberger, M. & M. Gross, 2018: Rebound Effects in Practice: An Invitation to Consider Rebound From a Practice Theory Perspective. Ecological Economics 154: 14–21.
Tarde, G. de, 2003: Die Gesetze der Nachahmung. Frankfurt a.M.: Suhrkamp.
WBGU, 2011: Welt im Wandel – Gesellschaftsvertrag für eine Große Transformation. Berlin.

Literaturempfehlungen

Grunwald, A. & J. Kopfmüller, 2012: Nachhaltigkeit.
Eine leicht verständliche Einführung zum Leitbild Nachhaltiger Entwicklung, seine Entstehungsgeschichte, unterschiedliche Ausbuchstabierung und Umsetzung in verschiedenen Handlungsfeldern.

Kivimaa, P. & F. Kern, 2016: Creative destruction or mere niche support? Innovation policy mixes for sustainability transitions.
Ein lesenswerter Artikel, der anhand der Energiewendestrategien in Großbritannien und Finnland aufzeigt, warum nachhaltige Innovationen nicht ausreichen, sondern die nicht nachhaltigen Regime zugleich destabilisiert werden müssen.

Rogers, E.M., 2003: Diffusion of innovation.
Der Klassiker der Diffusionsforschung, dessen Lektüre für die Bedeutung unterschiedlicher Kommunikations- und Verbreitungskanäle sensibilisiert.

Schot, J. & F.W. Geels, 2008: Strategic niche management and sustainable innovation journeys: Theory, findings, research agenda, and policy.
Eine Darstellung, wie sich die Verbreitung nachhaltiger Innovationen gezielt unterstützen lässt.

Kapitel 9: Infrastruktursysteme – Weichensteller gesellschaftlicher Naturverhältnisse

> In diesem Kapitel erfahren Sie, wie Infrastruktursysteme entstehen und gesellschaftliche Naturverhältnisse langfristig prägen. Sie lernen ihre zentralen Merkmale kennen, die ein hohes Maß an Widerständigkeit gegenüber Veränderungsbemühungen aufweisen. Es wird deutlich, dass die Art und Weise wie wir versuchen, unsere Fortbewegung, Ernährung oder Energieversorgung umzuorganisieren, nicht ohne Konflikte abläuft, auf Vorstellungen wünschbarer Zukünfte basiert und pfadabhängige Strukturen schafft.

Als Infrastrukturen werden Versorgungsysteme, soziale Einrichtungen und technische Anlagen bezeichnet, die für die kollektive Nutzung gedacht sind und als gesellschaftliche Vorleistungen die sozialen, wirtschaftlichen und ökologischen Lebensbedingungen raumspezifisch vorbestimmen. Infrastruktursysteme bestehen aus (materiellen) technischen Netzen wie Straßen, Schienen- und Wasserwege, Elektrizitätsleitungen und Ver- und Entsorgungseinrichtungen, zudem aus (immateriellen) sozialen Einrichtungen wie beispielsweise Bildungs-, Gesundheits- und andere Wohlfahrtsinstitutionen und aus einer institutionalisierten, politisch ausgehandelten Betriebsorganisation mit hoher rechtlicher Regelungsdichte und besonderen finanziellen Rahmenbedingungen (z.B. Steuern oder Abgaben, die unabhängig von Nutzungsgebühren anfallen). Als Fundament moderner Wohlfahrtsstaaten umfassen Infrastruktursysteme zudem tradierte Versorgungsstandards, die ihre Entwicklungsmuster beeinflussen (Stichwort Pfadabhängigkeiten), und national unterschiedliches Nutzungswissen, etwa darüber, was vom Gesundheitssystem erwartbar ist und wie man sich im öffentlichen Verkehr verhält. Im Deutschen werden sie unter dem Begriff der Daseinsvorsorge zusammengefasst, im angelsächsischen unter jenem der *public services*. Ohne ihre Existenz und Vorleistungen sind weder individuelle Haushalte überlebensfähig noch wären privatwirtschaftliche Betätigungen wettbewerbsfähig oder moderne Gesellschaften politisch funktionstüchtig: Infrastrukturen „ermöglichen das Funktionieren moderner Gesellschaften" (Schmidt & Monstadt 2018: 977). In den greifbaren materiellen Infrastruktursystemen stecken volkswirtschaftliches Kapital, langjährige Investitionsleistungen, technisches Know-how, etablierte Standards und eine Vielzahl materieller Ressourcen. Zu den immateriellen Infrastrukturen gehören neben Institutionen und Dienstleistungen auch das für Betrieb und Erhalt notwendige rechtliche, technische und politische Wissen. Infrastrukturen überdauern mit ihrem hohen Kapitalbedarf und der langen Nutzungsdauer Politik- und Technikwandel, werden als öffentliches Gut für alle Tätigkeiten fraglos vorausgesetzt und doch permanent um- und ausgebaut, sind omnipräsent, aber unsichtbar, kollektiv, aber nicht kostenlos. Seit den 1990er Jahren gewinnen in der Infrastrukturpolitik neben dem Ziel „gleichwertige Lebensverhältnisse" und soziale Gerechtigkeit ökologische Fragen in Bezug auf die nicht nachhaltigen externen Effekte der bis dahin als Wachstumspolitik begriffenen Infrastrukturentwicklung an Bedeutung. Immer klarer tritt hervor, dass Infrastrukturbedingungen als wesentliche Größe in Be-

Kapitel 9: Infrastruktursysteme – Weichensteller gesellschaftlicher Naturverhältnisse

zug auf Klimawirkungen und die Festlegung ökologischer Stoffströme (Monstadt 2009) gelten müssen.

Trotz der ökologischen sowie raum-, zeit- und sektorenübergreifenden Bedeutung wurden Infrastruktursysteme in der Umweltsoziologie jedoch lange nicht aufgegriffen. Für die Frage, warum moderne Gesellschaften ihre Umwelt gefährden und existenzbedrohend überformen, wurde eher auf fehlendes Umweltbewusstsein, Wissen oder falsches Handeln der Individuen geblickt, auf kontraproduktive Anreizsysteme und kulturelle Orientierungen, die dem nachhaltigen Handeln entgegenstehen (→ Kap. 4 zu umweltbezogenen Haltungen und Umwelthandeln sowie Kap. 7 zu nachhaltigem Konsum). Verwiesen wird auch auf die abgeschotteten Binnenrationalitäten einer funktional hochdifferenzierten, zudem von kapitalistischen Wachstumszwängen geprägten Gesellschaft in imperialistischen Traditionen (Brand & Wissen 2018). Dabei rücken die als besonders problematisch wahrgenommenen Technologien und Systemkomplexe, etwa der Lebensmittel- und Energieversorgung oder des Verkehrs, aufgrund ihrer direkten und indirekten Umweltwirkungen durchaus in den Mittelpunkt vieler Untersuchungen. Die fundamentale Rolle aber, die langlebige Infrastruktursysteme als Ausdruck und Weichensteller gesellschaftlicher Naturverhältnisse spielen, ist bislang nicht systematisch betrachtet worden. Sie verlangt mit Blick auf die politisch initiierten „Wenden", der Energie-, Mobilitäts- und Agrarwende, jedoch mehr soziologische Aufmerksamkeit (Radtke & Kersting 2018; Brunnengräber & Haas 2020).

Vor diesem Hintergrund werden wir im Folgenden zunächst auf charakteristische Merkmale von Infrastrukturen eingehen. In einem zweiten Schritt stellen wir die Herausforderung der Umgestaltung von Infrastrukturen im Kontext von sozialökologischen Transformationsprozessen vor, um dann auf die gesellschaftlichen Konflikte einzugehen, die die Umgestaltung von Infrastrukturen mit sich bringt.

1. Merkmale von Infrastrukturen

Anders als die Konzepte „Netzwerk" oder „System", die sich ebenfalls auf Zusammenhänge aus unterschiedlichen Elementen und deren Wechselverhältnisse beziehen, ist der Infrastrukturbegriff in der Soziologie wenig etabliert. Dies mag damit zusammenhängen, dass die Auseinandersetzung mit Infrastrukturen gemeinhin als technische Angelegenheit betrachtet wird, deren gesellschaftlicher Charakter sich erst auf den zweiten Blick offenbart. Ein weiterer Grund mag sein, dass Infrastrukturen als eher „langweilig" wahrgenommen werden und oftmals „unsichtbar" bleiben, wie die amerikanische Soziologin Susan Leigh Star hervorhebt, die sich ausführlich mit Infrastrukturen und ihren sozialen Wirkungen beschäftigte (Star 1999; Bowker & Star 2000). Der Begriff Infrastruktur ist eine französische Wortschöpfung, und zwar ein Sammelbegriff, der erstens immer eine Pluralität integrierter Komponenten bezeichnet und zweitens auf eine „darunter liegende", heterogene Struktur verweist, die übergeordnete Projekte erst ermöglicht: *infra* ist das lateinische Wort für darunter, unterhalb, unten (im Gegensatz zu *ultra*). Infrastrukturen unterscheiden sich durch diesen Fokus auf heterogene Vorleistungen, die gleichermaßen aus technischen wie sozialen Komponenten bestehen, von den Begriffen Netzwerk oder System. Der Begriff wurde im Englischen im Rahmen des Eisenbahnbaus adaptiert, um die notwendigen organisatorischen Vorarbeiten zu bezeichnen, die dem eigentlichen Schienenausbau vorangehen, also Entscheidungen über Streckenführungen, Tunnel, Bahnhöfe, Brücken sowie die materielle Grundlegung des späteren Schienenbetts (Carse 2017: 27). Von Beginn an ist es ein relationaler Begriff, der die Interdependenz gesellschaftlicher, technischer, physischer, finanzieller Einflussfaktoren benennt und deren für Wirtschaft und Gesellschaft notwendige Verknüpfung und praktische Aufrechterhaltung in den Mittelpunkt rückt (Star & Ruhleder 1996: 113).

Die in der Soziologie am weitesten verbreitete Perspektive auf Infrastrukturen stammt von Susan Leigh Star: „People commonly envision infrastructure as a system of substrates – railroad lines, pipes and plumbing, electrical power plants, and wires. It is by definition invisible, part of the background for other kinds of work. It is ready-to-hand" (Star 1999: 380). Infrastrukturen werden entsprechend als soziotechnische Arrangements begriffen, deren Einsatzbereitschaft zwar die Vorbedingung sozialer Praktiken ist, die aber meist unauffällig im Hintergrund bleiben. Damit ist gemeint, dass sie Strukturen darstellen, die im oben dargelegten etymologischen Wortsinn des Präfix *infra* unter sozialen Praktiken liegen und deren Grundlage bilden, aber anders als technische Geräte wie Autos oder Mobiltelefone selten Gegenstand direkter Interaktion sind (Larkin 2013: 329; Shove 2017; Shove & Trentmann 2019). Als Weichensteller sozialer und umweltrelevanter Praktiken haben sie dennoch eine weitreichende Wirkung: So liegt beispielsweise der Praktik des Duschens ein soziotechnisches Arrangement aus Wasserleitungen, Heizungsanlagen, Abwasserentsorgungs- und Wiederaufbereitungsanlagen, Organisationsformen, Sauberkeitserwartungen und Finanzierungsmodellen zugrunde (Bell 2015), dessen Existenz beim alltäglichen Duschen jedoch als vorgegeben wahrgenommen und ignoriert wird, die Praktik des Duschens aber „vorstrukturiert". Insofern setzen Infrastrukturen Standards und prägen Konventionen, die den weiteren Entscheidungsspielraum auf mehreren Ebenen verengen: a) Sie erlauben als Hintergrundbedingung nur bestimmte technische und organisatorische Verknüpfungen, sodass sich beispielsweise Brennstoffzellenfahrzeuge ohne Wasserstofftankstellen nicht verbreiten können. b) Sie schaffen Erwartungshorizonte, die ähnlich wie Konventionen gesellschaftliche Praktiken unsichtbar im Hintergrund normieren. c) Sie verbinden sich mit kulturellen Deutungshorizonten, indem sie beispielsweise Standards für Unterscheidungen und Klassifikationen nahelegen und auf Dauer stellen, die zudem ineinander verschachtelt und deshalb schwer auflösbar sind (Star & Lampland 2009).

Aufgrund ihres Wirkens im kaum wahrgenommenen Hintergrund und der skizzierten Multidimensionalität kann es nicht erstaunen, dass der Infrastrukturbegriff in der Soziologie vage geblieben ist und Grenzziehungen schwerfallen (Larkin 2013: 329). Was gehört beispielsweise alles zur Verkehrsinfrastruktur? Sind dies vor allem Straßen, Ampelanlagen und Schienenwege? Oder müssen Instandhaltungssysteme, Straßenverkehrsordnung und technische Überwachungsvereine konzeptionell mitgedacht werden? Welche Bedeutung haben nationale Grenzen und regionale Unterschiede für die nationenübergreifenden Infrastrukturen und welche ländertypische Konventionen? Endgültige Bestimmungen sind weder sinnvoll noch möglich. Es ist dagegen vom spezifischen Untersuchungsgegenstand und -interesse abhängig, welche Grenzen in der Infrastrukturforschung gezogen und welche Aspekte berücksichtigt werden müssen.

Allerdings hat sich In den vergangenen Jahrzehnten in der sozialwissenschaftlichen Infrastrukturforschung ein Konsens über einige bestimmende Merkmale herauskristallisiert, die grundsätzlich berücksichtigt werden sollten. Je nach Untersuchungsperspektive können darüber hinaus weitere Aspekte an Bedeutung gewinnen (Hughes 1983; Star & Ruhleder 1996; Star 1999; Shove et al. 2015; Barlösius 2019).

Soziotechnische Hybridität: An erster Stelle ist die Hybridität von Infrastrukturen zu nennen, die untrennbar als heterogene Mischwesen aus technischen und sozialen Komponenten hervorgehen. So hat der Technikhistoriker Thomas P. Hughes (1983) in seiner für die Infrastrukturforschung grundlegenden Studie „Networks of Power: Electrification in Western Society" aufgezeigt, wie Auf-, Um- und Abbau von Infrastrukturen von der Kunst abhängen, aus heterogenen, nämlich materiellen, technischen, finanziellen und symbolischen Komponenten stabile Netzwerke zu schmieden. Hughes untersuchte historisch und vergleichend die Elektrifizierung in Chicago, New York, London und Berlin, um die Durchsetzung der Stromversorgung als großtechnisches Versorgungssystem zu rekonstruieren. In der Studie wird deutlich, dass die Elektrifizierung Gas als vorhergehenden Energieträger nur verdrängen konnte, weil in je nationentypischer Weise technische Artefakte und soziale Gegebenheiten, also auf der einen Seite Leitungen, Märkte und Prozesse der Kohleverstromung und auf der anderen wichtige Akteure, Erwartungen und Organisationen, aufeinander bezogen, vernetzt und wechselseitig angepasst wurden. Dabei sind in Nordamerika, Großbritannien und Deutschland soziotechnische Systeme entstanden, die als „Networks of Power" – so der mehrdeutige Buchtitel – jeweils unterschiedliche Standards, Finanzierungs- und Organisationsstrukturen sowie Machtverhältnisse hervorbrachten. Hughes betont die organisatorischen Fähigkeiten von Thomas Edison, einem der Erfinder der Glühbirne, dem es als „system builder" gelang, soziale, materielle und technische Ressourcen erfolgreich zu einem nahtlosen Netz („seamless web") zu verknüpfen, um die komplexen Infrastruktursysteme aufzubauen. Er begründete mit seiner Untersuchung den „system approach", demzufolge Infrastrukturen und ihr Wandel stets als das temporäre Ergebnis der Integration von heterogenen, als technisch und sozial beschriebenen Komponenten in ein System zu betrachten sind.

Unsichtbarkeit: Ein weiteres zentrales Merkmal ist die schon angesprochene Durchsichtigkeit (*transparency*) bzw. Unsichtbarkeit von Infrastrukturen, die im Hintergrund der Nutzungspraktiken, die sie ermöglichen, verschwinden. Im Allgemeinen fragen sich beispielsweise die Nutzer*innen nicht, ob und wie das Verkehrsnetz, die Wasserversorgung oder das Internet auch morgen noch vorhanden sein werden und welchen Bedingungen ihre Funktionsfähigkeit unterliegt. Susan Leigh Star und Geoffrey Bowker formulieren eindrücklich: „The easier they are to use, the harder they are to see" (Bowker & Star 2000: 33). Tatsächlich sind Infrastrukturen im individuellen und gesellschaftlichen Bewusstsein nicht präsent, solange ihre Funktionsfähigkeit vorausgesetzt werden kann – und zwar auch dann nicht, wenn mit ihnen ökologische und soziale Verwerfungen einhergehen. Erst im Moment ihres Zusammenbruchs werden sie als Vorbedingung des gesellschaftlichen Lebens sichtbar. Dann wird erkennbar, wie abhängig gerade moderne Menschen von diesen kollektiven Vorleistungen sind. Dirk van Laak (2017: 4) bezeichnet Infrastrukturausfälle dementsprechend als „Schläge auf das kollektive Unbewusste", weil sie ausgeblendete Verwundbarkeiten und Abhängigkeiten spürbar machen und oftmals Formen ohnmächtiger Wut produzieren. Wo Verkehrssysteme ausfallen, bleiben nicht nur Menschen, sondern auch Wirtschaft und Kultur stehen. Stromausfälle gefährden die gesellschaftliche Funktionsfähigkeit elementar und sind dazu angetan, kaskadenartig Katastrophen in fast allen Bereichen auszulösen.

Relationale Vermittlungsagenturen: Infrastrukturen sind einerseits Grundlage nahezu allen Handelns und andererseits nur so lange relevant, wie sie auch praktisch funktionieren und genutzt werden. Transportierten Telegramme noch vor ein paar Jahrzehnten die wichtigsten Nachrichten, sind Fernschreiber und telegrafische Infrastruktur heute längst in Vergessenheit geraten. Zwar präformieren Infrastruktursysteme gesellschaftliche Praktiken, etwa der Mobilität oder des Konsums, indem sie deren regelhaften Vollzug soziotechnisch rahmen und lenken. Aber sie fallen in sich zusammen, wenn ihre Funktionen ausfallen oder die Praktiken sich anderen Infrastruktursystemen zuwenden, wie heute etwa im Rahmen der Umstellung auf erneuerbare Energieträger (Mautz & Rosenbaum 2012). Sie vermitteln also zwischen Struktur und Praxis, und zwar wechselseitig und aufeinander bezogen. Relevant ist dabei ihre Verwobenheit mit einer Vielzahl unterschiedlicher Praktiken, sodass etwa die Wasserversorgung gleichermaßen zum Duschen, Kochen, zur Trinkwasserversorgung und Gartenbewässerung dient. Ein Infrastrukturumbau oder eine symbolische Umdeutung zentraler Elemente zieht daher weitreichende, systemische Veränderungsbedarfe nach sich und provoziert eine Vielzahl von Betroffenheiten und Beharrungskräften.

Da Infrastrukturen stets bestimmte Praktiken ermöglichen und andere ausschließen, sind sie zudem als politische Projekte zu betrachten, mit denen Verteilungsfragen verbunden sind. Sie definieren soziale Teilhabe und Teilhabechancen, eröffnen bestimmte Entwicklungskorridore und verschließen andere, bestimmen den Umweltverbrauch und kanalisieren sowohl Angebots- und Nachfragestrukturen als auch darauf gerichtete gesellschaftliche Erwartungen, Standards und Identitäten. Das Autorenkollektiv um Eva Barlösius stellt daher fest: „In Infrastrukturen materialisieren sich nicht nur Erwartungen an die Zukunft; sie entfalten auch selbst Zukunftswirkung [...]" und sind zumindest temporär irreversibel (Barlösius et al. 2011: 164). Sie lassen sich sogar als politische Instrumente betrachten: „Infrastrukturen sind Instrumente politischer Steuerung, die jedoch häufig als politisch neutral bzw. unpolitisch präsentiert werden, weil ihre Ausgestaltung und Durchführung als rein technisch begründet dargestellt werden kann, obwohl ihnen politische Vorstellungen und Absichten zugrunde liegen und sie entsprechende Folgen zeitigen" (ebd. S. 166). Infrastrukturprojekte sind deshalb nicht zuletzt fester Bestandteil der Nationenbildung, niemals abgeschlossen und in komplizierte

Prozesse der Abstimmung und Machtbalance eingebunden. Die Gestaltung von Infrastrukturen erfolgt nicht nur orientiert an technischer Machbarkeit und dominanten gesellschaftlichen Praktiken, Bedürfnissen oder Erwartungen, sondern wird durch die impliziten und expliziten Vorstellungen, Konventionen und Interessen von Planner*innen, Designer*innen und Entscheidungsträger*innen beeinflusst (Shove et al. 2015: 284).

Widerständigkeit: Infrastrukturen werden über große Zeiträume aufgebaut, wandeln sich nur langsam, kodieren Räume und erzeugen Pfadabhängigkeiten. Sie materialisieren gesellschaftliche Standards und Normalitätsvorstellungen und erlauben bestimmte Verknüpfungen, verkomplizieren oder unterbrechen hingegen andere. In der Folge lassen sich Infrastruktursysteme nicht einfach verändern und neuen Zielen anpassen, sondern sind in technischer, gesellschaftlicher und institutioneller Hinsicht widerständig und „verhärtet" (Hommels 2005). Aus diesen Gründen fallen die ökologisch notwendigen Erneuerungen etwa der Energie- und Verkehrswende schwer. Vielmehr wird beispielsweise die Automobilität als vorherrschende Mobilitätsform von der ihr zugrunde gelegten Infrastruktur aus gebauten Verkehrswegen, institutionellen Regelwerken wie der Stellplatzverordnung, die für Neubauten eine bestimmte Anzahl Stellplätze vorsieht und den öffentlichen Raum zum Parkraum macht, gesellschaftlichen Normen der räumlichen Flexibilität und technischen Standards der Motorisierung und räumlichen Erschließung stabilisiert. Das Verlassen eines eingeschlagenen infrastrukturellen Pfades ist demgegenüber mit hohen Kosten verbunden.

Die ausgeführte soziotechnische Verwobenheit, ihre Unsichtbarkeit, ihre vermittelnde Bedeutung für gesellschaftliche Praktiken und ihre Widerständigkeit gegenüber Veränderungen machen die Infrastrukturentwicklung, deren Pfadabhängigkeit und Beharrungskräfte zu einem zentralen Problemfeld sozial-ökologischer Transformationen. Dies wollen wir im nächsten Schritt näher betrachten.

2. Infrastrukturen und ihre Beharrungskräfte

Die oft versprochene und erhoffte „Entkoppelung" von Wirtschaftswachstum und Wohlstand auf der einen und Ressourcenverbrauch und Umweltschäden auf der anderen Seite gelingt bislang nicht im notwendigen Ausmaß. Die Behäbigkeit der bestehenden Versorgungssysteme und die in ihnen verbauten Nutzungsnormen privilegieren den Status quo, sodass selbst dezidierte Nachhaltigkeitsinnovationen ihren Zweck verfehlen, die gesellschaftliche Entwicklung durch neuartige Problemlösungen nachhaltig zu machen und inter- und intragenerationell zukunftsfähige Lebensstile, Wirtschafts- und Arbeitsweisen herbeizuführen. Elektroantriebe, Wärmepumpen, Photovoltaik oder Car-Sharing haben zwar das Potenzial, den problematischen Ressourcenverbrauch und klimarelevante Emissionen zu reduzieren. Die gegenwärtigen Infrastrukturbedingungen stabilisieren jedoch auf einer darunter liegenden Ebene nicht-nachhaltige „Normalitäten" und Routinen, etwa in Bezug auf die Orientierung am Einfamilienhaus und dem motorisierten Individualverkehr. In der Konsequenz führen einzelne Nachhaltigkeitsinnovationen oftmals eher zu Verlagerungs-, Rebound- und Additionseffekten (Fichter & Clausen

2013: 37f.) (→ Kap. 4 zu umweltbezogenen Haltungen und Umwelthandeln, Kap. 7 zu nachhaltigem Konsum sowie Kap. 8 zu nachhaltigen Innovationen). Technisch ermöglichte Einsparungen werden dann zwar „mitgenommen", aber durch zusätzlichen oder alternativen Verbrauch teilweise aufgezehrt oder gar überkompensiert. Infrastrukturen können daher auch als „soziotechnische Systeme" oder „Technostrukturen" betrachtet werden, deren Stabilität und Widerständigkeit sozial-ökologischen Transformationen entgegensteht.

Die Veränderungsresistenz großtechnischer Infrastruktursysteme lässt sich mit dem Konzept „soziotechnischer Systeme" anhand ihrer mehrfachen Koppelung gut verstehen (Ropohl 1979; Weingart 1989; Edwards 2003). Als soziotechnisches System wird ein verknüpftes, fest gekoppeltes Ensemble aus technischen, institutionellen, organisatorischen und sozialen Arrangements, Praktiken und Beziehungen bezeichnet, das durch die wechselseitige Bezogenheit zusammengehalten wird. Das Ineinandergreifen technischer Bedingungen, sozial verankerter Nutzungsnormen und daran orientierter Wissens-, Organisations- und Nutzungskulturen beschreibt die Transitionforschung auch als „soziotechnische Regime", deren Überwindung auf externe Gelegenheitsfenster angewiesen ist und auf in geschützten Nischen erprobte Alternativen (Geels & Kemp 2007) (→ Kap. 8 zu Nachhaltigkeitsinnovationen). Diese soziotechnischen Regime im Kern von Infrastrukturen erlangen ihre Beständigkeit durch die historisch entwickelten und immer wieder austarierten sozialen und technischen Verknüpfungen, die einerseits den funktionierenden Dauerbetrieb ohne weiteres Nachdenken erst ermöglichen, andererseits den sozial-ökologischen Transformationsansätzen robust entgegenstehen.

So tragen die großtechnischen Systeme mit ihren räumlich und zeitlich ausgedehnten Strukturen dazu bei, dass Ressourcenverbräuche und Emissionen in relevanten Handlungsfeldern wie Mobilität, Energie, Wohnen und Ernährung trotz des gestiegenen Umweltbewusstseins und zahlreicher Nachhaltigkeitsinnovationen zu wenig und zu langsam sinken, langsamer auch, als es die politisch gesetzten Ziele vorsehen. Die ihnen anhaftenden Beharrungskräfte spielen für die Fixierung von Form und Eingriffstiefe der gesellschaftlichen Naturverhältnisse (Monstadt 2009) eine entscheidende Rolle. Als Grundlage des gesellschaftlichen und wirtschaftlichen Lebens „kanalisieren" Infrastrukturen nicht nur Ressourcenströme, sondern prägen auch ökologisch relevante Alltagspraktiken und Erwartungsstrukturen, bestimmen die Gestaltung von Technologien und Innovationsverläufen. Wo immer nachhaltige Wirtschafts- und Konsummöglichkeiten auf den Weg gebracht werden sollen, stößt man auf die infrastrukturellen Widerstände: Zwar mag es ökologisch besser sein, zu Fuß zu gehen, das Fahrrad oder den öffentlichen Personenverkehr anstelle von Pkws zu nutzen, aber dem stehen die sozialisierten Bewegungserwartungen und die technisierten Mobilitätsregime entgegen. Erneuerbare Energiequellen wären vielfältig nutzbar, aber ihre Integration in vorhandene Versorgungsarrangements wirft zahlreiche Probleme der Neukonfiguration auf. Selbst der partielle Austausch einzelner Komponenten in bestehenden Infrastruktursystemen kollidiert mit harten Systemzwängen und verursacht Opportunitätskosten und Schnittstellenprobleme, wie die Fahrradmitnahme in Zügen oder die schleppende Verbreitung von Wärmepumpen zeigen.

Aufgrund dieser Verhärtung – in der englischsprachigen Fachdebatte wird von *obduracy* gesprochen (Hommels 2005) – blockieren Infrastrukturen punktuelle Veränderungen, die nur auf einer Ebene von beispielsweise Praktiken, Technologien, Nutzungsregeln, Verbindungen oder Schnittstellen ansetzen. Sie machen stattdessen komplexe Systemumbildungen notwendig (Hughes 1983; Mautz & Rosenbaum 2012; Kropp 2015). Jede den Umweltzielen entsprechende Umgestaltung von Infrastrukturen steht daher vor der vielseitigen Aufgabe, Änderungen in einem mehrfach gekoppelten System vornehmen zu müssen, das sowohl von zugrunde gelegten Leitbildern, Prinzipien und Normen wie auch von technischen Apparaten und Kompatibilitäten, zugehörigem Technikwissen, der naturräumlichen Einbettung und kulturellen Nutzerpraktiken zusammengehalten wird (Grin et al. 2010). Eine zielgerichtete Transformation von Infrastrukturen sieht sich deshalb der Herausforderung gegenüber, vielseitig stabilisierte Selbstverständlichkeiten rekonfigurieren zu müssen. In den letzten Jahrzehnten hat in Deutschland die von vielen Bürger*innen gewünschte und von der Politik vorangetriebene Energiewende diese Diagnose bestätigt. Die Nutzung regenerativer Energieträger setzt sich langsamer durch als erhofft, verursacht technische und gesellschaftliche Anpassungsprobleme und wirft Widerstände auf verschiedenen Ebenen auf, die im Zusammenspiel der verschiedenen Komponenten betrachtet werden müssen: Einspeise- und Abrechnungsmodalitäten müssen neu definiert werden, vergangene Investitionen, beispielsweise in Kohlekraftwerke und Heizungsanlagen, werden zu „sunk costs" (versunkene Kosten), neues Hersteller- und Betreiberwissen wird erforderlich, neue Netzwerke und Versorgungsleitungen müssen grenzübergreifend errichtet und dabei alte Befindlichkeiten und austarierte Interessensgegensätze berücksichtigt werden. Ganze Branchen strukturieren sich neu, Ministerien übernehmen neue Zuständigkeiten – aber aus Verbrauchersicht wird die Tiefe und Breite der notwendigen Veränderungen allenfalls am Rande sichtbar.

Trotz der vielen Verknüpfungen hängt das Fortbestehen von Infrastrukturen zugleich am seidenen Faden ihrer Nutzung bzw. den Formen des Benutztwerdens (Star 1999: 380). Wie oben beschrieben haben Infrastrukturen einen starken Praktikbezug, da sie als Grundlage für unterschiedliche Praktiken dienen. Werden entsprechende Praktiken nicht mehr ausgeführt, verfallen die zugrundeliegenden Infrastruktursysteme und geraten in Vergessenheit. Werden beispielsweise bestimmte Energieträger aufgegeben werden mit ihnen ganze Infrastruktursysteme überflüssig. Die Einstellung der Braunkohleförderung zieht die Aufgabe der Tagebau-Standorte, der dortigen Arbeitsplätze und jeweiligen Wirtschaftsstandorte nach sich und wirkt tief in die regionalen Natur- und Lebensbedingungen ein, von der Entwicklung neuer Naherholungsgebiete bis zu Abwanderung und Niedergang in den betroffenen Gemeinden. Eine zahlenmäßig relevante Veränderung des Fahrzeugbestandes oder des an den Flächenbedarf geknüpften Wärmebedarfs zöge unweigerlich ähnlich tiefgreifende und klimarelevante Veränderungen der gegenwärtig nicht nachhaltigen Infrastrukturen nach sich. In gewisser Weise ließen sich Infrastrukturen quasi über Nacht durch eine ausbleibende Nutzung auflösen, wie das Telegrammbeispiel illustriert. Allerdings finden sich nur wenige Beispiele eines solch radikalen Infrastrukturrückbaus, der zu weniger anstatt zu mehr Versorgungsbedarf, Ressourcen, Emissionen und Wirkungen geführt hat. Infrastruktursysteme werden viel häufiger aus-, auf- oder allenfalls umgebaut.

Dabei spielt auch eine Rolle, dass es gerade aufgrund der übergreifenden Bedeutung keine verantwortlichen Zuständigen der Infrastrukturentwicklung gibt („nobody is really in charge of infrastructure"; Star 1999: 382) und nur ihre Störung „auf die Probleme aufmerksam macht, die für den Kontext des Funktionierens wichtig sind" (Luhmann 1997: 526). Die im Schatten der Vernetzung entstehenden Abhängigkeiten haben zur Folge, so betont Niklas Luhmann, dass „ein Zusammenbruch der Technik (insbesondere der Energieversorgung) auch zu einem Zusammenbruch der uns vertrauten Gesellschaft führen würde. Die Technikentwicklung hat, anders gesagt, zu zahllosen nicht natürlichen Selbstverständlichkeiten geführt" (Luhmann 1997: 532). Einmal errichtete Infrastruktursysteme führen ein Eigenleben, das sich der gesellschaftlichen Gestaltung entzieht, obwohl sie permanent Gegenstand der Umgestaltung sind.

In den Ingenieurwissenschaften wird oft davon ausgegangen, Fragen der Infrastrukturgestaltung würden technisch gelöst und die Gesellschaft müsse dann mit den neuen Lösungen vertraut gemacht werden. In den Sozialwissenschaften haben demgegenüber insbesondere die Science and Technology Studies (STS) in zahlreichen Fallstudien aufgezeigt, inwieweit gesellschaftliche Kräfte die Infrastrukturentwicklung bestimmen. Zentral sind dabei wahrgenommene Möglichkeiten und imaginierten Zukünfte, die eine Koordination über verschiedene Handlungsebenen hinweg ermöglichen (Jasanoff & Kim 2015). Hinter den gemeinsamen Vorstellungen von wünschbaren Zukünften versammeln sich Akteure und richten ihre Aktivitäten auf ein gemeinsames Ziel hin aus (vgl. Wentland 2016). Dabei sind Infrastrukturen immer zugleich vorhanden und ungenügend, ihr Umbau richtet sich auf die Zukunft und die projektierten zukünftigen Ansprüche (Edwards 2003; Shove 2016). Projekte der Infrastrukturentwicklung sind damit in ein Fortschrittsnarrativ im Futur II der vollendeten Zukunft eingebettet (Hetherington 2017: 40). Als „Ausweis staatlicher Handlungsfähigkeit" (van Laak 2017: 5) artikulieren sie ein Wohlfahrtsversprechen für die Zukunft: Wenn dieses oder jene Infrastrukturprojekt vollendet sein wird, werden die Bedingungen für erfolgreichere Handlungsvollzüge, Technologien und Teilhabechancen und Nachhaltigkeit verbessert sein. Das zukunftsbezogene Infrastruktur-Versprechen wird auch als kompetitives Argument in der räumlich und sozial ungleichen Entwicklung genutzt, in dem Nationen und Metropolen mit dem Versprechen der besseren „Standortfaktoren" konkurrieren.

Um anstelle des Sachzwangcharakters und der vermeintlichen Stabilität die notwendigen Anstrengungen des Zusammenfügens, Erhaltens und Stabilisierens besser zu erfassen, schlägt Jörg Niewöhner (2014: 344) vor, von „Infrastrukturierung" zu sprechen. Der Begriff der Infrastrukturierung soll gegenüber dem statischen Begriff der Infrastruktur den prozessualen Charakter des Aufbaus und der permanenten Erhaltung von Infrastruktursystemen betonen und so darauf verweisen, dass sie nicht einfach „sind", sondern sich immer „im Fluss" befinden. So wird das Straßenverkehrsnetz beispielsweise laufend in Stand gehalten, ausgebaut, in wenigen Fällen auch rückgebaut oder dem öffentlichen Begegnungsraum zurückgegeben. Bedenkt man die Vielfalt der involvierten Prozesse, Strategien und Interessen, ist nicht überraschend, dass Infrastrukturierung sowohl in den Phasen des Infrastrukturdesigns und -aufbaus als auch der kontinuierlichen Pflege und Anpassung oftmals konfliktreich verläuft und von heftigen Design-Kontroversen geprägt wird. Dies ließ sich in Deutschland gut bei der Einführung des dualen Systems in der Abfallwirtschaft beobachten (Brand et al. 2002) und bis heute in den zahlreichen lokalen und gesamtgesellschaftlichen Auseinandersetzungen um die Energiewende (siehe beispielsweise Radtke & Kersting 2018; Kropp 2018a). Erst aus langfristiger Perspektive münden die Prozesse der Infrastrukturierung in stabilisierte soziotechnische Systeme mit entsprechenden sozioökonomischen Pfadabhängigkeiten. Für die Widerständigkeit von Infrastrukturen möchten wir abschließend drei stabilisierende Momente hervorheben (Hommels 2005).

Das sind zum Ersten kollektive Orientierungsschemata, die je nach soziologischer Perspektive als dominante Denk- oder Deutungsmuster, Leitbilder, institutionalisierte Handlungs- und Erwartungsstrukturen oder Regelsysteme die Infrastrukturierung prägen. Sie manifestieren sich als kulturell verankerte und Akteursgruppen übergreifende, geteilte Vorstellungen (*imaginaries;* Jasanoff & Kim 2015) über Ziele, Probleme und Handlungsbedingungen und lassen nur bestimmte Veränderungen als legitim und sinnvoll erscheinen, während andere Optionen ausgeblendet werden. Bezüglich der Entstehung autogerechter Städte zeichnete Cliff Ellis (1996) beispielsweise nach, wie amerikanische Straßenbauingenieur*innen ihre aus der Erschließung ländlicher Räume geformten „professional worldviews" in der Planung von Stadtautobahnen für Innenstädte gegenüber den pluralen und mit weniger Legitimität ausgestatten Kritiker*innen aus Architektur und Stadtplanung durchsetzen konnten. Erst kam ihnen dabei die aus der Nutzung von Computermodellen und Statistiken gewonnene Fähigkeit zugute, einfache und kohärente Regeln aufstellen und als Standards festlegen zu können: „Their texts dryly catalogued the rules for successful technical performance, purged of ambiguities" (Ellis 1996: 273). Später ließen sich diese Standards aufgrund fragmentierter Verantwortlichkeiten, komplizierter Zielkonflikte und strittiger Detailvorschläge trotz vielfacher Kritik nicht mehr revidieren, sodass Ellis feststellt: „Professional worldviews are not transparent lenses, but refracting prisms. They enable people to act, but also prevent them from seeing avenues for action" (1996: 278). Das Gleiche gilt für das in Deutschland durchgesetzte Prinzip zentralisierter Energieversorgung, das trotz aller Konflikte um den Netzausbau und eine insbesondere im Strombereich technisch und ökologisch sinnvoll umsetzbare Dezentralität den alternativen Vorschlägen widerstand (Mautz & Rosenbaum 2012). Etablierte Denkweisen strukturieren die Energiewende so, dass die Vielfalt der soziotechnischen Lösungsmöglichkeiten nach Maßgabe tradierter Planungs- und Legitimitätsvorstellungen selektiert und am dominanten Leitbild einer zentralisierten Energieversorgung ausgerichtet wird.

Zum Zweiten spielen Regime als Ausdruck der Einbettung und mehrfachen Kopplung der Infrastrukturentwicklung in interdependente Komplexe eine wesentliche Rolle (Grin et al. 2010, vgl. auch Kap. 8). Die einmal stabilisierten, unterschiedliche Komponenten verbindenden Koppelungen in soziotechnischen

Systemen erschweren die Veränderung herrschender Versorgungslösungen durch alternative Lösungsangebote. Insbesondere Thomas P. Hughes betonte diese Wirkung der systematischen Verknüpfungen von „Menschen, Ideen und Institutionen, technischen wie nicht technischen", die zu einem „Supersystem" führten (Hughes 1983: 140). Die räumliche und zeitliche Ausdehnung mit immer weiteren Kopplungen verstärkt die Eigendynamik (*momentum*) der mächtigen Komplexe aus wechselseitig stabilisierten Eigenschaften, Regeln, Interessen und Schnittstellen. Um im Rahmen der ökologischen Anpassung Infrastrukturen zu erneuern, müssen gleichzeitig verschiedene Komponenten in verschiedenen Teilsystemen rekonfiguriert werden – wofür den Gegenentwürfen in aller Regel Macht, Kompetenzen und Ressourcen fehlen. Frank Geels (2014) zeichnet nach, wie die gewachsenen Allianzen der Kohleindustrie und der an ihr orientierten Politik im Kern eines solchen Regimes in Großbritannien den Übergang zu emissionsarmen Technologien organisiert verhindern konnten, obwohl Alternativen vorlagen, die als ökologischer bewertet wurden. Indem diese Allianzen strategisch die Problemdiskurse beeinflussten, materiell bestimmten Optionen der Technikentwicklung gegenüber anderen den Vorrang gaben (etwa der CO_2-Abscheidung und Speicherung als „Brückentechnologie") und institutionell die Politik auf bestimmte Steuerungsstile festlegten, konnten sie sich dem Druck entziehen, auf den Klimawandel zu reagieren. Gegenüber diesen Beharrungskräften, so die weitverbreitete Überzeugung in der Nachhaltigkeitsforschung, gelingt es allenfalls exogenen Kräften (sogenannten Nischenakteuren), die von innovativen Außenseiter*innen entwickelten Nachhaltigkeitsinnovationen mit ausgeklügelten Strategien gegenüber den dominanten Regimen durchzusetzen, indem sie eigene Netzwerke und Entwicklungsmilieus aufbauen (Grin et al. 2010) (→ Kap. 8 zu nachhaltigen Innovationen). Auch in Deutschland mussten die großen Energieversorgungsunternehmen zwar erhebliche Verluste hinnehmen, aber die angekündigte Energiewende ist nur in den von ihnen definierten Handlungskorridoren machbar. Ähnlich zeigt der Mobilitätsbereich die Rolle stabilisierter und zur Norm geronnener Zusammenhänge aus Interessen, Abhängigkeiten und technischen Verankerungen. Selbst im Moment der zigfachen Überschreitung gesetzlich vorgegebener Höchstwerte und des Betrugs an Verbraucher*innen und Aufsichtsbehörden wird es in Wirtschaft, Wissenschaft, Politik und Gesellschaft als weitgehend unmöglich betrachtet, die vorhandenen Lösungsmuster (Primat des motorisierten Individualverkehrs) substanziell zu verändern.

Schließlich sind zum Dritten die berüchtigten Pfadabhängigkeiten zu nennen (Unruh 2000, 2002; Seto et al. 2016), die nur teilweise in technischen und sozialen Restriktionen bestehen, teilweise aber in verschiedenen Formen der Kapitalbindung liegen und als materielle Widerstände gelten. Sie wurden in der Evolutionsökonomik, die inspiriert durch die Evolutionsbiologie ökonomischen Wandel durch die Interaktion unterschiedlicher Akteure zu erklären versucht, als ungewollte Festlegungen in frühen Phasen beschrieben, die den endogenen – d.h. durch systeminterne Faktoren hervorgerufenen – Wandel in ökonomischen Systemen beschränken und damit auch die Vielfalt späterer Entwicklungsprozesse. Solche Pfadabhängigkeiten resultieren aus in der Vergangenheit getroffenen, schwer revidierbaren Entscheidungen und ihrem Niederschlag in Kapitalbindung und Verschuldung, Investitionen, Netzwerk- und Skaleneffekten, Kritische-Masse-

Phänomenen und routinebildenden Lerneffekten, die allesamt das Festhalten an technologischen Entwicklungspfaden und dem Ausbau bestehender Strukturen gegenüber den Möglichkeiten sprunghaft neuer Pfadkreationen begünstigen. Die Veränderungschancen einer Infrastrukturindustrie, die gute Gewinne mit klimaschädlichen Technologien auf einem wachsenden Weltmarkt macht, sind nicht nur im Mobilitätsbereich gering. Schlimmstenfalls tragen derlei Pfadabhängigkeiten zu einer „Verriegelung" etablierter Infrastruktur- und Verhaltenspfade bei („lockin"), weil sich zweckrational handelnde Subjekte (Stichwort „homo oeconomicus") unabhängig von alternativen Modellen für die Fortführung des Bestehenden entscheiden, selbst wenn sich dieses Festhalten absehbar als Fehlentscheidung herausstellen wird (Unruh 2000).

Selbstverständlich begünstigt auch das Merkmal der Unsichtbarkeit das Beharrungsvermögen von Infrastrukturen gegenüber auf Nachhaltigkeit gerichteten Transformationsbemühungen. Da Infrastrukturen außerhalb unserer bewussten Aufmerksamkeit funktionieren und nur problematisiert werden, wenn die fraglosen Erwartungen an einen reibungslosen Ablauf enttäuscht werden, fällt die Mobilisierung für ihren Umbau schwer. Aus diesem Grund bleiben infrastrukturrelevante Entscheidungen oft im Verborgenen, scheinen nur eine kleine Gruppe von Expert*innen etwas anzugehen, auch wenn sie „Dispositionen für bestimmte Ordnungen" (Niewöhner 2014: 345) gegenüber anderen, unter Umständen nachhaltigeren Optionen auf Dauer stellen. Infrastrukturausfälle und ressourcenbedingte Unterbrechungen, wie etwa die Ölkrisen 1973 und 1979/1980 oder absehbare Kostensteigerungen, verdeutlichen die weitreichenden Abhängigkeiten und führen bei den Betroffenen zu heftigen, oft konflikthaften Reaktionen. Dies ließ sich in Frankreich an den Gelbwestenprotesten in Reaktion auf die höhere Besteuerung von Kraftstoffen zur Finanzierung und Durchsetzung der Energiewende beobachten. Ähnliche Konflikte sind auch in Deutschland im Zusammenhang mit dem beschlossenen Anstieg der CO_2-Preise absehbar sowie durch die Ziele des neuen Klimaschutzgesetzes, die erhebliche, kostenintensive Anpassungen der Infrastruktursysteme vorgeben, um die verschärften Klimaziele zu erreichen.

3. Konflikte der Infrastrukturierung

Es mangelt nicht an Versuchen, die bestehenden Infrastruktursysteme umzugestalten oder zu ersetzen. Die politisch initiierten „Wenden" (z.B. Energie-, Mobilitäts- und Agrarwende) sind hierfür großskalige Beispiele, die von einer Vielzahl von Transformationsbemühungen auf räumlich kleinerer Maßstabsebene begleitet werden (z.B. fahrradfreundlichere Infrastrukturen). Diese Umgestaltungsbestrebungen machen Infrastrukturen „sichtbar" und zum Gegenstand öffentlicher Kontroversen. So entzünden sich Konflikte um das richtige Design, die geeigneten Komponenten und ihre umstrittene Beurteilung. Den Konflikten liegen sowohl sich wechselseitig widersprechende Entwürfe über bestmögliche Arrangements zugrunde, als auch sehr unterschiedliche Betroffenheiten. Sie sind zudem von den oben dargestellten Beharrungskräften geprägt, in die ungleiche Interessen und Machtverhältnisse eingelagert sind. Hinzu kommt der Umstand, dass die industriellen Wachstumsziele in der Infrastrukturentwicklung zwar weitestgehend ihre

Legitimität eingebüßt haben, ohne dass jedoch neue Normen verbindlich an ihre Stelle getreten wären (Kropp 2018b). In diesem institutionellen Vakuum kulturell verbindlicher Regelsetzungen und vor dem Hintergrund der für Infrastrukturprojekte typisch gewordenen, organisatorischen Fragmentierung von Zuständigkeiten in liberalisierten Märkten setzt sich entweder das Bestehende durch, oder es entbrennen größere Konflikte um Ziel und Durchsetzung des Infrastrukturrück- und -umbaus. Eine grundsätzliche Rekonfiguration aber, also eine substanzielle Wende der Entwicklung von Energie-, Mobilitäts-, Abfall- und anderen Versorgungssystemen, wird dadurch erschwert, da sie weder auf klare Entscheidungsstrukturen noch geteilte Entscheidungsnormen bauen kann (Wolsink 2018). Vielmehr sorgen die Vielzahl der Perspektiven, ihre heterogenen Bezüge und die „Unteilbarkeit" der Konfliktgegenstände für Konfliktkonstellationen, in denen Konflikte nicht einfach durch Ausgleich zwischen zwei Perspektiven gelöst werden können, sondern eine mehrdimensionale Konfliktstruktur entstehen lassen. Die Auseinandersetzungen drehen sich um die zugrunde gelegten Problemdiagnosen und Lösungsmodelle, um die Verteilung knapper Güter, um gegensätzliche Interessen – der Nutzung und Vermeidung –, um unvereinbare Wertsetzungen, strittige Rollenverständnisse, Anerkennung, Macht, Identität und Legitimation und weisen somit alle in den Sozialwissenschaften bekannten Konfliktursachen auf (Bonacker 2005; → Kap. 6 zu Umweltkonflikten). In Infrastrukturkonflikten treten Deutungs-, Interessens- und Legitimationskonflikte besonders hervor, neben Wissens-, Wert- und Begründungskonflikten. Die drei zentralen Konflikttypen in Infrastrukturdebatten skizzieren wir im Folgenden:

a) **Deutungskonflikte** entzünden sich an strittigen Problemdiagnosen und beinhalten divergierende Bewertungen und Beurteilungen im Hinblick auf wünschbare Zielstellungen. In der Mobilitätswende dominierten lange Zeit Konflikte um Antriebstechnologien, Steuerungsanreize und die Konkurrenz der verschiedenen Verkehrsträger. Dahinter standen fundamentale Deutungskonflikte über die Problematik des motorisierten Individualverkehrs und die Bewertung seiner Folgen. In jüngerer Zeit kündigt sich nun eher von Seiten der Wirtschaft das Ende von Verbrennungsmotoren an, mit weitreichenden Folgen für die Infrastruktur (Ladestationen für Elektrofahrzeuge anstelle früherer Tankstellen) und einem Abklingen der Debatten um die verschiedenen Antriebstechnologien. In Bezug auf die Energieversorgung speist der tiefe Konflikt zwischen Befürworter*innen dezentraler Versorgungslösungen mit einer dann kleinteiligeren und stärker an Versorgungsautonomie orientierten Governance gegenüber jenen, die an zentralisierten Versorgungsstrukturen mit einem notwendigen Netzausbau festhalten, bis heute die Konflikte des Infrastrukturumbaus auf mehreren Ebenen. Zugleich verschieben sich die Bewertungsmaßstäbe in der Folge der europäischen Klimamaßnahmen und des Umbaus in den Nachbarländern.

In diesen Konflikten spielen selbstredend Pfadabhängigkeiten eine wesentliche Rolle: Frühere Investitionen rechtfertigen Aufwände der Anpassung; durchgesetzte Technologien, vom Heizkörper bis zum Pkw, erzwingen Anschlussfähigkeiten. Grundsätzliche Uneinigkeit besteht weiter hinsichtlich der Haltung, ob Umweltprobleme überhaupt durch bessere Technik im Sinne eines optimierten Weiter-so bewältigt werden können oder aber ein grundsätzlich verändertes Bewusstsein mit einem radikal verringerten Ressourcenbedarf und Handlungsradius verlangen. Selbst wenn die Diagnose eines notwendigen Umbaus geteilt wird, entzünden sich die Konflikte um die Frage, welche neuen Infrastrukturen zukunftsfähiger sind, besser zu bestehenden Geschäftsmodellen passen und wie der Übergang gestaltet werden soll. Das Lösungsmodell „Energiewende" deuten die einen dabei als grundsätzlichen Infrastrukturwandel und revolutionären Aufbruch in eine insgesamt „regenerative Gesellschaft", die anderen als neues Geschäftsfeld bei unveränderten Rahmenbedingungen. Strittig ist auch die damit verbundene Verantwortungsübernahme. Soll für eine dezentrale Energiewende auf Gemeindeebene mit Autarkiehoffnungen plädiert werden oder sollen doch überregionale und staatliche Versorgungsgarantien gelten? Sind die globalen Umwelt- und Wirtschaftsveränderungen ein Grund für den Aufbau lokaler Resilienz und Entscheidungsautonomie oder sind Vulnerabilitäten gerade in periphären Lagen ein Grund für überregionale und internationale Kooperationen? Angesichts der konträren Standpunkte werden die normativen Konflikte über Infrastrukturprojekte vor Ort oft mit hoher Emotionalität geführt – was die einen als Ausweis der Glaubwürdigkeit und Aufrichtigkeit entsprechender Forderungen bewerten, empfinden andere als unseriös. Deutungskonflikte können sich an technischen, wirtschaftlichen, sozialen und ökologischen Fragen entzünden und lassen die Wogen in aller Regel hochschlagen, weil sie aufgrund grundsätzlich verschiedener Wirklichkeits- und Situationsverständnisse kaum verhandelbar sind.

b) Aber auch **Interessenskonflikte** lassen den Infrastrukturumbau konfliktreich verlaufen: Strittig ist in vielen Fällen, wessen Interessen vorrangig berücksichtigt werden sollen, etwa Nutzer-, Betreiber- oder Investoreninteressen. Gilt es, Besitzstandsinteressen zu wahren, etwa in Bezug auf langlebige Konsumgüter wie Heizungsanlagen und Privatfahrzeuge, und falls nein, wie können die individuellen Umstellungskosten sozial gerecht und politisch akzeptabel aufgefangen werden? Wie sollen die Kosten für den Infrastrukturumbau verteilt werden, wer kann be- und wer entlastet werden, und wie stark sollen gegenwärtige Generationen für Infrastrukturen aufkommen, die erst in der Zukunft gewinnbringend genutzt werden (wie beispielsweise der 5G-Mobilfunkstandard, der sich vor allem für cyberphysische Produktionsformen auszahlen wird)? Speziell für die Umweltsoziologie sind natürlich Konflikte zwischen ökologischen und wirtschaftlichen Interessen sowie zwischen ehrgeizigeren und oftmals teureren Modernisierungsansätzen gegenüber kleineren End-of-the-Pipe-Lösungen (beispielsweise Filteranlagen) besonders relevant. Daneben stehen Kontroversen über die Bevorzugung bestimmter Technologien durch den Infrastrukturumbau, die für manche lukrative Geschäftsperspektiven enthalten, andere aber benachteiligen (Windkraft, Wasserstoff, Passivhäuser). Große Bedeutung entfalten auch Nutzungskonflikte, gerade wenn es um die sichtbaren Infrastrukturen im öffentlichen Raum geht. In Innenstädten wird seit Jahrzehnten über den gerecht aufgeteilten Straßenraum gestritten, also über die Verhältnismäßigkeit der unterschiedlichen Flächenansprüche im Verkehr, auch zwischen Fuß- und Radverkehr, ruhendem und fließendem Verkehr, sowie über möglichen Nutzungen der innerstädtischen Flächen als öffentlicher Raum, beispielsweise als Waren-, Gastronomie-, Begegnungs-, Spiel- oder auch Grünfläche (Carmona 2010).

Interessenkonflikte resultieren somit aus der notwendigen Auswahl technischer, finanzpolitischer, sozialer und organisatorischer Optionen, die jeweils andere Betroffenheiten schaffen und auch indirekte Folgen in anderen Bereichen nach sich ziehen können. Interessenkonflikte münden in Debatten über geeignete Anreizsysteme und Implementierungsschritte und über Strategien zur Einhegung der nicht gewünschten Wechsel- und Folgewirkungen. Gestritten wird, ob ökonomische Mitnahmeeffekte intendiert sind oder gerade nicht, wie dringlich Klimaschutz- und Klimaanpassungsmaßnahmen im Vergleich zu anderen Infrastrukturprojekten sind (etwa im Bildungs- und Gesundheitsbereich), aber auch, wie die bisher errungenen Fortschritte zu bewerten sind. Je höher eine mögliche Gefährdung durch Folgen von Klimaveränderungen eingeschätzt wird, desto kritischer wird die Eignung, Planung und Umsetzung bisheriger Maßnahmen beurteilt. Im Kampf um die Verringerung des Kohlendioxidausstoßes gilt den meisten eine regenerative Energieversorgung als wichtigster Baustein, aber zugleich wird debattiert, in welchen Handlungsfeldern Emissionen am ehesten und zuerst reduziert werden sollen. Der experimentelle und noch unabgesicherte Charakter vieler Ansätze im Infrastrukturumbau erschwert gegenüber bekannten Aufgaben der langfristig zu gewährleistenden Daseinsvorsorge die Einigung über mögliche Herangehensweisen und begünstigt ihren Aufschub. Interessenkonflikte übersetzen sich oftmals in Mittelkonflikte und sind daher ein Ausdruck der konfliktreichen Aushandlung soziotechnischer Arrangements, der Wahl der Komponenten, ihrer Zusammensetzung und der damit einhergehenden organisatorischen Fragen der Steuerung, Finanzierung und rechtlichen Regulierung. Sie folgen den Kraftlinien der Macht von gut etablierten Regimekonstellationen gegenüber Herausforderern mit neuartigen Lösungsansätzen. Und sie können in zermürbender Weise zu jedem einzelnen Element ausbrechen, das in den Versorgungsarrangements verändert werden soll.

c) Schließlich kommt es im Rahmen von Prozessen der Infrastrukturierung auch zu **Legitimitätskonflikten**, da sich in ihnen die ungelösten Deutungs- und Interessenkonflikte zuspitzen. Diese Konflikte um die grundsätzliche Legitimität und Akzeptabilität des Infrastrukturwandels sind aus der Forschung zu neuen Technologien und zur Technikfolgenabschätzung wohl bekannt. Sie entladen sich vor allem in den Momenten der Entscheidungsfindung und der Implementierung neuer Infrastrukturen, schwelen aber vom Beginn der Entwicklungsprojekte bis über deren Inbetriebnahme hinaus. In ihnen geht es immer zugleich um Fragen der akzeptablen Begründung, um die konkreten Maßnahmen und ihre Rechtfertigung gegenüber Alternativen und anderen Notwendigkeiten sowie um die darunter liegenden Leitbilder auf dem Weg in die Zukunft. Sollen Unsicherheiten als Rechtfertigung für den Aufschub des Systemumbaus oder als Grund für dessen experimentelle, beteiligungsorientierte Gestaltung betrachtet werden? Wie sind die Rekonfigurationen gegenüber dem Status quo zu legitimieren: mit Wissen oder technischem Können, qua Expertise oder mit dem Verweis auf Mehrheiten und politisch-administrative Mandate? Der notwendige Umgang mit Ungewissheit, fehlenden Erfahrungswerten, dem Dilemma von Expertise und Gegenexpertise und der tiefgreifenden Einsicht, dass frühere Problemlösungsmuster Teil heutiger Problemursachen sind, befeuert die Konflikte weiter. Das führt zur weitverbreiteten Klage über das Fehlen eindeutiger Zielvorgaben, verlässlicher Planungsnormen und einer sinnvollen Maßnahmenkontinuität hinsichtlich der Umsetzung beispielsweise der Energiewende. Viele Konfliktparteien wünschen sich deshalb den Wiedergewinn von eindeutigen Handlungsorientierungen, eine übergreifende Schaffung von Normen, und zwar weniger durch Gesetzgebung als durch öffentlichen Konsens. Im unsicheren Zukunftshorizont wirken das Fehlen regulativer Vorgaben, die Erosion kultureller Selbstverständlichkeiten und entsprechender Wissens- und Ausbildungsstrukturen, aber auch die normative Infragestellung des alten Wachstums- und Fortschrittskonsenses stark konfliktfördernd.

Bis ins kleinste Detail stehen sich die artikulierten Perspektiven zur Problemlösung oftmals unverbunden gegenüber (Kropp 2018b: 196ff.): Eine übergreifende Abstimmung wäre notwendig, allerdings fehlen dafür sowohl geteilte Beurteilungskriterien als auch vergleichende Maßnahmenevaluationen, die es erlauben, die ökologischen, ökonomischen und sozialen Wirkungen verschiedener Infrastruktursysteme gegeneinander abzuwiegen. Erschwerend kommt hinzu, dass Infrastrukturwandel kooperative Prozesse zwischen öffentlichen und privaten Akteuren erfordert, aber wechselseitig oft keine Klarheit über die Handlungsmöglichkeiten und -restriktionen besteht. Die unterschiedlichen Beteiligten adressieren eine Vielzahl von Querbezügen und infrastrukturrelevanten Fragestellungen, aber gerade die Umwelt- und Klimaproblematik verschwindet dabei als Querschnittsthema mit besonderen Herausforderungen: Aufgesplittert in Ressortzuständigkeiten tritt deren raum-, sach- und zeitübergreifende Bedeutung hinter den sektor- und teilsystemspezifischen Perspektiven zurück. Die bereichstypischen Perspektiven führen dazu, dass in der heterogenen Infrastrukturierung durch Akteure aus Politik, Wirtschaft und Zivilgesellschaft – unabhängig von der grundsätzlichen Bereitschaft, Interessenkonflikte zu überwinden – die Kooperation vor allem darin besteht, den je eigenen Handlungsraum vor Ansprüchen Anderer abzuschotten: Ohne sektorübergreifende Legitimität zersetzen sich die angekündigten Infrastrukturwenden in kleine Blockadekonflikte der negativen Koordination, um wechselseitig Interdependenzen und Störungen des eigenen Ablaufs möglichst kleinzuhalten. Die Beharrungskräfte des Status quo, die auch von den austarierten Formen der Ressourcenverteilung und der damit verbundenen Deutungshoheit bestimmt werden, führen auf diese Weise dazu, dass systemübergreifende Herausforderungen letztlich in den bestehenden Rastern der Arbeitsteilung und Handlungsorientierung bearbeitet werden. Durch die Einordnung in bewährte Beurteilungs- und Begründungskriterien werden die Konflikte mit den gleichen Legitimationsstrategien geschlossen, die zu ihrer Entstehung beigetragen haben.

Die Gestaltungskonflikte machen deutlich, dass Infrastrukturprojekte im Anthropozän als „wicked problems" zu betrachten sind (Rittel & Webber 1973). Für sie sind weder die Problemstellungen, Ziele und Lösungswege noch deren Beurteilung als eindeutig richtig oder falsch bestimmbar. Die Konflikte um die legitime Bestimmung der Problemursachen und Lösungsansätze sowie um die zu berücksichtigenden Implikationen, Wechselwirkungen und Pfadabhängigkeiten führen dazu, dass die Beteiligten keine konsensfähigen und übergreifenden Strategien verfolgen, sondern verschiedene und oftmals unvereinbare. Je weniger aber die eingeschlagenen Ansätze als fraglos und endgültig gelten, sondern unvereinbare Herangehensweisen verfolgt werden, die sogenannte „Technologieoffenheit", umso weniger ist mit einer Abnahme der Konflikte um Infrastrukturprojekte zu rechnen. Sie nehmen stattdessen an Intensität und Polarisierung zu, und dies umso mehr, je dringender die Problemlösung wird.

4. Ausblick

Infrastrukturveränderungen entwickeln sich aufgrund der vorgestellten Beharrungskräfte und Konflikte selten als Ergebnis langfristiger und konsistenter Transformationsstrategien, sondern meist als kleinteilige, fragmentierte und heterogene Resultate von zwar notwendigen, aber teils ungewollten, teils abgebrochenen, teils unentschiedenen Umbauprozessen in diesen großtechnischen Systemen. Selbst dort, wo radikale Infrastrukturwenden vollzogen wurden, wie etwa mit dem Austritt aus der Nutzung der Kernenergie, wurden und werden Maßnahmen des Rückbaus lange Zeit in die Zukunft verschoben (Auslaufmodelle, Endlagerungsfrage etc.). Die dargestellte Konfliktvielfalt bringt diese Vielschichtigkeit zum Ausdruck, Pfadabhängigkeiten begünstigen die Stärkung ökonomisch motivierten Effizienzdenkens. Im Ergebnis wächst sowohl die Vielfalt soziotechnischer Kopplungen und Arrangements als auch deren selektive Prägung durch ökonomische Zwänge, die einer Klima- und Nebenfolgensensibilität eher im Wege stehen. Für die Anstrengungen einer an Nachhaltigkeit orientierten Infrastrukturierung fehlen in der Konsequenz adressierbare Steuerungssubjekte und einheitliche Gestaltungsnormen. Zudem ist sie mit dem Paradox konfrontiert, sowohl mit erheblich gestiegener Komplexität und Eigendynamik umzugehen als auch mit einer Verschärfung gerade jener sozio-ökonomischen Engführung von Optionen, die der mit der Rede vom Anthropozän verbundenen Einsicht in die vielfältigen, langfristigen und bedrohlichen Wechsel- und Nebenfolgen nicht gerecht werden kann.

Die Ausführungen in diesem Kapitel verdeutlichen, dass Infrastruktursysteme keine monolithischen Blöcke sind. Sie erweisen sich vielmehr als vielfältig und heterogen, voller Brüche und Widersprüchlichkeiten, sodass in diesen Reibungen und Pluralitäten auch Ansatzpunkte für Veränderungen liegen. So legen beispielsweise autozentrierte Infrastrukturen die Nutzung von Autos für die alltägliche Mobilität nahe. Je mehr diese Infrastruktursysteme jedoch genutzt werden, desto weniger kann das Nutzenversprechen des motorisierten Individualverkehrs – Freiheit und Flexibilität – eingelöst werden, da es sich im städtischen Stau nicht mehr realisieren lässt. Die Unzufriedenheit mit autozentrierten Infrastrukturen wächst dementsprechend in Teilen der Bevölkerung und eröffnet Gestaltungschancen. Zivilgesellschaftliche und wirtschaftliche Nischenakteure setzen an diesen Brüchen und Widersprüchlichkeiten von Infrastruktursystemen an, um sie zu verändern. Dabei entstehen horizontale Akteursnetzwerke und multilaterale Gestaltungsarrangements, die durch Teile der Wissenschaft im Sinne einer transformativen Reallaborforschung aufgegriffen werden (→ Kap. 10 zu Transdisziplinarität). Innerhalb dieser Reallabore lassen sich eben jene Infrastrukturkonflikte beobachten, die im Zuge sozial-ökologischer Transformationen unweigerlich auftreten, und kokonstruktiv behandeln. Alles in allem liefern Infrastrukturkonflikte der Umweltsoziologie einen interessanten Untersuchungsgegenstand, um Wandlungsprozesse im Verhältnis von Technik, Gesellschaft und Natur besser zu verstehen. Sie bedürfen jedoch auch einer kritischen sozialwissenschaftlichen Begleitung, um soziale An- und Ausschlüsse, Widersprüchlichkeiten und möglicherweise nicht intendierte Nebenfolgen im Prozess der Infrastrukturierung frühzeitig berücksichtigen zu können.

> **Was Studierende aus diesem Kapitel mitnehmen können:**
>
> - Wissen darüber, was unter Infrastruktursystemen und Infrastrukturierung zu verstehen ist
> - Wissen über den komplexen Zusammenhang zwischen Infrastrukturen und Gesellschaft
> - Verständnis für die Widerständigkeit von Infrastrukturen gegenüber Veränderungsbemühungen
> - Verständnis für die Konflikthaftigkeit von Infrastrukturwandel

Literatur

Barlösius, E., 2019: Infrastrukturen als soziale Ordnungsdienste. Ein Beitrag zur Gesellschaftsdiagnose. Frankfurt a. M.: Campus.

Barlösius, E., K.-D. Keim, G. Meran, T. Moss & C. Neu, 2011: Infrastrukturen neu denken: gesellschaftliche Funktionen und Weiterentwicklung. S. 147–173 in: R.F. Hüttl, R. Emmermann, S. Germer, M. Naumann & O. Bens (Hrsg.), Globaler Wandel und regionale Entwicklung. Berlin, Heidelberg: Springer-Verlag.

Bell, S., 2015: Renegotiating urban water. Progress in Planning 96: 1–28.

Bonacker, T. (Hrsg.), 2005: Sozialwissenchaftliche Konflikttheorien. Wiesbaden: VS Verlag für Sozialwissenschaften.

Bowker, G.C. & S.L. Star, 2000: Sorting Things Out. Classification and Its Consequences. Cambridge, MA, London: The MIT Press.

Brand, K.-W., A. Göschl, B. Hartleitner, S. Kreibe, C. Pürschel, & W. Viehöver (Hrsg.), 2002: Nachhaltigkeit und abfallpolitische Steuerung: Der Umgang mit Kunststoffabfällen aus dem Verpackungsbereich. Berlin: Analytica.

Brand, U. & M. Wissen, 2018: The limits to capitalist nature: Theorizing and overcoming the imperial mode of living. London: Rowman & Littlefield International.

Brunnengräber, A. & T. Haas (Hrsg.), 2020: Baustelle Elektromobilität: Sozialwissenschaftliche Perspektiven auf die Transformation der (Auto-)Mobilität. Bielefeld: Transcript.

Carmona, M., 2010: Contemporary public space, part two: Classification. Journal of Urban Design 15: 157–173.

Carse, A., 2017: Keyword: Infrastructure – How a humble french engineering term shaped the modern world. S. 27–39 in: P. Harvey, C. Jensen & A. Morita (Hrsg.), Infrastructures and Social Complexity. London, New York: Routledge.

Edwards, P.N., 2003: Infrastructure and Modernity: Force, Time, and Social Organization in the History of Sociotechnical Systems. S. 185–225 in: T.J. Misa, P. Brey & A. Feenberg (Hrsg.), Modernity and Technology. Cambridge: MIT Press.

Ellis, C., 1996: Professional conflict over urban form: The case of urban freeways, 1930 to 1970. S. 262–279 in: M.C. Sies & C. Silver (Hrsg), Planning the twentieth-century American city. Baltimore: Johns Hopkins University Press.

Fichter, K. & J. Clausen, 2013: Erfolg und Scheitern „grüner" Innovationen: Warum einige Nachhaltigkeitsinnovationen am Markt erfolgreich sind und andere nicht. Marburg: Metropolis.

Geels, F.W. & R. Kemp, 2007: Dynamics in socio-technical systems: Typology of change processes and contrasting case studies. Technology in Society 29: 441–455.

Geels, F.W., 2014: Regime Resistance against Low-Carbon Transitions: Introducing Politics and Power into the Multi-Level Perspective. Theory, Culture & Society 31: 21–40.

Grin, J., J. Rotmans & J. Schot (Hrsg.), 2010: Transitions to Sustainable Development: New Directions in the Study of Long Term Transformative Change. New York/Oxford: Routledge.

Hetherington, K., 2017: Surveying the future perfect: Anthropology, development and the promise of infrastructure. S. 40–50 in: P. Harvey, C. Jensen, & A. Morita (Hrsg.), Infrastructures and social complexity: A companion. London, New York: Taylor and Francis Group.

Hommels, A., 2005: Studying obduracy in the city: Toward a productive fusion between technology studies and urban studies. Science Technology and Human Values 30: 323–351.

Hughes, T.P., 1983: Networks of power: Electrification in Western Society, 1880–1930. Baltimore: Johns Hopkins University Press.

Jasanoff, S. & S.-H. Kim, 2015: Future Imperfect: Science, Technology, and the Imaginations of Modernity. Chicago, London: The University of Chicago Press.

Kropp, C., 2015: Exnovation – Nachhaltige Innovationen als Prozesse der Abschaffung. S. 13–34 in: A. Arnold, M. David, G. Hanke & M. Sonnberger (Hrsg.), Innovation – Exnovation: Über Prozesse des Abschaffens und Erneuerns in der Nachhaltigkeitstransformation. Marburg: Metropolis.

Kropp, C., 2018a: Controversies around energy landscapes in third modernity. Landscape Research 43: 562–573.

Kropp, C., 2018b: Infrastrukturierung im Anthropozän. S. 181–204 in: A. Henkel & H. Laux (Hrsg.), Die Erde, der Mensch und das Soziale: Zur Transformation gesellschaftlicher Naturverhältnisse im Anthropozän. Bielefeld: Transcript.

Larkin, B., 2013: The Politics and Poetics of Infrastructure. Annual Review of Anthropology 42: 327–343.

Luhmann, N., 1997. Die Gesellschaft der Gesellschaft, Frankfurt a.M.: Suhrkamp.

Mautz, R. & W. Rosenbaum, 2012: Der deutsche Stromsektor im Spannungsfeld energiewirtschaftlicher Umbaumodelle. WSI Mitteilungen: 85–93.

Monstadt, J., 2009: Conceptualizing the political ecology of urban infrastructures: Insights from technology and urban studies. Environment and Planning A 41: 1924–1942.

Niewöhner, J., 2014: Perspektiven der Infrastrukturforschung: carefull, relational, ko-laborativ. S. 342–352 in: D. Lengersdorf & M. Wieser (Hrsg), Schlüsselwerke der Science & Technology Studies. Wiesbaden: Springer VS.

Radtke, J. & N. Kersting (Hrsg.), 2018: Energiewende Politikwissenschaftliche Perspektiven. Wiesbaden: VS Verlag für Sozialwissenschaften.

Rittel, H.W. & M.M. Webber, 1973: Dilemmas in a General Theory of Planning. Policy Sciences 4: 155–169.

Ropohl, G., 1979: Eine Systemtheorie der Technik. München Wien: Carl Hanser Verlag.

Schmidt, M. & J. Monstadt, 2018: Infrastruktur. S. 975–988 in: Handwörterbuch der Stadt- und Raumentwicklung. ARL – Akademie für Raumforschung und Landesplanung.

Seto, K.C., S.J. Davis, R.B. Mitchell, E.C. Stokes, G. Unruh & D. Ürge-Vorsatz, 2016: Carbon Lock-In: Types, Causes, and Policy Implications. Annual Review of Environment and Resources 41: 425–452.
Shove, E., 2016: Infrastructures and practices: networks beyond the city. S. 242–257 in: O. Coutard & J. Rutherford (Hrsg.), Beyond the networked city: Infrastructure reconfigurations and urban change in the North and South. London, New York: Routledge.
Shove, E., 2017: Matters of practice. S. 155–168 in: A. Hui, T.R. Schatzki & E. Shove (Hrsg.), The nexus of practices. Connections, constellations, practitioners. New York: Routledge.
Shove, E. & F. Trentmann, 2019: Infrastructures in Practice. The Dynamics of Demand in Networked Societies. Oxon, New York: Routledge.
Shove, E., M. Watson & N. Spurling, 2015: Conceptualizing connections. Energy demand, infrastructures and social practices. European Journal of Social Theory 18: 274–287.
Star, S.L. & K. Ruhleder, 1996: Steps Toward an Ecology of Infrastructure: Design and Access for Large Information Spaces. Information Systems Research 7: 111–134.
Star, S.L., 1999: The Ethnography of Infrastructure. American Behavioral Scientist 43: 377–391.
Star, S.L. & M. Lampland, 2009: Reckoning with standards. S. 3-24. In: M. Lampland & S.L. Star, (Hrsg.), Standards and Their Stories. How Quantifying, Classifying, and Formalizing Practices Shape Everyday Life. Ithaka: Cornell University Press.
Unruh, G.C., 2000: Understanding carbon lock-in. Energy Policy 28: 817–830.
Unruh, G.C., 2002: Escaping carbon lock-in. Energy Policy 30: 317–325.
Van Laak, D., 2017: Eine kurze (Alltags-)Geschichte der Infrastruktur. APUZ 16-17: 4-11.
Weingart, P. (Hrsg.), 1989: Technik als sozialer Prozess. Frankfurt a.M.: Suhrkamp.
Wentland, A., 2016: Imagining and enacting the future of German energy transition: electric vehicles as grid infrastructure. Innovation: The European Journal of Social Science Research 29: 285–302.
Wolsink, M., 2018: Co-production in distributed generation: renewable energy and creating space for fitting infrastructure within landscapes. Landscape Research 43: 542–561.

Literaturempfehlungen

Bell, S., 2015: Renegotiating urban water.
Eine vielseitige Auseinandersetzung mit der urbanen Wasserversorgung und den soziotechnischen Schwierigkeiten ihrer nachhaltigen Veränderung.

Geels, F.W., 2014: Regime Resistance against Low-Carbon Transitions: Introducing Politics and Power into the Multi-Level Perspective.
Eine Weiterentwicklung der Multi-Level-Perspektive für die stärkere Berücksichtigung von politischen Handlungsstrategien und Machtfaktoren.

Hughes, T.P., 1983: Networks of power: Electrification in Western Society, 1880–1930.
Ein Klassiker der sozialwissenschaftlichen Infrastrukturforschung sowie der Umwelt- und Techniksoziologie insgesamt.

Star, S.L., 1999: The Ethnography of Infrastructure.
Ein viel zitierter Artikel über die Merkmale von Infrastrukturen und ihre gesellschaftsprägende Kraft.

Van Laak, D., 2017: Eine kurze (Alltags-)Geschichte der Infrastruktur.
Eine gut lesbare Einführung in Infrastrukturen und ihre nationale wie kulturelle Bedeutung.

Kapitel 10: Transdisziplinarität in der umweltsoziologischen Forschung

> In diesem Kapitel erfahren Sie mehr über das Verhältnis von Umweltforschung, Gesellschaft und Politik. Sie lernen dabei unterschiedliche Konzepte und Wissenschaftsverständnisse kennen, die problemorientierte Forschung im Umweltbereich prägen. Das Forschungsprinzip der Transdisziplinarität, das auf der Verknüpfung des Wissens unterschiedlicher wissenschaftlicher Disziplinen sowie außerwissenschaftlicher Akteure beruht, steht dabei im Vordergrund. Sie entwickeln ein Verständnis für die Herausforderungen sowie Stärken und Schwächen problemorientierter, transdisziplinärer Forschung.

Sozial-ökologische Krisen und soziotechnische Transformationsprozesse stellen unsere Gesellschaft vor große Herausforderungen. Sie machen es notwendig, einerseits wissenschaftliche Erkenntnisse über Ursachen, Treiber und Lösungen in gesellschaftlich Problembearbeitungsstrategien zu übersetzen und andererseits wissenschaftliche Erkenntnisprozesse an gesellschaftlichen Anforderungen und Bedürfnissen auszurichten. Solche Übersetzungsleistungen bilden den Kern transdisziplinärer Forschung, sind jedoch keinesfalls selbstverständlich und aufgrund ihrer Komplexität mit entsprechenden Herausforderungen verbunden wie im Folgenden zu zeigen sein wird.

Die verschiedenen Teilsysteme einer Gesellschaft wie Wissenschaft, Wirtschaft, Politik, Recht, Zivilgesellschaft und Massenmedien stehen in einem Verhältnis wechselseitiger Beeinflussung (Weingart 2010). Die Gesellschaft nimmt wissenschaftliche Erkenntnisse auf („Verwissenschaftlichung der Gesellschaft"), stellt jedoch auch Ansprüche an die Wissenschaft und fordert Problemlösungen und Innovation ein („Politisierung der Wissenschaft") (Weingart 1983, 2001). Verschiedene Autor*innen gehen davon aus, dass die wechselseitige Durchdringung von Wissenschaft und Gesellschaft zunimmt. Dies ist zunächst eine empirische Frage, deren Beantwortung durchaus umstritten ist (Weingart 1999). Darüber hinaus leiten einige dieser Autor*innen aus der Diagnose der fortschreitenden wechselseitigen Durchdringung von Wissenschaft und Gesellschaft auch die normative Forderung ab, dass sich das Wissenschaftssystem – zumindest in Teilen – an diese neuen Gegebenheiten anpassen müsse. Diese Forderung wird zumeist vor dem Hintergrund sich verschärfender sozial-ökologischer Krisen wie dem anthropogen verursachten Klimawandel vorgetragen.

Der Begriff der Transdisziplinarität beschreibt dabei sowohl die Diagnose des Wandels der Wissenschaft als auch ein normatives Projekt einer als notwendig betrachteten Anpassung an veränderte Problemstellungen. Eine allgemeine Begriffsbestimmung, die sowohl die normativen als auch die diagnostischen Aspekte des Transdisziplinaritätsbegriffs umfasst, lautet wie folgt: Transdisziplinarität beschreibt eine Form von Forschung, bei der die Bearbeitung konkreter gesellschaftlicher Problemstellungen im Vordergrund steht (realweltliche Orientierung) und die in Zusammenarbeit unterschiedlicher wissenschaftlicher Disziplinen (interdisziplinäre Orientierung) und unter Einbindung außerwissenschaftlicher Akteure (transakademische Orientierung) erfolgt (siehe beispielsweise Stauffacher 2011: 259). Der Begriff der Transdisziplinarität bezeichnet demnach ein Forschungsprinzip (und keine Methode oder gar Methodologie), das mit einer spezifischen Organisationsform von Wissenschaft einhergeht (Mittelstraß 2005; Becker & Jahn 2006: 320). Zentral ist bei transdisziplinärer Forschung stets die Orientierung an konkreten gesellschaftlichen – d.h. realweltlichen – Problemstellungen. Transdisziplinäre Forschung kann dabei als eine Reaktion auf die fortschreitende Zersplitterung, Spezialisierung und Fragmentierung des Wissenschaftssystems, die mehr und mehr im Gegensatz zu komplexen, systemischen und disziplinäre Grenzen überschreitenden Problemlagen steht (z.b. anthropogen verursachter Klimawandel oder Mikroplastik in den Weltmeeren), sowie auf die größer werdende gesellschaftliche Nachfrage nach der Lösungskompetenz der Wissenschaft für realweltliche Probleme verstanden werden (Bogner et al. 2010). Dabei existieren zwei unterschiedliche Verständnisse von Transdisziplinarität. Diese stimmen zwar grundsätzliche darin überein, dass sich Transdisziplinarität auf die Zusammenarbeit unterschiedlicher wissenschaftlicher Disziplinen zur Bearbeitung realweltlicher Probleme bezieht, unterscheiden sich jedoch im Hinblick auf die Beziehung zwischen Wissenschaft und Gesellschaft. Das eine Verständnis fasst Transdisziplinarität als rein innerwissenschaftliches Prinzip auf (siehe insbesondere Mittelstraß 1996, 2005), das auf die Überwindung disziplinärer Grenzen und die Integration disziplinärer Paradigmen abzielt, das andere betont die Notwendigkeit der Beteiligung außerakademischer Akteure am Forschungsprozess, um sozial robustes Wissen zu generieren (siehe insbesondere Gibbons et al. 1994 bzw. Nowotny et al. 2001). Letztgenanntes Verständnis von Transdisziplinarität als Zusammenarbeit von inner- und außerakademischen Akteuren ist heute weiter verbreitet, und liegt auch diesem Kapitel zugrunde.

Durch die enge Beziehung zwischen Transdisziplinarität und Sozialökologie bzw. Nachhaltigkeitsforschung erlangte Transdisziplinarität in den letzten zwei Jahrzehnten in der Umweltsoziologie immer größere Aufmerksamkeit (Stauffacher 2011). In diesem Zeitraum kam es im deutschsprachigen Raum außerdem zu einer fortschreitenden Institutionalisierung transdisziplinärer Forschung in Form von Forschungsförderprogrammen (z.B. Förderschwerpunkt Sozial-ökologische Forschung des Bundesministerium für Bildung und Forschung), in (vor allem) außeruniversitären Forschungsinstituten, die sich transdisziplinärer Forschung verschrieben haben und diese auch methodisch weiterentwickeln (z.B. Institut für sozial-ökologische Forschung oder Wuppertal Institut für Klima, Umwelt, Energie) und in einigen Zeitschriften (z.B. GAIA – Ökologische Perspektiven für Wissenschaft und Gesellschaft), Handbüchern (Thompson Klein et al. 2001; Hirsch Hadorn et al. 2008; Bergmann & Schramm 2008) und Netzwerken (z.B. td-net – Network for Transdisciplinary Research). Außerdem hat die Vermittlung transdisziplinärer Forschungszugänge an manchen, wenn bisher auch nur wenigen, Universitäten Eingang in die Curricula bestimmter Fächer gefunden (insbesondere Leuphana Universität Lüneburg). Transdisziplinäre Forschung hat sich im Zuge dieser fortschreitenden Institutionalisierung sowie aufgrund der starken Verbindung mit sozial-ökologischen und nachhaltigkeitsbezogenen Problemstellungen zu einem relevanten Betätigungsfeld für Umweltsoziolog*innen entwickelt.

Nachdem hier bereits ein erster grober Überblick über den Transdisziplinaritätsbegriff gegeben wurde, soll dieser nun im weiteren Verlauf des Kapitels vertieft werden. Im folgenden Unterkapitel gehen wir zunächst auf die Ursprünge des Transdisziplinaritätsbegriffs ein, die bis in die 1970er Jahre zurückreichen, und skizzieren kurz die entsprechenden Debatten aus diesem Jahrzehnt, da deren Inhalte in späteren Debatten um Transdisziplinarität immer wieder aufgegriffen wurden und werden. Im anschließenden Abschnitt stellen wir die Konzepte *Mode 2* und *post-normal science* vor, die in den 1990er Jahren den Grundstein für das im deutschen Sprachraum dominante Verständnis von transdisziplinärer Forschung gelegt haben. Dieses Transdisziplinaritätsverständnis hat die Sozialökologie, der wir uns in einem gesonderten Unterkapitel widmen, aufgegriffen und als ihr leitendes Forschungsprinzip auf anwendungsbezogene Art und Weise konkretisiert. Abschließend werden wir das Konzept der transformativen Wissenschaft darstellen, welches an das etablierte Transdisziplinaritätsverständnis anknüpft, jedoch den Anspruch erhebt, darüber hinauszugehen.

1. Die Ursprünge der Transdisziplinaritätbegriffs

Der Begriff der Transdisziplinarität kam im Jahr 1970 auf einer Tagung der Organisation for Economic Co-operation and Development (OECD) in Paris zum Thema Interdisziplinarität zum ersten Mal zu größerer Prominenz. Die Begriffsschöpfung wird zumeist Jean Piaget zugeschrieben, einem prominenten Schweizer Psychologen (Bernstein 2015). Piaget vertrat auf dieser Tagung ein Verständnis von Transdisziplinarität, wonach diese sich durch einen höheren Grad der Integration von wissenschaftlichem Wissen aus unterschiedlichen Disziplinen auszeichne, als dies bei Interdisziplinarität der Fall sei. In transdisziplinären Forschungskontexten würden die Grenzen zwischen den wissenschaftlichen Disziplinen verschwimmen oder gar aufgehoben werden, und so könne eine Art holistische Einheitswissenschaft entstehen. In Piagets Worten: „Finally, we may hope to see a higher stage succeeding the stage of interdisciplinary relationships. This would be ,transdisciplinarity', which would not only cover interactions or reciprocities between specialised research projects, but would place these relationships within a total system without any firm boundaries between disciplines" (Piaget 1972: 138).

Anknüpfend an Piaget entwickelte der Systemwissenschaftler Erich Jantsch, ein Mitbegründer des Club of Rome, in den 1970er Jahren seine Vorstellung von Transdisziplinarität als normatives Organisationsprinzip für Universitäten, das die Wertgebundenheit und gesellschaftliche Einbettung von Wissenschaft explizit berücksichtigt, damit Universitäten einen Beitrag zur Lösung der großen Menschheitsherausforderungen leisten können (Jantsch 1970). Auch Jantsch geht von der Idee einer Einheit der Wissenschaften aus und möchte die disziplinäre Fragmentierung und Spezialisierung der Wissenschaften überwinden, indem Universitäten kooperative und koordinative Strukturen in Lehre und Forschung aufbauen, die disziplinäre Grenzen überschreiten. Dies soll letztendlich in eine Synthese unterschiedlicher disziplinärer Epistemologien münden, wodurch disziplinenübergreifende Theorien und Konzepte entstehen können (Jantsch 1970: 412). Damit verbunden ist bei Jantsch der normative Anspruch, dass Universitäten zur „ge-

Kapitel 10: Transdisziplinarität in der umweltsoziologischen Forschung

sellschaftlichen Erneuerung" beitragen sollen: „Essential is only that inter- and transdisciplinary organization and coordination of science are necessary for education and innovation to follow the purpose of society's self-renewal" (Jantsch 1970: 416). Zu diesem Zweck soll das gesamte universitäre System so strukturiert werden, dass disziplinäre Grenzen aufgelöst werden. Transdisziplinarität ist für Jantsch dementsprechend: „The coordination of all disciplines and interdisciplines in the education/innovation system on the basis of a generalized axiomatics (introduced from the purposive level) and an emerging epistemological pattern" (Jantsch 1970: 411). Im Vergleich zu Piaget, dessen Transdisziplinaritätsbegriff sich auf eine erweiterte Form von Interdisziplinarität bezieht (eine Art „disziplinlose Interdisziplinarität"), verbindet Jantsch mit Transdisziplinarität zusätzlich ein normatives Organisationsprinzip für Universitäten und den damit verbundenen Anspruch, dass die Wissenschaft zur gesellschaftlichen Problemlöserin werden solle.

Fast zeitgleich zu Piaget und Jantsch formulieren die deutschen Philosophen und Soziologen Gernot Böhme, Wolfgang van den Daele und Wolfgang Krohn die These von der „Finalisierung der Wissenschaft" (Böhme et al. 1973), die von einigen als die Vorwegnahme der wissenschaftssoziologischen Debatte um Transdisziplinarität in den 1990er Jahren gedeutet wird (Weingart 1997). Unter Finalisierung verstehen sie, dass wissenschaftsexterne Zwecke – politische, ökonomische oder soziale – mehr und mehr zum Treiber wissenschaftlicher Entwicklung und wissenschaftlichen Fortschritts werden. Dabei fände eine immer stärkere Verknüpfung von gesellschaftlichen Bedürfnissen und wissenschaftlichen Interessen statt, wodurch Wissenschaft zunehmend aus einer Perspektive der Nützlichkeit beurteilt werde. Während Jantsch explizit den normativen Anspruch erhebt, dass Wissenschaft der Gesellschaft nutzen solle und dies am besten in der von ihm beschriebenen transdisziplinären Organisationsform tun könne, weisen Böhme, van den Daele und Krohn mit ihrer Finalisierungsthese kritisch darauf hin, dass eine Wissenschaft, die sich wissenschaftsexternen Zwecken unterwirft, Gefahr läuft, herrschaftsstabilisierenden Charakter anzunehmen.

In den Beiträgen aus den 1970er Jahren, die sich explizit auf Transdisziplinarität beziehen (Jantsch und Piaget) oder in der Rückschau darauf bezogen werden (Böhme, van den Daele und Krohn) sind bereits die Kernpunkte späterer Debatten um den Begriff der Transdisziplinarität angelegt: a) der normative Anspruch, dass transdisziplinäre Forschung notwendig sei, um gesellschaftliche Herausforderungen angehen zu können, b) die damit verbundene Ausrichtung transdisziplinärer Forschung auf die Bearbeitung realweltlicher Probleme und c) Interdisziplinarität und die damit verbundene Herausforderung der Wissensintegration als wichtiges Kennzeichen von Transdisziplinarität. Die für das aktuell dominante Verständnis von Transdisziplinarität relevante Einbindung von außerakademischen Akteuren in den Forschungsprozess wurde zum damaligen Zeitpunkt noch nicht mit Transdisziplinarität verbunden. Dieser Entwicklungsschritt des Verständnisses von Transdisziplinarität wurde erst ungefähr zwei Jahrzehnte später vollzogen, wie im folgenden Unterkapitel näher dargestellt wird.

2. Neue Formen der Wissensproduktion: Mode 2 und post-normal science als konzeptionelle Grundlagen von Transdisziplinarität

Nachdem dem Thema Transdisziplinarität in den 1980er Jahren eher weniger Aufmerksamkeit zuteilwurde, haben sich die wissenschaftlichen Debatten in den 1990er Jahrendurch die Konzepte Mode 2 (Gibbons et al. 1994) und post-normal science (Funtowicz & Ravetz 1992, 1993) intensiviert. Für viele Jahrzehnte war in der Wissenschaft ein Modus der Wissensproduktion selbstverständlich und unumstritten, in dessen Rahmen Forschungsfragen disziplinär gestellt und nach akademischen Gütekriterien bearbeitet wurden, in der gesellschaftliche „Probleme" aber nur unsystematisch aufgenommen wurden. Auch in der Umweltforschung dominierten wissenschaftliche Herangehensweisen, die ihre Legitimation aus innerwissenschaftlichen Diskursen schöpften und an den Disziplinengrenzen Halt machten. Dieses traditionelle Verständnis von Wissenschaft wurde in den 1990er Jahren als „akademisch", „eindimensional" und „unvollständig" kritisiert und mit alternativen Modellen einer interdisziplinären und problemorientierten Wissensproduktion konfrontiert, der sogenannten Mode-2-Wissenschaft und der post-normal science, um jene dringenden Zukunftsfragen wissenschaftlich zu bearbeiten, die im traditionellen Modell zu kurz kommen. Während sich das Mode-2-Konzept explizit auf Transdisziplinarität bezieht, wird die „post-normal science" eher implizit mit Transdisziplinarität in Verbindung gebracht. Beide Ansätze haben jedoch maßgeblich dazu beigetragen, die konzeptionellen Konturen des Transdisziplinaritätsbegriffs, die sich in den 1970er Jahren entwickelten, zu schärfen und neue Debatten anzustoßen.

2.1. Mode 2

In ihrem 1994 erschienen Werk „The new production of knowledge. The dynamics of science and research in contemporary societies" arbeiten die Autor*innen Michael Gibbons, Camille Limoges, Helga Nowotny, Simon Schwartzman, Peter Scott und Martin Trow aus wissenschaftstheoretischer und -soziologischer Perspektive die Umrisse eines neuen Modus der Wissensproduktion heraus, den sie in Abgrenzung zur klassischen Grundlagenforschung (Mode 1) als Mode 2 bezeichnen. Gibbons et al. (1994) beschreiben einen Wandel der Wissensproduktion, weg von einer außergesellschaftlichen, rein universitären Produktion „abstrakter Wahrheiten" hin zur anwendungsbezogenen, in konkrete Kontexte eingebetteten Entwicklung von problemorientierten Analysen und Lösungsansätzen, an der eine Vielzahl von Akteuren aus Wissenschaft und Praxis beteiligt sind. Die bis dato wissenschaftsinternen Gütekriterien zur Beurteilung der Qualität der Wissensproduktion blieben zwar notwendige, jedoch nicht mehr hinreichende Bedingungen, um wissenschaftlichem Wissen Gültigkeit zu verleihen. Ihre grundsätzliche Argumentation, die Nowotny, Scott und Gibbons – teilweise als Reaktion auf die ihnen entgegengebrachte Kritik – in dem 2001 erschienenen Werk „Re-thinking science. Knowledge and the public in an age of uncertainty" weiter ausarbeiten und vertieften, lautet kurz zusammengefasst: Im Gegensatz zu Niklas Luhmanns Vorstellungen einer fortschreitenden funktionalen Differenzierung von Wissenschaft, Gesellschaft, Politik und Wirtschaft findet in modernen Gesellschaften eine immer stärkere wechselseitige Durchdringung und damit Entdifferenzierung von Wissenschaft und Gesellschaft statt. Zum einen spielen wissenschaftliche Erkenntnisse in immer mehr Lebensbereichen eine tragende Rolle. Beispielsweise ist eine Verwissenschaftlichung von Ernährung anhand populärwissenschaftlicher Ratgeberliteratur zu beobachten. Zum anderen sehen sich moderne Gesellschaften mehr und mehr mit den negativen Folgen wissenschaftlich-technischen Fortschritts konfrontiert, die sie wiederum mit Hilfe der Wissenschaft zu bearbeiten versuchen. Damit ist auch verbunden, dass die Gesellschaft verstärkt Ansprüche an die Nützlichkeit von Wissenschaft stellt. Diese Argumentation findet sich bereits in Zusammenhang mit der oben dargestellten Finalisierungsthese sowie bei Jantsch. Durch die Entdifferenzierung von Wissenschaft und Gesellschaft sei nun ein neuer Modus der Wissensproduktion entstanden (Mode 2), der neben die klassische Form der Wissensproduktion, die Grundlagenforschung (Mode 1), tritt und immer mehr an Bedeutung gewinnt. Kernelement dieses neuen Modus der Wissensproduktion ist laut den Autor*innen Transdisziplinarität als Forschungsprinzip. Tabelle 3 stellt Mode 1 und Mode 2 der Wissensproduktion vergleichend gegenüber und illustriert das mit Mode 2 verbundene Transdisziplinaritätsverständnis.

Tabelle 3: Vergleich Mode 1 und Mode 2

	Mode 1	Mode 2
Problemidentifikation	Disziplinäre Problemformulierung; Ausrichtung der Forschung an innerwissenschaftlichen Interessen	Kontextualisierte, d.h. multiperspektivische Problemformulierung; Ausrichtung der Forschung an realweltlichen Problemen
Am Forschungsprozess beteiligte Akteure	Homogenität: Wissenschaftler*innen aus Einrichtungen der Grundlagenlagenforschung	Heterogenität: inner- und außeruniversitäre Wissenschaftler*innen sowie außerakademische Akteure
Organisation des Forschungsprozesses	Hierarchisch und stabil	Heterarchisch und dynamisch (projektbasiert)
Qualitätskontrolle	Innerwissenschaftliches, disziplinäres Kontrollsystem	Heterogenes Kontrollsystem

Quelle: Eigene Darstellung basierend auf Gibbons et al. (1994: 3), Gibbons (2000: 159f.), Nowotny et al. (2001: 186ff.) und Coghlan (2014: 541).

Im Modus der Grundlagenforschung (Mode 1) erfolgt die Identifikation und Formulierung von Forschungsproblemen und -fragen im Rahmen akademischer Disziplinen und getrieben von wissenschaftlichem Erkenntnisinteresse. Jede wissenschaftliche Disziplin bearbeitet hier Probleme, die sich aus Lücken im disziplinären Stand der Forschung ergeben: Sie beantwortet wissenschaftliche Fragen. Im Gegensatz dazu erfolgt im Mode 2 die Problemidentifikation und -formulierung unter Einbezug multipler Perspektiven. Innerwissenschaftliche und disziplinäre Interessen sind hier nicht der alleinige Maßstab für die Relevanzbewertung von

Forschungsproblemen, sondern gesellschaftliche Interessen spielen ebenfalls eine Rolle. Dementsprechend fokussiert Wissenschaft im Mode 2 auf die Bearbeitung realweltlicher Probleme, wie sie sich insbesondere in Zusammenhang mit sozialökologischen Krisensymptomen (z.B. Biodiversitätsverlust, Mikroplastik in den Ozeanen, Rohstoffknappheit) ergeben (Gibbons et al. 1994: 4).

Während die im Mode 1 am Forschungsprozess beteiligten Akteure eine weitestgehend homogene Gruppe universitär verorteter Wissenschaftler*innen bilden, zeichnet sich Mode 2 durch eine größere Heterogenität der beteiligten Akteure aus. Neben Wissenschaftler*innen aus Universitäten sind auch Akteure aus der außeruniversitären Forschung und Entwicklung (z.B. aus anwendungsorientierten Forschungseinrichtungen oder Forschungs- und Entwicklungsabteilungen von Unternehmen) sowie Praxisakteure (z.B. Verbände, Behörden, Beratungsunternehmen oder Think Tanks) am Forschungsprozess beteiligt. Während im Mode 1 die Universitäten die zentralen Akteure der Forschung sind, ist diese Dominanz im Mode 2 gebrochen. Der Wandel hin zur Wissensgesellschaft hat nicht nur dazu geführt, dass Gesellschaft immer mehr verwissenschaftlicht wird, sondern auch zu einer Verteilung von forschungsrelevantem Wissen weit über das Feld der Wissenschaft hinaus (Nowotny et al. 2001: 89). Durch die Beteiligung außeruniversitärer Akteure am Forschungsprozess entsteht außerdem erst die Praxisrelevanz der Mode-2-Forschung.

Der Kreis der am Forschungsprozess beteiligten Akteure hängt vornehmlich mit der Organisation des Forschungsprozesses zusammen. Während im Mode 1 die Forschungsorganisation durch die hierarchische Struktur von Universitäten und Einrichtungen der Grundlagenforschung bestimmt wird, was ihr eine gewisse Stabilität, aber auch Rigidität verleiht, ist Forschung im Mode 2 eher heterarchisch und dynamisch organisiert. Das heißt, Forschung findet projektbasiert in mehr oder minder losen Netzwerken aus heterogenen Akteuren und häufig ohne klare oder feste Hierarchien statt. Die Notwendigkeit der projektbasierten Arbeit ergibt sich dabei vor allem aus der Heterogenität der beteiligten Akteure, die unterschiedlichen Organisationen angehören.

Auch im Hinblick auf Qualitätskontrolle unterscheiden sich die beiden Modi der Wissensgenerierung. Qualitätskontrolle meint dabei die Bewertung und die Bewertungskriterien der Güte der Forschungsergebnisse. Im Mode 1 findet Qualitätskontrolle vornehmlich innerhalb der Grenzen wissenschaftlicher Disziplinen statt. Die Bewertung dessen, was als „gute Wissenschaft" gilt, folgt dabei fachspezifischen Standards. Die „peers", die wissenschaftliche Erkenntnisse und Ideen bewerten und kritisieren, rekrutieren sich hauptsächlich aus der wissenschaftlichen Fachgemeinschaft. Die Qualitätskontrolle erfolgt damit innerhalb eines eng und klar umrissenen, innerwissenschaftlichen Kreises. Im Mode 2 dagegen vergrößert sich der Kreis der „peers", und Qualitätsstandards werden vielfältiger. Da hier eine Vielzahl heterogener Akteure am Forschungsprozess beteiligt ist und Forschungsprobleme multiperspektivisch identifiziert werden, kann nicht mehr eindeutig bestimmt werden, wer anhand welcher Standards die Qualität von Forschungsergebnissen bewerten kann. Zudem gilt es nicht nur, wie im Mode 1, Rechenschaft gegenüber den Fachkolleg*innen abzulegen, sondern als gesellschaftlich situierte Form der Wissensproduktion auch gegenüber den gesellschaftlichen Akteuren, die Teil des Forschungsprozesses sind und in deren Umwelt sich die positiven und negativen Folgen der Forschungsergebnisse bemerkbar machen. Die Bewertung von Forschungsergebnissen erfolgt damit nicht mehr allein anhand (disziplinärer) wissenschaftlicher Standards, sondern Forschung muss sich auch an Bewertungskriterien wie Nützlichkeit, Gefährlichkeit, Wünschbarkeit etc. messen lassen, die von außerakademischen Akteuren aus Politik, Wirtschaft, Zivilgesellschaft, Bürgerschaft etc. herangezogen werden. Dies bringt ein deutlich heterogeneres und umfassenderes System der Qualitätskontrolle mit sich.

Wie die Darstellung der Charakteristika von Mode 2 nahelegt, ist eine Trennung von Wissenschaft und Gesellschaft im Mode 2 der Wissensproduktion nicht mehr gegeben. Wissenschaft und Gesellschaft stehen in wechselseitigem Austausch und sind untrennbar miteinander verwoben (Latour 1998). Sie entwickeln sich ko-evolutiv. Während sich die Wissenschaft im Mode 1, wenn überhaupt, nur insofern an die Gesellschaft richtet, indem sie grundlegende Erkenntnisse bereitstellt, die von Unternehmen, politischen Entscheidungsträger*innen, Behörden etc. aufgegriffen und anwendbar gemacht werden, spricht nun auch die Gesellschaft zur Wissenschaft, indem sie sich an der Identifikation von Forschungsproblemen beteiligt. Dementsprechend verändert nicht nur die Wissenschaft die Gesellschaft, sondern auch die Gesellschaft die Wissenschaft. So entsteht eine „kontext-sensible" Wissenschaft, die „sozial robustes Wissen" hervorbringt, also Wissen, das auch außerhalb des Wissenschaftssystems auf breite Anerkennung stößt und entsprechende Gültigkeit hat (Gibbons 1999: C82, 2000: 161). Die Gefahr, dass solches Wissen im Rahmen gesellschaftlicher Debatten angezweifelt oder abgelehnt wird, halten die den Autor*innen für weitaus geringer als bei Wissen, das in einem rein innerwissenschaftlichen Forschungsprozess erzeugt und lediglich disziplinären Instanzen der Qualitätskontrolle unterworfen wurde.

Alles in allem basiert der Mode 2 der Wissensproduktion auf einem veränderten Verhältnis zwischen Wissenschaft und Gesellschaft (Stichwort: Entdifferenzierung), was sich vor allen Dingen darauf auswirkt, welche Forschungsfragen (Stichwort: Orientierung an realweltlichen Problem) Wissenschaftler*innen in Zusammenarbeit mit wem (Stichwort: Transdisziplinarität) bearbeiten. Offen bleibt bei den Ausführungen zum Mode 2 jedoch stets, ob dieser nur eine wissenschaftssoziologische Diagnose darstellt oder letztendlich doch einen normativen Anspruch daran formuliert, wie Wissenschaft angesichts weitreichender gesellschaftlicher Herausforderungen funktionieren sollte. Gerade dieses Schwanken zwischen deskriptiver Diagnose und normativem Anspruch wurde vielfach kritisiert (Weingart 1997; Shinn 2002). Dennoch haben viele transdisziplinäre Projekte die mit dem Mode-2-Konzept verbundenen Überlegungen für ihre problemorientierte Forschung aufgegriffen, ohne sich mit diesem Spannungsfeld von Normativität und deskriptiver Diagnose aufzuhalten. Darauf werden wir in den letzten beiden Unterkapiteln noch näher eingehen.

2.2. Post-normal science

Während Mode 2 und Transdisziplinarität eng und explizit miteinander verknüpft sind, ist die Verbindung zwischen Transdisziplinarität und dem Konzept der „post-normal science" eher impliziter Natur. In den zentralen Aufsätzen zur post-normal science (Funtowicz & Ravetz 1985, 1992, 1993) taucht der Begriff der Transdisziplinarität nicht auf, obwohl zahlreiche Ähnlichkeitsbezüge existieren (Ravetz 2010, S. 244), wie wir im Folgenden darlegen. Die Überlegungen zu einer „Wissenschaft für eine nach-normale Ära" (Funtowicz & Ravetz 1993), in der es um Fragen geht, bei denen Fakten ungewiss, Werte umstritten, Einsätze hoch und Entscheidungen dringend sind (Funtowicz & Ravetz 1993: 744), stellen heute neben Mode 2 einen wichtigen Bezugspunkt in der Debatte um transdisziplinäre Forschung dar.

Das Konzept der post-normal science wurde Mitte der 1980er von den beiden Wissenschaftstheoretikern Jerome Ravetz und Silvio Funtowicz entwickelt. Den beiden Autoren zufolge bringt die Zunahme von Risiken, hervorgebracht durch wissenschaftlich-technischen Fortschritt, ein verändertes Verhältnis zwischen Wissenschaft und Gesellschaft mit sich, in dem der Umgang mit Ungewissheit und impliziten Werten an Bedeutung gewinnt (Ravetz & Funtowicz 1999: 641). Hier zeigen sich bereits erste Parallelen zum Mode-2-Konzept. Die Bezeichnung post-normal science stellt eine Anspielung auf den Begriff der normal science des Wissenschaftsphilosophen und Physikers Thomas S. Kuhn dar, der in seinem Hauptwerk „The Structure of Scientific Revolutions" Phasen der normal science von jenen wissenschaftlicher Revolutionen abgrenzt. Mit „normal science" meint Kuhn dabei eine Wissenschaftsmodus, in dem durch Theoriebildung und Empirie im Rahmen eines dominanten Paradigmas kumulativ wissenschaftliche Erkenntnisse erzielt werden (Kuhn 1996 [1962]: 9). Forschung findet in diesem Verständnis auf Basis einer etablierten und breit anerkannten theoretischen Grundlage statt, und es werden wissenschaftliche Erkenntnisse erzielt, die aufeinander aufbauen, da sie dieselben theoretischen Ausgangspunkte haben. Den Gegensatz dazu stellen wissenschaftliche Revolutionen dar, bei denen aufgrund neuer Herangehensweisen das dominante Wissenschaftsparadigma innerhalb einer (Sub-)Disziplin unter Druck gerät und durch eine andere Betrachtungsweise abgelöst wird. Laut Ravetz und Funtowicz hat die moderne Wissenschaft ungefähr seit Ende des zweiten Weltkriegs damit zu kämpfen, dass ihre Erkenntnisse und Erfolge mit wachsenden Unsicherheiten und normativen Ambiguitäten[29] einhergehen, insbesondere im Hinblick auf Wissenschafts- und Technikfolgen, was Phasen der normal science im Kuhn'schen Sinne immer seltener werden lässt (Funtowicz & Ravetz 1993: 740). Unsicherheiten halten insbesondere dort Einzug in die Wissenschaft, wo Experimente nicht möglich sind und wissenschaftliche Erkenntnisse dementsprechend mit Hilfe von mathematischen Modellen und Computersimulationen, die

---

29 Normative Ambiguität meint hier die wertbezogene Doppeldeutigkeit eines Sachverhalts. So kann beispielsweise die Nutzung von Nuklearenergie als positiv und wünschbar bewertet werden, da sie im Vergleich zu Kohle eine relativ CO_2-neutrale Energiequelle darstellt, gleichzeitig legen die Endlagerproblematik und die Gefahr von Nuklearunfällen jedoch auch eine gegenteilige Bewertung nahe. Auch die wissenschaftliche Bewertung der Technologie hängt damit vom Standpunkt der Betrachterin bzw. des Betrachters ab.

auf zum Teil impliziten, normativen oder unsicheren Annahmen basieren, gewonnen werden (Funtowicz & Ravetz 1993: 742). Die Vorstellung einer wertfreien Wissenschaft, die eindeutige Wahrheiten identifiziere, wird somit mehr und mehr als Illusion betrachtet.

Ein weiterer Ausgangspunkt für Ravetz und Funtowiczs Überlegungen ist die Feststellung, dass die negativen Wissenschafts- und Technikfolgen (insbesondere Umweltzerstörung), die mehr und mehr beobachtbar und gesellschaftlich thematisiert werden, nicht mit derselben Art von Wissenschaft bearbeitet werden können, die ebendiese Nebenfolgen hervorgebracht hat. Die „alte" Wissenschaft würde versuchen, die negativen Wissenschafts- und Technikfolgen mit Erkenntnisfortschritten innerhalb des bestehenden Paradigmas und daraus entwickelten technologischen Innovationen zu beherrschen, was jedoch weitere Nebenfolgen mit sich bringen würde. So entsteht im Modus der normal science gesellschaftlich betrachtet eine selbstdestruktive Tendenz (Funtowicz & Ravetz 1993: 742).

Um dieser Tendenz entgegenzuwirken, bedarf es laut Ravetz und Funtowicz einer neuen, post-normalen Form von Wissenschaft, die Unsicherheiten anspricht, strittige Wertsetzungen reflektiert, sich ihrer Wertgebundenheit bewusst ist sowie außerwissenschaftliche Perspektiven und Wissensbestände ernst nimmt und in den Forschungsprozess integriert (Funtowicz & Ravetz 1992: 273, 1993: 741). Dies führe zu einer Demokratisierung wissenschaftlicher Praxis oder in den Worten der beiden Autoren ausgedrückt: „The activity of science now encompasses the management of irreducible uncertainties in knowledge and in ethics, and the recognition of different legitimate perspectives and ways of knowing. In this way, its practice is becoming more akin to the workings of a democratic society, characterized by extensive participation and toleration of diversity" (Funtowicz & Ravetz 1993: 754).

Im Vergleich zu Mode 2 steht hier die Betonung der Notwendigkeit einer Demokratisierung von Wissenschaft stärker im Vordergrund. Ebenso wie bei Mode 2 bleibt jedoch unklar, ob post-normal science ein normatives Konzept darstellt und beschreibt, wie gesellschaftsrelevante Wissenschaft aussehen soll, um einen Beitrag zur Bearbeitung großer Menschheitsherausforderungen wie Klimawandel, Biodiversitätsverlust, Armut etc. leisten zu können, oder sie als eine wissenschaftssoziologische Diagnose zu verstehen ist, die postuliert, dass eine neue Art von Wissenschaft durch die Selbstkonfrontation mit wissenschaftlich produzierten Ungewissheiten und Risiken entstanden bzw. im Entstehen ist.

Nachdem wir uns dem Post-normal-science-Konzept zunächst abstrakt genähert haben, stellt sich nun die Frage, welche Form von Wissenschaft mit post-normal science genau gemeint ist. Um dies genauer zu verdeutlichen, unterscheiden Funtowicz und Ravetz anhand der beiden Dimensionen „systemische Unsicherheit" („systemic uncertainties") und „Tragweite der Entscheidungen" („decision stakes") zwischen drei politikrelevanten Formen der Wissensproduktion und des damit verbundenen Problemlösens (Funtowicz & Ravetz 1993: 744ff.) (siehe Abbildung 13).

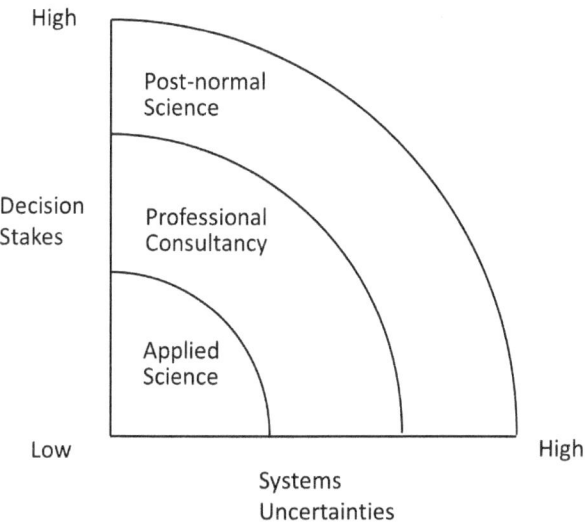

Abbildung 13: Formen der Wissensproduktion und des Problemlösens; Quelle: Funtowicz & Ravetz (1993: 745)

Die Achse „Tragweite der Entscheidungen" beschreibt das Ausmaß an Kosten und Nutzen – d.h. an „auf dem Spiel stehenden" Werten (sowohl ökonomische als auch gesellschaftliche wie Gerechtigkeit oder Gesundheit) und damit einhergehende Interessenkonflikte –, die mit der Lösung eines bestimmten Problems verbunden sind. So kann man die Bekämpfung der Corona-Krise als Problem beschreiben, das im Fall des Scheiterns eine Katastrophe, im Erfolgsfall aber einen enormen Nutzen mit sich bringt und mit großen Interessenkonflikten im Hinblick auf unterschiedliche Lösungsstrategien einhergeht. Die Achse „systemische Unsicherheit" wiederum stellt das Ausmaß an Komplexität des zu lösenden Problems und der damit verbundenen Unsicherheiten im Hinblick auf Bewertungsfragen dar. Die Corona-Krise stellt sich beispielsweise als äußerst komplexes systemisches Risiko dar, das multiple Krisen umfasst (Bildungskrise, Wirtschaftskrise, Gesundheitskrise etc.), für deren Bekämpfung es keine klaren und eindeutigen Lösungswege gibt (Funtowicz & Ravetz 1993: 744). Die beiden Achsen sind insofern miteinander verbunden, als dass, wenn der wissenschaftliche Kenntnisstand unsicher ist (systemische Unsicherheit hoch), die Bewertung des Kenntnisstandes in Abhängigkeit der auf dem Spiel stehenden Werte erfolgt und dementsprechend zwischen unterschiedlichen Akteursgruppen (z.B. betroffene Bevölkerung oder politische Entscheidungsträger*innen) variiert (Ravetz 1999: 650). Unter anderem spiegelt sich hierin die bereits angesprochene Wertgebundenheit von Wissenschaft wider.

Anhand der beiden Achsen unterscheiden Funtowicz und Ravetz nun drei Formen der politikrelevanten Wissensproduktion, als Form von Wissenschaft, die Erkenntnisse und Lösungen für realweltliche Problemstellungen beisteuert, mit denen sich politische Entscheidungsträger*innen beschäftigen (müssen). Im Bereich der angewandten Wissenschaft („applied science") sind die zu lösenden Probleme von geringer Unsicherheit, und es sind relativ klar umrissene eindeutige Problemlösungsangebote aus dem gesicherten Bestand wissenschaftlichen Wissens benennbar (systemische Unsicherheit niedrig), sodass wenig Raum für Entscheidungskonflikte besteht (Tragweite der Entscheidungen niedrig). Etablierte Theorien und standardisierte wissenschaftliche Methoden können in diesem Fall zur Entwicklung von reproduzierbaren Problemlösungen genutzt werden. Der Bereich der wissenschaftlichen Politikberatung („professional consultancy") umfasst die angewandte Wissenschaft und zudem Fragestellungen, die von größerer Unsicherheit und Tragweite der Entscheidungen gekennzeichnet sind. Da es sich um zwar kontextbezogene, aber komplexere Probleme handelt, die mal im Auftrag von Kund*innen, mal von Politik und Gesellschaft bearbeitet werden, können aufgrund unterschiedlicher Zielsetzungen und Beurteilungskriterien keine fraglosen Empfehlungen und standardisierten Problemlösungsprozeduren angewandt werden. Erarbeitete Problemlösungen sind vielmehr kontextabhängig, unter Umständen riskant und nicht problemlos reproduzier- oder übertragbar. Der Bereich der „post-normal science" schließlich ist wie folgt charakterisiert: „The problem situations that involve post-normal science are ones where, typically, facts are uncertain, values in dispute, stakes high, and decisions urgent" (Funtowicz & Ravetz 1992: 253). Hierfür existieren keine unstrittigen Theorien oder sicheren Methoden der Problemlösung, sondern mögliche Problemlösungen sind aufgrund von Interessenkonflikten hoch umstritten. Jede Interessengruppe kann hier die Expertise, die von der anderen Seite zur Stärkung ihrer Position ins Feld geführt wird, mit Gegenexpertisen entkräften. Viele Umweltkonflikte nehmen diese Form an (Ravetz 1999: 649). In Bezug zu den drei dargestellten Formen der Wissensproduktion kann die sogenannte Grundlagenforschung, weiter oben als Mode 1 bezeichnet, am Schnittpunkt der beiden Achsen verortet werden, da sie rein durch innerwissenschaftliche Interessen bestimmt ist und wissenschaftsexterne Ansprüche bzw. Entscheidungsräume keine Rolle spielen (Funtowicz & Ravetz 1993: 745).

Da wissenschaftliche Erkenntnisse im Bereich der post-normal science mit großen Unsicherheiten im Hinblick auf ihren Geltungsbereich und ihre Gültigkeit sowie ihre Folgen behaftet sind, werden sie vom Kreis der Betroffenen auch nicht als Wahrheiten wahrgenommen. Vielmehr spielen Werte und Interessen in diesem Fall eine bedeutende Rolle für die Bewertung und Einschätzung wissenschaftlicher Erkenntnisse und daraus abgeleiteter Problemlösungsansätze. So wird Atomkraft einerseits als Hochrisikotechnologie wahrgenommen, andererseits als effektives Mittel, um den Klimawandel zu bekämpfen. Aus solchen Problematiken ziehen Funtowicz und Ravetz den Schluss, dass Qualitätssicherung im Bereich der post-normal science nicht allein durch innerwissenschaftliche Akteure und Methoden, insbesondere Peer-Review-Verfahren durch andere Wissenschaftler*innen, erfolgen kann, sondern alle von den wissenschaftlichen Erkenntnissen betroffenen Akteure in einem offenen Dialog in die Bewertung dieser Erkenntnisse einbezogen werden müssen. Funtowicz und Ravetz sprechen in diesem Zusammenhang von einer erweiterten Beurteilungsgemeinschaft („extended peer community"): „The contribution of all the stakeholders in cases of Post-Normal Science is not merely a matter of broader democratic participation. [...] For these new problems, quality depends on open dialogue between all those affected. This we call an ‚extended peer community', consisting not merely of persons with some form or other of institutional accreditation (‚stakeholders'), but rather of all those with a desire to participate in the resolution of the issue" (Ravetz 1999: 651). Mit der Idee einer erweiterten Beurteilungsgemeinschaft ist auch der Anspruch verbunden, dass im Forschungsprozess nicht allein das akademische Wissen der Wissenschaftler*innen Berücksichtigung finden darf, sondern auch Praktiker*innenwissen und Laienfragen miteinbezogen werden sollen (Funtowicz & Ravetz 1993: 754f.). Beispielsweise ist für die Bearbeitung lokaler ökologischer Probleme das Alltags- und Erfahrungswissen der Bevölkerung vor Ort, die die Entstehung des Problems beobachtet oder direkt an ihr beteiligt war, von großer Bedeutung (Wynne 1996). Hierbei geht es jedoch nicht darum, Laien zu Wissenschaftler*innen zu machen, sondern vielmehr darum, nicht akademische Wissensbestände in den Forschungsprozess zu integrieren und das Forum für die Diskussion und Bewertung wissenschaftlicher Erkenntnisse und Problemlösungen für alle gesellschaftlichen Akteure zu öffnen (Funtowicz & Ravetz 1992: 254). Dies erscheint Funtowicz und Ravetz immer dann notwendig, wenn, wie dargelegt, aufgrund unsicherer Faktenlage keine eindeutigen Problemlösungen existieren und mögliche Problemlösungen mit unterschiedlichen Vor- und Nachteilen für verschiedene gesellschaftliche Akteure einhergehen.

2.3. Kritik an Mode 2 und post-normal science

Die Konzepte Mode 2 und post-normal science wurden seit ihrer Entstehung, insbesondere aus wissenschaftssoziologischer Perspektive, immer wieder stark kritisiert, wobei sich die Kritik zumeist auf beide Konzepte gleichermaßen bezieht (eine kurze Zusammenfassung der Hauptkritikpunkte findet sich bei Nowotny et al. 2003: 189f.). Die Kritik richtet sich vor allem auf die drei Punkte: a) fehlende empirische Evidenz, b) unterkomplexes Verständnis des Verhältnisses zwischen Wissenschaft und Gesellschaft und c) Unterwerfung von Wissenschaft unter politische und wirtschaftliche Imperative.

Insbesondere Peter Weingart argumentiert, dass die empirische Evidenz für die Entstehung einer neuen Form der Wissensproduktion fehle und Mode 2 und post-normal science eher als normatives Programm zur Umgestaltung von Wissenschaft zu betrachten sind, aber nicht als evidenzbasierte, deskriptive Diagnose eines beobachtbaren Wandels (Weingart 1999: 48). Verschärft wird dies dadurch, dass in den grundlegenden Texten zu Mode 2 und post-normal science keine klare Trennung zwischen normativem Anspruch und deskriptiver Argumentation vorgenommen wird, wobei auch die empirischen Referenzen eher anekdotischer, erfahrungsbasierter Natur sind und nicht auf einer systematischen Analyse beruhen.

Des Weiteren argumentieren die Kritiker*innen, dass die starke Betonung der Entdifferenzierung von Wissenschaft und Gesellschaft, die – wie dargestellt – auch als normativer Anspruch aufgefasst werden kann, zur Folge hat, dass bestehende Unterschiede zwischen verschiedenen Wissensbeständen (insbesondere zwischen Laienwissen und akademischem Wissen), Formen der Arbeitsteilung und die unterschiedlichen Funktionslogiken verschiedener Systeme wie Wissenschaft, Wirtschaft, Politik, Zivilgesellschaft etc. heruntergespielt und teilweise absichtlich ausgeblendet würden (Shinn 2002: 604). Aufgrund der fehlenden theoretischen Untermauerung der Entdifferenzierungsthese entsteht außerdem ein unterkomplexes Verständnis des Verhältnisses von Wissenschaft und Gesellschaft.

Außerdem wird kritisiert, dass mit Mode 2 und post-normal science implizit die Idee einhergehe, dass sich Wissenschaft politischen und wirtschaftlichen Imperativen unterwerfen solle und dafür sorgen müsse, dass ihre Erkenntnisse möglichst gut politisch sowie wirtschaftlich verwertet werden können. Hinter dem Anspruch der Demokratisierung von Wissenschaft lauere somit die Gefahr eines neoliberalen Umbaus des Verhältnisses von Wissenschaft und Gesellschaft (Maasen 2010: 264).

Während die Kritik an der mangelhaften theoretischen und empirischen Basis der Entdifferenzierungsthese durchaus nachvollziehbar und auch berechtigt ist, möchten wir die Kritik an der normativen Ausrichtung und der „Neoliberalisierung" von Wissenschaft differenzierter betrachten. Eine solche Kritik ist sicherlich dann angebracht, wenn Forschende im Rahmen transdisziplinärer Projekte unreflektiert politische und/oder gesellschaftliche Leitvorstellungen z.B. zu Nachhaltigkeit, Resilienz oder wirtschaftlicher Verwertbarkeit übernehmen oder diese als extern gegebene Vorgaben betrachten (Pohl et al. 2010: 139). Problematisch ist auch, wenn sich auf diese Weise politische und/oder gesellschaftliche Leitvorstellungen als gesetzte Forschungsziele etablieren und einer wissenschaftlichen Legitimation und kritischen Reflektion entziehen (Pohl et al. 2010: 139). In diesem Fall würde sich Wissenschaft in ihrer Zielsetzung tatsächlich außerwissenschaftlichen Interessen unterwerfen. Dies ist jedoch kein generelles Problem transdisziplinärer Forschung, wie sie in den Konzepten Mode 2 und post-normal science skizziert wird, sondern hängt situationsspezifisch vom konkreten Projektzusammenhang, der organisatorischen Einbettung der Forschung und der Reflexionsfähigkeit und wissenschaftlichen Sorgfalt der Wissenschaftler*innen ab.

3. Transdisziplinarität als Forschungsprinzip der Sozialökologie

Im Zuge sich verschärfender ökologischer Krisen und ihrer öffentlichen Thematisierung hat sich über die letzten drei Jahrzehnte mehr und mehr ein Forschungsfeld etabliert, in dem Umweltprobleme nicht als bloße Naturerscheinungen, sondern als gesellschaftliche Probleme aufgefasst und entsprechend analysiert werden. In Deutschland existieren für dieses Forschungsfeld unterschiedliche Bezeichnungen, wie Humanökologie, integrierte Umweltforschung, Nachhaltigkeitsforschung oder Sozialökologie bzw. Soziale Ökologie (Becker 2016: 392), wobei Sozialökologie aus unserer Sicht die pointierteste Beschreibung darstellt.

Sozialökologie beschäftigt sich mit dem Zusammenspiel und Wechselverhältnis von Gesellschaft und Umwelt (Becker 2016: 395f.), jedoch nicht, wie die Umweltsoziologie, aus rein soziologischer Perspektive, sondern in integrativer Form. Dabei wird die Analyse sozialer Prozesse der Wahrnehmung und des Handelns mit der Analyse der ökologischen Auswirkungen und Rückwirkungen dieses Handelns zusammengeführt (Renn 2013: 27). Es geht also um eine integrative Betrachtung sozialer, technischer und biophysischer Systeme, ihrer Interaktionen und der daraus resultierenden Folgen. Der Beitrag der Umweltsoziologie ist dabei vor allem in der Analyse des Verhältnisses zwischen Umwelt, Technik und Gesellschaft zu sehen.

Sozial-ökologische Problemstellungen (z.B. Biodiversitätsverlust oder ökologische Folgen des Autoverkehrs) sind immer auch realweltliche Problemstellungen, die die Grenzen der wissenschaftlichen Disziplinen überschreiten und sich nicht auf das Format disziplinärer Untersuchungsgegenstände reduzieren lassen (Becker 2016: 264). Darüber hinaus sind sie durch höchst unterschiedliche Problemwahrnehmungen, -beschreibungen und -bewertungen verschiedener wissenschaftlicher, aber auch außerwissenschaftlicher Akteure charakterisiert. Solche Problemkonstellationen legen, wie oben beschrieben, einen transdisziplinären Forschungsansatz nahe, weshalb sozial-ökologische Forschung üblicherweise auch im transdisziplinären Modus stattfindet (Becker 2016: 393f.). Im Folgenden wird der transdisziplinäre Ansatz der Sozialökologie, wie er sich im deutschsprachigen Raum insbesondere auf Basis der Arbeiten am Institut für sozial-ökologische Forschung (ISOE) in Frankfurt und am Departement Umweltsystemwissenschaften der ETH Zürich etabliert hat, näher skizziert und erläutert. Hierbei handelt es sich um eine Konkretisierung von Transdisziplinarität als Forschungsprinzip für die konkrete wissenschaftliche Praxis, bei der in unterschiedlicher Weise Anleihen bei den zuvor dargestellten Überlegungen Mode 2 und post-normal science gemacht werden.

Das zentrale Element transdisziplinärer Forschung in der Sozialökologie ist die Wissensintegration. Der Begriff der Wissensintegration bezieht sich auf die Notwendigkeit, unterschiedliche Arten von Wissensbeständen aufeinander zu beziehen und zu integrieren, um sozial-ökologische Problemstellungen bearbeiten zu können. Die Notwendigkeit der Wissensintegration ergibt sich zum einen aus den vielschichtigen Forschungsgegenständen und zum anderen daraus, dass unterschiedliche Disziplinen und außerakademische Akteure in den Forschungsprozess eingebunden werden müssen, um für die komplexen Problemstellungen sowohl praktische und gesellschaftlich relevante Problemlösungen zu entwickeln, als auch einen Beitrag zur wissenschaftlichen Erkenntnis zu leisten (Becker & Jahn 2006: 321). Die verschiedenen am transdisziplinären Forschungsprozess beteiligten Akteure sind Träger*innen unterschiedlicher Wissensbestände und können dementsprechend auch in unterschiedlichem Maße zur Generierung und Weiterentwicklung der Wissensbestände beitragen. Im Bereich der transdisziplinären Forschung wird im Allgemeinen zwischen den folgenden drei Wissensbeständen unterschieden (Pohl & Hirsch Hadorn 2008; Becker 2016: 245):

a) Systemwissen bezieht sich auf die Zusammenhänge und Prozesse, die zu einem bestimmten Problem geführt haben. Es handelt sich dabei um ein tieferes Verständnis bestimmter Sachverhalte und stellt faktisches Wissen darüber zusammen, „was ist". Der Begriff des Systemwissens entspricht damit dem klassischen Verständnis von wissenschaftlichem Wissen.

b) Orientierungswissen bezieht sich auf handlungsanleitende Werte und Ziele und stellt Wissen über die Wünschbarkeit und Akzeptabilität unterschiedlicher Zielzustände dar. Hierbei handelt es sich um normatives Wissen darüber, in welche Richtung ein bestimmter Problemzustand verändert werden soll.

c) Transformationswissen bezieht sich auf die Art und Weise, wie ein bestimmter Zielzustand erreicht werden kann. Es beschreibt Wissen darüber, wie ein Ist- durch eine praktische Problemlösung in einen Soll-Zustand überführt werden kann.

Während Wissenschaftler*innen vornehmlich Träger*innen und Produzent*innen von Systemwissen sind, sind außerakademische Akteure in transdisziplinären Forschungskontexten hauptsächlich für die Bereitstellung von Orientierungs- und Transformationswissen zuständig. Das Ziel von Wissensintegration ist, die verschiedenen Akteure zusammenzubringen und die einzelnen Wissensbestände aufeinander zu beziehen und miteinander zu verknüpfen. Diese Verknüpfung ist notwendig, da die Lösung des zu bearbeitenden Problems im Zusammenwirken der verschiedenen Wissensbestände begründet liegt: So lässt sich Wissen über die praktische Lösung eines Problems (Transformationswissen) aus dem analytischen Wissen über das Zustandekommen des Problems (Systemwissen) ableiten und ist zugleich abhängig vom Wissen darüber, auf welchen Zielzustand hin eine Problemlösung ausgerichtet sein soll (Orientierungswissen).

Der transdisziplinäre Forschungsprozess zur Bearbeitung von realweltlichen Problemen lässt sich grob in drei Phasen einteilen (zum transdisziplinären Forschungsprozess im Allgemeinen siehe Jahn et al. 2012; Beispiele für transdisziplinäre Forschungsprojekte siehe Bergmann et al. 2010). In einer ersten Phase, der Phase der Problemtransformation, wird ein realweltliches Problem in ein wissenschaftliches Problem übersetzt, damit es überhaupt für die Wissenschaft bearbeitbar ist. Da es sich bei einem realweltlichen Problem per definitionem um ein von gesellschaftlichen Akteuren artikuliertes Problem handelt, dessen Wahrnehmung und Beschreibung außerdem mit dem Orientierungswissen der entsprechenden Akteure variiert, kann die Erarbeitung einer präzisen Problemdefinition nur unter Einbindung der relevanten gesellschaftlichen Akteure geschehen. Als Beispiel für eine sozial-ökologisches, realweltliches Problem können die konstant hohen CO_2-Emissionen im Bereich des urbanen Personenverkehrs herangezogen werden. Diese Problemstellung muss nun in wissenschaftliche Einzelfragen übersetzt werden, die durch relevante Disziplinen bearbeitet werden können. Aus soziologischer Perspektive wäre beispielsweise nach der gesellschaftlichen Bedeutung von Mobilität im Allgemeinen und automobiler Fortbewegung im Besonderen zu fragen; aus ingenieurwissenschaftlicher Perspektive könnten dagegen Fragen der (Energie-)Effizienz und der CO_2-ärmeren Gestaltung von Personenverkehrsströmen in den Blickpunkt rücken. In einer zweiten Phase, der Phase der Wissensgenerierung und interdisziplinären Integration, bearbeiten die am Projekt beteiligten Wissenschaftler*innen ihre jeweiligen (disziplinären) Fragestellungen. Von Bedeutung ist dabei, dass die einzelnen Fragestellungen aufeinander abgestimmt oder bereits interdisziplinär formuliert sein müssen, sodass diese nach Vorliegen der Ergebnisse in einer interdisziplinären Perspektive auf das Problem zusammengeführt werden können. So entsteht Systemwissen, das die Erkenntnisse unterschiedlicher Disziplinen zu einem möglichst umfassenden Verständnis der Problemlogik und -dynamik verbindet. Im oben genannten Beispiel würde das bedeuten, dass ein umfassendes Bild der gesellschaftlichen, politischen, technischen etc. Faktoren erarbeitet wird, die zu den konstant hohen CO_2-Emissionen im urbanen Personenverkehr führen. In einer dritten Phase, der transdisziplinären Integration, findet schließlich eine kooperative Ableitung und Entwicklung von Problemlösungsansätzen statt. Diese können von Handlungsempfehlungen, über Leitfäden bis hin zu konkreten Produkten reichen. Bei der transdisziplinären Integration steht die Einbindung außerakademischer Akteure im Vordergrund, weil diese als primäre Träger*innen von Transformations- und Orientierungswissen die praktische Umsetzbarkeit und Akzeptabilität der verschiedenen Problemlösungsansätze am besten einschätzen können.

Diese skizzierte Art von praktischer transdisziplinärer Forschung hat sich in den letzten zwei Jahrzehnten im deutschsprachigen Raum fest etabliert. Größere Debatten, wie im Falle von Mode 2 und post-normal science, waren damit kaum verbunden. Mit dem Entstehen der sogenannten transformativen Wissenschaft, deren Vordenker*innen zum Teil auf Überlegungen zum Thema Transdisziplinarität zurückgreifen, ist jedoch auch die Debatte über problemorientierte Forschungspraktiken neu entfacht worden. Im folgenden Unterkapitel gehen wir deshalb abschließend auf transformative Wissenschaft und die damit verbundene Reallaborforschung ein.

4. Transformative Wissenschaft und Reallaborforschung

Die Vorstellung einer Demokratisierung wissenschaftlicher Wissensproduktion und der Anspruch der Orientierung von Forschung an realweltlichen Problemstellungen, wie sie unterschiedlichen Konzeptionen von Transdisziplinarität inhärent sind, wurde in den letzten Jahren durch den Ruf nach einer transformativen Wissenschaft weiter zugespitzt. Grundlage hierfür waren u.a. das Gutachten des wissenschaftlichen Beirats der Bundesregierung Globale Umweltveränderungen (WBGU) mit dem Titel „Welt im Wandel – Gesellschaftsvertrag für eine Große Transformation" (Wissenschaftlicher Beirat der Bundesregierung Globale Umweltveränderungen (WBGU) 2011) sowie das programmatische Hauptwerk „Transformative Wissenschaft – Klimawandel im deutschen Wissenschafts- und Hochschulsystem" (Schneidewind & Singer-Brodowski 2013) von Uwe Schneidewind und Mandy Singer-Brodowski. Kern der Idee einer transformativen Wissenschaft ist die Forderung, dass Wissenschaft zum Katalysator für gesellschaftliche Transformationsprozesse, ausgerichtet auf die Zieldimension der Nachhaltigkeit hin, werden solle. Sie soll Transformationsprozesse durch die Entwicklung und realweltliche Erprobung entsprechender technischer und sozialer Innovationen, unter umfassender Beteiligung außerakademischer Akteure (insbesondere aus der Zivilgesellschaft), initiieren, vorantreiben und möglichst auch beschleunigen (Schneidewind & Singer-Brodowski 2013: 69). Transformative Wissenschaft grenzt sich damit insofern von der begrifflich und inhaltlich verwandten Transformationsforschung ab, als dass sie Transformationsprozesse nicht „nur" beobachten, beschreiben und analysieren möchte, um entsprechendes Systemwissen zu generieren, sondern aktiv als Treiber für Transformationsprozesse wirken möchte (Schneidewind 2014: 2).

Transformative Wissenschaft ist nicht mit Transdisziplinarität gleichzusetzen. Sie arbeitet zwar im Modus der Transdisziplinarität, erhebt jedoch den Anspruch, über die Ziele transdisziplinärer Forschung hinauszugehen. Dementsprechend bezeichnen Uwe Schneidewind und Mandy Singer-Brodowski transformative Wissenschaft in Anlehnung an Gibbons et al. (1994) als „Mode 3" der Wissensproduktion (siehe hierzu auch Tabelle 3). Während transdisziplinäre Forschung keine explizite normative Verpflichtung auf *eine* Zieldimension hin kennt, verpflichtet sich transformative Wissenschaft explizit dem Ziel der Nachhaltigkeit. Das heißt, der Bewertungsmaßstab für die im Rahmen transformativer Forschung erarbeiteten Innovationen ist stets ihr Beitrag zu einer nachhaltigen Entwicklung, wenngleich unklar und strittig bleibt, wie diese zu operationalisieren ist. Transdisziplinäre Forschung bindet gesellschaftliche Akteure vornehmlich in konsultierender Form in entsprechende Projekte mit ein, insbesondere bei der dem praktischen Forschungsprozess vorgelagerten Problemdefinition und der nachgelagerten Ableitung von Problemlösungsansätzen. Transformative Wissenschaft hingegen macht gesellschaftliche Akteure zu Mitforschenden in der Umsetzung der Forschungsagenda. Des Weiteren erhebt transdisziplinäre Forschung zwar den Anspruch, zur Lösung realweltlicher Probleme beizutragen, transformative Wissenschaft dagegen möchte die Gesellschaft aktiv selbst verändern (Schneidewind & Singer-Brodowski 2013: 121ff.). Hier zeigt sich eine Zuspitzung des Anspruchs der Entdifferenzierung von Wissenschaft und Gesellschaft (Dickel et al. 2020), wobei betont werden muss, dass nicht die Forderung erhoben wird, dass sich das gesamte Wissenschaftssystem transformativ auszurichten habe, sondern eben nur Teile davon (Grunwald 2015).

Zentrales Forschungsformat der transformativen Wissenschaft sind sogenannte Reallabore, in denen Realexperimente durchgeführt werden. Der Begriff des Realexperiments ist den Arbeiten von Matthias Groß et al. (2005) entlehnt. Zur Analyse unterschiedlicher (historischer) Fallbeispiele der Anwendung wissenschaftlichen Wissens in realweltlichen Kontexten (z.B. Müllentsorgung, Viehzucht, Renaturierungsprojekte) – das heißt, außerhalb des Labors – entwickeln die Autoren eine Typologie des Experimentierens, anhand derer sich die Merkmale von Realexperimenten, im Gegensatz zu Laborexperimenten, näher bestimmen lassen (siehe Abbildung 14).

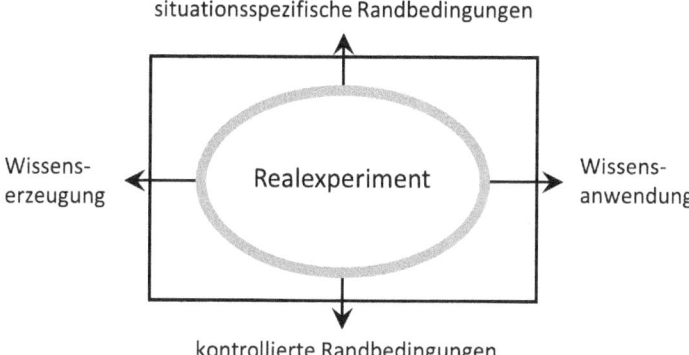

Abbildung 14: Typologie des Experimentierens; Quelle: Eigene, leicht modifizierte Darstellung nach Groß et al. (2005: 19)

Diese Typologie des Experimentierens spannt zwei Dimensionen auf. Die horizontale Dimension unterscheidet, ob das jeweilige Experiment eher auf Wissensgenerierung oder eher auf Wissensanwendung zielt; die vertikale Dimension unterscheidet den Grad der Kontrollierbarkeit der Randbedingungen. Realexperimente stellen diesbezüglich eine hybride Form des Experimentierens dar, bei der Ziele der Wissenserzeugung und Wissensanwendung miteinander verknüpft werden und die Randbedingungen nur teilweise kontrolliert werden können und nicht systematisch rekonstruierbar sind (Groß et al. 2005: 16). Realexperimente finden außerhalb wissenschaftlicher Labore in realweltlichen und damit gesellschaftlichen Kontexten statt (z.B. im Stadtraum), wodurch niemals alle potenziellen Einflussfaktoren auf das Ergebnis des Experimentierens gleichzeitig kontrolliert werden können. Sie richten sich des Weiteren auf die Bearbeitung konkreter realweltlicher Problemstellungen.

Den organisatorischen Rahmen für ein Realexperiment bildet das Reallabor. Reallabore sind konkrete Örtlichkeiten oder Kontexte wie ein Stadtteil, ein Ökodorf, ein Naturschutzgebiet, eine Energiewendegenossenschaft oder Ähnliches, innerhalb derer mit Hilfe von Realexperimenten Transformationsprozesse angestoßen und die initiierten Wechselwirkungen zwischen Technik, Umwelt und Gesellschaft in situ beobachtbar (und auch beeinflussbar) gemacht werden (Schneidewind & Singer-Brodowski 2013: 127; Wagner & Grunwald 2015: 27). Dies soll Lernen über entsprechende Transformationsprozesse ermöglichen.

Von besonderer Bedeutung sind in Reallaboren die Prinzipien des Co-Designs und der Co-Produktion (Mauser et al. 2013). Beide Prinzipien repräsentieren und unterstreichen den partizipativen Anspruch und Charakter von Reallaboren. Co-Design meint die Einbindung aller relevanter außerakademischer Akteure in die Erarbeitung der Forschungsagenda. Co-Produktion bezieht sich auf die partizipative Durchführung von Realexperimenten und die Generierung von Wissen, bei der zivilgesellschaftliche Akteure als Mitforschende in den Prozess des Experimentierens eingebunden werden. Wie dies genau gestaltet sein kann und welche

Formen der Einbindung auf welche Weise begründet werden, ist aufgrund des experimentellen und performativen Charakters von Reallaboren stark situations- und kontextspezifisch und nach wie vor Gegenstand laufender Debatten (erste Ansätze einer Theorie der Reallabore finden sich bei Grunwald 2016: 203ff.). In jedem Fall stellen sich dabei die klassischen Fragen der Inklusivität und Fairness von Beteiligungsprozessen (Rowe & Frewer 2000; Vetter & Remer-Bollow 2017). Problematisiert wird auch, dass die sehr spezifische Art der Beteiligung im Rahmen eng umrissener Reallaborprojekte dem Risiko unterliegt, den Bezug zu öffentlichen Kontroversen und artikulierten Teilhabebestrebungen bestimmter Bevölkerungsgruppen zu verlieren (Bogner 2010). Die in Reallaboren generierten Lösungen wären dann als Scheinlösungen zu betrachten und gerade nicht „sozial robust". Darüber hinaus besteht außerdem die Gefahr, dass die Reallaborforschung aufgrund ihrer Nützlichkeitsorientierung und des Fokus auf die Zieldimension der Nachhaltigkeit einen stark instrumentellen Charakter erhält und die kritische Reflektion über Sinn und Zielsetzung experimenteller Aktivitäten in den Hintergrund rückt. Das berührt auch die Frage, wie eine kritische transformative Wissenschaft aussehen könnte (Wittmayer & Hölscher 2017: 93).

Abschließend stellt sich die Frage nach dem Verhältnis von transformativer Wissenschaft bzw. Reallaborforschung einerseits und transdisziplinärer Forschung andererseits. Wie bereits erwähnt, wird zwar oftmals betont, dass Reallaborforschung im Modus der Transdisziplinarität ablaufe (Schäpke et al. 2018), allerdings weisen transdisziplinäre Forschung und Reallaborforschung unterschiedliche Schwerpunktsetzungen in der Wissensproduktion auf. Während bei transdisziplinärer Forschung trotz der Berücksichtigung von Orientierungs- und Transformationswissen der Fokus auf der Generierung von Systemwissen liegt, stellt die Reallaborforschung aufgrund ihres transformativen Anspruchs die Erzeugung von Transformations- und Orientierungswissen in den Vordergrund. Dementsprechend weisen Thomas Jahn und Florian Keil darauf hin, dass Reallaborforschung dort anfange, wo transdisziplinäre Forschung aufhöre (Jahn & Keil 2016). So kann Reallaborforschung als Umsetzungsphase von transdisziplinären Forschungsprozessen verstanden werden, während der in einem realweltlichen Setting experimentell evaluiert und geprüft wird, inwiefern und unter welchen Umständen das transdisziplinär generierte Wissen „sozial robust" und umsetzbar ist.

5. Ausblick

Sowohl transdisziplinäre Forschung als auch (transformative) Reallaborforschung zu sozial-ökologischen Problemstellungen greift ohne sozialwissenschaftliche Expertise zu kurz, da sonst der Blick auf die wechselseitige Beeinflussung von Umwelt und Gesellschaft verloren ginge. Dabei stellt sich die Frage, welche konkreten Beiträge die (Umwelt-)Soziologie in transdisziplinären Forschungsprojekten oder Reallaborprojekten leisten kann. Diesbezüglich lassen sich sechs Punkte hervorheben. Erstens stellt die Umweltsoziologie Theorien und Konzepte zum Zusammenspiel von Technik, Wissenschaft, Umwelt und Gesellschaft bereit, die über zugrunde liegende Deutungen und Handlungsmuster (z.B. Lebensstilansätze oder Praxistheorien), gesellschaftliche Strukturen (z.B. Theorie gesellschaftlicher Naturverhältnisse oder Systemtheorie) und ihre historische Entwicklung (z.B. Theorie sozialen Wandels) informieren. Diese Ansätze dienen zum einen der empirischen Analyse sozial-ökologischer Probleme, zum anderen liefern sie einen Rahmen für die Integration der Erkenntnisse unterschiedlicher wissenschaftlicher Disziplinen. Zweitens verfügt die Umweltsoziologie über spezifische Erkenntnisse zu (institutionellen) Verfahren und Prozessen der Gestaltung gesellschaftlicher Naturverhältnisse aber auch zu gesellschaftlichen Beharrungskräften (z.B. Erkenntnisse über die Rolle von Macht in politischen Entscheidungsfindungsprozessen, über die Handlungsbedingungen auf unterschiedlichen Ebenen oder über die Wirkung von Bürgerbeteiligungsverfahren), die für die Entwicklung von Lösungsansätzen für sozial-ökologische Probleme von besonderer Relevanz sind. Drittens sind Erkenntnisse zu den Mechanismen der sozialen Konstruktion von Umwelt(-risiken), dem darauf bezogenen Wissen sowie zur Rolle, die Werturteilen in diesem Konstruktionsprozess zukommt, von besonderer Bedeutung für die Bearbeitung sozial-ökologischer Probleme. Die Umweltsoziologie kann in dieser Hinsicht auf die variable soziale Prägung von Umweltwahrnehmungen und Wissen aufmerksam machen und ermöglicht so eine kritische Reflektion über unterschiedliche Perspektiven in der Problembearbeitung. Viertens treten Soziolog*innen in der transdisziplinären oder reallaborbezogenen Forschungspraxis als Prozessdesigner*innen auf, die Prozesse der Wissensintegration und insbesondere der Einbindung außerakademischer Akteure auf der Basis ihres Wissens über Handlungs- und Deutungsmuster gestalten. Die Disziplin der Soziologie mit ihrem Verständnis für soziale Prozesse und soziale Interaktion ist hierfür besonders geeignet. Fünftens sind Methoden der qualitativen sowie quantitativen Sozialforschung für die Evaluation der Wirkung von Realexperimenten und verhaltensbezogenen Interventionen relevant. Daher ist auch eine entsprechende methodische Expertise in der Sozialforschung gefragt. Sechstens verfügt die Soziologie als gesellschaftliche Reflexionswissenschaft über das Potenzial, die unumgängliche, jedoch oftmals nicht bewusste Selektivität transdisziplinärer Prozesse zu hinterfragen und sichtbar zu machen. Die konkrete Ausgestaltung von Handlungsempfehlungen oder soziotechnischen Innovationen ist immer abhängig von situativen Möglichkeiten und Gegebenheiten sowie bewussten oder unbewussten Entscheidungen darüber, welche außerakademischen Akteure wie in den Forschungsprozess eingebunden werden. So entstehen Ausschlüsse und blinde Flecken, die bestimmte Ausgestaltungen von Handlungsempfehlungen, soziotechnischen Innovationen etc. von vornherein unterbinden.

Die (Umwelt-)Soziologie kann also im Kontext von transdisziplinärer Forschung und Reallaborforschung wichtige Beiträge leisten. Was bedeutet es jedoch für Umweltsoziolog*innen, sich in solchen Forschungszusammenhängen zu engagieren? Mit Transdisziplinarität und Reallaborforschung geht die Kooperation und der Austausch mit weiteren wissenschaftlichen Disziplinen sowie außerakademischen Akteuren einher. Dies macht es notwendig, eigene Konzepte, Begriffe, Theorien und Methoden für andere verständlich und anschlussfähig darzustellen und aktiv nach theoretischen und empirischen Schnittstellen zu anderen Disziplinen zu suchen. Ohne diese Kompetenzen der Schnittstellenkommunikation ist eine transformative oder transdisziplinäre Zusammenarbeit aussichtslos (Wagner & Kropp 2007). Außerdem muss eine Bereitschaft bestehen, sich aktiv in der Bearbeitung gesellschaftlicher Problemlagen zu engagieren. Dies kann nicht von den Höhen des akademischen Elfenbeinturms herab geschehen. Gleichwohl bleibt es um der Wissenschaftlichkeit willen notwendig, eine kritische Distanz zum Untersuchungsgegenstand zu wahren. Darüber hinaus ist anzumerken, dass die Soziologie im Vergleich zu manch anderen Disziplinen wie z.B. den Ingenieurwissenschaften oder der Architektur eine geringere Praxisorientierung aufweist. Daher fällt es Umweltsoziolog*innen oft schwerer als Vertreter*innen dieser Disziplinen, sich mit genuin soziologischen Perspektiven an konkreten Problemlösungsansätzen zu beteiligen, insbesondere wenn diese technischer oder psychologischer Natur sind. Umweltsoziolog*innen können und sollten hierbei jedoch ihre Kompetenzen zur kritischen Einordnung umweltbezogener Deutungen und Lösungsansätze sowie ihr Wissen über die potenziellen gesellschaftlichen Folgen dieser Lösungsansätze einbringen.

> **Was Studierende aus diesem Kapitel mitnehmen können:**
>
> - Wissen darüber, was unter transdisziplinärer Forschung, Mode 2, post-normal science und Reallaborforschung zu verstehen ist
> - Verständnis für problemorientierte Forschung zu sozial-ökologischen Problemlagen
> - Verständnis für das Problem der Wissensintegration im Rahmen transdisziplinärer Forschung
> - Verständnis für das Verhältnis zwischen Wissenschaft und Gesellschaft

Literatur

Becker, E., 2016: Keine Gesellschaft ohne Natur. Beiträge zur Entwicklung einer Sozialen Ökologie. Frankfurt, New York: Campus Verlag.
Becker, E. & T. Jahn (Hrsg.), 2006: Soziale Ökologie. Grundzüge einer Wissenschaft von den gesellschaftlichen Naturverhältnissen. Frankfurt am Main, New York: Campus.
Bergmann, M., T. Jahn, T. Knobloch, W. Krohn, C. Pohl & E. Schramm, 2010: Methoden transdisziplinärer Forschung. Ein Überblick mit Anwendungsbeispielen. Frankfurt am Main: Campus Verlag.
Bergmann, M. & E. Schramm (Hrsg.), 2008: Transdisziplinäre Forschung. Integrative Forschungsprozesse verstehen und bewerten. Frankfurt am Main, New York: Campus.
Bernstein, J.H., 2015: Transdisciplinarity: A Review of Its Origins, Development, and Current Issues. Journal of Research Practice 11: Article R1.
Bogner, A., 2010: Partizipation als Laborexperiment. Paradoxien der Laiendeliberation in Technikfragen. Zeitschrift für Soziologie 39: 87–105.
Bogner, A., K. Kastenhofer & H. Torgersen, 2010: Inter- und Transdisziplinarität – Zur Einleitung in eine anhaltend aktuelle Debatte. S. 7–24 in: A. Bogner, K. Kastenhofer & H. Torgersen (Hrsg.), Inter- und Transdisziplinarität im Wandel? Neue Perspektiven auf problemorientierte Forschung und Politikberatung. Baden-Baden: Nomos.
Böhme, G., W. van den Daele & W. Krohn, 1973: Die Finalisierung der Wissenschaft. Zeitschrift für Soziologie 2: 128–144.

Coghlan, D., 2014: Mode 1 and Mode 2 Knowledge Production. S. 540–542 in: D. Coghlan & M. Brydon-Miller (Hrsg.), The SAGE encyclopedia of action research. Los Angeles: Sage Publications.

Dickel, S., S. Maasen & A. Wenninger, 2020: Nachhaltige Transformation der Wissenschaft? Soziologie und Nachhaltigkeit – Beiträge zur sozial-ökologischen Transformationsforschung 6: 1–20.

Funtowicz, S.O. & J.R. Ravetz, 1985: Three Types of Risk Assessment: A Methodological Analysis. S. 217–231 in: C.G. Whipple & V.T. Covello (Hrsg.), Risk analysis in the private sector. New York: Plenum Press.

Funtowicz, S.O. & J.R. Ravetz, 1992: Three types of risk assessment and the emergence of postnormal science. S. 251–273 in: S. Krimsky & D. Golding (Hrsg.), Social Theories of Risk. Westport: Praeger.

Funtowicz, S.O. & J.R. Ravetz, 1993: Science for the post-normal age. Futures 25: 739–755.

Gibbons, M., 1999: Science's new social contract with society. Nature 402: C81-4.

Gibbons, M., 2000: Mode 2 society and the emergence of context-sensitive science. Science and Public Policy 27: 159–163.

Gibbons, M., C. Limoges, H. Nowotny, S. Schwartzman, P. Scott & M. Trow, 1994: The new production of knowledge. The dynamics of science and research in contemporary societies. Los Angeles: Sage.

Groß, M., H. Hoffmann-Riem & W. Krohn, 2005: Realexperimente. Ökologische Gestaltungsprozesse in der Wissensgesellschaft. Bielefeld: transcript.

Grunwald, A., 2015: Transformative Wissenschaft – eine neue Ordnung im Wissenschaftsbetrieb? GAIA Ökologische Perspektiven für Wissenschaft und Gesellschaft 24: 17–20.

Grunwald, A., 2016: Nachhaltigkeit verstehen. Arbeiten an der Bedeutung nachhaltiger Entwicklung. München: oekom Verlag.

Hirsch Hadorn, G., H. Hoffmann-Riem, S. Biber-Klemm, W. Grossenbacher-Mansuy, D. Jove, C. Pohl, U. Wiesmann & E. Zemp (Hrsg.), 2008: Handbook of transdisciplinary research. Dordrecht: Springer.

Jahn, T., M. Bergmann & F. Keil, 2012: Transdisciplinarity. Between mainstreaming and marginalization. Ecological Economics 79: 1–10.

Jahn, T. & F. Keil, 2016: Reallabore im Kontext transdisziplinärer Forschung. GAIA – Ecological Perspectives for Science and Society 25: 247–252.

Jantsch, E., 1970: Inter- and Transdisciplinary University: A Systems Approach to Education and Innovation. Policy Sciences 1: 403–428.

Kuhn, T.S., 1996 [1962]: The structure of scientific revolutions. Chicago: The University of Chicago Press.

Latour, B., 1998: From the World of Science to the World of Research? Science 280: 208–209.

Maasen, S., 2010: Transdisziplinarität revisited – Dekonstruktion eines Programms zur Demokratisierung der Wissenschaft. S. 247–268 in: A. Bogner, K. Kastenhofer & H. Torgersen (Hrsg.), Inter- und Transdisziplinarität im Wandel? Neue Perspektiven auf problemorientierte Forschung und Politikberatung. Baden-Baden: Nomos.

Mauser, W., G. Klepper, M. Rice, B.S. Schmalzbauer, H. Hackmann, R. Leemans & H. Moore, 2013: Transdisciplinary global change research. The co-creation of knowledge for sustainability. Current Opinion in Environmental Sustainability 5: 420–431.

Mittelstraß, J., 1996: Transdisziplinarität. S. 329 in: J. Mittelstraß (Hrsg.), Enzyklopädie Philosophie und Wissenschaftstheorie. Band 4: Sp-Z. Stuttgart, Weimar: Metzler.

Mittelstraß, J., 2005: Methodische Transdisziplinarität. Technikfolgenabschätzung – Theorie und Praxis 14: 18–23.

Nowotny, H., P. Scott & M. Gibbons, 2001: Re-thinking science. Knowledge and the public in an age of uncertainty. Cambridge: Polity Press.

Nowotny, H., P. Scott & M. Gibbons, 2003: Introduction: „Mode 2" Revisited: The New Production of Knowledge. Minerva 41: 179–194.
Piaget, J., 1972: The Epistemology of Interdisciplinary Relationships. S. 127–139 in: Centre for Educational Research and Innovation (CERI) (Hrsg.), Interdisciplinarity: Problems of Teaching and Research in Universities. Paris: Organisation for Economic Cooperation and Development.
Pohl, C. & G. Hirsch Hadorn, 2008: Gestaltung transdisziplinärer Forschung. Sozialwissenschaften und Berufspraxis 31: 5–22.
Pohl, C., G. Wülser & G. Hirsch Hadorn, 2010: Transdisziplinäre Nachhaltigkeitsforschung: Kompromittiert die Orientierung an der gesellschaftlichen Leitidee den Anspruch als Forschungsform? S. 123–143 in: A. Bogner, K. Kastenhofer & H. Torgersen (Hrsg.), Inter- und Transdisziplinarität im Wandel? Neue Perspektiven auf problemorientierte Forschung und Politikberatung. Baden-Baden: Nomos.
Ravetz, J.R., 1999: What is Post-Normal Science. Futures 31: 647–653.
Ravetz, J.R. & S.O. Funtowicz, 1999: Post-Normal Science – an insight now maturing. Futures 31: 641–646.
Renn, O., 2013: Auf dem Weg zu einer sozialökologischen Fundierung der Technikfolgenabschätzung. S. 21–34 in: G. Simonis (Hrsg.), Konzepte und Verfahren der Technikfolgenabschätzung. Wiesbaden: Springer VS.
Rowe, G. & L.J. Frewer, 2000: Public Participation Methods: A Framework for Evaluation. Science, Technology & Human Values 25: 3–29.
Schäpke, N., F. Stelzer, G. Caniglia, M. Bergmann, M. Wanner, M. Singer-Brodowski, D. Loorbach, P. Olsson, C. Baedeker & D.J. Lang, 2018: Jointly Experimenting for Transformation? Shaping Real-World Laboratories by Comparing Them. GAIA – Ecological Perspectives for Science and Society 27: 85–96.
Schneidewind, U., 2014: Urbane Reallabore – ein Blick in die aktuelle Forschungswerkstatt. pnd online 9: 1–7.
Schneidewind, U. & M. Singer-Brodowski, 2013: Transformative Wissenschaft. Klimawandel im deutschen Wissenschafts- und Hochschulsystem. Marburg: Metropolis Verlag.
Shinn, T., 2002: The Triple Helix and New Production of Knowledge. Social Studies of Science 32: 599–614.
Stauffacher, M., 2011: Umweltsoziologie und Transdisziplinarität. S. 259–276 in: M. Groß (Hrsg.), Handbuch Umweltsoziologie. Wiesbaden: VS Verlag für Sozialwissenschaften.
Thompson Klein, J., W. Grossenbacher-Mansuy, R. Häberli, A. Bill, R.W. Scholz & M. Welti (Hrsg.), 2001: Transdisciplinarity: Joint Problem Solving Among Science, Technology, and Society. An Effective Way for Managing Complexity. Basel: Springer.
Vetter, A. & U. Remer-Bollow, 2017: Bürger und Beteiligung in der Demokratie. Eine Einführung. Wiesbaden: VS Verlag für Sozialwissenschaften.
Wagner, F. & A. Grunwald, 2015: Reallabore als Forschungs- und Transformationsinstrument. Die Quadratur des hermeneutischen Zirkels. GAIA Ökologische Perspektiven für Wissenschaft und Gesellschaft 24: 26–31.
Wagner, J. & C. Kropp, 2007: Dimensionen einer dialogisch-reflexiven Wissenserzeugung und -kommunikation im Agrarbereich. S. 19–50 in: C. Kropp, F. Schiller & J. Buschmeyer (Hrsg.), Die Zukunft der Wissenskommunikation. Perspektiven für einen reflexiven Dialog von Wissenschaft und Politik – am Beispiel des Agrarbereichs. Berlin: Edition Sigma.
Weingart, P., 1983: Verwissenschaftlichung der Gesellschaft – Politisierung der Wissenschaft. Zeitschrift für Soziologie 12: 225–241.
Weingart, P., 1997: From „Finalization" to „Mode 2": old wine in new bottles? Social Science Information 36(4): 591-613.
Weingart, P., 1999: Neue Formen der Wissensproduktion: Fakt, Fiktion und Mode. TATuP Zeitschrift für Technikfolgenabschätzung in Theorie und Praxis 8: 48–57.

Weingart, P., 2001: Die Stunde der Wahrheit? Zum Verhältnis der Wissenschaft zu Politik, Wirtschaft und Medien in der Wissensgesellschaft. Weilerswist: Velbrück Wiss.

Weingart, P., 2010: Resonanz der Wissenschaft der Gesellschaft. S. 157–172 in: C. Büscher & K.P. Japp (Hrsg.), Ökologische Aufklärung. 25 Jahre „Ökologische Kommunikation". Wiesbaden: VS Verlag für Sozialwissenschaften.

Wissenschaftlicher Beirat der Bundesregierung Globale Umweltveränderungen (WBGU), 2011: Welt im Wandel. Gesellschaftsvertrag für eine Große Transformation. Hauptgutachten. Berlin: WBGU.

Wittmayer, J.M. & K. Hölscher, 2017: Transformationsforschung. Definitionen, Ansätze, Methoden. Dessau-Roßlau: Umweltbundesamt.

Wynne, B., 1996: May the Sheep Safely Graze? A Reflexive View of the Expert-Lay Knowledge Divide. S. 44–83 in: S. Lash, B. Szerszynski & B. Wynne (Hrsg.), Risk, environment and modernity. Towards a new ecology. London: Sage.

Literaturempfehlungen

Jahn, T., M. Bergmann & F. Keil, 2012: Transdisciplinarity. Between mainstreaming and marginalization.
Systematische und kompakte Darstellung des transdisziplinären Forschungsprozesses.

Nowotny, H., P. Scott & M. Gibbons, 2003: Introduction: „Mode 2" Revisited: The New Production of Knowledge.
Kompakte Darstellung des Mode-2-Konzepts, die auch eine Antwort auf die Kritiken am Ursprungstext von Gibbons et al. (1994) beinhaltet.

Schneidewind, U., 2014: Urbane Reallabore – ein Blick in die aktuelle Forschungswerkstatt.
Kurze und einfach verständliche Einführung in das Verständnis von Reallaboren im Bereich der transformativen Wissenschaft.

Schneidewind, U. & M. Singer-Brodowski, 2013: Transformative Wissenschaft. Klimawandel im deutschen Wissenschafts- und Hochschulsystem.
Grundlegende, programmatische Darstellung des Konzepts und der Ziele transformativer Wissenschaft.

Weingart, P., 1997: From „Finalization" to „Mode 2": old wine in new bottles?
Social Science Information 36: 591–613. Umfassende Kritik am Mode-2- und Post-normal-science-Konzept.

Stichwortverzeichnis

Die Angaben verweisen auf die Seitenzahlen des Buches.

Aneignung von Natur 15, 33
Anthropozän 12, 19, 23, 24, 26–28, 31, 42–45, 70, 121, 127, 204, 205, 207
Assemblage/Assoziation 63, 80
Cultural Theory 30, 83, 94, 95, 97–102, 104–106
Einstellung 84, 85, 87, 92, 103, 112, 152, 157, 196
Einstellungs-Verhaltens-Lücke 83, 91
Entdifferenzierungsthese 222
Epistemologie 13, 51, 69, 72, 78, 127
Framing 135–137, 141, 147, 149
Ideengeschichte des Naturbegriffs 39
Innovationsmanagement 175
Innovationsnetzwerke 172, 176, 183
Interdisziplinarität 211, 212
Interessenkonflikte 134, 203, 204, 219
Konflikte der Infrastrukturierung 200
Konsumgesellschaft 44, 166, 168
Low-Cost-Hypothese 93, 103, 156, 157, 164, 165
Menschliche und nichtmenschliche Handlungsfähigkeit (agency) 65, 69, 71, 79, 81
Mode 2 211, 213–218, 221–223, 225, 230–233
Nachhaltige Entwicklung 169
Nachhaltigkeitsziele 43, 169, 170, 183, 185
Natur-Gesellschafts-Dichotomie 33
Naturbilder 94, 97, 98, 100, 101
Naturschutz 15, 103–105, 109, 138, 141, 142
New Environmental Paradigm Scale (NEP-Skala) 86–88
Post-normal science 217

Praxistheorie 161
Realismus 12–14, 19, 23, 25, 54, 76–80
Reallabor 227
Relationale Vermittlungsagenturen 193
Responsibilisierung 101–104
Risiko und Gefahr 110, 128
Risikobewertung 107, 108, 111, 112, 114, 119, 127
Risikowahrnehmung 106–109, 111–114, 117, 120, 121, 127
Situiertes Wissen/Wissenspolitik 67, 80
Sozial-ökologische Regulierungsmuster/Regime 56, 58, 60–62, 181–184, 186, 187, 195, 198, 207, 208
Sozialkonstruktivismus 12–14, 19
Sozialökologie 210, 211, 222, 223
Standards 162, 182, 189, 191–194, 198, 208, 215, 216
Systemische Risiken 122, 129
Theorie der Ressourcenmobilisierung 135–137, 141
Theorie politischer Gelegenheitsstrukturen 135, 137, 138, 141
Transdisziplinarität 17, 25, 57, 144, 180, 184, 205, 209–214, 216, 217, 222, 223, 225, 226, 228–232
Transformative Wissenschaft 225, 226, 231–233
Umweltbewusstsein 24, 30, 83–87, 89–93, 101–106, 144, 154–157, 160, 190
Umweltkommunikation 35, 38
Umweltschutz 88, 101, 140–142
Unsichtbarkeit 192, 194, 200
Widerständigkeit 189, 194, 195, 198, 206
Wissensintegration 212, 223, 224, 229, 230
Wissenskonflikte 134, 135

Bereits erschienen in der Reihe
STUDIENKURS SOZIOLOGIE

Politische Soziologie
Von Prof. Dr. Boris Holzer
2. Auflage 2020, 199 Seiten, broschiert, ISBN 978-3-8487-6109-8

Transnationalismus
Von Prof. Dr. Magdalena Nowicka
2019, 170 S., broschiert, ISBN 978-3-8487-5059-7

Bildungssoziologie
Von Prof. Dr. Janna Teltemann
2019, 168 S., broschiert, ISBN 978-3-8487-3766-6

Öffentliche Soziologie
Von PD Dr. Oliver Neun
2019, 225 S., broschiert, ISBN 978-3-8487-4758-0